Hadoop
大数据技术开发实战

张伟洋 著

清华大学出版社
北京

内 容 简 介

本书以 Hadoop 及其周边框架为主线，介绍了整个 Hadoop 生态系统主流的大数据开发技术。全书共 16 章，第 1 章讲解了 VMware 中 CentOS 7 操作系统的安装；第 2 章讲解了大数据开发之前对操作系统集群环境的配置；第 3~16 章讲解了 Hadoop 生态系统各框架 HDFS、MapReduce、YARN、ZooKeeper、HBase、Hive、Sqoop 和数据实时处理系统 Flume、Kafka、Storm、Spark 以及分布式搜索系统 Elasticsearch 等的基础知识、架构原理、集群环境搭建，同时包括常用的 Shell 命令、API 操作、源码剖析，并通过实际案例加深对各个框架的理解与应用。通过阅读本书，读者即使没有任何大数据基础，也可以对照书中的步骤成功搭建属于自己的大数据集群并独立完成项目开发。

本书可作为 Hadoop 新手入门的指导书，也可作为大数据开发人员的随身手册以及大数据从业者的参考用书。

本书封面贴有清华大学出版社防伪标签，无标签者不得销售。
版权所有，侵权必究。举报：010-62782989，beiqinquan@tup.tsinghua.edu.cn。

图书在版编目（CIP）数据

Hadoop 大数据技术开发实战/张伟洋著. 一北京：清华大学出版社，2019（2021.6重印）
ISBN 978-7-302-53402-0

Ⅰ. ①H… Ⅱ. ①张… Ⅲ. ①数据处理软件－程序设计 Ⅳ. ①TP274

中国版本图书馆 CIP 数据核字（2019）第 178532 号

责任编辑：王金柱
封面设计：王 翔
责任校对：闫秀华
责任印制：杨 艳

出版发行：清华大学出版社
网　　址：http://www.tup.com.cn, http://www.wqbook.com
地　　址：北京清华大学学研大厦 A 座　　邮　　编：100084
社 总 机：010-62770175　　邮　　购：010-62786544
投稿与读者服务：010-62776969, c-service@tup.tsinghua.edu.cn
质 量 反 馈：010-62772015, zhiliang@tup.tsinghua.edu.cn

印 装 者：三河市铭诚印务有限公司
经　　销：全国新华书店
开　　本：190mm×260mm　　印　张：29.75　　字　数：762 千字
版　　次：2019 年 10 月第 1 版　　　　　　印　次：2021 年 6 月第 4 次印刷
定　　价：99.00 元

产品编号：081781-01

前 言

当今互联网已进入大数据时代,大数据技术已广泛应用于金融、医疗、教育、电信、政府等领域。各行各业每天都在产生大量的数据,数据计量单位已从 B、KB、MB、GB、TB 发展到 PB、EB、ZB、YB 甚至 BB、NB、DB。预计未来几年,全球数据将呈爆炸式增长。谷歌、阿里巴巴、百度、京东等互联网公司都急需掌握大数据技术的人才,而大数据相关人才却出现了供不应求的状况。

Hadoop 作为大数据生态系统中的核心框架,专为离线和大规模数据处理而设计。Hadoop 的核心组成 HDFS 为海量数据提供了分布式存储;MapReduce 则为海量数据提供了分布式计算。很多互联网公司都使用 Hadoop 来实现公司的核心业务,例如华为的云计算平台、淘宝的推荐系统等,只要和海量数据相关的领域都有 Hadoop 的身影。

本书作为 Hadoop 及其周边框架的入门书,知识面比较广,涵盖了当前整个 Hadoop 生态系统主流的大数据开发技术。内容全面,代码可读性强,以实操为主,理论为辅,一步一步手把手对常用的离线计算以及实时计算等系统进行了深入讲解。

全书共 16 章,第 1 章讲解了 VMware 中 CentOS 7 操作系统的安装;第 2 章讲解了大数据开发之前对操作系统集群环境的配置;第 3~16 章讲解了 Hadoop 生态系统各框架 HDFS、MapReduce、YARN、ZooKeeper、HBase、Hive、Sqoop 和数据实时处理系统 Flume、Kafka、Storm、Spark 以及分布式搜索系统 Elasticsearch 等的基础知识、架构原理、集群环境搭建,同时包括常用的 Shell 命令、API 操作、源码剖析,并通过实际案例加深对各个框架的理解与应用。

那么如何学习本书呢?

本书推荐的阅读方式是按照章节顺序从头到尾完成阅读,因为后面的很多章节是以前面的章节为基础,而且这种一步一个脚印、由浅入深的方式将使你更加顺利地掌握大数据的开发技能。

学习本书时,首先根据第 1、2 章搭建好开发环境,然后依次学习第 3~16 章,学习每一章时先了解该章的基础知识和框架的架构原理,然后再进行集群环境搭建、Shell 命令操作等实操练习,这样学习效果会更好。当书中的理论和实操知识都掌握后,可以进行举一反三,自己开发一个大数据程序,或者将所学知识运用到自己的编程项目上,也可以到各种在线论坛与其他大数据爱好者进行讨论,互帮互助。

本书可作为 Hadoop 新手入门的指导书籍或者大数据开发人员的参考用书,要求读者具备一定的 Java 语言基础和 Linux 系统基础,即使没有任何大数据基础的读者,也可以对照书中的步骤成功搭建属于自己的大数据集群,是一本真正的提高读者动手能力、以实操为主的入门书籍。通过对本书的学习,读者能够对大数据相关框架迅速理解并掌握,可以熟练使用 Hadoop 集成环境进行大数据项目的开发。

读者若对书中讲解的知识有任何疑问,可关注下面的公众号联系笔者,还可以在该公众号中获取大数据相关的学习教程和资源。

扫描下述二维码可以下载本书源代码、PPT:

由于时间原因,书中难免出现一些错误或不准确的地方,恳请读者批评指正。

张伟洋

2019 年 5 月于青岛

目 录

第 1 章　VMware 中安装 CentOS 7 1
  1.1　下载 CentOS 7 镜像文件 1
  1.2　新建虚拟机 5
  1.3　安装操作系统 9

第 2 章　CentOS 7 集群环境配置 16
  2.1　系统环境配置 16
    2.1.1　新建用户 16
    2.1.2　修改用户权限 17
    2.1.3　关闭防火墙 17
    2.1.4　设置固定 IP 18
    2.1.5　修改主机名 22
    2.1.6　新建资源目录 23
  2.2　安装 JDK 23
  2.3　克隆虚拟机 25
  2.4　配置主机 IP 映射 29

第 3 章　Hadoop 31
  3.1　Hadoop 简介 31
    3.1.1　Hadoop 生态系统架构 32
    3.1.2　Hadoop 1.x 与 2.x 的架构对比 33
  3.2　YARN 基本架构及组件 34
  3.3　YARN 工作流程 37
  3.4　配置集群各节点 SSH 无密钥登录 38
    3.4.1　无密钥登录原理 38
    3.4.2　无密钥登录操作步骤 39
  3.5　搭建 Hadoop 2.x 分布式集群 41

第 4 章　HDFS 48
  4.1　HDFS 简介 48
    4.1.1　设计目标 49

	4.1.2 总体架构	49
	4.1.3 主要组件	50
	4.1.4 文件读写	53
4.2	HDFS 命令行操作	54
4.3	HDFS Web 界面操作	57
4.4	HDFS Java API 操作	59
	4.4.1 读取数据	59
	4.4.2 创建目录	61
	4.4.3 创建文件	62
	4.4.4 删除文件	63
	4.4.5 遍历文件和目录	64
	4.4.6 获取文件或目录的元数据	65
	4.4.7 上传本地文件	66
	4.4.8 下载文件到本地	66

第 5 章 MapReduce 68

5.1	MapReduce 简介	68
	5.1.1 设计思想	69
	5.1.2 任务流程	70
	5.1.3 工作原理	71
5.2	MapReduce 程序编写步骤	74
5.3	案例分析：单词计数	76
5.4	案例分析：数据去重	82
5.5	案例分析：求平均分	86
5.6	案例分析：二次排序	89
5.7	使用 MRUnit 测试 MapReduce 程序	97

第 6 章 ZooKeeper 100

6.1	ZooKeeper 简介	100
	6.1.1 应用场景	101
	6.1.2 架构原理	101
	6.1.3 数据模型	102
	6.1.4 节点类型	103
	6.1.5 Watcher 机制	103
	6.1.6 分布式锁	105
6.2	ZooKeeper 安装配置	106
	6.2.1 单机模式	106
	6.2.2 伪分布模式	108
	6.2.3 集群模式	109

6.3 ZooKeeper 命令行操作 112
6.4 ZooKeeper Java API 操作 114
　　6.4.1 创建 Java 工程 114
　　6.4.2 创建节点 115
　　6.4.3 修改数据 118
　　6.4.4 获取数据 118
　　6.4.5 删除节点 123
6.5 案例分析：监听服务器动态上下线 124

第 7 章 HDFS 与 YARN HA 129

7.1 HDFS HA 搭建 129
　　7.1.1 架构原理 130
　　7.1.2 搭建步骤 131
　　7.1.3 结合 ZooKeeper 进行 HDFS 自动故障转移 137
7.2 YARN HA 搭建 142
　　7.2.1 架构原理 142
　　7.2.2 搭建步骤 142

第 8 章 HBase 147

8.1 什么是 HBase 147
8.2 HBase 基本结构 148
8.3 HBase 数据模型 149
8.4 HBase 集群架构 151
8.5 HBase 安装配置 153
　　8.5.1 单机模式 153
　　8.5.2 伪分布模式 155
　　8.5.3 集群模式 156
8.6 HBase Shell 命令操作 160
8.7 HBase Java API 操作 164
　　8.7.1 创建 Java 工程 164
　　8.7.2 创建表 164
　　8.7.3 添加数据 166
　　8.7.4 查询数据 168
　　8.7.5 删除数据 169
8.8 HBase 过滤器 170
8.9 案例分析：HBase MapReduce 数据转移 174
　　8.9.1 HBase 不同表间数据转移 174
　　8.9.2 HDFS 数据转移至 HBase 180
8.10 案例分析：HBase 数据备份与恢复 183

第 9 章 Hive 185

9.1 什么是 Hive 185
9.1.1 数据单元 186
9.1.2 数据类型 187
9.2 Hive 架构体系 189
9.3 Hive 三种运行模式 190
9.4 Hive 安装配置 191
9.4.1 内嵌模式 192
9.4.2 本地模式 195
9.4.3 远程模式 198
9.5 Hive 常见属性配置 200
9.6 Beeline CLI 的使用 201
9.7 Hive 数据库操作 205
9.8 Hive 表操作 208
9.8.1 内部表 209
9.8.2 外部表 213
9.8.3 分区表 215
9.8.4 分桶表 219
9.9 Hive 查询 223
9.9.1 SELECT 子句查询 224
9.9.2 JOIN 连接查询 230
9.10 其他 Hive 命令 233
9.11 Hive 元数据表结构分析 235
9.12 Hive 自定义函数 237
9.13 Hive JDBC 操作 239
9.14 案例分析：Hive 与 HBase 整合 242
9.15 案例分析：Hive 分析搜狗用户搜索日志 246

第 10 章 Sqoop 251

10.1 什么是 Sqoop 251
10.1.1 Sqoop 基本架构 252
10.1.2 Sqoop 开发流程 252
10.2 使用 Sqoop 253
10.3 数据导入工具 254
10.4 数据导出工具 259
10.5 Sqoop 安装与配置 261
10.6 案例分析：将 MySQL 表数据导入到 HDFS 中 262
10.7 案例分析：将 HDFS 中的数据导出到 MySQL 中 263
10.8 案例分析：将 MySQL 表数据导入到 HBase 中 264

第 11 章 Kafka 267

- 11.1 什么是 Kafka 267
- 11.2 Kafka 架构 268
- 11.3 主题与分区 269
- 11.4 分区副本 271
- 11.5 消费者组 273
- 11.6 数据存储机制 274
- 11.7 集群环境搭建 276
- 11.8 命令行操作 278
  - 11.8.1 创建主题 278
  - 11.8.2 查询主题 279
  - 11.8.3 创建生产者 280
  - 11.8.4 创建消费者 280
- 11.9 Java API 操作 281
  - 11.9.1 创建 Java 工程 281
  - 11.9.2 创建生产者 281
  - 11.9.3 创建消费者 283
  - 11.9.4 运行程序 285
- 11.10 案例分析：Kafka 生产者拦截器 287

第 12 章 Flume 294

- 12.1 什么是 Flume 294
- 12.2 架构原理 295
  - 12.2.1 单节点架构 295
  - 12.2.2 组件介绍 296
  - 12.2.3 多节点架构 297
- 12.3 安装与简单使用 299
- 12.4 案例分析：日志监控（一） 302
- 12.5 案例分析：日志监控（二） 304
- 12.6 拦截器 306
  - 12.6.1 内置拦截器 307
  - 12.6.2 自定义拦截器 310
- 12.7 选择器 313
- 12.8 案例分析：拦截器和选择器的应用 315
- 12.9 案例分析：Flume 与 Kafka 整合 319

第 13 章 Storm 322

- 13.1 什么是 Storm 322

13.2 Storm Topology 323
13.3 Storm 集群架构 324
13.4 Storm 流分组 326
13.5 Storm 集群环境搭建 329
13.6 案例分析：单词计数 332
13.6.1 设计思路 332
13.6.2 代码编写 333
13.6.3 程序运行 339
13.7 案例分析：Storm 与 Kafka 整合 341

第 14 章 Elasticsearch 347
14.1 什么是 Elasticsearch 347
14.2 基本概念 348
14.2.1 索引、类型和文档 348
14.2.2 分片和副本 348
14.2.3 路由 349
14.3 集群架构 350
14.4 集群环境搭建 352
14.5 Kibana 安装 355
14.6 REST API 357
14.6.1 集群状态 API 357
14.6.2 索引 API 358
14.6.3 文档 API 360
14.6.4 搜索 API 363
14.6.5 Query DSL 365
14.7 Head 插件安装 371
14.8 Java API 操作：员工信息 375

第 15 章 Scala 379
15.1 什么是 Scala 379
15.2 安装 Scala 380
15.2.1 Windows 中安装 Scala 380
15.2.2 CentOS 7 中安装 Scala 381
15.3 Scala 基础 382
15.3.1 变量声明 382
15.3.2 数据类型 383
15.3.3 表达式 385
15.3.4 循环 386
15.3.5 方法与函数 388

15.4 集合...391
15.4.1 数组...391
15.4.2 List..393
15.4.3 Map 映射...394
15.4.4 元组...396
15.4.5 Set...396
15.5 类和对象..398
15.5.1 类的定义...398
15.5.2 单例对象...399
15.5.3 伴生对象...399
15.5.4 get 和 set 方法..400
15.5.5 构造器...402
15.6 抽象类和特质..404
15.6.1 抽象类...404
15.6.2 特质...406
15.7 使用 Eclipse 创建 Scala 项目..408
15.7.1 安装 Scala for Eclipse IDE..408
15.7.2 创建 Scala 项目..409
15.8 使用 IntelliJ IDEA 创建 Scala 项目..410
15.8.1 IDEA 中安装 Scala 插件..410
15.8.2 创建 Scala 项目..414

第 16 章 Spark...416
16.1 Spark 概述..416
16.2 Spark 主要组件..417
16.3 Spark 运行时架构..419
16.3.1 Spark Standalone 模式...419
16.3.2 Spark On YARN 模式..421
16.4 Spark 集群环境搭建..423
16.4.1 Spark Standalone 模式...423
16.4.2 Spark On YARN 模式..425
16.5 Spark HA 搭建..426
16.6 Spark 应用程序的提交..430
16.7 Spark Shell 的使用...433
16.8 Spark RDD..435
16.8.1 创建 RDD..435
16.8.2 RDD 算子..436
16.9 案例分析：使用 Spark RDD 实现单词计数..441
16.10 Spark SQL...448

16.10.1　DataFrame 和 Dataset 448
16.10.2　Spark SQL 基本使用 449
16.11　案例分析：使用 Spark SQL 实现单词计数 452
16.12　案例分析：Spark SQL 与 Hive 整合 454
16.13　案例分析：Spark SQL 读写 MySQL 457

第 1 章

VMware 中安装 CentOS 7

本章内容

本章讲解在 VMware Workstation（以下简称 VMware）中安装 CentOS 操作系统的步骤。使用的 VMware 版本为 12.5.2，CentOS 操作系统的版本为 7.3（1611）。

本章目标

- 了解 CentOS 7 操作系统的下载
- 掌握 VMware 中虚拟机的创建步骤
- 掌握 CentOS 7 操作系统的安装步骤

1.1 下载 CentOS 7 镜像文件

请参考下述安装步骤。

步骤01 在浏览器中输入网址 https://www.centos.org/，进入 CentOS 官网，单击官网主页面中的【Get CentOS Now】按钮，如图 1-1 所示。

步骤02 在出现的下载页面中单击【DVD ISO】按钮，可进入目前 CentOS 操作系统最新版的下载链接页面，如图 1-2 所示。

步骤03 若想下载 CentOS 操作系统的历史版本，可以在浏览器中访问网址 http://vault.centos.org/，然后单击对应的版本所在的文件夹，此处选择【7.3.1611/】，如图 1-3 所示。

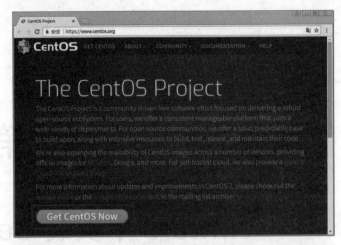

图 1-1　CentOS 官网主页面

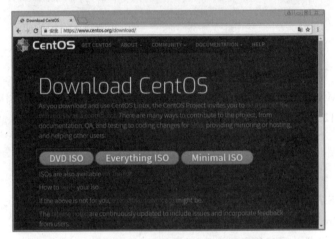

图 1-2　CentOS 操作系统下载页面（下载最新版本）

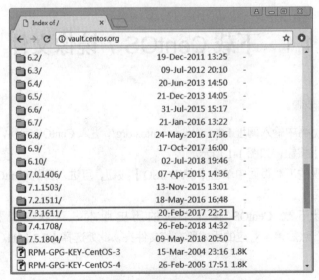

图 1-3　CentOS 操作系统下载页面（下载历史版本）

步骤04 在出现的新页面中，单击操作系统镜像文件所在的文件夹【isos/】，如图1-4所示。

图1-4 选择操作系统镜像文件所在的文件夹

步骤05 在出现的操作系统位数选择页面选择相应的位数版本，【x86_64】代表64位操作系统（目前，CentOS 7暂无32位操作系统）。单击文件夹【x86_64/】，如图1-5所示。

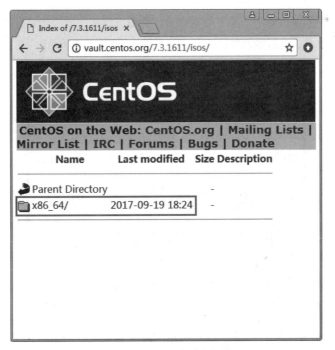

图1-5 选择操作系统位数

步骤06 在出现的操作系统镜像选择页面中可以看到有不同的镜像版本，DVD 为标准安装版，日常使用下载该版本即可；Everything 对完整版安装盘的软件进行了补充，集成了所有软件；LiveGNOME 为 GNOME 桌面版；LiveKDE 为 KDE 桌面版；Minimal 为最小软件安装版，只有必要的软件，自带的软件最少；NetInstall 为网络安装版，启动后需要联网进行安装。

此处选择 DVD 标准安装版即可，单击超链接【CentOS-7-x86_64-DVD-1611.iso】进行下载，如图1-6 所示。

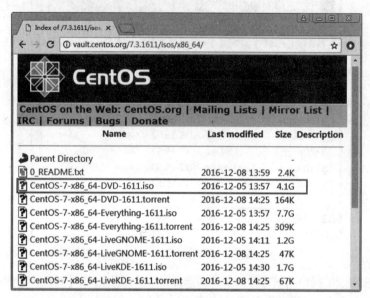

图 1-6　下载操作系统镜像

步骤07 在出现的新页面中，为了节省带宽，需要选择美国或欧洲地区的资源进行下载，此处选择欧洲地区（经测试，选择欧洲地区下载速度更快），如图1-7 所示。

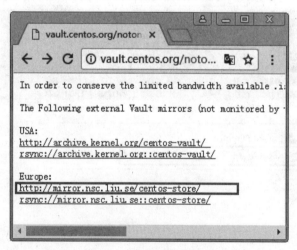

图 1-7　选择地区进行下载

需要注意的是，随着时间的推移，官方网站下载的目录可能会有所调整，若选择完下载地区后，下一个页面仍然出现操作系统版本的选择，则重复上述步骤即可。

1.2 新建虚拟机

VMware 软件的安装，此处不做过多讲解。在 Windows 系统中安装完 VMware 后，接下来需要在 VMware 中新建一个虚拟机，具体操作步骤如下：

步骤01 在 VMware 中，单击菜单栏的【文件】按钮，然后选择【新建虚拟机】，在弹出的【新建虚拟机向导】窗口中，选择【典型】，然后单击【下一步】按钮，如图 1-8 所示。

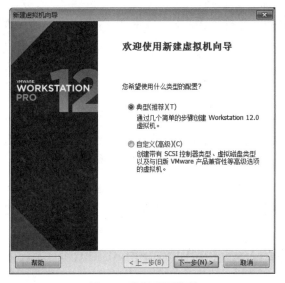

图 1-8　选择配置类型

步骤02 在新弹出的窗口中选择【稍后安装操作系统】，然后单击【下一步】按钮，如图 1-9 所示。

图 1-9　选择安装来源

步骤03 在新窗口中，选择客户机操作系统为【Linux(L)】，系统版本为【CentOS 64 位】，然后单击【下一步】按钮，如图 1-10 所示。

图 1-10　选择操作系统

步骤04 在新窗口中，【虚拟机名称】默认为"CentOS 64 位"，也可以改成自己的名称，此处改为"centos01"。【位置】可以修改成虚拟机在硬盘中的位置，然后单击【下一步】按钮，如图 1-11 所示。

图 1-11　选择虚拟机安装位置

步骤05 在新窗口中，【最大磁盘大小】默认为 20 GB，可以根据需要进行调整，此处保持默认。选择【将虚拟磁盘拆分成多个文件】选项，单击【下一步】按钮，如图 1-12 所示。

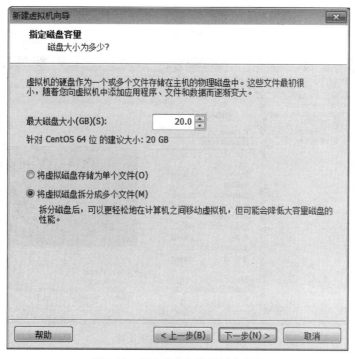

图 1-12　指定磁盘容量及拆分方式

步骤06　新窗口中显示出了当前虚拟机的配置信息,其中的网络适配器使用默认的 NAT 模式（关于 NAT 模式,读者可自主查阅资料,此处不做讲解）。如果需要对配置（内存、硬盘等）进行调整,单击【自定义硬件】按钮进行调整即可。这里直接单击【完成】按钮,如图 1-13 所示。

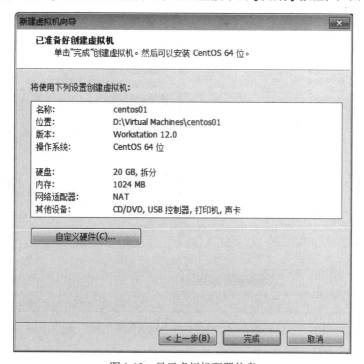

图 1-13　显示虚拟机配置信息

步骤07 配置完成后，在新建的虚拟机主窗口中，单击【编辑虚拟机设置】按钮，如图1-14所示。

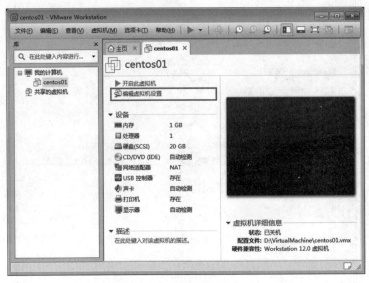

图1-14 编辑虚拟机设置

步骤08 在弹出的【虚拟机设置】窗口中，选择【CD/DVD（IDE）】，然后单击右侧的【使用ISO映像文件】选项，并单击其下方的【浏览】按钮，在浏览文件窗口中选择之前下载的CentOS 7镜像文件，最后单击【确定】按钮，如图1-15所示。

图1-15 选择操作系统镜像文件

1.3 安装操作系统

具体的安装步骤如下:

步骤01 在虚拟机主窗口中,单击【开启此虚拟机】按钮,进行操作系统的安装,如图 1-16 所示。

图 1-16 开启虚拟机

步骤02 在首次出现的 CentOS 7 操作系统安装界面中,鼠标单击界面空白处激活键盘,按键盘的上下方向键选择【Install CentOS Linux 7】选项,然后按回车键开始安装,如图 1-17 所示。

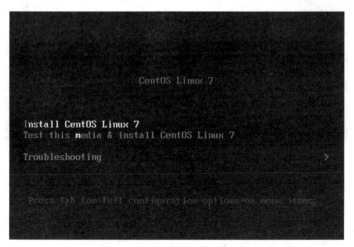

图 1-17 选择 Install CentOS Linux 7 进行安装

步骤03 安装途中再次按回车键继续即可,直到出现语言选择窗口。在语言选择窗口的左侧选择下拉框的倒数第二项,即【中文】;右侧选择【简体中文(中国)】,然后单击【继续】按钮,如图 1-18 所示。

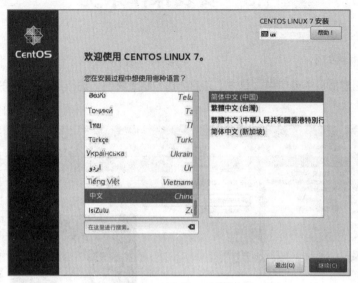

图 1-18 选择操作系统语言

步骤04 在接下来出现的【安装信息摘要】窗口中单击【安装位置】选项,如图 1-19 所示。

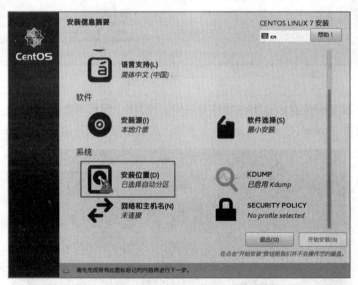

图 1-19 选择系统安装位置

步骤05 在【安装目标位置】窗口中,直接单击左上角的【完成】按钮即可,不需要做任何更改,默认即可,如图 1-20 所示。

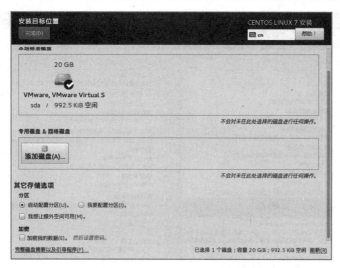

图 1-20 系统安装目标位置

步骤06 然后单击【软件选择】选项，更改安装软件，如图 1-21 所示。

图 1-21 系统软件选择

步骤07 在【软件选择】窗口中，选择【GNOME 桌面】选项，右侧的附加选项可以根据需要进行勾选，也可以不选择，此处不进行勾选。然后单击【完成】按钮，如图 1-22 所示。

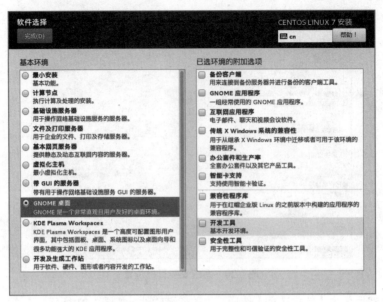

图 1-22 选择 GNOME 桌面

步骤08 回到【安装信息摘要】窗口，单击【网络和主机名】选项，查看虚拟机的 IP 地址，开启以太网卡，使虚拟机连接上网络。也可以不进行配置，在操作系统完成安装时手动配置。此处不进行配置，单击【开始安装】按钮进行操作系统的安装，如图 1-23 所示。

图 1-23 网络和主机名配置

步骤09 安装过程中会出现【用户设置】界面，在该界面中单击【ROOT 密码】按钮，设置 root 用户的密码；单击【创建用户】按钮，创建一个管理员用户。此处创建管理员用户 hadoop，如图 1-24 所示。

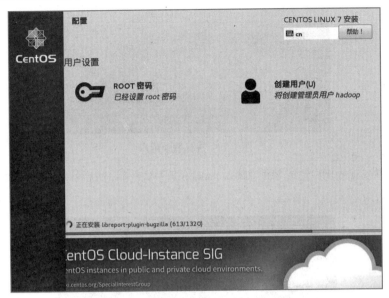

图 1-24　用户设置

步骤10　安装完成后，单击【重启】按钮，重启操作系统，如图 1-25 所示。

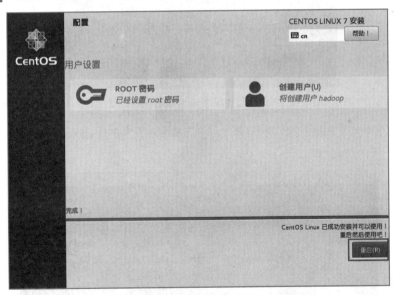

图 1-25　重启操作系统

步骤11　随后出现用户登录界面，该界面中默认列出了自己创建的用户列表，如果想登录其他用户（例如，root 用户），可以单击用户名下方的【未列出】超链接，填写需要登录的用户名与密码即可。由于 root 用户权限过高，为了防止后续出现操作安全问题，此处单击用户名【hadoop】，直接使用前面创建的 hadoop 用户进行登录，如图 1-26 所示。

图 1-26 选择登录用户

步骤12 在出现的用户登录界面中输入 hadoop 用户的密码，然后单击【登录】按钮，如图 1-27 所示。

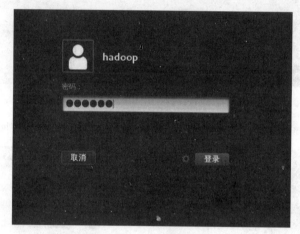

图 1-27 用户登录界面

步骤13 登录成功后进入操作系统桌面，单击桌面左下角的【gnome-initial-setup】初始化设置按钮，如图 1-28 所示。

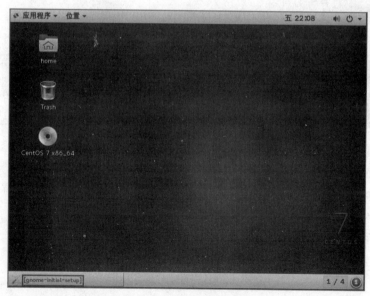

图 1-28 桌面初始化设置

步骤14 在初始化设置页面中,选择键盘输入方式,单击【汉语】按钮即可,如图 1-29 所示。

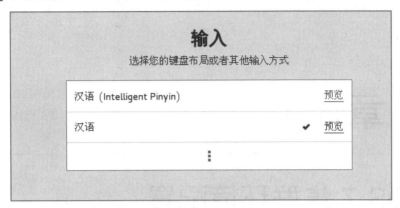

图 1-29　选择键盘输入方式

步骤15 到此,VMware 中的 CentOS 7 操作系统就安装完成了。若想执行 Shell 操作命令,可在系统桌面的空白处单击鼠标右键,在弹出的快捷菜单中选择【打开终端】命令,即可打开终端命令窗口,如图 1-30 所示。

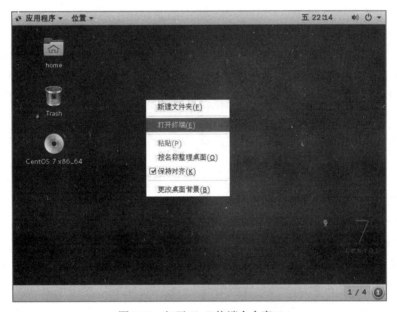

图 1-30　打开 Shell 终端命令窗口

第 2 章

CentOS 7 集群环境配置

本章内容

在安装好操作系统后,需要对系统进行环境配置,以便后续能够轻松进行 Hadoop 集群的搭建。

本章 2.1 节和 2.2 节在第 1 章安装好的操作系统的基础上继续讲解系统集群环境的配置和 JDK 的安装;2.3 节讲解对前面配置好的系统进行克隆,克隆出其他两个节点,而不需要重新新建虚拟机和安装操作系统;2.4 节讲解对三个节点进行主机名与 IP 的映射配置,为后面集群的搭建做好准备。

本章目标

- 了解 CentOS 7 用户的添加和权限的修改。
- 掌握 CentOS 7 中主机名与 IP 的修改。
- 掌握 CentOS 7 中 JDK 的安装。
- 掌握虚拟机的克隆。
- 掌握 CentOS 7 中主机 IP 映射的配置。

2.1 系统环境配置

本节讲解在安装软件及搭建集群之前对 CentOS 7 系统环境的一些配置操作。

2.1.1 新建用户

本书中使用 1.3 节安装操作系统时新建的 hadoop 用户进行后续的操作,读者若想使用其他用户，可按照下面的步骤新建用户。

例如，新建用户 tom：

（1）使用"su -"命令切换为 root 用户，然后执行以下命令：

```
$ adduser tom
```

（2）执行以下命令，设置用户 tom 的密码：

```
$ passwd tom
```

到此，用户 tom 新建成功。

2.1.2 修改用户权限

为了使普通用户可以使用 root 权限执行相关命令（例如，系统文件的修改等），而不需要切换到 root 用户，可以在命令前面加入指令 sudo。文件/etc/sudoers 中设置了可执行 sudo 指令的用户，因此需要修改该文件，添加相关用户。

例如，使 hadoop 用户可以执行 sudo 指令，操作步骤如下：

使用"su -"命令切换为 root 用户，然后执行以下命令，修改文件 sudoers：

```
$ vi /etc/sudoers
```

在文本 root ALL=(ALL) ALL 的下方加入以下代码，使 hadoop 用户可以使用 sudo 指令：

```
hadoop ALL=(ALL) ALL
```

执行 sudo 指令对系统文件进行修改时需要验证当前用户的密码，默认 5 分钟后密码过期，下次使用 sudo 需要重新输入密码。如果不想输入密码，则把上方的代码换成以下内容即可：

```
hadoop ALL=(ALL) NOPASSWD:ALL
```

执行 exit 命令回到 hadoop 用户，此时使用 root 权限的命令只需要在命令前面加入 sudo 即可，无须输入密码。例如，以下命令：

```
$ sudo cat /etc/sudoers
```

> **注 意**
>
> 安装操作系统时创建的管理员用户 hadoop，默认可以执行 sudo 指令，但需要验证 hadoop 用户的密码。可对其按照上面的步骤配置无须密码使用 sudo 指令。

2.1.3 关闭防火墙

集群通常都是内网搭建的，如果内网开启防火墙，内网集群通信则会受到防火墙的干扰，因此需要关闭集群中所有节点的防火墙。

执行以下命令关闭防火墙：

```
$ sudo systemctl stop firewalld.service
```

然后执行以下命令，禁止防火墙开机启动：

```
$ sudo systemctl disable firewalld.service
```

若需要查看防火墙是否已经关闭，可以执行以下命令，查看防火墙的状态：

```
$ sudo firewall-cmd --state
```

此外，开启防火墙的命令如下：

```
$ sudo systemctl start firewalld.service
```

2.1.4 设置固定 IP

为了避免后续启动操作系统后，IP 地址改变了，导致集群间通信失败，节点间无法正常访问，需要将操作系统的 IP 状态设置为固定 IP，具体操作步骤如下。

1. 查看 VMware 网关 IP

单击 VMware 菜单栏中的【编辑】/【虚拟网络编辑器】，在弹出的【虚拟网络编辑器】窗口的上方表格中选择最后一行，即外部连接为【NAT 模式】，然后单击下方的【NAT 设置】按钮，如图 2-1 所示。

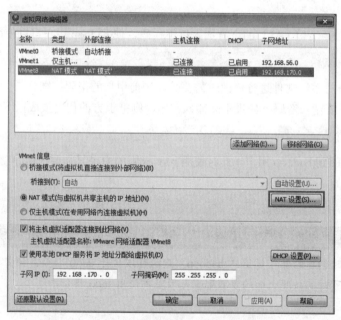

图 2-1　选择外部 NAT 模式

在弹出的【NAT 设置】窗口中，查看 VMware 分配的【网关 IP】。可以看到，本例中的网关 IP 为 192.168.170.2（网段为 170），如图 2-2 所示。

需要注意的是，后续给 VMware 中的操作系统设置 IP 时，网关 IP 应与图 2-2 中的网关 IP 保持一致。

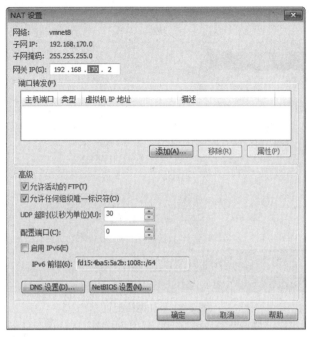

图 2-2　查看 VMware 网关 IP

2．配置系统 IP

CentOS 7 系统 IP 的配置方法有两种：桌面配置方式和命令行配置方式，下面分别进行讲解。

（1）桌面配置方式。

单击系统桌面右上角的倒三角按钮，在弹出的窗口中单击【有线设置】，如图 2-3 所示。

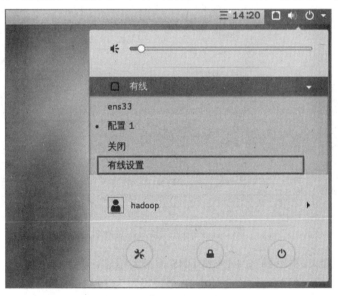

图 2-3　系统有线网络设置

在弹出的窗口中单击下方的【添加配置】按钮，如图 2-4 所示。

图 2-4 添加网络配置

在弹出的【网络配置】窗口中,左侧选择【IPv4】,右侧的【地址】选择【手动】,如图 2-5 所示。

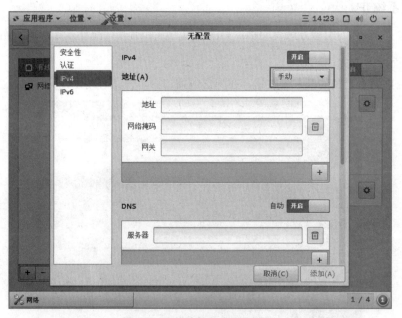

图 2-5 网络连接信息配置界面

接着输入 IP 地址、网络掩码、网关和 DNS 服务器信息。IP 地址可以自定义,范围在 1~254 之间,IP 地址的网段应与网关一致,此处将 IP 地址设置为 192.168.170.133。输入完毕后单击【添加】按钮,如图 2-6 所示。

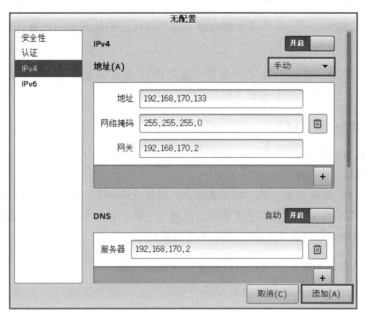

图 2-6　填写网络配置信息

（2）命令行配置方式。

在系统终端命令行窗口执行以下命令，修改文件 ifcfg-ens33：

```
$ sudo vim /etc/sysconfig/network-scripts/ifcfg-ens33
```

完整修改后的内容如下：

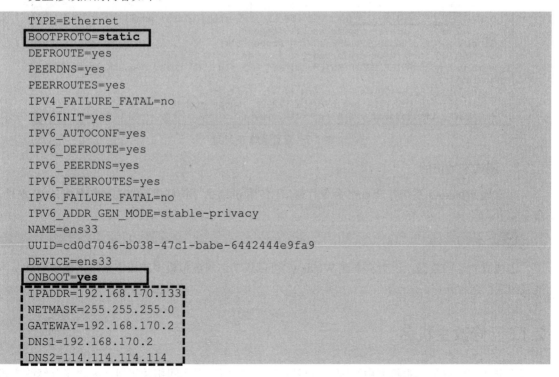

上述内容中，实线框标注的是修改的内容，虚线框标注的是添加的内容。
需要修改的属性及解析如下：

- **BOOTPROTO**：值 static 表示静态 IP（固定 IP），默认值是 dhcp，表示动态 IP。
- **ONBOOT**：yes 表示开机启用本配置。

需要添加的属性及解析如下：

- **IPADDR**：IP 地址。
- **NETMASK**：子网掩码。
- **GATEWAY**：默认网关。虚拟机安装的话，通常是 2，即 VMnet8 的网关设置。
- **DNS1**：DNS 配置。虚拟机安装的话，与网关一致。若需要连接外网，需要配置 DNS。
- **DNS2**：网络运营商公众 DNS，此处也可省略。

修改完成后执行以下命令，重启网络服务，使修改生效：

```
$ sudo service network restart
```

重启完成后，可以通过 ifconfig 命令或者以下命令，查看改动后的 IP：

```
$ ip addr
```

在输出的信息中，若网卡 ens33 对应的 IP 地址已显示为设置的地址，说明 IP 修改成功，如图 2-7 所示。

```
2: ens33: <BROADCAST,MULTICAST,UP,LOWER_UP> mtu 1500 qdisc pfifo_fast state UP q
len 1000
    link/ether 00:0c:29:53:3c:b6 brd ff:ff:ff:ff:ff:ff
    inet 192.168.170.133/24 brd 192.168.170.255 scope global ens33
       valid_lft forever preferred_lft forever
    inet6 fe80::d89e:a1f9:e148:730e/64 scope link
       valid_lft forever preferred_lft forever
3: virbr0: <NO-CARRIER,BROADCAST,MULTICAST,UP> mtu 1500 qdisc noqueue state DOWN
qlen 1000
    link/ether 52:54:00:cd:88:ab brd ff:ff:ff:ff:ff:ff
    inet 192.168.122.1/24 brd 192.168.122.255 scope global virbr0
       valid_lft forever preferred_lft forever
```

图 2-7　查看系统 IP 地址

3．测试本地访问

在本地 Windows 系统打开 cmd 命令行窗口，使用 ping 命令访问虚拟机中操作系统的 IP 地址，命令如下：

```
$ ping 192.168.170.133
```

若能成功返回数据，说明从本地 Windows 可以成功访问虚拟机中的操作系统，便于后续从本地系统进行远程操作。

2.1.5　修改主机名

在分布式集群中，主机名用于区分不同的节点，方便节点之间相互访问，因此需要修改主机的主机名。

具体操作步骤如下：

（1）使用 hadoop 用户登录系统，进入系统的终端命令行，输入以下命令，查看主机名：

```
$ hostname
localhost.localdomain
```

从输出信息中可以看到，当前主机的默认主机名为 localhost.localdomain。

（2）执行以下命令，设置主机名为 centos01：

```
$ sudo hostname centos01
```

此时系统的主机名已修改为 centos01，但是重启系统后修改将失效，要想永久改变主机名，需要修改 /etc/hostname 文件。

执行以下命令，修改 hostname 文件，将其中的默认主机名改为 centos01：

```
1  $ sudo vi /etc/hostname
```

（3）执行 reboot 命令，重启系统使修改生效。

需要注意的是，修改主机名后需要重启操作系统才能生效。

2.1.6 新建资源目录

在目录 /opt 下创建两个文件夹 softwares 和 modules，分别用于存放软件安装包和软件安装后的程序文件，命令如下：

```
$ sudo mkdir /opt/softwares
$ sudo mkdir /opt/modules
```

将目录 /opt 及其子目录中所有文件的所有者和组更改为用户 hadoop 和组 hadoop，命令如下：

```
$ sudo chown -R hadoop:hadoop /opt/*
```

查看目录权限是否修改成功，命令及输出信息如下：

```
$ ll
总用量 0
drwxr-xr-x. 2 hadoop hadoop   6 3月   8 09:55 modules
drwxr-xr-x. 2 hadoop hadoop   6 3月  26 2015 rh
drwxr-xr-x. 2 hadoop hadoop 231 3月   8 09:07 softwares
```

2.2 安装 JDK

Hadoop 等很多大数据框架使用 Java 开发，依赖于 Java 环境，因此在搭建 Hadoop 集群之前需要安装好 JDK。

JDK 的安装步骤如下。

1. 卸载系统自带的 JDK

执行以下命令,查询系统已安装的 JDK:

```
$ rpm -qa|grep java
java-1.8.0-openjdk-1.8.0.102-4.b14.el7.x86_64
javapackages-tools-3.4.1-11.el7.noarch
java-1.8.0-openjdk-headless-1.8.0.102-4.b14.el7.x86_64
tzdata-java-2016g-2.el7.noarch
python-javapackages-3.4.1-11.el7.noarch
java-1.7.0-openjdk-headless-1.7.0.111-2.6.7.8.el7.x86_64
java-1.7.0-openjdk-1.7.0.111-2.6.7.8.el7.x86_64
```

执行以下命令,卸载以上查询出的系统自带的 JDK:

```
$ sudo rpm -e --nodeps java-1.8.0-openjdk-1.8.0.102-4.b14.el7.x86_64
$ sudo rpm -e --nodeps javapackages-tools-3.4.1-11.el7.noarch
$ sudo rpm -e --nodeps java-1.8.0-openjdk-headless-1.8.0.102-4.b14.el7.x86_64
$ sudo rpm -e --nodeps tzdata-java-2016g-2.el7.noarch
$ sudo rpm -e --nodeps python-javapackages-3.4.1-11.el7.noarch
$ sudo rpm -e --nodeps java-1.7.0-openjdk-headless-1.7.0.111-2.6.7.8.el7.x86_64
$ sudo rpm -e --nodeps java-1.7.0-openjdk-1.7.0.111-2.6.7.8.el7.x86_64
```

2. 安装 JDK

(1) 上传解压安装包。

上传 JDK 安装包 jdk-8u144-linux-x64.tar.gz 到目录/opt/softwares 中,然后进入该目录,解压 jdk-8u144-linux-x64.tar.gz 到目录/opt/modules 中,解压命令如下:

```
$ tar -zxf jdk-8u144-linux-x64.tar.gz -C /opt/modules/
```

(2) 配置 JDK 环境变量。

执行以下命令,修改文件/etc/profile,配置 JDK 系统环境变量:

```
$ sudo vi /etc/profile
```

在文件末尾加入以下内容:

```
export JAVA_HOME=/opt/modules/jdk1.8.0_144
export PATH=$PATH:$JAVA_HOME/bin
```

执行以下命令,刷新 profile 文件,使修改生效:

```
$ source /etc/profile
```

执行 java -version 命令,若能成功输出以下 JDK 版本信息,说明安装成功:

```
java version "1.8.0_144"
Java(TM) SE Runtime Environment (build 1.8.0_144-b13)
Java HotSpot(TM) 64-Bit Server VM (build 25.144-b13, mixed mode)
```

2.3 克隆虚拟机

由于集群环境需要多个节点,当一个节点配置完毕后,可以通过 VMware 的克隆功能,将配置好的节点进行完整克隆,而不需要重新新建虚拟机和安装操作系统。

接下来讲解通过克隆已经安装好 JDK 的 centos01 节点的方法,新建两个节点 centos02 和 centos03,具体操作步骤如下。

1.克隆 centos01 节点到 centos02

关闭虚拟机 centos01,然后在 VMware 左侧的虚拟机列表中右键单击 centos01 虚拟机,选择【管理】/【克隆】,如图 2-8 所示。

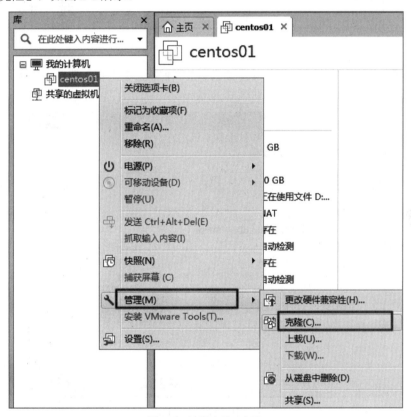

图 2-8　选择克隆虚拟机

在弹出的【克隆虚拟机向导】窗口中直接单击【下一步】按钮即可,如图 2-9 所示。

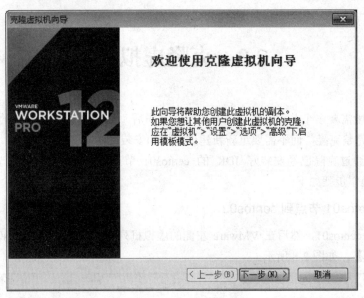

图 2-9 克隆虚拟机向导

在弹出的【克隆源】窗口中，选择【虚拟机中的当前状态】选项，然后单击【下一步】按钮，如图 2-10 所示。

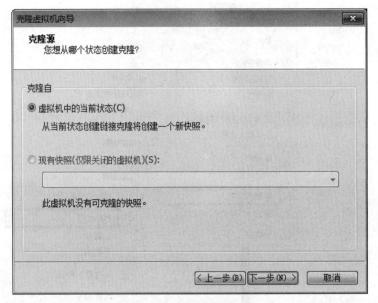

图 2-10 选择克隆状态

在弹出的【克隆类型】窗口中，选择【创建完整克隆】选项，然后单击【下一步】按钮，如图 2-11 所示。

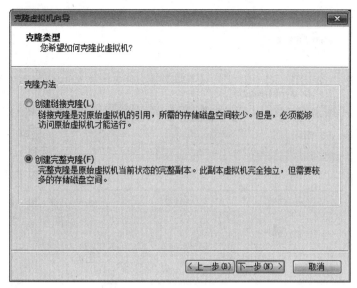

图 2-11 选择克隆类型

在弹出的新窗口中,【虚拟机名称】一栏填写为"centos02",并单击【浏览】按钮,修改新虚拟机的存储位置,然后单击【完成】按钮,开始进行克隆,如图 2-12 所示。

图 2-12 填写虚拟机名称并选择虚拟机存放位置

虚拟机的克隆过程如图 2-13 和图 2-14 所示。

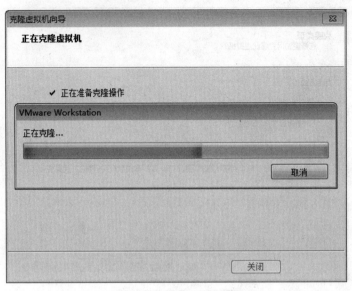

图 2-13 虚拟机克隆进度

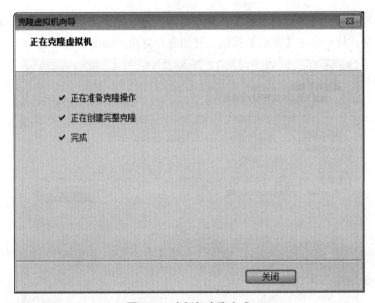

图 2-14 虚拟机克隆完成

2. 克隆 centos01 节点到 centos03

centos02 节点克隆完成后,再次克隆节点 centos01,将克隆后的虚拟机名称改为"centos03"。克隆完成后,所有节点如图 2-15 左侧列表所示。

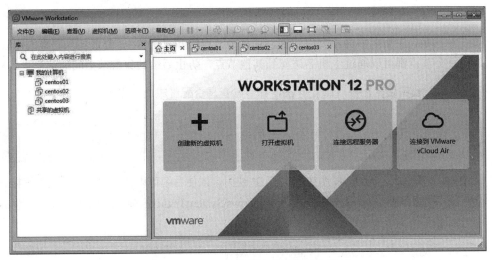

图 2-15　VMware 中的三个节点列表展示

3．修改节点主机名与 IP

由于节点 centos02 与 centos03 是从 centos01 克隆而来，主机名和 IP 与 centos01 完全一样，因此需要修改这两个节点的主机名与 IP。

本例中，分别将节点 centos02 和 centos03 的主机名修改为"centos02"和"centos03"，IP 修改为固定 IP 192.168.170.134 和 192.168.170.135，修改方法参考本章 2.1.4 节、2.1.5 节，此处不再赘述。

2.4　配置主机 IP 映射

通过修改各节点的主机 IP 映射，可以方便地使用主机名访问集群中的其他主机，而不需要输入 IP 地址。这就好比我们通过域名访问网站一样，方便快捷。

接下来讲解配置节点 centos01、centos02、centos03 的主机 IP 映射，具体操作步骤如下：

步骤01　依次启动三个节点：centos01、centos02、centos03。

步骤02　使用 ifconfig 命令查看三个节点的 IP，本例三个节点的 IP 分别为：

192.168.170.133

192.168.170.134

192.168.170.135

步骤03　在各个节点上分别执行以下命令，修改 hosts 文件：

```
$ sudo vi /etc/hosts
```

在 hosts 文件末尾追加以下内容：

```
192.168.170.133        centos01
192.168.170.134        centos02
```

```
192.168.170.135          centos03
```

需要注意的是，主机名后面不要有空格，且每个节点的 hosts 文件中都要加入同样的内容，这样可以保证每个节点都可以通过主机名访问到其他节点，防止后续的集群节点间通信产生问题。

步骤04 配置完后，在各节点使用 ping 命令检查是否配置成功，如下：

```
$ ping centos01
$ ping centos02
$ ping centos03
```

步骤05 配置本地 Windows 系统的主机 IP 映射，以便后续可以在本地通过主机名直接访问集群节点资源。编辑 Windows 操作系统的 C:\Windows\System32\drivers\etc\hosts 文件，在文件末尾加入以下内容即可：

```
192.168.170.133 centos01
192.168.170.134 centos02
192.168.170.135 centos03
```

第 3 章

Hadoop

本章内容

本章讲解 Hadoop 的基本概念与架构原理,并重点讲解 YARN 集群的架构和工作流程,最后在第 2 章搭建好的三个节点(centos01、centos02 和 centos03)上继续讲解 Hadoop 集群的搭建。

本章目标

- 了解 Hadoop 生态系统组成。
- 掌握 Hadoop 核心架构。
- 掌握 YARN 的基本架构。
- 掌握 YARN 的主要组件。
- 掌握 SSH 无密钥登录的配置。
- 掌握 Hadoop 分布式集群的搭建。

3.1 Hadoop 简介

当今互联网发展迅速,大型网站系统的日志量呈指数级增长,而日志对互联网公司是非常重要的,可以通过分析用户操作日志获取用户行为,从而有针对性地对用户进行推荐,提高产品的价值。假如一天产生的日志量为 300 GB,一年产生的日志量则为 300 GB×365=107 TB,这么大的数据量如何进行备份和容错?又如何进行分析呢?

Apache Hadoop 是大数据开发所使用的一个核心框架,是一个允许使用简单编程模型跨计算机集群分布式处理大型数据集的系统。使用 Hadoop 可以方便地管理分布式集群,将海量数据分布式地存储在集群中,并使用分布式并行程序来处理这些数据。它被设计成从单个服务器扩展到数千台计算机，每台计算机都提供本地计算和存储。Hadoop 本身的设计目的不是依靠硬件来提供高可用性，而是在应用层检测和处理故障。

3.1.1　Hadoop 生态系统架构

Hadoop 的生态系统主要组成架构，如图 3-1 所示。

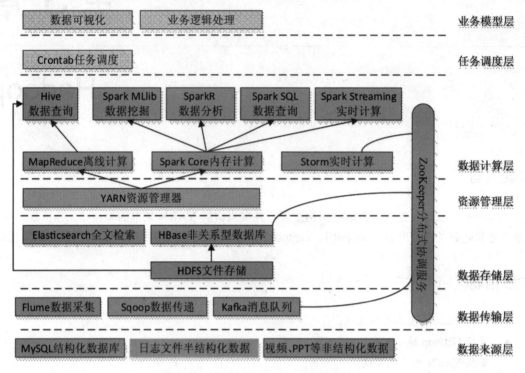

图 3-1　Hadoop 生态系统主要组成架构

随着 Hadoop 生态系统的成长，出现了越来越多新的项目，这些项目有的需要依赖于 Hadoop，有的可以独立运行，有的对 Hadoop 提供了很好的补充。

下面对 Hadoop 生态系统架构中的关键技术进行简要介绍，本书后续章节将对每一项技术进行详细讲解。

Hadoop 的核心主要包含以下模块。

- HDFS（Hadoop Distributed File System）：可提供高吞吐量访问的分布式文件系统。
- YARN：用于任务调度和集群资源管理的框架。
- MapReduce：基于 YARN 之上，用于大型数据集并行处理的系统。

其他 Hadoop 相关的系统。

- ZooKeeper：一个高性能的分布式应用程序的协调服务。
- Flume：一个日志收集系统，用于将大量日志数据从许多不同的源进行收集、聚合，最终移动到一个集中的数据中心进行存储。

- Sqoop：用于在关系型数据库与 Hadoop 平台之间进行数据导入和导出的工具。
- Kafka：一种高吞吐量的分布式发布订阅消息系统。
- HBase：一个可伸缩的分布式数据库，支持大型表的结构化数据存储。底层使用 HDFS 存储数据，同时依赖 ZooKeeper 进行集群协调服务。
- Elasticsearch：一个基于 Lucene 的分布式全文搜索引擎。
- Hive：基于 Hadoop 的数据仓库工具，可以将结构化的数据文件映射为一张数据库表，并提供简单的 SQL 查询功能，可以将 SQL 语句转换为 MapReduce 任务运行。
- Storm：一个分布式的实时计算系统。
- Spark：一种快速通用的 Hadoop 数据计算引擎。Spark 提供了一个简单而有表现力的编程模型，该模型支持广泛的应用程序，包括 ETL、机器学习、流处理和图形计算。

3.1.2　Hadoop 1.x 与 2.x 的架构对比

Hadoop 1.x 与 2.x 的架构对比如图 3-2 所示。

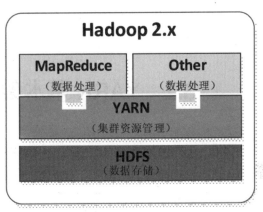

图 3-2　Hadoop 1.x 与 2.x 架构对比

　　Hadoop 1.x 的主要核心组成是 MapReduce 和 HDFS。MapReduce 不仅负责数据的计算，而且负责集群作业调度和资源（内存、CPU）管理；HDFS 负责数据的存储。

　　Hadoop 2.x 在原来的基础上引入了新的框架 YARN（Yet Another Resource Negotiator）。YARN 负责集群资源管理和统一调度，而 MapReduce 功能变得单一，其运行于 YARN 之上，只负责进行数据的计算。由于 YARN 具有通用性，因此 YARN 也可以作为其他计算框架（例如，Spark、Storm 等）的资源管理系统，不仅限于 MapReduce。

　　这种基于 YARN 的共享集群方式有以下好处：

- 提高了资源利用率。如果不同框架组成的集群相互独立，必然会导致资源的利用不充分，甚至出现资源紧张的情况，而共享集群的方式可以使多个框架共享集群资源，提高了资源利用率。
- 降低了运维成本。使用共享集群的方式，往往只需要少数的运维人员进行集群的统一管理，从而降低了运维成本。

- 数据可以共享。如果不同框架组成的集群相互独立，随着数据的增长，跨集群间的数据移动需要耗费更长的时间，而共享集群方式通过共享集群间的数据和资源，大大节省了数据移动时间并降低了成本。

以 YARN 为中心的共享集群资源架构如图 3-3 所示。

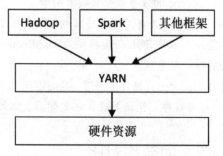

图 3-3　以 YARN 为中心的共享集群资源

说到底，YARN 其实是一个通用的资源管理系统。所谓资源管理，就是按照一定的策略将资源（内存、CPU）分配给各个应用程序使用，并且会采取一定的隔离机制防止应用程序之间彼此抢占资源而相互干扰。

3.2　YARN 基本架构及组件

YARN 集群总体上是经典的主/从（Master/Slave）架构，主要由 ResourceManager、NodeManager、ApplicationMaster 和 Container 等组件构成。YARN 集群架构如图 3-4 所示。

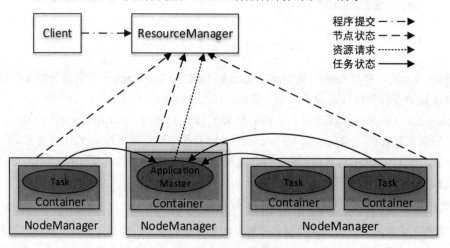

图 3-4　YARN 集群架构

各个组件的解析如下。

1. ResourceManager

ResourceManager 以后台进程的形式运行，负责对集群资源进行统一管理和任务调度。ResourceManager 的主要职责如下：

- 接收来自客户端的请求。
- 启动和管理各个应用程序的 ApplicationMaster。
- 接收来自 ApplicationMaster 的资源申请，并为其分配 Container。
- 管理 NodeManager，接收来自 NodeManager 的资源和节点健康情况汇报。

2. NodeManager

NodeManager 是集群中每个节点上的资源和任务管理器，以后台进程的形式运行。它会定时向 ResourceManager 汇报本节点上的资源（内存、CPU）使用情况和各个 Container 的运行状态，同时会接收并处理来自 ApplicationMaster 的 Container 启动/停止等请求。NodeManager 不会监视任务，它仅监视 Container 中的资源使用情况。例如，如果一个 Container 消耗的内存比最初分配的更多，它会结束该 Container。

3. Task

Task 是应用程序的具体执行任务。一个应用程序可能有多个任务，如一个 MapReduce 程序可以有多个 Map 任务和多个 Reduce 任务（本书第 5 章会对 MapReduce 进行详细讲解）。

4. Container

Container 是 YARN 中资源分配的基本单位，封装了 CPU 和内存资源的一个容器，相当于是一个 Task 运行环境的抽象。从实现上看，Container 是一个 Java 抽象类，定义了资源信息。应用程序的 Task 将会被发布到 Container 中运行，从而限定了 Task 使用的资源量。Container 类的部分源码如下：

```java
public abstract class Container implements Comparable<Container> {
  public Container() {
  }

  public static Container newInstance(ContainerId containerId, NodeId nodeId,
String nodeHttpAddress, Resource resource, Priority priority, Token containerToken)
{
    Container container = (Container)Records.newRecord(Container.class);
    container.setId(containerId);
    container.setNodeId(nodeId);
    container.setNodeHttpAddress(nodeHttpAddress);
    container.setResource(resource);
    container.setPriority(priority);
    container.setContainerToken(containerToken);
    return container;
  }

}
```

从上述代码中可以看出，Container 类中定义的一个重要属性类型是 Resource，内存和 CPU 的资源信息正是存储于 Resource 类中。Resource 类也是一个抽象类，其中定义了内存和 CPU 核心数，该类的部分源码如下：

```java
public abstract class Resource implements Comparable<Resource> {
  public Resource() {
  }

  public static Resource newInstance(long memory, int vCores) {
    Resource resource = (Resource)Records.newRecord(Resource.class);
    resource.setMemorySize(memory);
    resource.setVirtualCores(vCores);
    return resource;
  }

}
```

　　Container 的大小取决于它所包含的资源量。一个节点上的 Container 数量，由节点空闲资源总量（总 CPU 数和总内存）决定。

　　在 YARN 的 NodeManager 节点上拥有许多动态创建的 Container。NodeManager 会将计算机的 CPU 和内存的一定值抽离成虚拟的值，然后这些虚拟的值根据配置组成多个 Container，当应用程序提出申请时，就会对其分配相应的 Container。

　　此外，一个应用程序所需的 Container 分为两类：运行 ApplicationMaster 的 Container 和运行各类 Task 的 Container。前者是由 ResourceManager 向内部的资源调度器申请和启动，后者是由 ApplicationMaster 向 ResourceManager 申请的，并由 ApplicationMaster 请求 NodeManager 进行启动。

　　我们可以将 Container 类比成数据库连接池中的连接，需要的时候进行申请，使用完毕后进行释放，而不需要每次独自创建。

5. ApplicationMaster

　　ApplicationMaster 即应用程序管理者，主要负责应用程序的管理，以后台进程的形式运行。它为应用程序向 ResourceManager 申请资源（CPU、内存），并将资源分配给所管理的应用程序的 Task。

　　一个应用程序对应一个 ApplicationMaster。例如，一个 MapReduce 应用程序会对应一个 ApplicationMaster（MapReduce 应用程序运行时，会在 NodeManager 节点上启动一个名为 "MRAppMaster" 的进程，该进程则是 MapReduce 的 ApplicationMaster 实现）；一个 Spark 应用程序也会对应一个 ApplicationMaster。

　　在用户提交一个应用程序时，会启动一个 ApplicationMaster 实例，ApplicationMaster 会启动所有需要的 Task 来完成它负责的应用程序，并且监视 Task 运行状态和运行进度、重新启动失败的 Task 等。应用程序完成后，ApplicationMaster 会关闭自己并释放自己的 Container，以便其他应用程序的 ApplicationMaster 或 Task 转移至该 Container 中运行，提高资源利用率。

　　ApplicationMaster 自身和应用程序的 Task 都在 Container 中运行。

　　ApplicationMaster 可在 Container 内运行任何类型的 Task。例如，MapReduce ApplicationMaster 请求一个容器来启动 Map Task 或 Reduce Task。也可以实现一个自定义的 ApplicationMaster 来运行特定的 Task，以便任何分布式框架都可以受 YARN 支持，只要实现了相应的 ApplicationMaster

即可。

总结来说，我们可以这样认为：ResourceManager 管理整个集群，NodeManager 管理集群中单个节点，ApplicationMaster 管理单个应用程序（集群中可能同时有多个应用程序在运行，每个应用程序都有各自的 ApplicationMaster）。

3.3　YARN 工作流程

YARN 集群中应用程序的执行流程如图 3-5 所示。

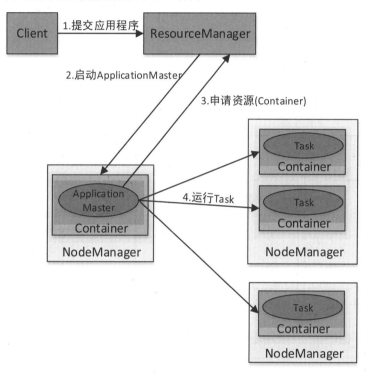

图 3-5　YARN 应用程序执行流程

（1）客户端提交应用程序（可以是 MapReduce 程序、Spark 程序等）到 ResourceManager。

（2）ResourceManager 分配用于运行 ApplicationMaster 的 Container，然后与 NodeManager 通信，要求它在该 Container 中启动 ApplicationMaster。ApplicationMaster 启动后，它将负责此应用程序的整个生命周期。

（3）ApplicationMaster 向 ResourceManager 注册（注册后可以通过 ResourceManager 查看应用程序的运行状态）并请求运行应用程序各个 Task 所需的 Container（资源请求是对一些 Container 的请求）。如果符合条件，ResourceManager 会分配给 ApplicationMaster 所需的 Container（表达为 Container ID 和主机名）。

（4）ApplicationMaster 请求 NodeManager 使用这些 Container 来运行应用程序的相应 Task（即将 Task 发布到指定的 Container 中运行）。

此外,各个运行中的 Task 会通过 RPC 协议向 ApplicationMaster 汇报自己的状态和进度,这样一旦某个 Task 运行失败时,ApplicationMaster 可以对其重新启动。当应用程序运行完成时,ApplicationMaster 会向 ResourceManager 申请注销自己。

3.4 配置集群各节点 SSH 无密钥登录

Hadoop 的进程间通信使用 SSH(Secure Shell)方式。SSH 是一种通信加密协议,使用非对称加密方式,可以避免网络窃听。为了使 Hadoop 各节点之间能够无密钥相互访问,使彼此之间相互信任,通信不受阻碍,在搭建 Hadoop 集群之前需要配置各节点的 SSH 无密钥登录。

3.4.1 无密钥登录原理

SSH 无密钥登录的原理如图 3-6 所示。

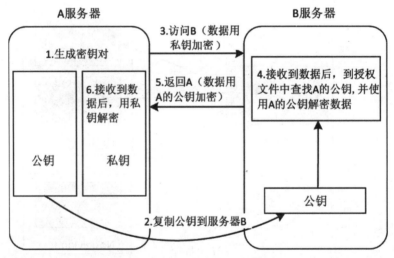

图 3-6　SSH 无密钥登录原理

从 A 服务器无密钥登录到 B 服务器的具体流程如下:

(1)在 A 服务器中生成密钥对,包括公钥和私钥。
(2)将公钥复制到 B 服务器的授权文件(authorized_keys)中。
(3)A 服务器将访问数据用私钥加密,然后发送给 B 服务器。
(4)B 服务器接收到数据以后,到授权文件中查找 A 服务器的公钥,并使用该公钥将数据解密。
(5)B 服务器将需要返回的数据用 A 服务器的公钥加密后,返回给 A 服务器。
(6)A 服务器接收到数据后,用私钥将其解密。

总结来说,判定是否允许无密钥登录,关键在于登录节点的密钥信息是否存在于被登录节点的授权文件中,如果存在,则允许登录。

3.4.2 无密钥登录操作步骤

Hadoop 集群需要确保在每一个节点上都能无密钥登录到其他节点。

本例在第 2 章的基础上继续使用 hadoop 用户进行操作,使用三个节点(centos01、centos02 和 centos03)配置无密钥登录,无密钥登录架构如图 3-7 所示。

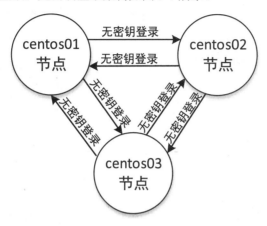

图 3-7　无密钥登录架构

具体配置方式有两种:手动复制和命令复制,下面分别进行讲解。

1. 手动复制方式

(1)将各节点的公钥加入到同一个授权文件中。

1)在 centos01 节点中,生成密钥文件,并将公钥信息加入到授权文件中,所需命令如下:

```
$ cd ~/.ssh/                          # 若没有该目录,请先执行一次 ssh localhost 命令
$ ssh-keygen -t rsa                   # 生成密钥文件,会有提示输入加密信息,都按回车键即可
$ cat ./id_rsa.pub >> ./authorized_keys  # 将密钥内容加入到授权文件中
```

其中.ssh 文件夹为系统隐藏文件夹,若无此目录,可以执行一次 ssh localhost 命令,则会生成该目录。或者直接手动创建该目录。

2)在 centos02 节点中,生成密钥文件,并将公钥文件远程复制到 centos01 节点的相同目录,且重命名为 id_rsa.pub.centos02,相关命令如下:

```
$ cd ~/.ssh/                          # 若没有该目录,请先执行一次 ssh localhost 命令
$ ssh-keygen -t rsa                   # 生成密钥文件,会有提示输入加密信息,都按回车键即可
$ scp ~/.ssh/id_rsa.pub hadoop@centos01:~/.ssh/id_rsa.pub.centos02 #远程复制
```

3)在 centos03 节点中,执行与 centos02 相同的操作(生成密钥文件,并将公钥文件远程复制到 centos01 节点的相同目录,且重命名为 id_rsa.pub.centos03),相关命令如下:

```
$ cd ~/.ssh/                          # 若没有该目录,请先执行一次 ssh localhost 命令
$ ssh-keygen -t rsa                   # 生成密钥文件,会有提示输入加密信息,都按回车键即可
$ scp ~/.ssh/id_rsa.pub hadoop@centos01:~/.ssh/id_rsa.pub.centos03 #远程复制
```

4)回到 centos01 节点,将 centos02 和 centos03 节点的密钥文件信息都加入到授权文件中,相关命令如下:

```
$ cat ./id_rsa.pub.centos02 >> ./authorized_keys  #将centos02的密钥加入到授权文件
$ cat ./id_rsa.pub.centos03 >> ./authorized_keys  #将centos03的密钥加入到授权文件
```

（2）复制授权文件到各个节点。

将 centos01 节点中的授权文件远程复制到其他节点的相同目录，命令如下：

```
$ scp ~/.ssh/authorized_keys hadoop@centos02:~/.ssh/
$ scp ~/.ssh/authorized_keys hadoop@centos03:~/.ssh/
```

（3）测试无密钥登录。

接下来可以使用 ssh 命令测试从一个节点无密钥登录到另一个节点。例如，从 centos01 节点无密钥登录到 centos02 节点，命令如下：

```
$ ssh centos02
```

成功登录后，记得执行 exit 命令退出登录。

如果登录失败，可能的原因是授权文件 authorized_keys 权限分配问题，分别在每个节点上执行以下命令，更改文件权限：

```
$ chmod 700 ~/.ssh                    #只有拥有者有读、写权限
$ chmod 600 ~/.ssh/authorized_keys    #只有拥有者有读、写、执行权限
```

到此，各节点的 SSH 无密钥登录就配置完成了。

2．命令复制方式

ssh-copy-id 命令可以把本地主机的公钥复制并追加到远程主机的 authorized_keys 文件中，该命令也会给远程主机的用户主目录（home）、~/.ssh 目录和~/.ssh/authorized_keys 设置合适的权限。

（1）分别在三个节点中执行以下命令，生成密钥文件：

```
$ cd ~/.ssh/                # 若没有该目录，请先执行一次 ssh localhost 命令
$ ssh-keygen -t rsa         # 生成密钥文件，会有提示输入加密信息，都按回车键即可
```

（2）分别在三个节点中执行以下命令，将公钥信息复制并追加到对方节点的授权文件 authorized_keys 中：

```
$ ssh-copy-id centos01
$ ssh-copy-id centos02
$ ssh-copy-id centos03
```

命令执行过程中需要输入当前用户的密码。

（3）测试 SSH 无密钥登录。

仍然使用 ssh 命令进行测试登录即可。具体见本节手动复制方式的步骤(3)。

> **注 意**
>
> 如果不配置无密钥登录，Hadoop 集群也是可以正常运行的，只是每次启动 Hadoop 都要输入密码以登录到每台计算机的 DataNode（存储数据的节点）上，而一般的 Hadoop 集群动辄数百甚至上千台计算机，因此配置 SSH 无密钥登录是必要的。

3.5 搭建 Hadoop 2.x 分布式集群

本例的搭建思路是，在节点 centos01 中安装 Hadoop 并修改配置文件，然后将配置好的 Hadoop 安装文件远程复制到集群中的其他节点。集群各节点的角色分配如表 3-1 所示。

表 3-1　Hadoop 集群角色分配

节点	角色
centos01	NameNode
	SecondaryNameNode
	DataNode
	ResourceManager
	NodeManager
centos02	DataNode
	NodeManager
centos03	DataNode
	NodeManager

表 3-1 中的角色指的是 Hadoop 集群各节点所启动的守护进程，其中的 NameNode、DataNode 和 SecondaryNameNode 是 HDFS 集群所启动的进程（HDFS 将在第 4 章进行详细讲解）；ResourceManager 和 NodeManager 是 YARN 集群所启动的进程。

Hadoop 集群搭建的操作步骤如下。

1．上传 Hadoop 并解压

在 centos01 节点中，将 Hadoop 安装文件 hadoop-2.8.2.tar.gz 上传到/opt/softwares/目录，然后进入该目录，解压安装文件到/opt/modules/，命令如下：

```
$ cd /opt/softwares/
$ tar -zxf hadoop-2.8.2.tar.gz -C /opt/modules/
```

2．配置系统环境变量

为了可以方便地在任意目录下执行 Hadoop 命令，而不需要进入到 Hadoop 安装目录，需要配置 Hadoop 系统环境变量。此处只需要配置 centos01 节点即可。

执行以下命令，修改文件/etc/profile：

```
$ sudo vi /etc/profile
```

在文件末尾加入以下内容：

```
export HADOOP_HOME=/opt/modules/hadoop-2.8.2
export PATH=$PATH:$HADOOP_HOME/bin:$HADOOP_HOME/sbin
```

执行以下命令，刷新 profile 文件，使修改生效。

```
$ source /etc/profile
```

执行 hadoop 命令，若能成功输出以下返回信息，说明 Hadoop 系统变量配置成功：

```
Usage: hadoop [--config confdir] [COMMAND | CLASSNAME]
  CLASSNAME            run the class named CLASSNAME
 or
  where COMMAND is one of:
  fs                   run a generic filesystem user client
  version              print the version
  jar <jar>            run a jar file
```

3．配置 Hadoop 环境变量

Hadoop 所有的配置文件都存在于安装目录下的 etc/hadoop 中，进入该目录，修改以下配置文件：

```
hadoop-env.sh
mapred-env.sh
yarn-env.sh
```

三个文件分别加入 JAVA_HOME 环境变量，如下：

```
export JAVA_HOME=/opt/modules/jdk1.8.0_144
```

4．配置 HDFS

（1）修改配置文件 core-site.xml，加入以下内容：

```xml
<configuration>
  <property>
    <name>fs.defaultFS</name>
    <value>hdfs://centos01:9000</value>
  </property>
  <property>
    <name>hadoop.tmp.dir</name>
    <value>file:/opt/modules/hadoop-2.8.2/tmp</value>
  </property>
</configuration>
```

上述配置属性解析如下：

- **fs.defaultFS**：HDFS 的默认访问路径，也是 NameNode 的访问地址。
- **hadoop.tmp.dir**：Hadoop 数据文件的存放目录。该参数如果不配置，默认指向/tmp 目录，而 /tmp 目录在系统重启后会自动被清空，从而导致 Hadoop 的文件系统数据丢失。

（2）修改配置文件 hdfs-site.xml，加入以下内容：

```xml
<configuration>
  <property>
    <name>dfs.replication</name>
    <value>2</value>
  </property>
  <property><!--不检查用户权限-->
    <name>dfs.permissions.enabled</name>
    <value>false</value>
```

```xml
    </property>
    <property>
        <name>dfs.namenode.name.dir</name>
        <value>file:/opt/modules/hadoop-2.8.2/tmp/dfs/name</value>
    </property>
    <property>
        <name>dfs.datanode.data.dir</name>
        <value>file:/opt/modules/hadoop-2.8.2/tmp/dfs/data</value>
    </property>
</configuration>
```

上述配置属性解析如下：

- dfs.replication：文件在 HDFS 系统中的副本数。
- dfs.namenode.name.dir：NameNode 节点数据在本地文件系统的存放位置。
- dfs.datanode.data.dir：DataNode 节点数据在本地文件系统的存放位置。

（3）修改 slaves 文件，配置 DataNode 节点。slaves 文件原本无任何内容，需要将所有 DataNode 节点的主机名都添加进去，每个主机名占一整行（注意不要有空格）。本例中，DataNode 为三个节点，配置信息如下：

```
centos01
centos02
centos03
```

5. 配置 YARN

（1）重命名 mapred-site.xml.template 文件为 mapred-site.xml，修改 mapred-site.xml 文件，添加以下内容，指定任务执行框架为 YARN。

```xml
<configuration>
    <property>
        <name>mapreduce.framework.name</name>
        <value>yarn</value>
    </property>
</configuration>
```

（2）修改 yarn-site.xml 文件，添加以下内容：

```xml
<configuration>
    <property>
        <name>yarn.nodemanager.aux-services</name>
        <value>mapreduce_shuffle</value>
    </property>
</configuration>
```

上述配置属性解析如下：

- **yarn.nodemanager.aux-services**：NodeManager 上运行的附属服务，需配置成 mapreduce_shuffle 才可运行 MapReduce 程序。YARN 提供了该配置项用于在 NodeManager 上扩展自定义服务，MapReduce 的 Shuffle 功能正是一种扩展服务。

也可以继续在 yarn-site.xml 文件中添加以下属性内容,指定 ResourceManager 所在的节点与访问端口(默认端口为 8032),此处指定 ResourceManager 运行在 centos01 节点:

```xml
<property>
   <name>yarn.resourcemanager.address</name>
   <value>centos01:8032</value>
</property>
```

若不添加上述内容,ResourceManager 将默认在执行 YARN 启动命令(start-yarn.sh)的节点上启动。

6. 复制 Hadoop 安装文件到其他主机

在 centos01 节点上,将配置好的整个 Hadoop 安装目录复制到其他节点(centos02 和 centos03),命令如下:

```
$ scp -r hadoop-2.8.2/ hadoop@centos02:/opt/modules/
$ scp -r hadoop-2.8.2/ hadoop@centos03:/opt/modules/
```

7. 格式化 NameNode

启动 Hadoop 之前,需要先格式化 NameNode。格式化 NameNode 可以初始化 HDFS 文件系统的一些目录和文件,在 centos01 节点上执行以下命令,进行格式化操作:

```
$ hadoop namenode -format
```

若能输出以下信息,说明格式化成功:

```
Storage directory /opt/modules/hadoop-2.8.2/tmp/dfs/name has been successfully formatted.
```

格式化成功后,会在当前节点的 Hadoop 安装目录中生成 tmp/dfs/name/current 目录,该目录中则生成了用于存储 HDFS 文件系统元数据信息的文件 fsimage(关于元数据文件将在下一章进行详细讲解),如图 3-8 所示。

```
[hadoop@centos01 current]$ pwd
/opt/modules/hadoop-2.8.2/tmp/dfs/name/current
[hadoop@centos01 current]$ ll
总用量 16
-rw-rw-r--. 1 hadoop hadoop 323 2月   1 18:16 fsimage_0000000000000000000
-rw-rw-r--. 1 hadoop hadoop  62 2月   1 18:16 fsimage_0000000000000000000.md5
-rw-rw-r--. 1 hadoop hadoop   2 2月   1 18:16 seen_txid
-rw-rw-r--. 1 hadoop hadoop 220 2月   1 18:16 VERSION
```

图 3-8 格式化 NameNode 后生成的相关文件

需要注意的是,必须在 NameNode 所在节点上进行格式化操作。

8. 启动 Hadoop

在 centos01 节点上执行以下命令,启动 Hadoop 集群:

```
$ start-all.sh
```

也可以执行 start-dfs.sh 和 start-yarn.sh 分别启动 HDFS 集群和 YARN 集群。

Hadoop 安装目录下的 sbin 目录中存放了很多启动脚本，若由于内存等原因使集群中的某个守护进程宕掉了，可以执行该目录中的脚本对相应的守护进程进行启动。常用的启动和停止脚本及说明如表 3-2 所示。

表 3-2　Hadoop 启动和停止脚本及说明

脚本	说明
start-all.sh	启动整个 Hadoop 集群，包括 HDFS 和 YARN
stop-all.sh	停止整个 Hadoop 集群，包括 HDFS 和 YARN
start-dfs.sh	启动 HDFS 集群
stop-dfs.sh	停止 HDFS 集群
start-yarn.sh	启动 YARN 集群
stop-yarn.sh	停止 YARN 集群
hadoop-daemon.sh start namenode	单独启动 NameNode 守护进程
hadoop-daemon.sh stop namenode	单独停止 NameNode 守护进程
hadoop-daemon.sh start datanode	单独启动 DataNode 守护进程
hadoop-daemon.sh stop datanode	单独停止 DataNode 守护进程
hadoop-daemon.sh start secondarynamenode	单独启动 SecondaryNameNode 守护进程
hadoop-daemon.sh stop secondarynamenode	单独停止 SecondaryNameNode 守护进程
yarn-daemon.sh start resourcemanager	单独启动 ResourceManager 守护进程
yarn-daemon.sh stop resourcemanager	单独停止 ResourceManager 守护进程
yarn-daemon.sh start nodemanager	单独启动 NodeManager 守护进程
yarn-daemon.sh stop nodemanager	单独停止 NodeManager 守护进程

注 意

①若不配置 SecondaryNameNode 所在的节点，将默认在执行 HDFS 启动命令（start-dfs.sh）的节点上启动；②若不配置 ResourceManager 所在的节点，将默认在执行 YARN 启动命令（start-yarn.sh）的节点上启动；若配置了 ResourceManager 所在的节点，则必须在所配置的节点启动 YARN，否则在其他节点启动时将抛出异常；③NodeManager 无须配置，会与 DataNode 在同一个节点上，以获取任务执行时的数据本地性优势，即有 DataNode 的节点就会有 NodeManager。

9．查看各节点启动进程

集群启动成功后，分别在各个节点上执行 jps 命令，查看启动的 Java 进程。可以看到，各节点的 Java 进程如下。

centos01 节点的进程：

```
$ jps
13524 SecondaryNameNode
13813 NodeManager
13351 DataNode
13208 NameNode
13688 ResourceManager
14091 Jps
```

centos02 节点的进程：

```
$ jps
7585 NodeManager
7477 DataNode
7789 Jps
```

centos03 节点的进程：

```
$ jps
8308 Jps
8104 NodeManager
7996 DataNode
```

10．测试 HDFS

在 centos01 节点中执行以下命令，在 HDFS 根目录创建文件夹 input，并将 Hadoop 安装目录下的文件 README.txt 上传到新建的 input 文件夹中：

```
$ hdfs dfs -mkdir /input
$ hdfs dfs -put /opt/modules/hadoop-2.8.2/README.txt /input
```

浏览器访问网址 http://centos01:50070（需要在本地配置好域名 IP 映射，域名为 NameNode 所在节点的主机名，关于 NameNode 将在第 4 章进行详细讲解）可以查看 HDFS 的 NameNode 信息并浏览 HDFS 系统中的文件，如图 3-9 所示。

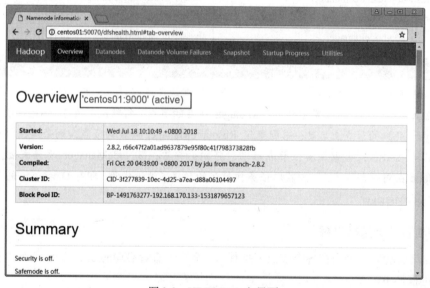

图 3-9　HDFS Web 主界面

11．测试 MapReduce

在 centos01 节点中执行以下命令，运行 Hadoop 自带的 MapReduce 单词计数程序，统计/input 文件夹中的所有文件的单词数量：

```
$ hadoop jar share/hadoop/mapreduce/hadoop-mapreduce-examples-2.8.2.jar /input /output
```

统计完成后,执行以下命令,查看 MapReduce 执行结果:

```
$ hdfs dfs -cat /output/*
```

如果以上测试没有问题,则 Hadoop 集群搭建成功。

本书第 4、5 章将对 HDFS 和 MapReduce 做出详细讲解。

第 4 章

HDFS

本章内容

本章首先讲解 HDFS 的体系结构、存储架构等理论知识，然后通过具体操作讲解 HDFS 的命令行和 Java API 等实操知识。

本章目标

- 了解 HDFS 的体系结构。
- 掌握 HDFS 的存储架构。
- 掌握 HDFS 的命令行操作。
- 掌握 HDFS 的 Web 界面操作。
- 掌握 HDFS 的 Java API 操作。

4.1　HDFS 简介

HDFS（Hadoop Distributed File System）是 Hadoop 项目的核心子项目，在大数据开发中通过分布式计算对海量数据进行存储与管理。它基于流数据模式访问和处理超大文件的需求而开发，可以运行在廉价的商用服务器上，为海量数据提供了不怕故障的存储方法，进而为超大数据集的应用处理带来了很多便利。

下面是 HDFS 的一些显著特征：

- HDFS 非常适合使用商用硬件进行分布式存储和分布式处理。它具有容错性、可扩展性，并且扩展极其简单。
- HDFS 具有高度可配置性。大多数情况下，需要仅针对非常大的集群调整默认配置。

- HDFS 是 Hadoop 的核心框架，而 Hadoop 是用 Java 编写的，因此可以运行于所有主流平台上。
- 支持类似 Shell 的命令直接与 HDFS 交互。
- HDFS 内置了 Web 服务器，可以轻松检查集群的当前状态。

4.1.1 设计目标

HDFS 的主要设计目标如下。

1．硬件故障

硬件故障是常态，而非例外。HDFS 集群可能由数百或数千台服务器组成，每台服务器都存储文件系统数据的一部分，且每台服务器都有很大的故障概率。因此，故障检测和快速、自动地从故障中恢复是 HDFS 的核心架构目标。

2．流式数据访问

在 HDFS 上运行的应用程序需要对其数据集进行流式访问，这与运行在一般文件系统上的应用不同。HDFS 更适合批量处理，而不是用户的交互使用，它更加强调数据访问的高吞吐量，而不是数据访问的低延迟。

3．大型数据集

HDFS 是一个支持大型数据集的文件系统，一个典型的 HDFS 数据文件可以从千兆字节到兆兆字节不等，可以为具有数百个节点的集群提供高聚合的数据带宽和规模，同时承载千万个文件。

4．简单一致性模型

HDFS 遵循简单一致性模型，一次写入，多次读取。即文件一旦被建立、写入、关闭，就不能被改变，更不能从文件任意位置进行修改，以此来保证数据的一致性。Hadoop 2.x 以后，支持在文件末尾追加内容。

5．移动计算比移动数据容易

HDFS 被设计为能更好地将计算迁移到更接近数据的位置，而不是将数据移动到应用程序运行的位置，这样应用程序的计算效率会更高。HDFS 为应用程序提供接口，使其更接近数据所在的位置。

6．平台的可移植性

HDFS 被设计为可以从一个平台轻松地移植到另一个平台，从而使 HDFS 能够作为大型应用程序的首选平台。

4.1.2 总体架构

HDFS 是使用 Java 语言构建的系统，任何支持 Java 的计算机都可以运行 HDFS，HDFS 集群的总体架构如图 4-1 所示。

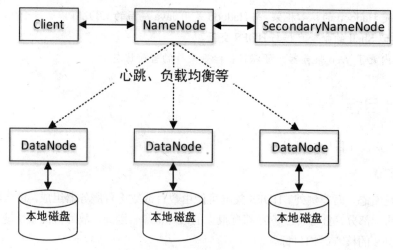

图 4-1　HDFS 集群的总体架构

HDFS 是一个典型的主/从（Master/Slave）架构的分布式系统。一个 HDFS 集群由一个元数据节点（称为 NameNode）和一些数据节点（称为 DataNode）组成。NameNode 是 HDFS 的主节点，是一个用来管理文件元数据（文件名称、大小、存储位置等）和处理来自客户端的文件访问请求的主服务器；DataNode 是 HDFS 的从节点，用来管理对应节点的数据存储，即实际文件数据存储于 DataNode 上，而 DataNode 中的数据则保存在本地磁盘。

当 HDFS 系统启动后，NameNode 上会启动一个名称为"NameNode"的进程，DataNode 上会启动一个名称为"DataNode"的进程。

典型的 HDFS 集群部署是有一台专用的计算机只运行 NameNode 进程，集群中的其他计算机都运行 DataNode 进程。HDFS 架构并不排除在同一台计算机上运行多个 DataNode 进程，但在实际部署中很少出现这种情况。

HDFS 集群中单个 NameNode 的存在极大地简化了系统的体系结构。NameNode 是 HDFS 元数据的仲裁者和存储库。该系统的设计方式是，用户数据永远不会流经 NameNode。

此外，还有一个重要组件称为 SecondaryNameNode，4.1.3 节将对 HDFS 各组件进行详细讲解。

4.1.3　主要组件

HDFS 系统的主要构成组件如下。

1. 数据块（Block）

HDFS 中的文件是以数据块（Block）的形式存储的，默认最基本的存储单位是 128 MB（Hadoop 1.x 为 64 MB）的数据块。也就是说，存储在 HDFS 中的文件都会被分割成 128 MB 一块的数据块进行存储，如果文件本身小于一个数据块的大小，则按实际大小存储，并不占用整个数据块空间。

HDFS 的数据块之所以会设置这么大，其目的是减少寻址开销。数据块数量越多，寻址数据块所耗的时间就越多。当然也不会设置过大，MapReduce 中的 Map 任务通常一次只处理一个块中的数据，如果任务数太少，作业的运行速度就会比较慢（MapReduce 将在第 5 章讲解）。

HDFS 的每一个数据块默认都有三个副本，分别存储在不同的 DataNode 上，以实现容错功能。

因此，若数据块的某个副本丢失并不会影响对数据块的访问。数据块大小和副本数量可在配置文件中更改。HDFS 数据块的存储结构如图 4-2 所示。

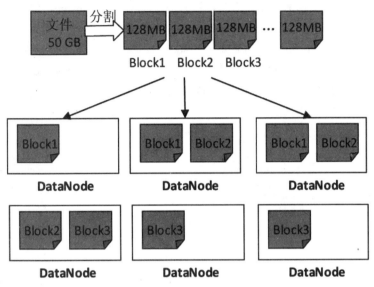

图 4-2　HDFS 数据块的存储结构

2．NameNode

NameNode 是 HDFS 中存储元数据（文件名称、大小和位置等信息）的地方，它将所有文件和文件夹的元数据保存在一个文件系统目录树中，任何元数据信息的改变，NameNode 都会记录。HDFS 中的每个文件都被拆分为多个数据块存放，这种文件与数据块的对应关系也存储在文件系统目录树中，由 NameNode 维护。

NameNode 还存储数据块到 DataNode 的映射信息，这种映射信息包括：数据块存放在哪些 DataNode 上、每个 DataNode 上保存了哪些数据块。

NameNode 也会周期性地接收来自集群中 DataNode 的"心跳"和"块报告"。通过"心跳"与 DataNode 保持通信，监控 DataNode 的状态（活着还是宕机），若长时间接收不到"心跳"信息，NameNode 会认为 DataNode 已经宕机，从而做出相应的调整策略。"块报告"包含了 DataNode 上所有数据块的列表信息。

3．DataNode

DataNode 是 HDFS 中真正存储数据的地方。客户端可以向 DataNode 请求写入或读取数据块，DataNode 还在来自 NameNode 的指令下执行块的创建、删除和复制，并且周期性地向 NameNode 汇报数据块信息。

4．SecondaryNameNode

SecondaryNameNode 用于帮助 NameNode 管理元数据，从而使 NameNode 能够快速、高效地工作。它并不是第二个 NameNode，仅是 NameNode 的一个辅助工具。

HDFS 的元数据信息主要存储于两个文件中：fsimage 和 edits。fsimage 是文件系统映射文件，主要存储文件元数据信息，其中包含文件系统所有目录、文件信息以及数据块的索引；edits 是 HDFS

操作日志文件，HDFS 对文件系统的修改日志会存储到该文件中。

当 NameNode 启动时，会从文件 fsimage 中读取 HDFS 的状态，也会对文件 fsimage 和 edits 进行合并，得到完整的元数据信息，随后会将新 HDFS 状态写入 fsimage。但是在繁忙的集群中，edits 文件会随着时间的推移变得非常大，这就导致 NameNode 下一次启动的时间会非常长。为了解决这个问题，则产生了 SecondaryNameNode，SecondaryNameNode 会定期协助 NameNode 合并 fsimage 和 edits 文件，并使 edits 文件的大小保持在一定的限制内。SecondaryNameNode 通常与 NameNode 在不同的计算机上运行，因为它的内存需求与 NameNode 相同，这样可以减轻 NameNode 所在计算机的压力。

SecondaryNameNode 的工作流程如图 4-3 所示。

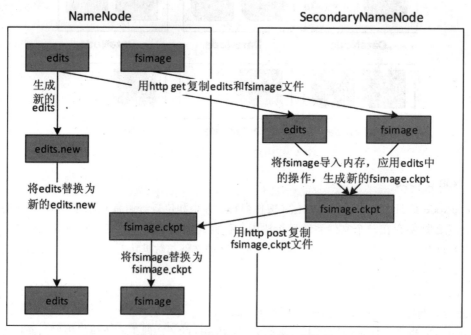

图 4-3　SecondaryNameNode 的工作流程

首先，当 SecondaryNameNode 准备从 NameNode 上获取元数据时，会通知 NameNode 暂停对文件 edits 的写入。NameNode 收到通知后，会停止写入 edits 文件，而是将新的操作日志信息写入到一个新的文件 edits.new 中。

然后，SecondaryNameNode 通过 http get 方式将 NameNode 的元数据文件 edits 和 fsimage 获取到本地，并将其合并为一个新的文件 fsimage.ckpt。

最后，SecondaryNameNode 把新的文件 fsimage.ckpt 通过 http post 方式发回 NameNode。NameNode 收到 SecondaryNameNode 发回的新文件 fsimage.ckpt 后，用该文件覆盖掉原来的 fsimage 文件，并删除原有的 edits 文件，同时将文件 edits.new 重命名为 edits，将文件 fsimage.ckpt 重命名为 fsimage。

上述操作避免了 NameNode 日志的无限增长，从而加速了 NameNode 的启动过程。

4.1.4 文件读写

如图 4-4 所示，当客户端需要读取文件时，首先向 NameNode 发起读请求，NameNode 收到请求后，会将请求文件的数据块在 DataNode 中的具体位置（元数据信息）返回给客户端，客户端根据文件数据块的位置，直接找到相应的 DataNode 发起读请求。

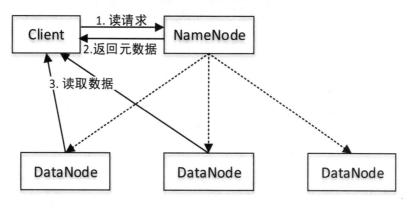

图 4-4　HDFS 读数据流程

如图 4-5 所示，当客户端需要写文件时，首先向 NameNode 发起写请求，将需要写入的文件名、文件大小等信息告诉 NameNode。NameNode 会将文件信息记录到本地，同时会验证客户端的写入权限，若验证通过，会向客户端返回文件数据块能够存放在 DataNode 上的存储位置信息，然后客户端直接向 DataNode 的相应位置写入数据块。被写入数据块的 DataNode 也会将数据块备份到其他 DataNode 上。

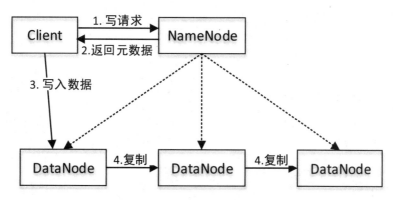

图 4-5　HDFS 写数据流程

举个例子，我们可以把 NameNode 想象成是一个仓库管理员，管理仓库中的商品；DataNode 想象成是一个仓库，用于存储商品，而商品就是我们所说的数据。仓库管理员只有一个，而仓库可以有多个。当需要从仓库中获取商品时，需要先询问仓库管理员，获得仓库管理员的同意，并且得到商品所在仓库的具体位置（例如，在 1 号仓库的 1 号货架上），然后根据位置信息直接去对应的仓库中的相应货架上取得商品。当需要向仓库中存入商品时，同样需要先询问仓库管理员，获得仓库管理员的同意，并且得到仓库管理员提供的商品能够存放的具体位置，然后根据位置信息直接去对应的仓库中的相应货架上存入商品。

此外，用户可以使用多种客户端接口对 HDFS 发起读/写操作，包括命令行接口、代码 API 接口和浏览器接口，使用非常方便，而不需要考虑 HDFS 的内部实现。本章后续将详细讲解 HDFS 各种接口的使用。

4.2 HDFS 命令行操作

HDFS 的命令行接口类似传统的 Shell 命令，可以通过命令行接口与 HDFS 系统进行交互，从而对系统中的文件进行读取、移动、创建等操作。

命令行接口的格式如下：

```
$ bin/hadoop fs -命令 文件路径
```

或者

```
$ bin/hdfs dfs -命令 文件路径
```

上述格式中的 hadoop fs 和 hdfs dfs 为命令前缀，二者使用任何一个都可。

执行 hadoop fs 或 hdfs dfs 命令可以列出所有 HDFS 支持的命令列表，如下：

```
$ hadoop fs
Usage: hadoop fs [generic options]
    [-appendToFile <localsrc> ... <dst>]
    [-cat [-ignoreCrc] <src> ...]
    [-checksum <src> ...]
    [-chgrp [-R] GROUP PATH...]
    [-chmod [-R] <MODE[,MODE]... | OCTALMODE> PATH...]
    [-chown [-R] [OWNER][:[GROUP]] PATH...]
    [-copyFromLocal [-f] [-p] [-l] [-d] <localsrc> ... <dst>]
    [-copyToLocal [-f] [-p] [-ignoreCrc] [-crc] <src> ... <localdst>]
    [-count [-q] [-h] [-v] [-t [<storage type>]] [-u] [-x] <path> ...]
    [-cp [-f] [-p | -p[topax]] [-d] <src> ... <dst>]
    [-createSnapshot <snapshotDir> [<snapshotName>]]
    [-deleteSnapshot <snapshotDir> <snapshotName>]
    [-df [-h] [<path> ...]]
    [-du [-s] [-h] [-x] <path> ...]
    [-expunge]
    [-find <path> ... <expression> ...]
    [-get [-f] [-p] [-ignoreCrc] [-crc] <src> ... <localdst>]
    [-getfacl [-R] <path>]
    [-getfattr [-R] {-n name | -d} [-e en] <path>]
    [-getmerge [-nl] [-skip-empty-file] <src> <localdst>]
    [-help [cmd ...]]
    [-ls [-C] [-d] [-h] [-q] [-R] [-t] [-S] [-r] [-u] [<path> ...]]
    [-mkdir [-p] <path> ...]
    [-moveFromLocal <localsrc> ... <dst>]
    [-moveToLocal <src> <localdst>]
    [-mv <src> ... <dst>]
```

```
[-put [-f] [-p] [-l] [-d] <localsrc> ... <dst>]
[-renameSnapshot <snapshotDir> <oldName> <newName>]
[-rm [-f] [-r|-R] [-skipTrash] [-safely] <src> ...]
[-rmdir [--ignore-fail-on-non-empty] <dir> ...]
[-setfacl [-R] [{-b|-k} {-m|-x <acl_spec>} <path>]|[--set <acl_spec> <path>]]
[-setfattr {-n name [-v value] | -x name} <path>]
[-setrep [-R] [-w] <rep> <path> ...]
[-stat [format] <path> ...]
[-tail [-f] <file>]
[-test -[defsz] <path>]
[-text [-ignoreCrc] <src> ...]
[-touchz <path> ...]
[-truncate [-w] <length> <path> ...]
[-usage [cmd ...]]
```

执行以下命令可以列出所有 HDFS 支持的命令及解析：

```
$ bin/hdfs dfs -help
```

也可以使用以下格式查看具体某一个命令的详细解析：

```
$ bin/hdfs dfs -help 命令名称
```

下面就介绍一些 HDFS 系统的常用操作命令，若没有配置 Hadoop 的系统 PATH 变量，则需要进入到$HADOOP_HOME/bin 目录中执行。

1. ls

使用 ls 命令可以查看 HDFS 系统中的目录和文件。例如，查看 HDFS 文件系统根目录下的目录和文件，命令如下：

```
$ hadoop fs -ls /
```

递归列出 HDFS 文件系统根目录下的所有目录和文件，命令如下：

```
$ hadoop fs -ls -R /
```

上述命令中的 hadoop fs 为操作 HDFS 系统的命令前缀，不可省略。该前缀也可以使用 hdfs dfs 代替。

2. put

使用 put 命令可以将本地文件上传到 HDFS 系统中。例如，将本地当前目录文件 a.txt 上传到 HDFS 文件系统根目录的 input 文件夹中，命令如下：

```
$ hadoop fs -put a.txt /input/
```

3. moveFromLocal

使用 moveFromLocal 命令可以将本地文件移动到 HDFS 文件系统中，可以一次移动多个文件。与 put 命令类似，不同的是，该命令执行后源文件将被删除。例如，将本地文件 a.txt 移动到 HDFS 根目录的 input 文件夹中，命令如下：

```
$ hadoop fs -moveFromLocal a.txt /input/
```

4. get

使用 get 命令可以将 HDFS 文件系统中的文件下载到本地，注意下载时的文件名不能与本地文件相同，否则会提示文件已经存在。下载多个文件或目录到本地时，要将本地路径设置为文件夹。例如，将 HDFS 根目录的 input 文件夹中的文件 a.txt 下载到本地当前目录，命令如下：

```
$ hadoop fs -get /input/a.txt a.txt
```

将 HDFS 根目录的 input 文件夹下载到本地当前目录，命令如下：

```
$ hadoop fs -get /input/ ./
```

需要注意的是，需要确保用户对当前目录有可写权限。

5. rm

使用 rm 命令可以删除 HDFS 系统中的文件或文件夹，每次可以删除多个文件或目录。例如，删除 HDFS 根目录的 input 文件夹中的文件 a.txt，命令如下：

```
$ hadoop fs -rm /input/a.txt
```

递归删除 HDFS 根目录的 output 文件夹及该文件夹下的所有内容，命令如下：

```
$ hadoop fs -rm -r /output
```

6. mkdir

使用 mkdir 命令可以在 HDFS 系统中创建文件或目录。例如，在 HDFS 根目录下创建文件夹 input，命令如下：

```
$ hadoop fs -mkdir /input/
```

也可使用-p 参数创建多级目录，如果父目录不存在，则会自动创建父目录。命令如下：

```
$ hadoop fs -mkdir -p /input/file
```

7. cp

使用 cp 命令可以复制 HDFS 中的文件到另一个文件，相当于给文件重命名并保存，但源文件仍然存在。例如，将/input/a.txt 复制到/input/b.txt，并保留 a.txt，命令如下：

```
$ hadoop fs -cp /input/a.txt /input/b.txt
```

8. mv

使用 mv 命令可以移动 HDFS 文件到另一个文件，相当于给文件重命名并保存，源文件已不存在。例如，将/input/a.txt 移动到/input/b.txt，命令如下：

```
$ hadoop fs -mv /input/a.txt /input/b.txt
```

9. appendToFile

使用 appendToFile 命令可以将单个或多个文件的内容从本地系统追加到 HDFS 系统的文件中。例如，将本地当前目录的文件 a.txt 的内容追加到 HDFS 系统的/input/b.txt 文件中，命令如下：

```
$ hadoop fs -appendToFile a.txt /input/b.txt
```

若需要一次追加多个本地系统文件的内容，则多个文件用"空格"隔开。例如，将本地文件 a.txt 和 b.txt 的内容追加到 HDFS 系统的/input/c.txt 文件中，命令如下：

```
$ hadoop fs -appendToFile a.txt b.txt /input/c.txt
```

10．cat

使用 cat 命令可以查看并输出 HDFS 系统中某个文件的所有内容。例如，查看 HDFS 系统中的文件/input/a.txt 的所有内容，命令如下：

```
$ hadoop fs -cat /input/a.txt
```

也可以同时查看并输出 HDFS 中的多个文件内容，结果会将多个文件的内容按照顺序合并输出。例如，查看 HDFS 中的文件/input/a.txt 和文件/input/b.txt 的所有内容，命令如下：

```
$ hadoop fs -cat /input/a.txt /input/b.txt
```

> **注　意**
>
> 在使用 HDFS 命令操作文件时，HDFS 中的文件或目录的路径必须写绝对路径，而本地系统的文件或目录可以写相对路径。

4.3　HDFS Web 界面操作

Hadoop 集群启动后，可以通过浏览器 Web 界面查看 HDFS 集群的状态信息，访问 IP 为 NameNode 所在服务器的 IP 地址，访问端口默认为 50070。例如，本书中 NameNode 部署在节点 centos01 上，IP 地址为 192.168.170.133，则 HDFS Web 界面访问地址为 http://192.168.170.133:50070。若本地 Windows 系统的 hosts 文件中配置了域名 IP 映射，且域名为 centos01，则可以访问 http://centos01:50070，如图 4-6 所示。

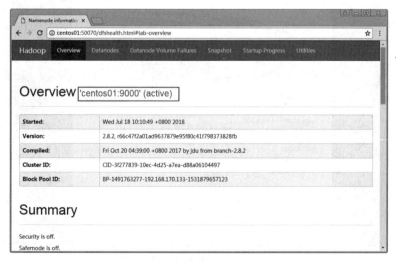

图 4-6　HDFS Web 主界面

从图 4-6 中可以看出，HDFS 的 Web 界面首页中包含了很多文件系统基本信息，例如系统启动时间、Hadoop 的版本号、Hadoop 的源码编译时间、集群 ID 等，在【Summary】一栏中还包括了 HDFS 磁盘存储空间、已使用空间、剩余空间等信息。

HDFS Web 界面还提供了浏览文件系统的功能，单击导航栏的按钮【Utilities】，在下拉菜单中选择【Browse the file system】，即可看到 HDFS 系统的文件目录结构，默认显示根目录下的所有目录和文件，并且能够显示目录和文件的权限、拥有者、文件大小、最近更新时间、副本数等信息。如果需要查看其他目录，可以在上方的文本框中输入需要查看的目录路径，按回车键即可进行查询，如图 4-7 所示。

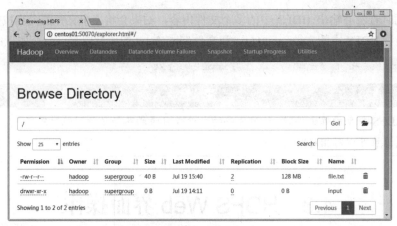

图 4-7　HDFS Web 界面文件浏览

此外，还可以从 HDFS Web 界面中直接下载文件。单击文件列表中需要下载的文件名超链接，在弹出的窗口中单击【Download】超链接，即可将文件下载到本地，如图 4-8 所示。

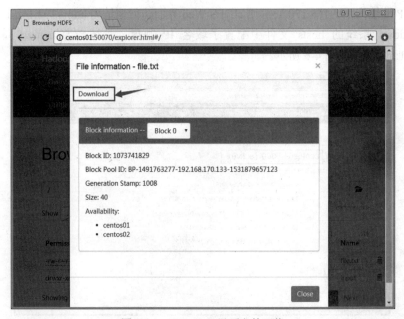

图 4-8　HDFS Web 界面文件下载

4.4　HDFS Java API 操作

使用 HDFS Java API 可以远程对 HDFS 系统中的文件进行新建、删除、读取等操作。本节主要介绍如何在 Eclipse 中使用 HDFS Java API 与 HDFS 文件系统进行交互。

在使用 Java API 之前，首先需要新建一个 Hadoop 项目。Hadoop 项目的结构与普通的 Java 项目一样，只是所需依赖包不同。

在 Eclipse 中新建一个 Maven 项目 "hdfs_demo"（Maven 项目的搭建此处不做过多讲解），然后在该项目的 pom.xml 文件中添加以下代码，以引入 Hadoop 的 Java API 依赖包：

```xml
<dependency>
    <groupId>org.apache.hadoop</groupId>
    <artifactId>hadoop-client</artifactId>
    <version>2.8.2</version>
</dependency>
```

配置好 pom.xml 后，即可使用 HDFS Java API 进行程序的编写。

4.4.1　读取数据

FileSystem 是 HDFS Java API 的核心工具类，该类是一个抽象类，其中封装了很多操作文件的方法，使用这些方法可以很轻松地操作 HDFS 中的文件。例如，在 HDFS 文件系统的根目录下有一个文件 file.txt，可以直接使用 FileSystem API 读取该文件内容，具体操作步骤如下。

1．编写程序

在新建的 hdfs_demo 项目中新建 Java 类 FileSystemCat.java，写入查询显示 HDFS 中的/file.txt 文件内容的代码，代码编写步骤如下：

步骤01　创建 Configuration 对象。
步骤02　得到 FileSystem 对象。
步骤03　进行文件操作。

完整代码如下所示：

```java
import java.io.InputStream;
import org.apache.hadoop.conf.Configuration;
import org.apache.hadoop.fs.FileSystem;
import org.apache.hadoop.fs.Path;
import org.apache.hadoop.io.IOUtils;

/**
 * 查询 HDFS 文件内容并输出
 */
public class FileSystemCat {
```

```
public static void main(String[] args) throws Exception {
    Configuration conf = new Configuration();❶
    //设置 HDFS 访问地址
    conf.set("fs.default.name", "hdfs://192.168.170.133:9000");
    //取得 FileSystem 文件系统实例
    FileSystem fs = FileSystem.get(conf); ❷
    //打开文件输入流
    InputStream in=fs.open(new Path("hdfs:/file.txt"));❸
    //输出文件内容
    IOUtils.copyBytes(in, System.out, 4096,false);
    //关闭输入流
    IOUtils.closeStream(in);
}
```

代码分析：

❶ 在运行 HDFS 程序之前，需要先初始化 Configuration 对象，该对象的主要作用是读取 HDFS 的系统配置信息，也就是安装 Hadoop 时候的配置文件，例如 core-site.xml、hdfs-site.xml、mapred-site.xml 等文件。

❷ FileSystem 是一个普通的文件系统 API，可以使用静态工厂方法取得 FileSystem 实例，并传入 Configuration 对象参数。FileSystem 类的继承结构如图 4-9 所示。

```
java.lang.Object
    └─ org.apache.hadoop.conf.Configured
            └─ org.apache.hadoop.fs.FileSystem
```

图 4-9 FileSystem 类的继承结构

❸ 通过调用 FileSystem 对象的 open()方法，取得文件的输入流。该方法实际上返回的是一个 FSDataInputStream 对象，而不是标准的 java.io 类对象。FSDataInputStream 类是继承了 java.io.DataInputStream 类的一个特殊类，支持随机访问，因此可以从流的任意位置读取数据。FSDataInputStream 类的主要作用是使用 DataInputStream 包装一个输入流，并且使用 BufferedInputStream 实现对输入的缓冲。FSDataInputStream 类的部分定义源码如下：

```
public class FSDataInputStream extends DataInputStream{
}
```

FSDataInputStream 类的继承结构如图 4-10 所示。

```
java.lang.Object
    └─ java.io.InputStream
            └─ java.io.FilterInputStream
                    └─ java.io.DataInputStream
                            └─ org.apache.hadoop.fs.FSDataInputStream
```

图 4-10 FSDataInputStream 类的继承结构

2. 运行程序

直接在 Eclipse 中右键单击代码空白处，选择【Run As】/【Java Application】运行该程序即可，若控制台中能正确输出文件 file.txt 的内容，说明代码编写正确。

当然，也可以将项目导出为 jar 包，然后上传 jar 包到 Hadoop 集群的任意一个节点上，执行以下命令运行该程序：

```
$ hadoop jar hdfs_demo.jar hdfs.demo.FileSystemCat
```

上述命令需要到$HADOOP_HOME/bin 目录中执行，若配置了该目录的系统 PATH 变量，则可以在任意目录执行。其中的 hdfs_demo.jar 为项目导出的 jar 包名称，此处为相对路径，hdfs.demo 为类 FileSystemCat 所在的包名。

4.4.2 创建目录

使用 FileSystem 的创建目录方法 mkdirs()，可以创建未存在的父目录，就像 java.io.File 的 mkdirs() 方法一样。如果目录创建成功，它会返回 true。

下面这个例子是在 HDFS 文件系统根目录下创建一个名为 mydir 的文件夹。

1. 编写程序

在新建的 hdfs_demo 项目中新建 Java 类 CreateDir.java，该类的完整代码如下所示：

```java
import java.io.IOException;
import org.apache.hadoop.conf.Configuration;
import org.apache.hadoop.fs.FileSystem;
import org.apache.hadoop.fs.Path;
/**
 * 创建 HDFS 目录 mydir
 */
public class CreateDir {
    public static void main(String[] args) throws IOException {
     Configuration conf = new Configuration();
        conf.set("fs.default.name", "hdfs://192.168.170.133:9000");
        FileSystem hdfs = FileSystem.get(conf);
        //创建目录
        boolean isok = hdfs.mkdirs(new Path("hdfs:/mydir"));
        if(isok){
            System.out.println("创建目录成功!");
        }else{
            System.out.println("创建目录失败! ");
        }
        hdfs.close();
    }
}
```

2. 运行程序

代码的运行参考 4.4.1 节，若控制台中能正确输出"创建目录成功!"，说明代码编写正确。

4.4.3 创建文件

使用 FileSystem 的创建文件方法 create(),可以在 HDFS 文件系统的指定路径创建一个文件,并向其写入内容。例如,在 HDFS 系统根目录创建一个文件 newfile2.txt,并写入内容"我是文件内容",代码如下:

```java
/**
 * 定义创建文件方法
 */
public static void createFile() throws Exception {
    Configuration conf = new Configuration();
    conf.set("fs.default.name", "hdfs://192.168.170.133:9000");
    FileSystem fs = FileSystem.get(conf);
    //打开一个输出流
    FSDataOutputStream outputStream = fs.create(new
            Path("hdfs:/newfile2.txt"));❶
    //写入文件内容
    outputStream.write("我是文件内容".getBytes());
    outputStream.close();
    fs.close();
    System.out.println("文件创建成功!");
}
```

代码分析:

❶ FileSystem 实例的 create()方法返回一个文件输出流对象 FSDataOutputStream,该类继承了 java.io.DataOutputStream 类。与 FSDataInputStream 类不同的是,FSDataOutputStream 类不支持随机访问,因此不能从文件的任意位置写入数据,只能从文件末尾追加数据。

create()方法有多个重载方法,允许指定是否强制覆盖已有文件(默认覆盖)、文件副本数量、写入文件的缓冲大小、文件块大小、文件权限许可等。create()方法的其中几个重载方法的定义源码如下:

```java
public FSDataOutputStream create(Path f) throws IOException {
}
public FSDataOutputStream create(Path f, boolean overwrite)
        throws IOException {
}
public FSDataOutputStream create(Path f, short replication)
        throws IOException {
}
public FSDataOutputStream create(Path f, boolean overwrite, int bufferSize)
        throws IOException {
}
public FSDataOutputStream create(Path f, boolean overwrite, int bufferSize,
            short replication, long blockSize)
        throws IOException {
}
public FSDataOutputStream create(Path f, boolean overwrite, int bufferSize,
            short replication, long blockSize, Progressable progress)
```

```
    throws IOException {
}
```

在调用 create() 方法时，还可以传入一个 Progressable 对象，该 Progressable 是一个接口，其中定义了一个 progress() 回调方法，使用该方法可以得知数据被写入数据节点的进度。Progressable 接口的源码如下：

```java
public interface Progressable {
  void progress();
}
```

例如，上传文件 D:/soft/test.zip 到 HDFS 根目录，并通过在控制台打印 "." 显示上传进度，代码如下：

```java
public static void main(String[] args) throws IOException {
    Configuration conf = new Configuration();
    conf.set("fs.default.name", "hdfs://192.168.170.133:9000");
    InputStream in=new BufferedInputStream(
        new FileInputStream("D:/soft/test.zip"));
    FileSystem fs = FileSystem.get(conf);
    //上传文件并监控上传进度
    FSDataOutputStream outputStream = fs.create(new Path("hdfs:/test.zip"),
        new Progressable() {
      @Override
      public void progress() {//回调方法显示进度
        System.out.println(".");
      }
    });
    IOUtils.copyBytes(in, outputStream, 4096, false);
}
```

运行上述代码，当每次上传 64 KB 数据包到 Hadoop 数据节点时将调用一次 progress() 方法。

此外，还可以使用 FileSystem 的 append() 方法在文件末尾追加数据。这对于日志文件需要持续写入数据非常有用。append() 方法的调用源码如下：

```java
FSDataOutputStream outputStream = fs.append(new Path("hdfs:/newfile2.txt"));
```

4.4.4 删除文件

使用 FileSystem 的 deleteOnExit() 方法，可以对 HDFS 文件系统中已经存在的文件进行删除。例如，删除 HDFS 系统根目录下的文件 newfile.txt，代码如下：

```java
/**
 * 定义删除文件方法
 */
public static void deleteFile() throws Exception{
    Configuration conf = new Configuration();
    conf.set("fs.default.name", "hdfs://192.168.170.133:9000");
    FileSystem fs = FileSystem.get(conf);
```

```java
        Path path = new Path("hdfs:/newfile.txt");
        //删除文件
        boolean isok = fs.deleteOnExit(path);
        if(isok){
            System.out.println("删除成功!");
        }else{
            System.out.println("删除失败!");
        }
        fs.close();
}
```

4.4.5 遍历文件和目录

使用 FileSystem 的 listStatus()方法，可以对 HDFS 文件系统中指定路径下的所有目录和文件进行遍历。例如，递归遍历 HDFS 系统根目录下的所有文件和目录并输出路径信息，代码如下：

```java
/**
 * 递归遍历目录和文件
 */
public class ListStatus {
    private static FileSystem hdfs;
    public static void main(String[] args) throws Exception {
        Configuration conf = new Configuration();
        conf.set("fs.default.name", "hdfs://192.168.170.133:9000");
        hdfs = FileSystem.get(conf);
        //遍历HDFS上的文件和目录
        FileStatus[] fs = hdfs.listStatus(new Path("hdfs:/"));
        if (fs.length > 0) {
            for (FileStatus f : fs) {
                showDir(f);
            }
        }
    }
    private static void showDir(FileStatus fs) throws Exception {
        Path path = fs.getPath();
        //输出文件或目录的路径
        System.out.println(path);
        //如果是目录，则递归遍历该目录下的所有子目录或文件
        if (fs.isDirectory()) {
            FileStatus[] f = hdfs.listStatus(path);
            if (f.length > 0) {
                for (FileStatus file : f) {
                    showDir(file);
                }
            }
        }
    }
}
```

上述代码通过调用 FileSystem 的 listStatus()方法获得指定路径下的一级子目录及文件,并将结果存储于 FileStatus 类型的数组中;然后循环遍历该数组,当遇到目录时,再次调用 listStatus()方法取得该目录下的所有子目录及文件,从而能够递归取得指定路径下的所有目录及文件。

假设 HDFS 文件系统的根目录有文件夹 input、文件 newfile.txt,文件夹 input 中有文件 test.txt,则上述代码的输出结果为:

```
hdfs://192.168.170.133:9000/input
hdfs://192.168.170.133:9000/input/test.txt
hdfs://192.168.170.133:9000/newfile.txt
```

4.4.6 获取文件或目录的元数据

使用 FileSystem 的 getFileStatus ()方法,可以获得 HDFS 文件系统中的文件或目录的元数据信息,包括文件路径、文件修改日期、文件上次访问日期、文件长度、文件备份数、文件大小等。getFileStatus ()方法返回一个 FileStatus 对象,元数据信息则封装在了该对象中。

获取文件或目录元数据的代码如下:

```java
import java.sql.Timestamp;
import org.apache.hadoop.conf.Configuration;
import org.apache.hadoop.fs.FileStatus;
import org.apache.hadoop.fs.FileSystem;
import org.apache.hadoop.fs.Path;

/**
 * 获取文件或目录的元数据信息
 */
public class FileStatusCat {
  public static void main(String[] args) throws Exception {
    //创建 Configuration 对象
    Configuration conf = new Configuration();
    //设置 HDFS 访问地址
    conf.set("fs.default.name", "hdfs://192.168.170.133:9000");
    //取得 FileSystem 文件系统实例
    FileSystem fs = FileSystem.get(conf);
    FileStatus fileStatus = fs.getFileStatus(new Path("hdfs:/file.txt"));
    //判断是文件夹还是文件
    if (fileStatus.isDirectory()) {
      System.out.println("这是一个文件夹");
    } else {
      System.out.println("这是一个文件");
    }
    //输出元数据信息
    System.out.println("文件路径: " + fileStatus.getPath());
    System.out.println("文件修改日期: "
        + new Timestamp(fileStatus.getModificationTime()).toString());
    System.out.println("文件上次访问日期: "
        + new Timestamp(fileStatus.getAccessTime()).toString());
    System.out.println("文件长度: " + fileStatus.getLen());
```

```
        System.out.println("文件备份数：" + fileStatus.getReplication());
        System.out.println("文件块大小：" + fileStatus.getBlockSize());
        System.out.println("文件所有者：" + fileStatus.getOwner());
        System.out.println("文件所在分组：" + fileStatus.getGroup());
        System.out.println("文件的权限：" + fileStatus.getPermission().toString());
    }
}
```

上述代码的输出结果如下：

```
这是一个文件
文件路径：hdfs://192.168.170.133:9000/file.txt
文件修改日期：2018-07-19 15:40:13.533
文件上次访问日期：2018-07-19 15:40:13.016
文件长度：40
文件备份数：2
文件块大小：134217728
文件所有者：hadoop
文件所在分组：supergroup
文件的权限：rw-r--r--
```

4.4.7 上传本地文件

使用 FileSystem 的 copyFromLocalFile()方法，可以将操作系统本地的文件上传到 HDFS 文件系统中，该方法需要传入两个 Path 类型的参数，分别代表本地目录/文件和 HDFS 目录/文件。

例如，将 Windows 系统中 D 盘的 copy_test.txt 文件上传到 HDFS 文件系统的根目录，代码如下：

```
/**
 * 定义方法，上传本地文件到HDFS
 */
public static void uploadFileToHDFS() throws Exception {
    //1.创建配置器
    Configuration conf = new Configuration();
    conf.set("fs.default.name", "hdfs://192.168.170.133:9000");
    //2.取得FileSystem文件系统实例
    FileSystem fs = FileSystem.get(conf);
    //3.创建可供hadoop使用的文件系统路径
    Path src = new Path("D:/copy_test.txt");  //本地目录/文件
    Path dst = new Path("hdfs:/");    //HDFS目录/文件
    //4.复制上传本地文件至HDFS文件系统中
    fs.copyFromLocalFile(src, dst);
    System.out.println("文件上传成功!");
}
```

4.4.8 下载文件到本地

使用 FileSystem 的 copyToLocalFile()方法，可以将 HDFS 文件系统中的文件下载到操作系统本地，该方法需要传入两个 Path 类型的参数，分别代表 HDFS 目录/文件和本地目录/文件。例如，将 HDFS 文件系统根目录的文件 newfile2.txt 下载到 Windows 系统中 D 盘根目录，并重命名为 new.txt，代码如下：

```java
/**
 * 定义方法，下载文件到本地
 */
public static void downloadFileToLocal() throws Exception{
    //1.创建配置器
    Configuration conf = new Configuration();
    conf.set("fs.default.name", "hdfs://192.168.170.133:9000");
    //2.取得 FileSystem 文件系统实例
    FileSystem fs = FileSystem.get(conf);
    //3.创建可供 hadoop 使用的文件系统路径
    Path src = new Path("hdfs:/newfile2.txt");//HDFS 目录/文件
    Path dst = new Path("D:/new.txt");   //本地目录/文件
    //4.从 HDFS 文件系统中复制下载文件至本地
    fs.copyToLocalFile(false,src,dst,true);
    System.out.println("文件下载成功!");
}
```

第 5 章

MapReduce

本章内容

本章首先讲解 MapReduce 的设计思想、任务流程和工作原理,然后讲解使用 Java 编写 MapReduce 程序的步骤,最后通过几个案例详细讲解 MapReduce 程序的编写、部署、运行。

本章目标

- 了解 MapReduce 的设计思想
- 掌握 MapReduce 的任务流程
- 掌握 MapReduce 的工作原理
- 掌握 MapReduce 程序的编写步骤
- 掌握使用 Java API 编写 MapReduce 程序
- 了解使用 MRUnit 进行 MapReduce 程序的测试

5.1 MapReduce 简介

MapReduce 是 Hadoop 的一个核心组成框架,使用该框架编写的应用程序能够以一种可靠的、容错的方式并行处理大型集群(数千个节点)上的大量数据(TB 级别以上),也可以对大数据进行加工、挖掘和优化等处理。

一个 MapReduce 任务主要包括两部分:Map 任务和 Reduce 任务。Map 任务负责对数据的获取、分割与处理,其核心执行方法为 map()方法;Reduce 任务负责对 Map 任务的结果进行汇总,其核心执行方法为 reduce()方法。MapReduce 将并行计算过程高度抽象到了 map()方法和 reduce() 方法中,程序员只需负责这两个方法的编写工作,而并行程序中的其他复杂问题(如分布式存储、工作调度、负载均衡、容错处理等）均可由 MapReduce 框架代为处理，程序员完全不用操心。

5.1.1 设计思想

　　MapReduce 的设计思想是，从 HDFS 中获得输入数据，将输入的一个大的数据集分割成多个小数据集，然后并行计算这些小数据集，最后将每个小数据集的结果进行汇总，得到最终的计算结果，并将结果输出到 HDFS 中，如图 5-1 所示。

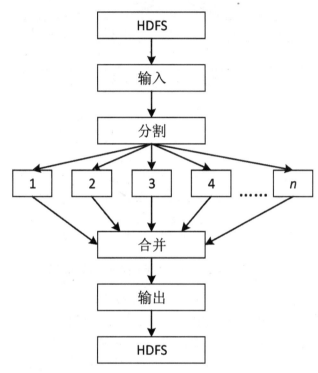

图 5-1　MapReduce 设计思想流程图

　　在 MapReduce 并行计算中，对大数据集分割后的小数据集的计算，采用的是 map()方法，各个 map()方法对输入的数据进行并行处理，对不同的输入数据产生不同的输出结果；而对小数据集最终结果的合并，采用的是 reduce()方法，各个 reduce()方法也各自进行并行计算，各自负责处理不同的数据集合。但是在 reduce()方法处理之前，必须等到 map()方法处理完毕，因此在数据进入到 reduce()方法前需要有一个中间阶段，负责对 map()方法的输出结果进行整理，将整理后的结果输入到 reduce()方法，这个中间阶段称为 Shuffle 阶段。

　　此外，在进行 MapReduce 计算时，有时候需要把最终的数据输出到不同的文件中。比如，按照省份划分的话，需要把同一省份的数据输出到一个文件中；按照性别划分的话，需要把同一性别的数据输出到一个文件中。我们知道，最终的输出数据来自于 Reduce 任务，如果要得到多个文件，意味着有同样数量的 Reduce 任务在运行。而 Reduce 任务的数据来自于 Map 任务，也就是说，Map 任务要进行数据划分，对于不同的数据分配给不同的 Reduce 任务执行。Map 任务划分数据的过程就称作分区（Partition，本章 5.1.3 节的 MapReduce 工作原理中会详细讲解）。

从编程的角度来看，将图 5-1 进一步细化，可以得到图 5-2 所示的流程。

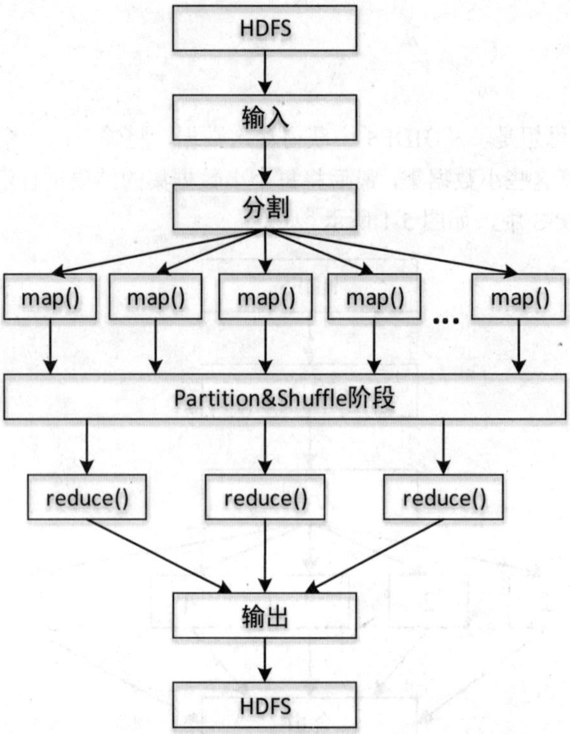

图 5-2　MapReduce 设计思想流程图（编程角度）

总结来说，MapReduce 利用了分而治之的思想，将数据分布式并行处理，然后进行结果汇总。举个例子，有一堆扑克牌，现在需要把里面的花色都分开，而且统计每一种花色的数量。一个人清点可能耗时 4 分钟，如果利用 MapReduce 的思想，把扑克牌分成 4 份，每个人对自己的那一份进行清点，4 个人都清点完成之后把各自的相同花色放到一起并清点每种花色的数量，那么这样可能只会耗时 1 分钟。在这个过程中，每个人就相当于一个 map() 方法，把各自的相同花色放到一起的过程就是 Partition，最后清点每一种花色的数量的过程就是 reduce() 方法。

5.1.2　任务流程

MapReduce 程序运行于 YARN 之上，使用 YARN 进行集群资源管理和调度。每个 MapReduce 应用程序会在 YARN 中产生一个名为"MRAppMaster"的进程，该进程是 MapReduce 的 ApplicationMaster 实现，它具有 YARN 中 ApplicationMaster 角色的所有功能，包括管理整个 MapReduce 应用程序的生命周期、任务资源申请、Container 启动与释放等。

客户端将 MapReduce 应用程序（jar、可执行文件等）和配置信息提交给 YARN 集群的 ResourceManager，ResourceManager 负责将应用程序和配置信息分发给 NodeManager、调度和监控任务、向客户端提供状态和诊断信息等。

图 5-3 所示为 MapReduce 应用程序在 YARN 中的执行流程。

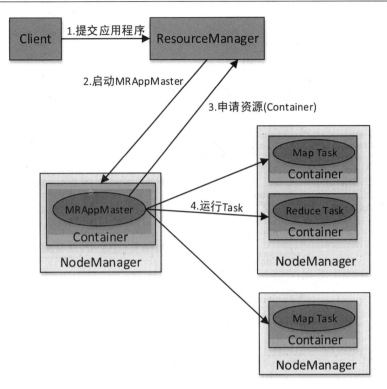

图 5-3　MapReduce 应用程序在 YARN 中的执行流程

（1）客户端提交 MapReduce 应用程序到 ResourceManager。

（2）ResourceManager 分配用于运行 MRAppMaster 的 Container，然后与 NodeManager 通信，要求它在该 Container 中启动 MRAppMaster。MRAppMaster 启动后，它将负责此应用程序的整个生命周期。

（3）MRAppMaster 向 ResourceManager 注册（注册后客户端可以通过 ResourceManager 查看应用程序的运行状态）并请求运行应用程序各个 Task 所需的 Container(资源请求是对一些Container 的请求）。如果符合条件，ResourceManager 会分配给 MRAppMaster 所需的 Container。

（4）MRAppMaster 请求 NodeManager 使用这些 Container 来运行应用程序的相应 Task（即将 Task 发布到指定的 Container 中运行）。

此外，各个运行中的 Task 会通过 RPC 协议向 MRAppMaster 汇报自己的状态和进度，这样一旦某个 Task 运行失败时，MRAppMaster 可以对其重新启动。当应用程序运行完成时，MRAppMaster 会向 ResourceManager 申请注销自己。

5.1.3　工作原理

MapReduce 计算模型主要由三个阶段组成：Map 阶段、Shuffle 阶段、Reduce 阶段，如图 5-4 所示。

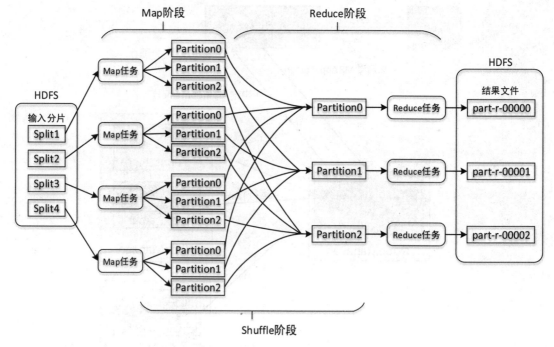

图 5-4 MapReduce 计算模型

Map 阶段的工作原理如下：

将输入的多个分片（Split）由 Map 任务以完全并行的方式处理。每个分片由一个 Map 任务来处理。默认情况下，输入分片的大小与 HDFS 中数据块（Block）的大小是相同的，即文件有多少个数据块就有多少个输入分片，也就会有多少个 Map 任务，从而可以通过调整 HDFS 数据块的大小来间接改变 Map 任务的数量。

每个 Map 任务对输入分片中的记录按照一定的规则解析成多个<key,value>对。默认将文件中的每一行文本内容解析成一个<key,value>对，key 为每一行的起始位置，value 为本行的文本内容，然后将解析出的所有<key,value>对分别输入到 map()方法中进行处理（map()方法一次只处理一个<key,value>对）。map()方法将处理结果仍然是以<key,value>对的形式进行输出。

由于频繁的磁盘 I/O 会降低效率，因此 Map 任务输出的<key,value>对会首先存储在 Map 任务所在节点（不同的 Map 任务可能运行在不同的节点）的内存缓冲区中，缓冲区默认大小为 100 MB（可修改 mapreduce.task.io.sort.mb 属性调整）。当缓冲区中的数据量达到预先设置的阈值后（mapreduce.map.sort.spill.percent 属性的值，默认 0.8，即 80%），便会将缓冲区中的数据溢写（spill）到磁盘（mapreduce.cluster.local.dir 属性指定的目录，默认为${hadoop.tmp.dir}/mapred/local）的临时文件中。

在数据溢写到磁盘之前，会对数据进行分区（Partition）。分区的数量与设置的 Reduce 任务的数量相同（默认 Reduce 任务的数量为 1，可以在编写 MapReduce 程序时对其修改）。这样每个 Reduce 任务会处理一个分区的数据，可以防止有的 Reduce 任务分配的数据量太大，而有的 Reduce 任务分配的数据量太小，从而可以负载均衡，避免数据倾斜。数据分区的划分规则为：取<key,value>对中 key 的 hashCode 值，然后除以 Reduce 任务数量后取余数，余数则是分区编号，分区编号一致的<key,value>对则属于同一个分区。因此，key 值相同的<key,value>对一定属于同一个分区，但是同一个分区中可能有多个 key 值不同的<key,value>对。由于默认 Reduce 任务的数量为 1，而任何数字除以 1 的余数总是 0，因此分区编号从 0 开始。

MapReduce 提供的默认分区类为 HashPartitioner，该类的核心代码如下：

```java
public class HashPartitioner<K2, V2> implements Partitioner<K2, V2> {

  /** 获取分区编号 */
  public int getPartition(K2 key, V2 value, int numReduceTasks) {
    return (key.hashCode() & Integer.MAX_VALUE) % numReduceTasks;
  }

}
```

getPartition()方法有三个参数，前两个参数指的是<key,value>对中的 key 和 value，第三个参数指的是 Reduce 任务的数量，默认值为 1。由于一个 Reduce 任务会向 HDFS 中输出一个结果文件，而有时候需要根据自身的业务，将不同 key 值的结果数据输出到不同的文件中。例如，需要统计各个部门的年销售总额，每一个部门单独输出一个结果文件，这个时候就可以自定义分区（关于如何自定义分区，在本章的 5.6 节将详细讲解）。

分区后，会对同一个分区中的<key,value>对按照 key 进行排序，默认升序。

Reduce 阶段的工作原理如下：

Reduce 阶段首先会对 Map 阶段的输出结果按照分区进行再一次合并，将同一分区的<key,value>对合并到一起，然后按照 key 对分区中的<key,value>对进行排序。

每个分区会将排序后的<key,value>对按照 key 进行分组，key 相同的<key,value>对将合并为<key,value-list>对，最终每个分区形成多个<key,value-list>对。例如，key 中存储的是用户 ID，则同一个用户的<key,value>对会合并到一起。

排序并分组后的分区数据会输入到 reduce()方法中进行处理，reduce()方法一次只能处理一个<key,value-list>对。

最后，reduce()方法将处理结果仍然以<key,value>对的形式通过 context.write(key,value)进行输出。

Shuffle 阶段所处的位置是 Map 任务输出后，Reduce 任务接收前。Shuffle 阶段主要是将 Map 任务的无规则输出形成一定的有规则数据，以便 Reduce 任务进行处理。

总结来说，MapReduce 的工作原理主要是：通过 Map 任务读取 HDFS 中的数据块，这些数据块由 Map 任务以完全并行的方式处理；然后将 Map 任务的输出进行排序后输入到 Reduce 任务中；最后 Reduce 任务将计算的结果输出到 HDFS 文件系统中。

Map 任务中的 map()方法和 Reduce 任务中的 reduce()方法需要用户自己实现，而其他操作 MapReduce 已经帮用户实现了。

通常，MapReduce 计算节点和数据存储节点是同一个节点，即 MapReduce 框架和 HDFS 文件系统运行在同一组节点上。这样的配置可以使 MapReduce 框架在有数据的节点上高效地调度任务，避免过度消耗集群的网络带宽。

5.2 MapReduce 程序编写步骤

Hadoop 支持多种语言开发 MapReduce 程序，但是对 Java 语言的支持最好，其提供了很多方便的 Java API 接口。

那么如何使用 Java 来编写一个 MapReduce 程序呢？编写一个 MapReduce 程序需要新建三个类：Mapper 类、Reducer 类、程序执行主类。当然，Mapper 类和 Reducer 类也可以作为内部类放在程序执行主类中。具体编写步骤如下。

1. 新建 Mapper 类

新建一个自定义 Mapper 类 MyMapper.java，该类需要继承 MapReduce API 提供的 Mapper 类并重写 Mapper 类中的 map()方法，例如以下代码：

```java
public class MyMapper extends Mapper<LongWritable, Text, Text, IntWritable> {
 //重写map()方法
 public void map(LongWritable key, Text value, Context context)
   throws IOException, InterruptedException {
  //业务逻辑省略...
 }
}
```

上述代码中的 map()方法有三个参数，解析如下。

- LongWritable key：输入文件中每一行的起始位置。即从输入文件中解析出的<key,value>对中的 key 值。
- Text value：输入文件中每一行的内容。即从输入文件中解析出的<key,value>对中的 value 值。
- Context context：程序上下文。

MapReduce 框架会自动调用 map()方法并向其传入所需参数的值。传入的每个<key,value>对将调用一次 map()方法。

Mapper 是 MapReduce 提供的泛型类，继承 Mapper 需要传入 4 个泛型参数，前两个参数为输入 key 和 value 的数据类型，后两个参数为输出 key 和 value 的数据类型。

Mapper 类的定义源码如下：

```java
public class Mapper<KEYIN, VALUEIN, KEYOUT, VALUEOUT> {}
```

2. 新建 Reducer 类

新建一个自定义 Reducer 类 MyReducer.java，该类需要继承 MapReduce API 提供的 Reducer 类并重写 Reducer 类中的 reduce()方法，例如以下代码：

```java
public class MyReducer extends Reducer<Text, IntWritable, Text, IntWritable> {
 //重写reduce()方法
```

```java
public void reduce(Text key, Iterable<IntWritable> values, Context context)
  throws IOException, InterruptedException {
 //业务逻辑省略...
 }
}
```

上述代码中的 reduce ()方法有三个参数，解析如下。

- Text key：Map 任务输出的 key 值。即接收到的<key,value-list>对中的 key 值。
- Iterable<IntWritable> values：Map 任务输出的 value 值的集合（相同 key 的集合）。即接收到的<key,value-list>对中的 value-list 集合。
- Context context：程序上下文。

MapReduce 框架会自动调用 reduce()方法并向其传入所需参数的值。传入的每个<key,value-list>对将调用一次 reduce ()方法。

与 Mapper 类类似，Reducer 也是 MapReduce 提供的泛型类，继承 Reducer 同样需要传入 4 个泛型参数，前两个参数为输入 key 和 value 的数据类型，后两个参数为输出 key 和 value 的数据类型。

Reducer 类的定义源码如下：

```java
public class Reducer<KEYIN,VALUEIN,KEYOUT,VALUEOUT> {}
```

3. 新建程序执行主类

程序执行主类为 MapReduce 程序的入口类，主要用于启动一个 MapReduce 作业。

新建一个程序执行主类 MyMRApplication.java，在该类的 main()方法中添加任务的配置信息，并指定任务的自定义 Mapper 类和 Reducer 类，代码结构如下：

```java
/**程序入口类**/
public class MyMRApplication {

 public static void main(String[] args) throws Exception{
  //构建 Configuration 实例
  Configuration conf = new Configuration();
  //其他配置信息代码省略...

  //获得 Job 实例
  Job job = Job.getInstance(conf, "My job name");
  //其他job 配置代码省略...

  //设置 Mapper 和 Reducer 处理类
  job.setMapperClass(MyMapper.class);
  job.setReducerClass(MyReducer.class);

  //设置输入和输出目录代码省略...

  //提交任务代码省略...

 }
}
```

4. 提交程序到集群

提交程序之前需要启动 Hadoop 集群，包括 HDFS 和 YARN。因为 HDFS 存储了 MapReduce 程序的数据来源，而 YARN 则负责 MapReduce 任务的执行、调度以及集群的资源管理。

将包含自定义的 Mapper 类、Reducer 类和程序执行主类的 Java 项目打包为 jar 包并上传到 HDFS 的 NameNode 节点，然后执行以下命令提交任务到 Hadoop 集群。

```
$ hadoop jar MyMRApplication.jar com.hadoop.mr. MyMRApplication
```

上述命令中的 MyMRApplication.jar 为程序打包后的 jar 文件，com.hadoop.mr 为程序执行主类 MyMRApplication.java 所在的包名称。

在 5.6 节的案例分析中，会对 MapReduce 的程序编写与任务提交进行详细讲解。

5.3 案例分析：单词计数

假如有这样一个例子，需要统计过去 10 年计算机论文中出现次数最多的几个单词，以分析当前的热点研究议题是什么。

这一经典的单词计数案例可以采用 MapReduce 处理。MapReduce 中已经自带了一个单词计数程序 WordCount，如同 Java 中的经典程序"Hello World"一样，WordCount 是 MapReduce 中统计单词出现次数的 Java 类，是 MapReduce 的入门程序。

例如，输入内容如下的文件，要求计算出文件中单词的出现次数，且按照单词的字母顺序进行排序，每个单词和其出现次数占一行，单词与出现次数之间有间隔：

```
hello world
hello hadoop
bye hadoop
```

直接运行 MapReduce 自带的 WordCount 程序对上述文件内容进行计算即可，其计算结果如下：

```
bye 1
hadoop 2
hello 2
world 1
```

下面进一步对 WordCount 程序进行分析。

1. 设计思路

WordCount 对于单词计数问题的解决方案为：先将文件内容切分成单词，然后将所有相同的单词聚集到一起，最后计算各个单词出现的次数，将计算结果排序输出。

根据 MapReduce 的工作原理可知，Map 任务负责将输入数据切分成单词；Shuffle 阶段负责根据单词进行分组，将相同的单词发送给同一个 Reduce 任务；Reduce 任务负责计算单词出现次数并输出最终结果。

由于 MapReduce 中传递的数据都是 <key,value> 对形式的，而且 Shuffle 的排序、聚集和分发也是按照 <key,value> 对进行的，因此可将 map() 方法的输出结果设置为以单词作为 key，1 作为 value

的形式，表示某单词出现了 1 次（输入 map()方法的数据则采用 Hadoop 默认的输入格式，即文件每一行的起始位置作为 key，本行的文本内容作为 value）。由于 reduce()方法的输入是 map()方法的输出聚集后的结果，因此格式为<key, value-list>，也就是<word, {1,1,1,1,…}>；reduce()方法的输出则可设置成与 map()方法输出相同的形式，只是后面的数值不再是固定的 1，而是具体计算出的某单词所对应的次数。

WordCount 程序的执行流程如图 5-5 所示。

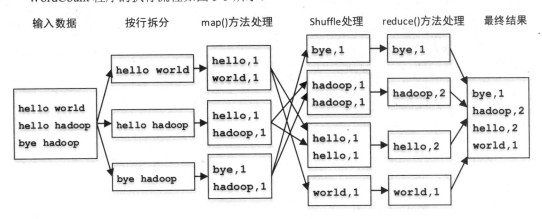

图 5-5　MapReduce 单词计数执行流程

2．程序源码

WordCount 程序类的源代码如下：

```java
import java.io.IOException;
import java.util.StringTokenizer;
import org.apache.hadoop.conf.Configuration;
import org.apache.hadoop.fs.Path;
import org.apache.hadoop.io.IntWritable;
import org.apache.hadoop.io.Text;
import org.apache.hadoop.mapreduce.Job;
import org.apache.hadoop.mapreduce.Mapper;
import org.apache.hadoop.mapreduce.Reducer;
import org.apache.hadoop.mapreduce.lib.input.FileInputFormat;
import org.apache.hadoop.mapreduce.lib.output.FileOutputFormat;
import org.apache.hadoop.util.GenericOptionsParser;

/**
 * 单词计数类
 */
public class WordCount {
    //程序入口 main()方法
    public static void main(String[] args) throws Exception {
        //初始化 Configuration 类
        Configuration conf = new Configuration();
        //通过实例化对象 GenericOptionsParser 可以获得程序执行所传入的参数
        String[] otherArgs = new GenericOptionsParser(conf, args).getRemainingArgs();
```

```java
    if (otherArgs.length < 2) {
     System.err.println("Usage: wordcount <in> [<in>...] <out>");
     System.exit(2);
    }
    //构建任务对象
    Job job = Job.getInstance(conf, "word count");
    job.setJarByClass(WordCount.class);
    job.setMapperClass(TokenizerMapper.class);
    job.setCombinerClass(IntSumReducer.class);
    job.setReducerClass(IntSumReducer.class);
    //设置输出结果的数据类型
    job.setOutputKeyClass(Text.class);
    job.setOutputValueClass(IntWritable.class);
    for (int i = 0; i < otherArgs.length - 1; i++) {
     //设置需要统计的文件的输入路径
     FileInputFormat.addInputPath(job, new Path(otherArgs[i]));
    }
    //设置统计结果的输出路径
    FileOutputFormat.setOutputPath(job, new Path(
      otherArgs[(otherArgs.length - 1)]));
    //提交任务给 Hadoop 集群
    System.exit(job.waitForCompletion(true) ? 0 : 1);
   }

   /**
    * 自定义 Reducer 内部类
    */
   public static class IntSumReducer extends
     Reducer<Text, IntWritable, Text, IntWritable> {
    private IntWritable result = new IntWritable();

    public void reduce(Text key, Iterable<IntWritable> values,
      Reducer<Text, IntWritable, Text, IntWritable>.Context context)
      throws IOException, InterruptedException {
     //统计单词总数
     int sum = 0;
     for (IntWritable val : values) {
      sum += val.get();
     }
     this.result.set(sum);
     //输出统计结果
     context.write(key, this.result);
    }
   }

   /**
    * 自定义 Mapper 内部类
    */
   public static class TokenizerMapper extends
     Mapper<Object, Text, Text, IntWritable> {
```

```java
private static final IntWritable one = new IntWritable(1);
private Text word = new Text();

public void map(Object key, Text value,
  Mapper<Object, Text, Text, IntWritable>.Context context)
  throws IOException, InterruptedException {
 //默认根据空格、制表符\t、换行符\n、回车符\r 分割字符串
 StringTokenizer itr = new StringTokenizer(value.toString());
 //循环输出每个单词与数量
 while (itr.hasMoreTokens()) {
  this.word.set(itr.nextToken());
  //输出单词与数量
  context.write(this.word, one);
 }
}
}
}
```

3. 程序解读

Hadoop 本身提供了一整套可序列化传输的基本数据类型，而不是直接使用 Java 的内嵌类型。Hadoop 的 IntWritable 类型相当于 Java 的 Integer 类型，LongWritable 相当于 Java 的 Long 类型，TextWritable 相当于 Java 的 String 类型。

TokenizerMapper 是自定义的内部类，继承了 MapReduce 提供的 Mapper 类，并重写了其中的 map()方法。Mapper 类是一个泛型类，它有 4 个形参类型，分别指定 map()方法的输入 key、输入 value、输出 key、输出 value 的类型。本例中，输入 key 是一个长整数偏移量，输入 value 是一整行单词，输出 key 是单个单词，输出 value 是单词数量。Mapper 类的核心源码如下：

```java
public class Mapper<KEYIN, VALUEIN, KEYOUT, VALUEOUT> {
 /**
  * 对输入拆分后的每个<key,value>对将调用一次该方法，大多数应用程序需要重写该方法
  */
 @SuppressWarnings("unchecked")
 protected void map(KEYIN key, VALUEIN value,
                    Context context) throws IOException, InterruptedException {
  context.write((KEYOUT) key, (VALUEOUT) value);
 }
}
```

同样，IntSumReducer 是自定义的内部类，继承了 MapReduce 提供的 Reducer 类，并重写了其中的 reduce()方法。Reducer 类跟 Mapper 类一样，是一个泛型类，有 4 个形参类型，分别指定 reduce() 方法的输入 key、输入 value、输出 key、输出 value 的类型。Reducer 类的输入参数类型必须匹配 Mapper 类的输出类型，即 Text 类型和 IntWritable 类型。

本例中，reduce()方法的输入参数是单个单词和单词数量的集合，即<word, {1,1,1,1,...}>。reduce()方法的输出也必须与 Reducer 类规定的输出类型相匹配。Reducer 类的核心源码如下：

```java
public class Reducer<KEYIN,VALUEIN,KEYOUT,VALUEOUT> {
 /**
  * 对输入的每个<key,value-list>对将调用一次该方法，大多数应用程序需要重写该方法
```

```
    */
    @SuppressWarnings("unchecked")
    protected void reduce(KEYIN key, Iterable<VALUEIN> values, Context context
                    ) throws IOException, InterruptedException {
      for(VALUEIN value: values) {
        context.write((KEYOUT) key, (VALUEOUT) value);
      }
    }
}
```

main()方法中的 Configuration 类用于读取 Hadoop 的配置文件，例如 core-site.xml、mapred-site.xml、hdfs-site.xml 等。也可以使用 set()方法重新设置相关配置属性，例如重新设置 HDFS 的访问路径而不使用配置文件中的配置，代码如下：

```
conf.set("fs.default.name", "hdfs://192.168.170.133:9000");
```

main()方法中的 job.setCombinerClass(IntSumReducer.class);指定了 Map 任务规约的类。这里的规约的含义是，将 Map 任务的结果进行一次本地的 reduce()操作，从而减轻远程 Reduce 任务的压力。例如，把两个相同的"hello"单词进行规约，由此输入给 reduce()的就变成了<hello,2>。实际生产环境是由多台主机一起运行 MapReduce 程序的，如果加入规约操作，每一台主机会在执行 Reduce 任务之前进行一次对本机数据的规约，然后再通过集群进行 Reduce 任务操作，这样就会大大节省 Reduce 任务的执行时间，从而加快 MapReduce 的处理速度。本例的 Map 任务规约类使用了自定义 Reducer 类 IntSumReducer，需要注意的是，并不是所有的规约类都可以使用自定义 Reducer 类，需要根据实际业务使用合适的规约类，也可以自定义规约类。

4. 程序运行

下面以统计文本文件中的单词频数为例，讲解如何运行上述单词计数程序 WordCount，操作步骤如下：

步骤01 执行以下命令，在 HDFS 根目录下创建文件夹 input：

```
$ hadoop fs -mkdir /input
```

在本地新建一个文本文件 words.txt，向其写入以下单词内容：

```
hello world
hello hadoop
bye hadoop
```

执行以下命令，将 words.txt 上传到 HDFS 的/input 目录中：

```
$ hadoop fs -put words.txt /input
```

步骤02 进入 Hadoop 安装目录，执行以下命令，运行 Hadoop 自带的 WordCount 程序：

```
$ hadoop jar share/hadoop/mapreduce/hadoop-mapreduce-examples-2.8.2.jar wordcount /input /output
```

上述命令中的/input 为数据来源目录，/output 为结果数据存储目录。

需要注意的是，HDFS 中不应存在目录/output，程序会自动创建，若存在则会抛出异常。

若控制台输出以下信息，表示程序运行正常：

```
16/09/05 22:51:27 INFO mapred.LocalJobRunner: reduce task executor complete.
16/09/05 22:51:28 INFO mapreduce.Job:  map 100% reduce 100%
16/09/05 22:51:28 INFO mapreduce.Job: Job job_local1035441982_0001 completed successfully
16/09/05 22:51:28 INFO mapreduce.Job: Counters: 35
    File System Counters
        FILE: Number of bytes read=569202
        FILE: Number of bytes written=1134222
        FILE: Number of read operations=0
        FILE: Number of large read operations=0
        FILE: Number of write operations=0
        HDFS: Number of bytes read=30858
        HDFS: Number of bytes written=8006
        HDFS: Number of read operations=13
        HDFS: Number of large read operations=0
        HDFS: Number of write operations=4
    Map-Reduce Framework
        Map input records=289
        Map output records=2157
        Map output bytes=22735
        Map output materialized bytes=10992
        Input split bytes=104
        Combine input records=2157
        Combine output records=755
        Reduce input groups=755
        Reduce shuffle bytes=10992
        Reduce input records=755
        Reduce output records=755
        Spilled Records=1510
        Shuffled Maps =1
        Failed Shuffles=0
        Merged Map outputs=1
        GC time elapsed (ms)=221
        Total committed heap usage (bytes)=242360320
    Shuffle Errors
        BAD_ID=0
        CONNECTION=0
        IO_ERROR=0
        WRONG_LENGTH=0
        WRONG_MAP=0
        WRONG_REDUCE=0
    File Input Format Counters
        Bytes Read=15429
    File Output Format Counters
        Bytes Written=8006
```

程序运行过程中也可以访问 YARN ResourceManager 的 Web 界面 http://centos01:8088 查看程序的运行状态，如图5-6所示。

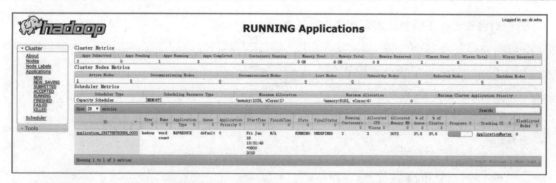

图 5-6 YARN ResourceManager Web 界面

步骤03 程序运行的结果以文件的形式存放在 HDFS 的 /output 目录中，执行以下命令，查看目录 /output 中的内容：

```
$ hadoop fs -ls /output
```

可以看到，/output 目录中生成了两个文件：_SUCCESS 和 part-r-00000，_SUCCESS 为执行状态文件，part-r-00000 则存储实际的执行结果，如图 5-7 所示。

```
[hadoop@centos01 ~]$ hadoop fs -ls /output
Found 2 items
-rw-r--r--   2 hadoop supergroup          0 2019-01-18 13:32 /output/_SUCCESS
-rw-r--r--   2 hadoop supergroup         74 2019-01-18 13:32 /output/part-r-00000
```

图 5-7 查看结果文件

可以执行以下命令，将运行结果下载到本地查看：

```
$ hadoop fs -get /output
```

也可以执行以下命令，直接查看结果文件中的数据，如图 5-8 所示。

```
$ hadoop fs -cat /output/*
```

```
[hadoop@centos01 ~]$ hadoop fs -cat /output/*
bye     1
hadoop  2
hello   2
world   1
```

图 5-8 查看单词计数结果数据

5.4 案例分析：数据去重

在大量数据中，难免存在重复数据，本例使用 MapReduce 对数据进行去重处理，使相同的数据在最终的输出结果中只保留一份。统计数据的种类个数、网站访问的 IP 数量等都会涉及数据去重。

已知有两个文件 file1.txt 和 file2.txt，需要对这两个文件中的数据进行合并去重，文件中的每一行是一个整体。

file1.txt 的内容如下：

```
2019-3-1 a
2019-3-2 b
2019-3-3 c
2019-3-4 d
2019-3-5 a
2019-3-6 b
2019-3-7 c
2019-3-3 c
```

file2.txt 的内容如下：

```
2019-3-1 b
2019-3-2 a
2019-3-3 b
2019-3-4 d
2019-3-5 a
2019-3-6 c
2019-3-7 d
2019-3-3 c
```

期望的输出结果如下：

```
2019-3-1 a
2019-3-1 b
2019-3-2 a
2019-3-2 b
2019-3-3 b
2019-3-3 c
2019-3-4 d
2019-3-5 a
2019-3-6 b
2019-3-6 c
2019-3-7 c
2019-3-7 d
```

1. 设计思路

根据 MapReduce 的工作原理可知，MapReduce 的 Shuffle 阶段会将 Map 任务的结果数据进行分区，并按照 key 进行分组，同一组的数据将输入到同一个 Reduce 任务中进行处理。而根据 key 分组的过程，实际上就是去重的过程。因此，将输入的每一行数据作为 key 即可达到数据去重的目的。

2. 编写程序

在 Eclipse 中新建一个 Maven 项目，在项目的 pom.xml 文件中加入 Hadoop 的依赖库，内容如下：

```
<dependency>
```

```xml
        <groupId>org.apache.hadoop</groupId>
        <artifactId>hadoop-client</artifactId>
        <version>2.8.2</version>
</dependency>
```

然后在 Maven 项目中新建数据去重类 Dedup.java，完整代码如下：

```java
import java.io.IOException;
import org.apache.hadoop.conf.Configuration;
import org.apache.hadoop.fs.Path;
import org.apache.hadoop.io.Text;
import org.apache.hadoop.mapreduce.Job;
import org.apache.hadoop.mapreduce.Mapper;
import org.apache.hadoop.mapreduce.Reducer;
import org.apache.hadoop.mapreduce.lib.input.FileInputFormat;
import org.apache.hadoop.mapreduce.lib.output.FileOutputFormat;

/**
 * 数据去重类
 */
public class Dedup {

    //map()方法将输入中的value复制到输出数据的key上，并直接输出
    public static class Map extends Mapper<Object, Text, Text, Text> {
        private static Text line = new Text();//每行数据

        //重写map()方法
        public void map(Object key, Text value, Context context) throws IOException,
            InterruptedException {
            line = value;
            context.write(line, new Text(""));
        }
    }

    //reduce()方法将输入中的key复制到输出数据的key上，并直接输出
    public static class Reduce extends Reducer<Text, Text, Text, Text> {
        //重写reduce()方法
        public void reduce(Text key, Iterable<Text> values, Context context)
            throws IOException, InterruptedException {
            context.write(key, new Text(""));
        }
    }

    public static void main(String[] args) throws Exception {
        Configuration conf = new Configuration();
        //构建任务对象
        Job job = Job.getInstance(conf, "Data Deduplication");
        job.setJarByClass(Dedup.class);

        //设置Map、Combine 和 Reduce 处理类
        job.setMapperClass(Map.class);
```

```java
        job.setCombinerClass(Reduce.class);
        job.setReducerClass(Reduce.class);

        //设置输出类型
        job.setOutputKeyClass(Text.class);
        job.setOutputValueClass(Text.class);

        //设置输入和输出目录
        FileInputFormat.addInputPath(job, new Path("/input/"));
        FileOutputFormat.setOutputPath(job, new Path("/output"));
        System.exit(job.waitForCompletion(true) ? 0 : 1);
    }
}
```

3. 程序解读

上述程序中，map()方法将接收到的<key,value>对中的 value 直接作为了方法输出的 key，而方法输出的 value 则被置为了空字符串；reduce()方法将接收到的<key,value>对中的 key 直接作为了方法输出的 key，而输出的 value 则置为了空字符串。

4. 程序运行

该程序需要在 Hadoop 集群环境下运行，步骤如下：

步骤01 在 Eclipse 中将完成的 MapReduce 项目导出为 jar 包，命名为 Dedup.jar，然后上传到 Hadoop 服务器的相应位置。

步骤02 在 HDFS 根目录下创建 input 文件夹，命令如下：

```
$ hadoop fs -mkdir /input
```

步骤03 将准备好的示例文件 file1.txt 和 file2.txt 上传到 HDFS 中的/input 目录，命令如下：

```
$ hadoop fs -put file1.txt /input
$ hadoop fs -put file2.txt /input
```

步骤04 执行以下命令，运行写好的 MapReduce 数据去重程序：

```
$ hadoop jar Dedup.jar com.hadoop.mr.Dedup
```

上述命令中的 com.hadoop.mr 为程序所在的包名，Dedup 为程序类名。

步骤05 程序运行完毕后，会在 HDFS 的根目录下生成 output 目录，并在 output 目录中生成 part-r-00000 文件，程序执行结果即存放于该文件中。可以执行以下命令，查看程序执行结果：

```
$ hadoop fs -cat /output/*
```

如果能正确显示预期结果，则表明程序编写无误。

5.5 案例分析：求平均分

本例通过对输入文件中的学生三科成绩进行计算，得出每个学生的平均成绩。输入文件中的每行内容均为一个学生的姓名和其相应的成绩，每门学科为一个文件。要求输出结果中每行有两个数据，其中第一个代表学生的姓名，第二个代表其平均成绩。

输入的三个文件内容如下：

math.txt:

```
张三    88
李四    99
王五    66
赵六    77
```

chinese.txt:

```
张三    78
李四    89
王五    96
赵六    67
```

english.txt:

```
张三    80
李四    82
王五    84
赵六    86
```

期望输出结果如下：

```
张三    82
李四    90
王五    82
赵六    76
```

1. 设计思路

根据 MapReduce 的工作原理可知，Map 任务最终处理的结果对<key,value>会送到 Reduce 任务进行合并，具有相同 key 的<key,value>对则会送到同一个 Reduce 任务中进行处理，即 Reduce 任务处理的数据是 key 和这个 key 对应的所有 value 的一个集合（value-list）。

MapReduce 经典的 WordCount（单词计数）例子是将接收到的每一个 value-list 进行求和，进而得到所需的结果。而本例中，我们将 Reduce 任务接收到的 value-list 进行求平均分后，作为输出的 value 值即可，输出的 key 值仍然为接收到的 key。

整个求平均分的流程如图 5-9 所示。

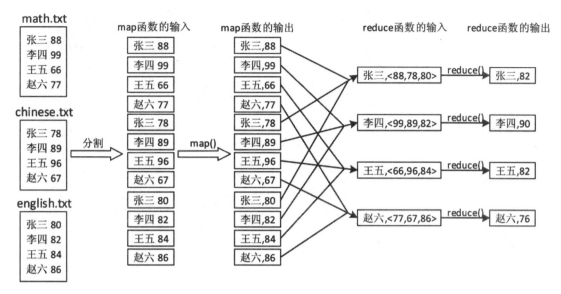

图 5-9　MapReduce 求平均分执行流程

2. 程序源码

项目的新建及依赖 jar 包的引入见 5.4 节的数据去重案例，此处不再赘述。

本例完整的程序源代码如下：

```java
import java.io.IOException;
import java.util.Iterator;
import java.util.StringTokenizer;

import org.apache.hadoop.conf.Configuration;
import org.apache.hadoop.fs.Path;
import org.apache.hadoop.io.IntWritable;
import org.apache.hadoop.io.LongWritable;
import org.apache.hadoop.io.Text;
import org.apache.hadoop.mapreduce.Job;
import org.apache.hadoop.mapreduce.Mapper;
import org.apache.hadoop.mapreduce.Reducer;
import org.apache.hadoop.mapreduce.lib.input.FileInputFormat;
import org.apache.hadoop.mapreduce.lib.input.TextInputFormat;
import org.apache.hadoop.mapreduce.lib.output.FileOutputFormat;
import org.apache.hadoop.mapreduce.lib.output.TextOutputFormat;

/**
 * 求平均分例子
 */
public class Score {

  public static class Map extends Mapper<LongWritable, Text, Text, IntWritable> {
    //重写map()方法
    public void map(LongWritable key, Text value, Context context)
```

```java
    throws IOException, InterruptedException {
    //将输入的一行数据转化成String
    //Hadoop默认是UTF-8编码,如果中文GBK编码的字符会出现乱码,需要以下面的方式进行转码
    String line = new String(value.getBytes(), 0, value.getLength(), "UTF-8");
    //将输入的一行数据默认按空格、制表符\t、换行符\n、回车符\r进行分割,
    //也可以加入一个参数指定分隔符
    StringTokenizer itr = new StringTokenizer(line);
    //获取分割后的字符串
    String strName = itr.nextToken();//学生姓名部分
    String strScore = itr.nextToken();//成绩部分
    Text name = new Text(strName);
    int scoreInt = Integer.parseInt(strScore);
    //输出姓名和成绩
    context.write(name, new IntWritable(scoreInt));
    }
}

public static class Reduce extends
    Reducer<Text, IntWritable, Text, IntWritable> {
    //重写reduce()方法
    public void reduce(Text key, Iterable<IntWritable> values, Context context)
        throws IOException, InterruptedException {
        int sum = 0;
        int count = 0;
        Iterator<IntWritable> iterator = values.iterator();
        while (iterator.hasNext()) {
            sum += iterator.next().get();//计算总分
            count++;//统计总的科目数
        }

        int average = (int) sum / count;//计算平均成绩
        //输出姓名和平均成绩
        context.write(key, new IntWritable(average));
    }

}

public static void main(String[] args) throws Exception {
    Configuration conf = new Configuration();
    //设置HDFS访问路径
    conf.set("fs.default.name", "hdfs://192.168.170.133:9000");
    Job job = Job.getInstance(conf, "Score Average");
    job.setJarByClass(Score.class);

    //设置Map、Reduce处理类
    job.setMapperClass(Map.class);
    job.setReducerClass(Reduce.class);

    //设置输出类型
    job.setOutputKeyClass(Text.class);
```

```
job.setOutputValueClass(IntWritable.class);

//将输入的数据集分割成小数据块 splites,提供一个 RecordReader 的实现
job.setInputFormatClass(TextInputFormat.class);
//提供一个 RecordWriter 的实现,负责数据输出
job.setOutputFormatClass(TextOutputFormat.class);

//设置输入和输出目录
FileInputFormat.addInputPath(job, new Path("/input/"));
FileOutputFormat.setOutputPath(job, new Path("/output"));
System.exit(job.waitForCompletion(true) ? 0 : 1);
    }
}
```

需要注意的是,Hadoop 在涉及编码时默认使用的是 UTF-8,如果文件编码格式是其他类型(如 GBK),则会出现乱码。此时只需在 map()或 reduce()方法中读取 Text 时,进行一下转码,确保都是以 UTF-8 的编码方式在运行即可,转码的核心代码如下:

```
String line=new String(value.getBytes(),0,value.getLength(),"UTF-8");
```

3. 程序运行

程序的打包和运行参考前面的"单词计数"和"数据去重"案例,此处不再赘述。

执行完成后,查看 HDFS 的/output 目录生成的结果内容,如图 5-10 所示。

```
[hadoop@centos01 ~]$ hdfs dfs -ls /output
Found 2 items
-rw-r--r--   2 hadoop supergroup          0 2019-01-21 19:11 /output/_SUCCESS
-rw-r--r--   2 hadoop supergroup         40 2019-01-21 19:11 /output/part-r-00000
[hadoop@centos01 ~]$ hdfs dfs -cat /output/*
张三    82
李四    90
王五    82
赵六    76
```

图 5-10 查看 HDFS 结果内容

5.6 案例分析:二次排序

MapReduce 在传递<key,value>对时默认按照 key 进行排序,而有时候除了 key 以外,还需要根据 value 或 value 中的某一个字段进行排序,基于这种需求进行的自定义排序称为"二次排序"。

例如有以下数据:

```
A 3
B 5
C 1
B 6
A 4
C 5
```

现需要对上述数据先按照第一字段进行升序排列，若第一字段相同，则按照第二字段进行降序排列，期望的输出结果如下：

```
A 4
A 3
B 6
B 5
C 5
C 1
```

1. 设计思路

由于 MapReduce 中主要是对 key 的比较和排序，因此可以将需要排序的两个字段组合成一个复合 key，而 value 值不变，则组合后的<key,value>对形如<(key,value),value>。

在编程时可以自定义一个类 MyKeyPair，该类中包含要排序的两个字段，然后将该类作为<key,value>对中的 key（Hadoop 中的任何类型都可以作为 key），形如<MyKeyPair,value>，相当于自定义 key 的类型。由于所有的 key 是可序列化并且可比较的，因此自定义的 key 需要实现接口 WritableComparable。

与按照一个字段排序相比，本次二次排序需要自定义的地方如下：

- 自定义组合 key 类，需要实现 WritableComparable 接口。
- 自定义分区类，按照第一个字段进行分区，需要继承 Partitioner 类。
- 自定义分组类，按照第一个字段进行分组，需要继承 WritableComparator 类。

2. 编写程序

（1）自定义组合 key 类。

新建自定义组合 key 类 MyKeyPair.java，该类需要实现 Hadoop 提供的 org.apache.hadoop.io.WritableComparable 接口，该接口继承了 org.apache.hadoop.io.Writable 接口和 java.lang.Comparable 接口，定义源码如下：

```
public interface WritableComparable<T> extends Writable, Comparable<T> {
}
```

然后需要实现 WritableComparable 接口中的序列化方法 write()、反序列化方法 readFields()、比较方法 compareTo()。write()方法用于将数据写入输出流；readFields()方法用于从输入流读取数据；compareTo()方法用于将两个对象进行比较，以便能够进行排序。

自定义组合 key 类 MyKeyPair.java 的源码如下：

```java
import java.io.DataInput;
import java.io.DataOutput;
import java.io.IOException;
import org.apache.hadoop.io.WritableComparable;

/**
 * 自定义组合 key 类
 */
public class MyKeyPair implements WritableComparable<MyKeyPair> {
    //组合 key 属性
```

```java
private String first;//第一个排序字段
private int second;//第二个排序字段
/**
 * 实现该方法，反序列化对象 input 中的字段
 */
public void readFields(DataInput input) throws IOException {
 this.first = input.readUTF();
 this.second = input.readInt();
}
/**
 * 实现该方法，序列化对象 output 中的字段
 */
public void write(DataOutput output) throws IOException {
 output.writeUTF(first);
 output.writeInt(second);
}
/**
 * 实现比较器
 */
public int compareTo(MyKeyPair o) {
 //默认升序排列
 int res = this.first.compareTo(o.first);
 if (res != 0) {//若第一个字段不相等，则返回
  return res;
 } else { //若第一个字段相等，则比较第二个字段，且降序排列
  return -Integer.valueOf(this.second).compareTo(
    Integer.valueOf(o.getSecond()));
 }
}
/**
 * 字段的 get 和 set 方法
 */
public int getSecond() {
 return second;
}
public void setSecond(int second) {
 this.second = second;
}
public String getFirst() {
 return first;
}
public void setFirst(String first) {
 this.first = first;
}
}
```

（2）自定义分区类。

新建自定义分区类 MyPartitioner.java，该类需要继承 Hadoop 提供的 org.apache.hadoop.mapreduce.Partitioner 类，并实现其中的抽象方法 getPartition()。Partitioner 类是一个抽象泛型类，用于控制对 Map 任务输出结果的分区，泛型的两个参数分别表示<key,value>对中

key 的类型和 value 的类型。Partitioner 类的源码如下：

```java
/**
 * 分区类 Partitioner
 */
public abstract class Partitioner<KEY, VALUE> {

  /**
   * 得到分区编号
   *
   * @param key: 需要分区的<key,value>对中的key
   * @param value: 需要分区的<key,value>对中的value
   * @param numPartitions: 分区数量（与Reduce任务数量相同）
   * @return 分区编号
   */
  public abstract int getPartition(KEY key, VALUE value, int numPartitions);

}
```

关于 MapReduce 的分区规则可参考本章 5.1.3 节的 MapReduce 工作原理，此处不再赘述。
自定义分区类 MyPartitioner.java 的源码如下：

```java
import org.apache.hadoop.io.IntWritable;
import org.apache.hadoop.mapreduce.Partitioner;

/**
 * 自定义分区类
 */
public class MyPartitioner extends Partitioner<MyKeyPair, IntWritable> {
  /**
   * 实现抽象方法getPartition()，自定义分区字段
   * @param myKeyPair:<key,value>对中 key 的类型
   * @param value:<key,value>对中 value 的类型
   * @param numPartitions:分区的数量（等于Reduce任务数量）
   * @return 分区编号
   */
  public int getPartition(MyKeyPair myKeyPair, IntWritable value,
    int numPartitions) {
    //将第一个字段作为分区字段
    return (myKeyPair.getFirst().hashCode() & Integer.MAX_VALUE) % numPartitions;
  }
}
```

上述代码继承 Partitioner 类的同时指定了<key,value>对中 key 的类型为 MyKeyPair，value 的类型为 IntWritable。

（3）自定义分组类。

新建自定义分组类 MyGroupComparator.java，该类需要继承 Hadoop 提供的 org.apache.hadoop.io.WritableComparator 类，并重写其中的 compare()方法，以实现按照指定的字段

进行分组。

自定义分组类 MyGroupComparator.java 的源码如下：

```java
import org.apache.hadoop.io.WritableComparator;

/**
 * 自定义分组类
 */
public class MyGroupComparator extends WritableComparator {

  protected MyGroupComparator() {
    //指定分组<key,value>对中 key 的类型，true 为创建该类型的实例，若不指定类型将报空值错误
    super(MyKeyPair.class, true);
  }

  //重写 compare()方法，以第一个字段进行分组
  public int compare(MyKeyPair o1, MyKeyPair o2) {
    return o1.getFirst().compareTo(o2.getFirst());
  }
}
```

上述代码首先通过构造方法指定了<key,value>对中 key 的类型为 MyKeyPair，由于 MapReduce 默认以<key,value>对中的 key 值进行分组，因此接下来重写了 compare()方法，实现了按照 MyKeyPair 对象中的 first 字段进行对比，若值相等则会将当前<key,value>对分为一组。

（4）定义 Mapper 类。

新建 Mapper 类 MyMapper.java，实现将输入的数据封装为<MyKeyPair, IntWritable>形式的<key,value>对进行输出，即输出的 key 的类型为 MyKeyPair，输出的 value 的类型为 IntWritable。

Mapper 类 MyMapper.java 的源码如下：

```java
import org.apache.hadoop.io.IntWritable;
import org.apache.hadoop.io.LongWritable;
import org.apache.hadoop.io.Text;
import org.apache.hadoop.mapreduce.Mapper;

import java.io.IOException;
import java.util.StringTokenizer;

/**
 * 定义 Mapper 类
 */
public class MyMapper extends
  Mapper<LongWritable, Text, MyKeyPair, IntWritable> {
  /**
   * 重写 map()方法
   */
  public void map(LongWritable key, Text value, Context context)
    throws IOException, InterruptedException {
    String line = value.toString();
```

```java
        //将输入的一行数据默认按空格、制表符\t、换行符\n、回车符\r进行分割,也可以加入一个参数
指定分隔符
        StringTokenizer itr = new StringTokenizer(line);

        String first = itr.nextToken();//得到第一个字段值
        String second = itr.nextToken();//得到第二个字段值

        //设置组合 key 和 value ==> <(key,value),value>
        //设置 MyKeyPair 类型的输出 key
        MyKeyPair outKey = new MyKeyPair();
        outKey.setFirst(first);
        outKey.setSecond(Integer.valueOf(second));
        //设置 IntWritable 类型的输出 value
        IntWritable outValue = new IntWritable();
        outValue.set(Integer.valueOf(second));
        //输出<key,value>对
        context.write(outKey, outValue);
    }
}
```

(5) 定义 Reducer 类。

新建 Reducer 类 MyReducer.java,将接收到的分组后的<key,value-list>对循环进行输出。

Reducer 类 MyReducer.java 的源码如下:

```java
import org.apache.hadoop.io.IntWritable;
import org.apache.hadoop.io.Text;
import org.apache.hadoop.mapreduce.Reducer;
import java.io.IOException;
/**
 * 定义 Reducer 类
 */
public class MyReducer extends
  Reducer<MyKeyPair, IntWritable, Text, IntWritable> {
  /**
   * 重写 reduce()方法
   */
  public void reduce(MyKeyPair key, Iterable<IntWritable> values, Context context)
      throws IOException, InterruptedException {
    //定义 Text 类型的输出 key
    Text outKey = new Text();
    //循环输出<key,value>对
    for (IntWritable value : values) {
      outKey.set(key.getFirst());
      context.write(outKey, value);
    }
  }
}
```

上述代码将 MyKeyPair 类型的 key 中的 first 字段值作为输出的 key,输出的 value 从集合 values

中进行遍历。

（6）定义应用程序主类。

新建应用程序主类 MySecondSortApp.java，在该类中需要指定自定义的分区类和分组类，同时需要显式设置 Map 任务输出的 key 和 value 的类型。

应用程序主类 MySecondSortApp.java 的源码如下：

```java
import org.apache.hadoop.conf.Configuration;
import org.apache.hadoop.fs.Path;
import org.apache.hadoop.io.IntWritable;
import org.apache.hadoop.io.Text;
import org.apache.hadoop.mapreduce.Job;
import org.apache.hadoop.mapreduce.lib.input.FileInputFormat;
import org.apache.hadoop.mapreduce.lib.input.TextInputFormat;
import org.apache.hadoop.mapreduce.lib.output.FileOutputFormat;
import org.apache.hadoop.mapreduce.lib.output.TextOutputFormat;
import java.io.IOException;
/**
 * MapReduce 应用程序主类
 */
public class MySecondSortApp {
 public static void main(String[] args) throws IOException,
   ClassNotFoundException, InterruptedException {

   Configuration conf = new Configuration();
   //设置 HDFS 访问路径
   conf.set("fs.default.name", "hdfs://192.168.170.133:9000");
   Job job = Job.getInstance(conf, "MySecondSortApp");
   job.setJarByClass(MySecondSortApp.class);

   //设置 Mapper 处理类
   job.setMapperClass(MyMapper.class);
   //设置自定义分区类
   job.setPartitionerClass(MyPartitioner.class);
   //设置自定义分组类
   job.setGroupingComparatorClass(MyGroupComparator.class);
   //设置 Reducer 处理类
   job.setReducerClass(MyReducer.class);

   //设置 Map 任务输出类型，与 map()方法输出类型一致
   job.setMapOutputKeyClass(MyKeyPair.class);  ❶
   job.setMapOutputValueClass(IntWritable.class);

   //设置 Reduce 任务输出类型，与 reduce()方法输出类型一致
   job.setOutputKeyClass(Text.class);  ❷
   job.setOutputValueClass(IntWritable.class);

   //将输入的数据集分割成小数据块 splites
   job.setInputFormatClass(TextInputFormat.class);  ❸
   //提供一个 RecordWriter 的实现，负责数据输出
```

```
    job.setOutputFormatClass(TextOutputFormat.class);

    //设置数据在 HDFS 中的输入和输出目录
    FileInputFormat.addInputPath(job, new Path("/input/"));
    FileOutputFormat.setOutputPath(job, new Path("/output"));
    System.exit(job.waitForCompletion(true) ? 0 : 1);
    }
}
```

上述代码解析如下:

❶ 设置 map()方法输出的 key 和 value 的类型。若将此省略,则默认采用❷中设置的输出类型。也就是说,若 map()方法和 reduce()方法的输出类型一致,可以省略对 map()方法输出类型的设置。若 map()方法和 reduce()方法实际的输出类型与此处的设置不匹配,则程序运行过程中将会报错。

在 MapReduce 程序运行的过程中会通过 JobConf 类获取 map()方法的输出类型,获取 map()方法输出 key 的类型的源码如下:

```
public Class<?> getMapOutputKeyClass() {
    Class<?> retv = this.getClass("mapreduce.map.output.key.class", (Class)null, Object.class);
    if (retv == null) {//没有设置 map()的输出类型
        retv = this.getOutputKeyClass();
    }
    return retv;
}
```

从上述源码可以看出,当没有设置 map()方法的输出类型时,会调用 getOutputKeyClass()方法使用 reduce()方法的输出类型。

❸ 在执行 MapReduce 程序时,会首先从 HDFS 中读取数据块,然后按行拆分成<key,value>对,这个过程则是由 TextInputFormat 类完成的。TextInputFormat 类继承了抽象类 FileInputFormat<K, V>,而 FileInputFormat<K, V>又继承了抽象类 InputFormat<K, V>,抽象类 InputFormat<K, V>中定义了两个方法:getSplits()和 createRecordReader()。getSplits()方法负责将 HDFS 数据解析为 InputSplit 集合,createRecordReader()方法负责将一个 InputSplit 解析为一个<key,value>对记录。抽象类 InputFormat<K, V>的源码如下:

```
public abstract class InputFormat<K, V> {
    public InputFormat() {
    }
    public abstract List<InputSplit> getSplits(JobContext var1) throws IOException, InterruptedException;

    public abstract RecordReader<K, V> createRecordReader(InputSplit var1, TaskAttemptContext var2) throws IOException, InterruptedException;
}
```

3. 程序运行

程序的打包和执行参考前面的"单词计数"和"数据去重"案例,此处不再赘述。

执行完成后,查看执行结果,如图 5-11 所示。

```
[hadoop@centos01 ~]$ hdfs dfs -ls /output
Found 2 items
-rw-r--r--   2 hadoop supergroup          0 2019-01-22 09:34 /output/_SUCCESS
-rw-r--r--   2 hadoop supergroup         24 2019-01-22 09:34 /output/part-r-00000
[hadoop@centos01 ~]$ hdfs dfs -cat /output/*
A       4
A       3
B       6
B       5
C       5
C       1
```

图 5-11　查看二次排序程序执行结果

5.7　使用 MRUnit 测试 MapReduce 程序

MRUnit（http://incubator.apache.org/mrunit/）是 Apache 提供的对 MapReduce 程序进行测试的工具类，使用它可以对 Mapper 和 Reducer 程序分别进行测试，并且可以将已知的输入传递给 Mapper 或者检查 Reducer 的输出是否符合预期。MRUnit 可以与标准的测试框架（如 JUnit）一起使用。

下面讲解在 Eclipse 中使用 MRUnit 结合 JUnit 对本章"单词计数"案例中的 WordCount 程序进行单元测试，具体操作步骤如下。

1. 添加 Maven 依赖

MRUnit 测试库需要添加以下 Maven 依赖：

```xml
<dependency>
    <groupId>org.apache.mrunit</groupId>
    <artifactId>mrunit</artifactId>
    <version>1.0.0</version>
<!--需要指定对应的 Hadoop 版本-->
    <classifier>hadoop2</classifier>
    <scope>test</scope>
</dependency>
<!--如果结合 JUnit 需要添加以下依赖-->
<dependency>
    <groupId>junit</groupId>
    <artifactId>junit</artifactId>
    <version>4.10</version>
    <scope>test</scope>
</dependency>
```

2. 新建测试类 MRTest.java

测试类 MRTest.java 的完整代码如下：

```java
import java.io.IOException;
import java.util.ArrayList;
import java.util.List;
import org.apache.hadoop.io.IntWritable;
```

```java
import org.apache.hadoop.io.LongWritable;
import org.apache.hadoop.io.Text;
import org.apache.hadoop.mrunit.mapreduce.MapDriver;
import org.apache.hadoop.mrunit.mapreduce.MapReduceDriver;
import org.apache.hadoop.mrunit.mapreduce.ReduceDriver;
import org.apache.hadoop.mrunit.types.Pair;
import org.junit.Before;
import org.junit.Test;

/**
 * MapReduce 测试类
 */
public class MRTest {
    //Map 测试驱动类，泛型类型与 Map 类一致
    MapDriver<Object,Text,Text,IntWritable> mapDriver;
    //Reduce 测试驱动类，泛型类型与 Reduce 类一致
    ReduceDriver<Text,IntWritable,Text,IntWritable> redeceDriver;
    //MapReduce 测试驱动类，泛型类型前四个与 Map 类的类型一致，后两个与 Reduce 类的输出一致
    MapReduceDriver<Object,Text,Text,IntWritable,Text,IntWritable> mapReduceDriver;

    /**
     * 测试方法运行前的变量赋值
     */
    @Before
    public void setUp() {
        WordCount.TokenizerMapper mapper = new WordCount.TokenizerMapper();
        WordCount.IntSumReducer reducer = new WordCount.IntSumReducer();
        //指定需要测试的 Map 类
        mapDriver = MapDriver.newMapDriver(mapper);
        //指定需要测试的 Reduce 类
        redeceDriver = ReduceDriver.newReduceDriver(reducer);
        //指定需要测试的 Map 与 Reduce 类
        mapReduceDriver = MapReduceDriver.newMapReduceDriver(mapper, reducer);
    }

    /**
     * 测试 Mapper 类
     * 若结果与期望输出数据相匹配则测试成功
     */
    @Test
    public void testMapper() throws IOException {
        //设置 Map 的输入数据
        mapDriver.withInput(new IntWritable(1), new Text("hello world hello hadoop"));
        //设置 Map 的输出数据
        mapDriver.withOutput(new Text("hello"), new IntWritable(1))
            .withOutput(new Text("world"), new IntWritable(1))
            .withOutput(new Text("hello"), new IntWritable(1))
            .withOutput(new Text("hadoop"), new IntWritable(1));
```

```java
    mapDriver.runTest();
}

/**
 * 测试 Reducer 类
 * 若结果与期望输出数据相匹配则测试成功
 */
@Test
public void testReducer() throws Exception {
    //声明输入数据
    List<IntWritable> values = new ArrayList<IntWritable>();
    values.add(new IntWritable(1));
    values.add(new IntWritable(1));
    //设置输入数据与输出数据
    redeceDriver.withInput(new Text("hello"), values)
        .withOutput(new Text("hello"), new IntWritable(2)).runTest();
}

/**
 * 测试 MapReduce
 * 传入 Map 的输入数据与 Reduce 的期望输出数据,若结果与期望输出数据相匹配,则测试成功
 */
@Test
public void testMapReduce() throws IOException {
    //声明 Map 输入数据
    Text value = new Text("hello world hello hadoop");
    //声明 Reduce 输出数据,注意集合元素的顺序
    List<Pair<Text, IntWritable>> outputs = new ArrayList<Pair<Text, IntWritable>>();
    outputs.add(new Pair(new Text("hadoop"), new IntWritable(1)));
    outputs.add(new Pair(new Text("hello"), new IntWritable(2)));
    outputs.add(new Pair(new Text("world"), new IntWritable(1)));
    //设置输入与输出数据并执行测试
    mapReduceDriver.withInput(new LongWritable(0), value).withAllOutput(outputs)
        .runTest();
}
}
```

3. 运行 JUnit 测试

分别运行 JUnit 测试,测试方法 testMapper()、testReducer()和 testMapReduce()。若测试结果与期望结果一致,则测试成功。

第 6 章

ZooKeeper

本章内容

本章首先讲解 ZooKeeper 的架构原理、数据模型、Watcher 机制等基础知识,然后讲解 ZooKeeper 的三种安装模式、命令行和常用的 Java API 操作,最后结合实际案例讲解 ZooKeeper 在实际开发业务中的使用。

本章目标

- 了解 ZooKeeper 的应用场景。
- 掌握 ZooKeeper 的架构原理。
- 掌握 ZooKeeper 的数据模型和节点类型。
- 掌握 ZooKeeper 的 Watcher 机制。
- 掌握 ZooKeeper 的命令行操作。
- 掌握 ZooKeeper 的 Java API 操作。

6.1　ZooKeeper 简介

ZooKeeper 是一个分布式应用程序协调服务,主要用于解决分布式集群中应用系统的一致性问题。它能提供类似文件系统的目录节点树方式的数据存储,主要用途是维护和监控所存数据的状态变化,以实现对集群的管理。

6.1.1 应用场景

在分布式环境里，往往会有很多服务器都需要同样的配置来保证信息的一致性和集群的可靠性，而一个分布式集群往往动辄上百台服务器，一旦配置信息改变，就需要对每台服务器进行修改，这样会消耗大量时间，那么有没有一种简单的方法统一对其修改呢？像这样的配置信息完全可以交给 ZooKeeper 来管理，将配置信息保存在 ZooKeeper 的某个目录节点中，然后所有应用服务器都监控配置信息的状态，一旦配置信息发生变化，每台应用服务器就会收到 ZooKeeper 的通知，然后从 ZooKeeper 获取新的配置信息应用到系统中即可。

1. 统一命名服务

利用 ZooKeeper 中的树形分层结构，可以把系统中的各种服务的名称、地址以及目录信息存放在 ZooKeeper 中，需要的时候去 ZooKeeper 中读取就可以了。

此外，ZooKeeper 中有一种节点类型是顺序节点，可以利用它的这个特性制作序列号。我们都知道，数据库有主键 ID 可以自动生成，但是在分布式环境中就无法使用了，于是我们可以使用 ZooKeeper 的命名服务，它可以生成有顺序的编号，而且支持分布式，非常方便。

2. 集群管理

ZooKeeper 能够很容易地实现集群管理的功能，如有多台服务器组成一个服务集群，那么必须要有一个"总管"知道当前集群中每台机器的服务状态，一旦有服务器不能提供服务，集群中其他服务器必须知道，从而做出调整，重新分配服务策略。当增加一台或多台服务器时，同样也必须让"总管"知道。

ZooKeeper 不仅能够帮助我们维护当前集群中服务器的服务状态，而且能够选举出一个"总管"，让这个"总管"来管理集群，这种选举方式称为"Leader 选举"。

3. 分布式锁

在一个分布式环境中，为了提高可靠性，集群的每台服务器上都部署着同样的服务。但是一个常见的问题就是，如果集群中的每台服务器都进行同一件事情的话，它们相互之间就要协调，编程起来将非常复杂。这个时候可以使用分布式锁，我们可以利用 ZooKeeper 来协调多个分布式进程之间的活动，在某个时刻只让一个服务去工作，当这个服务出现问题的时候将锁释放，立即切换到另外的服务。

6.1.2 架构原理

ZooKeeper 集群的总体架构如图 6-1 所示。

ZooKeeper 集群由一组服务器（Server）节点组成，在这些服务器节点中有一个节点的角色为 Leader，其他节点的角色为 Follower。当客户端（Client）连接到 ZooKeeper 集群并执行写请求时，这些请求首先会被发送到 Leader 节点。Leader 节点在接收到数据变更请求后，首先会将该变更写入到本地磁盘以作恢复使用，当所有的写请求持久化到磁盘后，会将数据变更应用到内存中，以加快数据读取速度，最后 Leader 节点上的数据变更会同步（广播）到集群的其他 Follower 节点上。

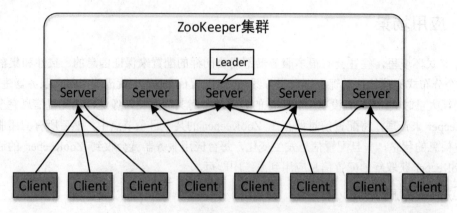

图 6-1 ZooKeeper 集群的总体架构

当 Leader 节点发生故障而失效时，Follower 节点会快速响应，由消息层重新选出一个 Leader 节点来处理客户端请求。

6.1.3 数据模型

ZooKeeper 主要用于管理协调数据（服务器的配置、状态等信息），不能用于存储大型数据集。

ZooKeeper 有一个树形层次的命名空间，该命名空间的组织方式类似于标准文件系统。ZooKeeper 可以将该命名空间共享给分布式应用程序，使它们可以利用该命名空间进行相互协调。与为存储而设计的典型文件系统不同，ZooKeeper 数据保存在内存中，这样可以提高吞吐量和降低数据延迟。

在 ZooKeeper 的命名空间中，名称是由斜线（/）分隔的路径元素组成的。命名空间中的每个名称（也叫节点）都由路径标识，如图 6-2 所示。

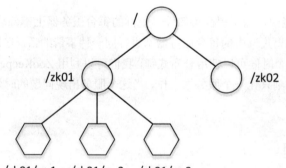

图 6-2 ZooKeeper 数据模型

ZooKeeper 命名空间中的每个节点都可以有与之关联的数据（也称元数据）以及子节点，就好比标准文件系统中的每个文件夹都可以存放文件并且每个文件夹都有子文件夹。

通常使用 znode 来表示 ZooKeeper 命名空间中的名称节点，存储在每个 znode 上的数据会被客户端原子化地读取和写入。读取操作可以获取与 znode 关联的所有数据，而写入操作可以替换所有数据。

znode 的主要特点如下：

- znode 中仅存储协调数据，即与同步相关的数据，例如状态信息、配置内容、位置信息等，因此数据量很小，大概 B 到 KB 量级。
- 一个 znode 维护一个状态结构，该结构包括版本号、ACL（访问控制列表）变更、时间戳。znode 存储的数据每次发生变化，版本号都会递增，每当客户端检索数据时，客户端也会同时接收到数据的版本。客户端也可以基于版本号检索相关数据。
- 每个 znode 都有一个 ACL，用来限定该 znode 的客户端访问权限。
- 客户端可以在 znode 上设置一个观察者（Watcher），如果该 znode 上的数据发生变更，ZooKeeper 就会通知客户端，从而触发 Watcher 中实现的逻辑的执行。

6.1.4 节点类型

ZooKeeper 中的 znode 节点主要有以下 4 种类型。

1．持久节点（PERSISTENT）

持久节点在创建后就一直存在，除非手动将其删除。

2．持久顺序节点（PERSISTENT_SEQUENTIAL）

持久顺序节点除了有持久节点的功能外，在创建时，ZooKeeper 会在节点名称末尾自动追加一个自增长的数字后缀作为新的节点名称，以便记录每一个节点创建的先后顺序。数字后缀的长度是 10 位，且由 0 填充，例如 0000000001。举个例子，当前有一个父节点/lock，我们需要在该节点下创建顺序子节点/lock/node-，ZooKeeper 在生成该子节点时会根据当前子节点数量自动增加数字后缀，如果是第一个创建的子节点，则节点名称为/lock/node-0000000000，下一个子节点则为/lock/node-0000000001，依次类推。

3．临时节点（EPHEMERAL）

只要创建节点的客户端与 ZooKeeper 服务器的连接会话是活动的，这些节点就存在。当客户端与服务器的连接会话断开时，节点将被删除。基于此，临时节点是不允许有子节点的。

4．临时顺序节点（EPHEMERAL_SEQUENTIAL）

临时顺序节点除了有临时节点的功能外，节点在创建时，会在节点末尾追加自增长的数字编号，这一点与持久顺序节点的顺序功能一致。

6.1.5 Watcher 机制

ZooKeeper 是一个基于 Watcher（观察者）模式设计的分布式服务管理框架，其允许客户端向服务器的 znode 上注册一个 Watcher，一旦 znode 的状态发生变化，ZooKeeper 就会通知已经在它上面注册的 Watcher 做出相应的反应。当前，ZooKeeper 有四种状态变化事件：节点创建、节点删除、节点数据修改和子节点变更。

ZooKeeper 中所有的读取操作——getData()方法、getChildren()方法和 exists()方法，都可以向

服务器设置一个 Watcher。Watcher 事件相当于一次性的触发器,当 znode 的数据发生改变时,会通知设置 Watcher 的客户端。例如,如果客户端执行 getData("/znode1",true)方法,然后改变或删除/znode1 的数据,客户端将获得/znode1 的状态改变事件通知。如果/znode1 再次更改,则不会发送任何通知给客户端,除非客户端提前再次向/znode1 设置 Watcher。

ZooKeeper 的 Watcher 有两种类型:数据 Watcher 和子节点 Watcher。数据 Watcher 只监听节点元数据的改变,子节点 Watcher 只监听节点的子节点的创建与删除。getData()方法和 exists()方法可以设置数据 Watcher,这两个方法返回 znode 节点的元数据信息。getChildren()方法可以设置子节点 Watcher,该方法则返回一个子节点列表。因此,setData()方法会触发数据 Watcher,一个成功的 create()方法将触发正在创建的 znode 的数据 Watcher 以及父 znode 的子节点 Watcher,一个成功的 delete()方法将会为被删除的 znode 触发一个数据 Watcher 以及为被删除节点的父节点触发一个子节点 Watcher。

1. Watcher 机制执行流程

Watcher 机制主要包括客户端线程、客户端 WatchManager 和 ZooKeeper 服务器三部分。具体流程为:客户端在向 ZooKeeper 服务器注册 Watcher 的同时,会将 Watcher 对象存储在客户端的 WatchManager 中。当 ZooKeeper 服务器端触发 Watcher 事件后,会向客户端发送通知,客户端线程从 WatchManager 中取出对应的 Watcher 对象来执行回调逻辑,如图 6-3 所示。

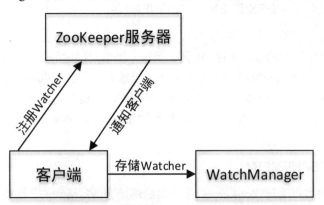

图 6-3　ZooKeeper Watcher 机制执行流程

WatchManager 类的部分源码如下:

```
/**
 * 管理 Watcher
 */
public class WatchManager {
  private final HashMap<String, HashSet<Watcher>> watchTable =
     new HashMap<String, HashSet<Watcher>>();

  /**
   * 添加 Watcher
   */
  public synchronized void addWatch(String path, Watcher watcher) {
    //根据路径获取对应的所有 watcher
```

```
    HashSet<Watcher> list = watchTable.get(path);
    if (list == null) {
      //新生成 Set 集合用于存放 watcher
      list = new HashSet<Watcher>(4);
      watchTable.put(path, list);
    }
    list.add(watcher);

    HashSet<String> paths = watch2Paths.get(watcher);
    if (paths == null) {
      paths = new HashSet<String>();
      //将 watcher 和对应的 paths 添加至映射中
      watch2Paths.put(watcher, paths);
    }
    paths.add(path);
  }
}
```

2. Watcher 相关事件

我们可以调用 exists()、getData()和 getChildren()三个方法来设置 Watcher，这些方法主要用于读取 ZooKeeper 的状态信息。下面列出了常用的设置 Watcher 事件的方法。

- 节点创建事件：通过调用 exists()方法设置。
- 节点删除事件：通过调用 exists()、getData()和 getChildren()方法设置。
- 节点改变事件：通过调用 exists()和 getData()方法设置。
- 子节点事件：通过调用 getChildren()方法设置。

6.1.6 分布式锁

在分布式环境中，为了保证在同一时刻只能有一个客户端对指定的数据进行访问，需要使用分布式锁技术，只有获得锁的客户端才能对数据进行访问，其余客户端只能暂时等待。

利用 ZooKeeper 实现分布式锁，常用的实现方法是，所有希望获得锁的客户端都需要执行以下操作：

（1）客户端连接 ZooKeeper，调用 create()方法在指定的锁节点（如/lock）下创建一个临时顺序节点。例如节点名为"node-"，则第一个客户端创建的节点为"/lock/node-0000000000"，第二个客户端创建的节点为"/lock/node-0000000001"。

（2）客户端调用 getChildren()方法查询锁节点/lock 下的所有子节点列表，判断子节点列表中序号最小的子节点是否是自己创建的。如果是，则客户端获得锁，否则监听排在自己前一位的子节点的删除事件，若监听的子节点被删除，则重复执行此步骤，直至获得锁。

（3）客户端执行业务代码。

（4）客户端业务完成后，删除在 ZooKeeper 中对应的子节点以释放锁。

针对上述流程中的两个不容易理解的问题解析如下：

步骤（1）中为什么要创建临时节点？

假如客户端 A 获得锁之后，客户端 A 所在的计算机宕机了，此时客户端 A 没有来得及主动删除子节点。如果创建的是永久节点，锁将永远不会被释放，从而导致死锁。临时节点的好处是，尽管客户端宕机了，但是 ZooKeeper 在一定时间内没有收到客户端的心跳则会认为会话失效，然后将临时节点删除以释放锁。

步骤（2）中未获得锁的客户端为什么要监听排在自己前一位的子节点的删除事件？

按照争夺锁的规则，每一轮锁的争夺取的都是序号最小节点，当序号最小的节点删除后，正常情况排在最小节点后一位的节点将获得锁，以此类推。因此，若客户端没有获得锁，只需要监听自己前一位的节点即可，这样每当锁释放时，ZooKeeper 只需要通知一个客户端，从而节省了网络带宽。若将监听事件设置在父节点/lock 上，那么每次锁的释放将通知所有客户端。假如客户端数量庞大，会导致 ZooKeeper 服务器必须处理的操作数量激增，增加了 ZooKeeper 服务器的压力，同时很容易产生网络阻塞。

上述使用 ZooKeeper 实现分布式锁的流程如图 6-4 所示。

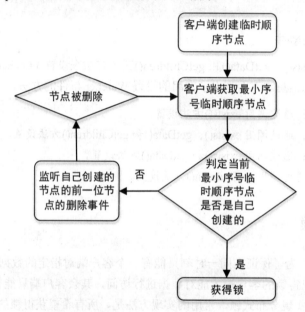

图 6-4　ZooKeeper 分布式锁实现流程

6.2　ZooKeeper 安装配置

本节讲解 ZooKeeper 三种模式的安装，分别为单机模式、伪分布模式和集群模式。

6.2.1　单机模式

单机模式是指只部署一个 ZooKeeper 进程，客户端直接与该 ZooKeeper 进程进行通信。在单机模式下配置和安装 ZooKeeper 相对来说比较简单且易于理解。在开发测试环境下，如果没有较多的物理资源，可以使用单机模式。但是在生产环境下不可用单机模式，因为无论是系统可靠性还是读写性能，单机模式都不能满足生产的需求。

1. 下载 ZooKeeper

从 Apache 官网下载一个 ZooKeeper 的稳定版本，下载网址为：

https://zookeeper.apache.org/releases.html

本书使用的是 zookeeper-3.4.10 版本。

2. 安装 ZooKeeper

ZooKeeper 需要有 Java 环境才能运行，并且是 Java 6 以上版本，Java 环境的安装此处不再赘述。

将下载的 ZooKeeper 安装文件 zookeeper-3.4.10.tar.gz 上传到操作系统的目录/opt/softwares/中，并进入该目录，将其解压到目录/opt/modules/，解压命令如下：

```
$ tar -zxvf zookeeper-3.4.10.tar.gz -C /opt/modules/
```

为了以后的操作方便，可以对 ZooKeeper 的环境变量进行配置，在/etc/profile 文件中加入以下内容：

```
export ZOOKEEPER_HOME=/opt/modules/zookeeper-3.4.10
export PATH=$PATH:$ZOOKEEPER_HOME/bin:$ZOOKEEPER_HOME/conf
```

加入后执行 source /etc/profile 命令对环境变量文件进行刷新操作，使修改生效。

安装 ZooKeeper 服务还需要创建一个配置文件，在 ZooKeeper 安装目录下的 conf 文件夹中创建 zoo.cfg 文件，并向文件中添加以下内容：

```
tickTime=2000
dataDir=/opt/modules/zookeeper-3.4.10/data
clientPort=2181
```

上述配置属性解析如下：

- **tickTime：** 基本事件单元，用来指示一个心跳的时长。以毫秒为单位，默认是 2000。
- **dataDir：** ZooKeeper 数据文件的存储位置。
- **clientPort：** ZooKeeper 供客户端连接的端口，默认是 2181。

配置好后，执行以下命令，启动 ZooKeeper 服务：

```
$ zkServer.sh start
```

启动后如果要检查 ZooKeeper 服务是否已经启动，可以通过执行以下命令查看是否有 2181 端口号在监听服务：

```
$ netstat -at|grep 2181
```

ZooKeeper 服务启动后就可以启动客户端进行连接了，命令如下：

```
$ zkCli.sh -server localhost:2181
```

6.2.2 伪分布模式

所谓伪分布模式，就是在单台计算机上运行多个 ZooKeeper 实例，并组成一个集群。本节以启动三个 ZooKeeper 进程为例进行讲解。

1. 安装 ZooKeeper

将 ZooKeeper 安装文件解压到相应目录下，并配置环境变量，步骤参考单机模式。

2. 建立配置文件

在安装目录的 conf 文件夹下分别新建三个配置文件 zoo1.cfg、zoo2.cfg、zoo3.cfg。
zoo1.cfg 内容如下：

```
initLimit=10
syncLimit=5
dataDir=/opt/modules/zookeeper-3.4.10/1.data
dataLogDir=/opt/modules/zookeeper-3.4.10/1.logs
clientPort=2181
server.1=192.168.170.133:20881:30881
server.2=192.168.170.133:20882:30882
server.3=192.168.170.133:20883:30883
```

zoo2.cfg 内容如下：

```
initLimit=10
syncLimit=5
dataDir=/opt/modules/zookeeper-3.4.10/2.data
dataLogDir=/opt/modules/zookeeper-3.4.10/2.logs
clientPort=2182
server.1=192.168.170.133:20881:30881
server.2=192.168.170.133:20882:30882
server.3=192.168.170.133:20883:30883
```

zoo3.cfg 内容如下：

```
initLimit=10
syncLimit=5
dataDir=/opt/modules/zookeeper-3.4.10/3.data
dataLogDir=/opt/modules/zookeeper-3.4.10/3.logs
clientPort=2183
server.1=192.168.170.133:20881:30881
server.2=192.168.170.133:20882:30882
server.3=192.168.170.133:20883:30883
```

上述配置属性解析可参考本章 6.2.3 节。

3. 建立数据和日志目录

在 ZooKeeper 安装目录下分别建立 1.data、2.data、3.data 数据目录，分别建立 1.logs、2.logs、3.logs 日志目录，并分别在每个数据目录下新建 myid 文件，对 1.data 目录下的 myid 文件写入数字 1，对 2.data 目录下的 myid 文件写入数字 2，对 3.data 目录下的 myid 文件写入数字 3。

4. 启动服务并查看状态

分别执行以下命令启动 ZooKeeper 服务：

```
$ zkServer.sh start /opt/modules/zookeeper-3.4.10/conf/zoo1.cfg
$ zkServer.sh start /opt/modules/zookeeper-3.4.10/conf/zoo2.cfg
$ zkServer.sh start /opt/modules/zookeeper-3.4.10/conf/zoo3.cfg
```

分别执行以下命令查看服务状态：

```
$ zkServer.sh status /opt/modules/zookeeper-3.4.10/conf/zoo1.cfg
$ zkServer.sh status /opt/modules/zookeeper-3.4.10/conf/zoo2.cfg
$ zkServer.sh status /opt/modules/zookeeper-3.4.10/conf/zoo3.cfg
```

6.2.3 集群模式

由于在 ZooKeeper 集群中，会有一个 Leader 服务器负责管理和协调其他集群服务器，因此服务器的数量通常都是单数，例如 3，5，7 等，这样数量为 2n+1 的服务器就可以允许最多 n 台服务器的失效。

本例仍然使用三个节点（centos01、centos02、centos03）搭建部署 ZooKeeper 集群，搭建步骤如下。

1. 上传 ZooKeeper 安装文件

在 centos01 节点中，上传 ZooKeeper 安装文件 zookeeper-3.4.10.tar.gz 到目录/opt/softwares/中，并进入该目录，将其解压到目录/opt/modules/，解压命令如下：

```
$ tar -zxvf zookeeper-3.4.10.tar.gz -C /opt/modules/
```

2. 编写配置文件

（1）在 ZooKeeper 安装目录下新建文件夹 dataDir，用于存放 ZooKeeper 相关数据。
（2）在 ZooKeeper 安装目录下的 conf 文件夹中新建配置文件 zoo.cfg，加入以下内容：

```
tickTime=2000
initLimit=5
syncLimit=2
dataDir=/opt/modules/zookeeper-3.4.10/dataDir
clientPort=2181

server.1=centos01:2888:3888
server.2=centos02:2888:3888
server.3=centos03:2888:3888
```

上述配置属性解析如下。

- **initLimit**：集群中的 Follower 服务器初始化连接 Leader 服务器时能等待的最大心跳数（连接超时时长）。默认为 10，即如果经过 10 个心跳之后 Follower 服务器仍然没有收到 Leader 服务器的返回信息，则连接失败。本例中该参数值为 5，参数 tickTime 为 2000（毫秒），则连接超时时长为 5×2000=10 秒(即 tickTime×initLimit=10 秒)。

- **syncLimit**：集群中的 Follower 服务器与 Leader 服务器之间发送消息以及请求/应答时所能等待的最多心跳数。本例中，最多心跳时长为 2×2000=4 秒。
- **server.id=host:port1:port2**：标识不同的 ZooKeeper 服务器。ZooKeeper 可以从 "server.id=host:port1:port2" 中读取相关信息。其中，id 值必须在整个集群中是唯一的，且大小在 1 到 255 之间；host 是服务器的名称或 IP 地址；第一个端口（port1）是 Leader 端口，即该服务器作为 Leader 时供 Follower 连接的端口；第二个端口（port2）是选举端口，即选举 Leader 服务器时供其他 Follower 连接的端口。
- **dataDir**：ZooKeeper 存储数据的目录。
- **clientPort**：客户端连接 ZooKeeper 服务器的端口。ZooKeeper 会监听这个端口，接收客户端的请求。

（3）在配置文件 zoo.cfg 中的参数 dataDir 指定的目录下（此处为 ZooKeeper 安装目录下的 dataDir 文件夹）新建一个名为 myid 的文件，这个文件仅包含一行内容，即当前服务器的 id 值，与参数 server.id 中的 id 值相同。本例中，当前服务器（centos01）的 id 值为 1，则应该在 myid 文件中写入数字 1。ZooKeeper 启动时会读取该文件，将其中的数据与 zoo.cfg 里写入的配置信息进行对比，从而获取当前服务器的身份信息。

3．复制 ZooKeeper 安装信息到其他节点

centos01 节点安装完成后，需要复制整个 ZooKeeper 安装目录到 centos02 和 centos03 节点，命令如下：

```
$ scp -r /opt/modules/zookeeper-3.4.10/ hadoop@centos02:/opt/modules/
$ scp -r /opt/modules/zookeeper-3.4.10/ hadoop@centos03:/opt/modules/
```

4．修改其他节点配置

复制完成后，需要将 centos02 和 centos03 节点中的 myid 文件的值修改为对应的数字，即作出以下操作：

修改 centos02 节点中的 opt/modules/zookeeper-3.4.10/dataDir/myid 文件中的值为 2。
修改 centos03 节点中的 opt/modules/zookeeper-3.4.10/dataDir/myid 文件中的值为 3。

5．启动 ZooKeeper

分别进入每个节点的 ZooKeeper 安装目录，执行以下命令启动各个节点的 ZooKeeper：

```
$ bin/zkServer.sh start
```

启动时输出以下信息代表启动成功：

```
ZooKeeper JMX enabled by default
Using config: /usr/local/zookeeper-3.4.10/bin/../conf/zoo.cfg
Starting zookeeper ... STARTED
```

> **注 意**
>
> ZooKeeper 集群的启动与 Hadoop 不同，其需要在每台装有 ZooKeeper 的服务器上都执行一次启动命令，这样才能使得整个集群启动起来。

6. 查看启动状态

分别在各个节点上执行以下命令,查看 ZooKeeper 服务的状态:

```
$ bin/zkServer.sh status
```

在 centos01 节点上查看服务状态,输出了以下信息:

```
ZooKeeper JMX enabled by default
Using config: /usr/local/zookeeper-3.4.10/bin/../conf/zoo.cfg
Mode: follower
```

在 centos02 服务器上查看服务状态,输出了以下信息:

```
ZooKeeper JMX enabled by default
Using config: /usr/local/zookeeper-3.4.10/bin/../conf/zoo.cfg
Mode: follower
```

在 centos03 服务器上查看服务状态,输出了以下信息:

```
ZooKeeper JMX enabled by default
Using config: /usr/local/zookeeper-3.4.10/bin/../conf/zoo.cfg
Mode: leader
```

由此可见,本例中 centos03 服务器上的 ZooKeeper 服务为 Leader,其余两个 ZooKeeper 服务为 Follower。

如果在查看启动状态时输出以下信息,说明 ZooKeeper 集群启动不成功,出现错误。

```
Error contacting service. It is probably not running.
```

此时需要修改 ZooKeeper 安装目录下的 bin/zkEvn.sh 文件中的以下内容:

```
if [ "x${ZOO_LOG4J_PROP}" = "x" ]
then
    ZOO_LOG4J_PROP="INFO,CONSOLE"
fi
```

将上述内容中的 CONSOLE 修改为 ROLLINGFILE,使其将错误信息输出到日志文件,修改后的内容如下:

```
if [ "x${ZOO_LOG4J_PROP}" = "x" ]
then
    ZOO_LOG4J_PROP="INFO,ROLLINGFILE"
fi
```

修改完成后重新启动 ZooKeeper 集群,查看在 ZooKeeper 安装目录下生成的日志文件 zookeeper.log,发现出现以下错误:

```
java.net.NoRouteToHostException: 没有到主机的路由。
```

产生上述错误的原因是,系统没有关闭防火墙,导致 ZooKeeper 集群间连接不成功。因此需要关闭系统防火墙(为了防止出错,在最初的集群环境配置的时候可以直接将防火墙关闭),CentOS 7 关闭防火墙的命令如下:

```
systemctl stop firewalld.service
```

```
systemctl disable firewalld.service
```

关闭各节点的防火墙后,重新启动 ZooKeeper,再一次查看启动状态,发现一切正常了。

7. 测试客户端连接

在 centos01 节点上(其他节点也可以),进入 ZooKeeper 安装目录,执行以下命令,连接 ZooKeeper 服务器,连接成功后可以输入 ZooKeeper 的 Shell 命令进行操作与测试。

```
$ bin/zkCli.sh -server centos01:2181
```

6.3 ZooKeeper 命令行操作

ZooKeeper 的命令行工具类似于 Linux Shell。当 ZooKeeper 服务启动以后,可以在其中一台运行 ZooKeeper 服务的服务器中输入以下命令(需要进入 ZooKeeper 安装目录执行),启动一个客户端,连接到 ZooKeeper 集群:

```
$ bin/zkCli.sh -server centos01:2181
```

连接成功后,系统会输出 ZooKeeper 的运行环境及配置信息,并在屏幕输出"Welcome to ZooKeeper"等欢迎信息,之后就可以使用 ZooKeeper 命令行工具了。

以下是 ZooKeeper 命令行工具的一些简单操作示例。

1. 查询节点列表

使用 ls 命令,可以查看 ZooKeeper 相应路径下的所有 znode 节点。例如,列出 ZooKeeper 根目录下的所有 znode 节点:

```
[zk: centos01:2181(CONNECTED) 0] ls /
[zookeeper]
```

可以看到,当前根目录有一个名称为"zookeeper"的 znode 节点。

2. 创建节点

使用 create 命令,可以创建一个新的 znode 节点。例如,在根目录创建一个名为"zk"的 znode 以及在它上面存放的元数据字符串为"myData",命令及输出信息如下:

```
[zk: centos01:2181(CONNECTED) 1] create /zk "myData"
Created /zk
```

也可以在某个节点下创建子节点。例如,在/zk 节点下创建新的节点 node1,并关联其元数据为"childData",命令及输出信息如下:

```
[zk: centos01:2181(CONNECTED) 2] create /zk/node1 "childData"
Created /zk/node1
```

> **注 意**
>
> 创建节点时必须指定节点中存放的元数据字符串，否则节点将创建失败。若执行创建命令没有返回任何信息，说明该命令执行失败。

3. 查看节点详细信息

使用 get 命令，可以查看某个 znode 的详细状态信息及其包含的元数据字符串。例如，查看 znode 节点/zk 的详细信息，命令及输出信息如下：

```
[zk: centos01:2181(CONNECTED) 3] get /zk
myData
cZxid = 0x200000005
ctime = Wed Aug 08 10:28:34 CST 2018
mZxid = 0x200000005
mtime = Wed Aug 08 10:28:34 CST 2018
pZxid = 0x200000005
cversion = 0
dataVersion = 0
aclVersion = 0
ephemeralOwner = 0x0
dataLength = 6
numChildren = 0
```

上述返回结果中的状态属性解析如下：

ZooKeeper 节点状态的每一次改变，都会产生一个唯一的 zxid（用于递增的 ZooKeeper 事务 id）形式的标记。如果 zxid1 小于 zxid2，那么 zxid1 发生在 zxid2 之前。

ZooKeeper 中每个 znode 的状态结构由以下字段组成。

- **cZxid**：节点被创建时产生的 zxid 值。
- **ctime**：节点被创建的时间。
- **mZxid**：节点最后被修改时产生的 zxid 值。节点每次被修改，mZxid 的值都会以递增的形式改变到下一个值。
- **pZxid**：节点的子节点最后被修改时产生的 zxid 值。节点的子节点每次被修改，pZxid 的值都会以递增的形式改变到下一个值。
- **mtime**：节点最后一次被修改的时间。
- **dataVersion**：节点被修改的版本号，即节点被修改的次数。节点创建时版本号为 0，每被修改一次，版本号递增 1。
- **cversion**：节点的所有子节点被修改的版本号，即节点的子节点被修改的次数。这里仅指所有子节点被创建和删除的次数，子节点的元数据被修改的次数不会记录在内。
- **ephemeralOwner**：如果节点为临时节点，则值代表节点拥有者的会话 ID。如果节点不是临时节点，则值为 0。
- **dataLength**：节点的元数据长度。
- **numChildren**：节点的子节点数量。

4. 修改节点

使用 set 命令，可以修改 znode 节点的元数据字符串。例如，将 znode 节点/zk 所关联的字符串修改为 "myDataUpdate"，命令及输出信息如下：

```
[zk: centos01:2181(CONNECTED) 4] set /zk "myDataUpdate"
cZxid = 0x200000005
ctime = Wed Aug 08 10:28:34 CST 2018
mZxid = 0x200000006
mtime = Wed Aug 08 10:32:16 CST 2018
pZxid = 0x200000005
cversion = 0
dataVersion = 1
aclVersion = 0
ephemeralOwner = 0x0
dataLength = 12
numChildren = 0
```

5. 删除节点

使用 delete 命令，可以将某个 znode 节点删除。例如，删除上面创建的 znode 节点/zk，命令如下：

```
[zk: centos01:2181(CONNECTED) 5] delete /zk
```

> **注 意**
> 若被删除的节点有子节点，则需要先删除子节点。直接删除含有子节点的节点将删除失败。

6.4 ZooKeeper Java API 操作

除了可以使用命令行方式对 ZooKeeper 进行操作外，ZooKeeper 还提供了 Java API 操作接口。下面对 ZooKeeper 的常用 Java API 接口进行介绍。

6.4.1 创建 Java 工程

在编写 Java API 之前，首先需要新建一个 ZooKeeper 项目。ZooKeeper 项目的结构与普通的 JavaSE 项目一样，只是依赖的 jar 包不同。

1. Maven 项目

在 Eclipse 中新建一个 Maven 项目 zk_demo（Maven 项目的搭建此处不做过多讲解），项目结构如图 6-5 所示。

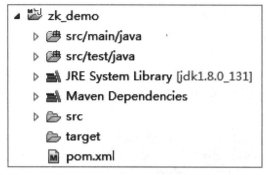

图 6-5 ZooKeeper Maven 项目结构

然后在该项目的 pom.xml 文件中添加以下代码，以引入 ZooKeeper 的 Java API 依赖包：

```
<dependency>
  <groupId>org.apache.zookeeper</groupId>
  <artifactId>zookeeper</artifactId>
  <version>3.4.10</version>
</dependency>
```

配置好 pom.xml 后，即可进行 ZooKeeper Java API 的编写。

2．普通 JavaSE 项目

若用户不想使用 Maven 构建项目，也可以创建普通 JavaSE 项目。普通 JavaSE 项目依赖的 ZooKeeper jar 包主要有 ZooKeeper 核心包 zookeeper-3.4.10.jar 和三个日志包 slf4j-log4j12-1.6.1.jar、slf4j-api-1.6.1.jar、log4j-1.2.16.jar。这 4 个 jar 包都可以在 ZooKeeper 安装文件 zookeeper-3.4.10.tar.gz 中找到。其中核心包在安装文件解压后的根目录，日志包在根目录下的 lib 文件夹中。

一个 ZooKeeper 的普通 JavaSE 项目结构如图 6-6 所示。

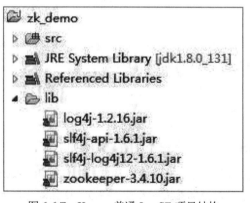

图 6-6 ZooKeeper 普通 JavaSE 项目结构

6.4.2 创建节点

ZooKeeper 创建节点不支持递归调用，即无法在父节点不存在的情况下创建一个子节点，如在 /zk01 节点不存在的情况下创建/zk01/ch01 节点，并且如果一个节点已经存在，那么创建同名节点时,会抛出 NodeExistsException 异常。

下面创建一个节点/zk001,节点的元数据为"zk001_data",步骤如下。

1. 编写代码

在新建的 zk_demo 项目中新建 Java 类 CreatePath.java,然后在 main()方法中写入创建节点的代码。完整代码如下所示:

```java
import org.apache.zookeeper.CreateMode;
import org.apache.zookeeper.ZooKeeper;
import org.apache.zookeeper.ZooDefs.Ids;

/**
 * 创建 ZooKeeper 节点,并设置元数据
 */
public class CreatePath {

  public static void main(String[] args) throws Exception {
    //ZooKeeper 连接字符串
    String connectStr = "centos01:2181,centos02:2181,centos03:2181";
    //参数1: 服务器连接字符串
    //参数2: 连接超时时间
    //参数3: 观察者对象(回调方法)
    ZooKeeper zk = new ZooKeeper(connectStr, 3000, null);  ❶
    /*
     * CreateMode 取值如下:
     * PERSISTENT: 持久节点
     * PERSISTENT_SEQUENTIAL: 持久顺序节点(自动编号)
     * EPHEMERAL: 临时节点,客户端断开连接时,这种节点会被自动删除
     * EPHEMERAL_SEQUENTIAL: 临时顺序节点
     */
    String path = zk.create("/zk001", "zk001_data".getBytes(),
        Ids.OPEN_ACL_UNSAFE, CreateMode.PERSISTENT);  ❷
    System.out.println(path);
  }
}
```

2. 程序解读

❶ 新建一个 ZooKeeper 对象,传入三个参数,解析如下:

- 第一个参数为以逗号分隔的服务器连接字符串,格式为"IP 地址:端口"或"主机名:端口"(使用主机名,需要在系统本地配置主机名 IP 映射),这里需要把所有的 ZooKeeper 服务器的地址都写上,而不是只写其中一台。ZooKeeper 客户端对象将从连接串中挑选任意一个服务器进行连接,如果连接失败,将尝试连接另外一个服务器,直到建立连接。这样的好处是能保证 ZooKeeper 服务的高可靠性,防止因为其中一台服务器宕机而导致连接失败。
- 第二个参数为连接超时时间,这里是 3 秒。
- 第三个参数为观察者对象,连接成功后会调用观察者对象中的回调方法,这里传入 null 即可。

❷ 调用 ZooKeeper 对象的创建节点方法 create(),返回创建的节点路径,并需要传入 4 个参数,

解析如下：
- 第一个参数为节点名称。
- 第二个参数为节点数据，需要转成字节数组。
- 第三个参数为权限控制，这里使用 ZooKeeper 自带的完全开放权限 Ids.OPEN_ACL_UNSAFE。
- 第四个参数为创建模式 CreateMode，它是一个枚举类型，共有 4 个取值：PERSISTENT（持久节点，这种目录节点存储的数据不会丢失，即客户端失去连接之后不会被自动删除）、PERSISTENT_SEQUENTIAL（持久顺序节点，这种节点在命名上会自动编号，根据当前已经存在的节点数自动加 1）、EPHEMERAL（临时节点，客户端断开连接时，这种节点会被自动删除）、EPHEMERAL_SEQUENTIAL（临时顺序节点，客户端断开连接时，这种节点也会被自动删除）。

create()方法的定义源码如下：

```java
/**
 * 创建一个节点
 * @param path 节点路径
 * @param data 节点元数据
 * @param acl 节点的ACL
 * @param createMode 节点的创建模式（持久、持久顺序、临时、临时顺序）
 * @return 被创建的节点的路径
 */
public String create(final String path, byte data[], List<ACL> acl,
        CreateMode createMode)
    throws KeeperException, InterruptedException {

}
```

CreateMode 枚举类的部分源码如下：

```java
/***
 * 定义节点创建模式
 */
public enum CreateMode {
  //持久节点
  PERSISTENT(0, false, false),
  //持久顺序节点
  PERSISTENT_SEQUENTIAL(2, false, true),
  //临时节点
  EPHEMERAL(1, true, false),
  //临时顺序节点
  EPHEMERAL_SEQUENTIAL(3, true, true);
}
```

3. 运行程序

直接在 Eclipse 中右击运行该程序即可，观察控制台的输出结果。若能成功输出节点路径，说明创建成功。

6.4.3 修改数据

使用 ZooKeeper 对象的 setData()方法可以修改节点的元数据。例如，将节点/zk001 的元数据修改为 "zk001_data_new"，示例代码如下：

```java
/**
 * 修改节点数据
 */
@Test
public void setNodeData() throws Exception {
    String connectStr = "centos01:2181,centos02:2181,centos03:2181";
    ZooKeeper zk = new ZooKeeper(connectStr, 3000, null);
    Stat stat = zk.setData("/zk001", "zk001_data_new".getBytes(), -1);
    //输出节点版本号
    System.out.println(stat.getVersion());
}
```

setData()方法的三个参数解析如下：

- 第一个参数为节点路径。
- 第二个参数为需要修改的元数据，并转成字节数组。
- 第三个参数为版本号，-1 代表所有版本。

数据添加（或修改）成功后，会返回节点的状态信息到 Stat 对象中，stat.getVersion()表示获取该节点的版本号，默认新节点的版本号为 0，每次对节点进行修改，版本号都会增加 1。

setData()方法的定义源码如下：

```java
/**
 * 修改指定节点的元数据
 * @param path 节点路径
 * @param data 节点元数据
 * @param version 期望修改的版本
 * @return 节点的状态
 */
public Stat setData(final String path, byte data[], int version)
    throws KeeperException, InterruptedException {

}
```

6.4.4 获取数据

使用 ZooKeeper 对象的 getData()方法可以获得指定节点的元数据，示例代码如下：

```java
/**
 * 获取节点元数据
 */
@Test
public void getNodeData() throws Exception {
    //ZooKeeper 连接字符串
```

```
  String connectStr = "centos01:2181,centos02:2181,centos03:2181";
  ZooKeeper zk = new ZooKeeper(connectStr, 3000, null);
  Stat stat = new Stat();
  //返回指定路径上的节点数据和节点状态，节点的状态会放入 stat 对象中
  byte[] bytes = zk.getData("/zk002", null, stat);
  //输出节点元数据
  System.out.println(new String(bytes));
}
```

上述代码获取了节点/zk002 的元数据，并将该节点的状态信息放入了对象 stat 中，最后将元数据转成字符串输出到控制台。如需查看节点状态信息，可以从对象 stat 中进行输出查看。

getData()方法的第二个参数传入的是 null，也可以指定一个观察者对象 Watcher，对节点数据的变化进行监听，一旦有数据改变，就会触发 Watcher 指定的回调方法。

对上述代码进行改进，加入观察者回调方法后，代码如下：

```
/**
 * 获取节点数据，并加入观察者对象Watcher（一次监听）
 */
@Test
public void getNodeDataWatch() throws Exception {
  String connectStr = "centos01:2181,centos02:2181,centos03:2181";
  ZooKeeper zk = new ZooKeeper(connectStr, 3000, null);
  Stat stat = new Stat();

  //返回指定路径上的节点数据和节点状态，节点的状态会放入 stat 对象中
  byte[] bytes = zk.getData("/zk002", new Watcher() {
    //实现process()方法
    public void process(WatchedEvent event) { ❶
      //输出监听到的事件类型
      System.out.println(event.getType());
    }
  }, stat);

  System.out.println(new String(bytes));
  //改变节点数据，触发Watcher
  zk.setData("/zk002", "zk002_data_testwatch".getBytes(), -1);
  //为了验证是否触发了Watcher，不让程序结束
  while (true) { ❷
    Thread.sleep(3000);
  }
}
```

上述代码分析如下：

❶ process()方法是 Watcher 接口中的一个抽象方法，当 ZooKeeper 向客户端发送一个 Watcher 事件通知时，客户端就会对相应的 process()方法进行回调，从而实现对事件的处理。

process()方法包含 WatchedEvent 类型的参数，WatchedEvent 包含了每一个事件的三个基本属性：通知状态（KeeperState）、事件类型（EventType）、节点路径（Path），ZooKeeper 使用 WatchedEvent 对象来封装服务端事件并传递给 Watcher，从而方便回调方法 process() 对服务端事

件进行处理。

process()方法中通过代码 System.out.println(event.getType());输出服务端的事件类型,此处控制台的输出结果为 NodeDataChanged。从结果单词的含义可知,节点数据被改变了。

❷ 为了能够更好地验证是否触发了 Watcher,不让程序一次执行到底,从而加入了此部分代码,让程序一直停留在此处。

上述代码实现了一次性监听,当触发 Watcher 后不会再次触发,若需要持续进行监听,可将上述代码进行改进:定义一个 Watcher 对象,在 process()方法中重新设置监听,当 ZooKeeper 节点/zk002 的状态发生改变时将会触发 Watcher,输出改变的事件类型。改进后的代码如下:

```java
/**
 * 获取节点数据,并加入观察者对象Watcher,实现持续监听
 */
@Test
public void getNodeDataWatch2() throws Exception {
  String connectStr = "centos01:2181,centos02:2181,centos03:2181";
  final ZooKeeper zk = new ZooKeeper(connectStr, 3000, null);
  final Stat stat = new Stat();
  //定义Watcher对象
  Watcher watcher = new Watcher() {
    //实现process()方法
    public void process(WatchedEvent event) {
      //输出事件类型
      System.out.println(event.getType());
      //重新设置监听,参数this代表当前Watcher对象
      try {
        zk.getData("/zk002", this, stat);
      } catch (Exception e) {
        e.printStackTrace();
      }
    }
  };
  //返回指定路径上的节点数据和节点状态,并设置Watcher监听,节点的状态会放入stat对象中
  byte[] bytes = zk.getData("/zk002", watcher, stat);
  System.out.println(new String(bytes));
  //改变节点数据,触发Watcher
  zk.setData("/zk002", "zk002_data_testwatch".getBytes(), -1);
  //为了验证是否触发了Watcher,不让程序结束
  while (true) {
    Thread.sleep(3000);
  }
}
```

getData()方法的定义源码如下:

```
/**
 * 返回指定节点的元数据和状态
 * @param path 节点路径
```

```
 * @param watcher 观察者对象
 * @param stat 节点的状态
 * @return 节点元数据
 */
public byte[] getData(final String path, Watcher watcher, Stat stat)
    throws KeeperException, InterruptedException {

}
```

Watcher 接口的源码如下:

```
package org.apache.zookeeper;

/**
 * Watcher 接口指定事件监听程序类必须实现的公共接口。
 * 客户端通过注册回调对象来处理监听到的事件,回调对象应该是实现 Watcher 接口的类的实例
 */
public interface Watcher {

  /**
   * 此接口定义事件可能的状态
   */
  public interface Event {
    /**
     * ZooKeeper 事件状态
     */
    public enum KeeperState {
      //客户端断开连接状态
      Disconnected(0),
      //客户端连接状态(连接到 ZooKeeper 集群中任何一台服务器)
      SyncConnected(3),
      //身份验证失败状态
      AuthFailed(4),
      //客户端连接到只读服务器,即当前未连接到大多数的服务器,
      //接收到此状态后,唯一允许的操作是读取操作,
      //此状态仅为只读客户端生成,因为读写客户端不允许连接到只读服务器
      ConnectedReadOnly(5),
      //SaslAuthenticated:用于通知客户端它们是 sasl 身份验证的,
      //这样客户端就可以使用 sasl 授权的权限执行 ZooKeeper 操作
      SaslAuthenticated(6),
      //连接会话过期,ZooKeeper 客户端连接(会话)不再有效。
      //如果要访问 ZooKeeper,必须创建一个新的客户端连接(实例化一个新的 ZooKeeper 实例)
      Expired(-112);

      private final int intValue;
      KeeperState(int intValue) {
        this.intValue = intValue;
      }
      public int getIntValue() {
        return intValue;
      }
```

```java
public static KeeperState fromInt(int intValue) {
  switch (intValue) {
  case -1:
    return KeeperState.Unknown;
  case 0:
    return KeeperState.Disconnected;
  case 1:
    return KeeperState.NoSyncConnected;
  case 3:
    return KeeperState.SyncConnected;
  case 4:
    return KeeperState.AuthFailed;
  case 5:
    return KeeperState.ConnectedReadOnly;
  case 6:
    return KeeperState.SaslAuthenticated;
  case -112:
    return KeeperState.Expired;

  default:
    throw new RuntimeException(
       "Invalid integer value for conversion to KeeperState");
   }
  }
}

/**
 * 发生在 ZooKeeper 中的事件类型
 */
public enum EventType {
 None(-1),
 NodeCreated(1),
 NodeDeleted(2),
 NodeDataChanged(3),
 NodeChildrenChanged(4);

 private final int intValue;
 EventType(int intValue) {
   this.intValue = intValue;
 }
 public int getIntValue() {
   return intValue;
 }

 public static EventType fromInt(int intValue) {
  switch (intValue) {
  case -1:
    return EventType.None;
  case 1:
```

```
          return EventType.NodeCreated;
        case 2:
          return EventType.NodeDeleted;
        case 3:
          return EventType.NodeDataChanged;
        case 4:
          return EventType.NodeChildrenChanged;

        default:
          throw new RuntimeException(
              "Invalid integer value for conversion to EventType");
        }
      }
    }
  }
  /**
   * 事件回调方法
   */
  abstract public void process(WatchedEvent event);
}
```

6.4.5 删除节点

使用 ZooKeeper 对象的 delete()方法可以对指定路径节点进行删除。例如，删除节点/zk002，代码如下：

```
/**
 * 删除节点
 */
@Test
public void deletePath() throws Exception {
  String connectStr = "centos01:2181,centos02:2181,centos03:2181";
  ZooKeeper zk = new ZooKeeper(connectStr, 3000, null);
  //删除节点
  zk.delete("/zk002", -1);
}
```

上述代码中，delete()方法的两个参数解析如下：

- 第一个参数为需要删除的节点路径。
- 第二个参数为节点版本，-1 代表删除所有版本。

delete()方法的定义源码如下：

```
/**
 * 删除指定节点
 * @param path 被删除的节点路径
 * @param version 期望被删除的节点版本
 */
public void delete(final String path, int version)
```

```
        throws InterruptedException, KeeperException{
}
```

6.5 案例分析：监听服务器动态上下线

本例中，我们使用 ZooKeeper 来监听多个服务器的动态上下线（服务器启动代表上线，服务器宕机或停止运行代表下线），监听的流程如图 6-7 所示。

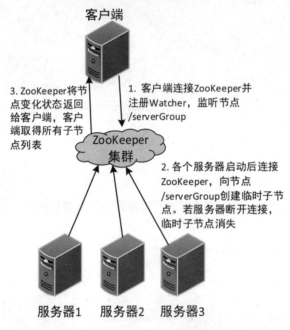

图 6-7　ZooKeeper 监听服务器流程

监听的原理是：客户端通过向 ZooKeeper 指定的节点注册一个 Watcher 监听来获得该指定节点的状态变化情况。所有服务器启动的时候都连接 ZooKeeper 集群，每一个服务器需要在 ZooKeeper 集群指定的节点（与客户端指定同一个节点）下注册一个属于自己的临时节点，节点关联的元数据为节点所属服务器的主机名。当服务器启动（上线）与停止（下线）时，会触发 ZooKeeper 的 Watcher 机制，从而通知客户端。客户端得到节点状态变化通知后，获取指定节点的所有子节点的元数据信息，即为当前在线服务器的主机名信息。

1. 代码编写

客户端类的完整代码如下：

```
import java.util.ArrayList;
import java.util.List;
import org.apache.zookeeper.WatchedEvent;
import org.apache.zookeeper.Watcher;
import org.apache.zookeeper.ZooKeeper;
```

```java
/**
 * 客户端类
 * 监听ZooKeeper中的指定节点，若子节点状态发生变化，则获取子节点列表
 */
public class PCClient {
    //ZooKeeper连接字符串
    private static final String CONNETC_STR =
"centos01:2181,centos02:2181,centos03:2181";
    //连接超时时间（两秒）
    private static final int SESSION_TIME_OUT = 2000;
    //指定需要监听的ZooKeeper中的节点，该节点需要提前在ZooKeeper中创建
    private static final String PARENT_NODE = "/serverGroup";
    ZooKeeper zk = null;
    //客户端连接ZooKeeper
    private void connectZookeeper() throws Exception {
        zk = new ZooKeeper(CONNETC_STR, SESSION_TIME_OUT, new Watcher(){ ❶
            //监听事件的回调方法
            public void process(WatchedEvent event) { ❷
                //若指定节点下的子节点状态发生变化，重新获取服务器列表，并重新注册监听
                if(event.getType() == Event.EventType.NodeChildrenChanged &&
(PARENT_NODE).equals(event.getPath())){
                    try {
                        //获取服务器列表
                        getServerList();
                    } catch (Exception e) {
                        e.printStackTrace();
                    }
                }
            }
        });
        //获取在线服务器列表
        getServerList();
    }

    /**
     * 获取在线服务器列表
     */
    private void getServerList() throws Exception {
        //获取服务器子节点列表，并重新对父节点进行监听。参数true代表设置监听
        List<String> subNodeList = zk.getChildren(PARENT_NODE, true); ❸
        //先创建一个List集合存储服务器信息
        List<String> newServerList = new ArrayList<String>();
        //循环服务器子节点列表，并将每个子节点的元数据字符串添加到newServerList集合
        for (String subNodeName : subNodeList) {
            byte[] data = zk.getData(PARENT_NODE+"/"+subNodeName, false, null);
            //输出节点元数据字符串
            newServerList.add(new String(data));
        }
        //输出当前在线服务器列表
        if(newServerList==null||newServerList.size()==0)
```

```
        System.out.println("暂无服务器在线");
     else
        System.out.println("服务器列表被更新："+newServerList);
}
/**
 * 客户端的业务逻辑写在该方法中，此处不做处理
 */
private void handle() throws Exception {
    System.out.println("客户端正在处理业务逻辑...");
    //线程睡眠，防止退出
    Thread.sleep(Long.MAX_VALUE);
}
public static void main(String[] args) throws Exception {
    PCClient client = new PCClient();
    //连接ZooKeeper
    client.connectZookeeper();
    //客户端业务逻辑处理
    client.handle();
}
}
```

上述代码解析如下：

❶ 客户端通过实例化ZooKeeper对象连接到ZooKeeper集群，需要向ZooKeeper类的构造方法传入三个参数：连接字符串、连接超时时间和Watcher监听对象。Watcher是一个接口，此处的new Watcher(){}是一个匿名内部类，Watcher接口中有一个未实现的方法process()，因此必须对其实现。

❷ 我们已经知道，process()是Watcher的回调方法。当客户端与ZooKeeper服务器成功建立连接后，会立刻触发第一次Watcher事件，客户端会执行process()回调方法。此时，回调方法中的事件类型EventType为None（即event.getType()的值），事件路径为字符串null（即event.getPath()的值）。因此下方的if条件不成立，跳过if，执行最后的获取当前在线服务器列表的getServerList()方法。

❸ 通过调用ZooKeeper对象的getChildren()方法，获取指定节点/serverGroup下的子节点列表，参数true代表对该节点注册Watcher监听（ZooKeeper的Watcher监听成功回调后立即失效，不会持续监听，若想持续对节点进行监听，需要重复注册）。当该节点及其子节点的状态改变（该节点的删除和子节点的增加或删除）时，会触发Watcher，从而执行客户端连接ZooKeeper时注册的回调方法process()。

服务端类的完整代码如下：

```
import org.apache.zookeeper.CreateMode;
import org.apache.zookeeper.ZooDefs.Ids;
import org.apache.zookeeper.ZooKeeper;

/**
 * 服务端类
 * 服务器启动时连接ZooKeeper并向指定节点创建临时子节点，若子节点状态发生变化将通知客户
```

端
```java
 */
public class PCServer {
    //ZooKeeper 连接字符串
    private static final String CONNETC_STR = 
"centos01:2181,centos02:2181,centos03:2181";
    //连接超时时间（两秒）
    private static final int SESSION_TIME_OUT = 2000;
    //指定 ZooKeeper 中的一个节点，服务器需要在该节点下创建子节点
    private static final String PARENT_NODE = "/serverGroup";
    /**
     * 连接到 ZooKeeper 服务器
     */
    public void connectZookeeper(String hostname) throws Exception {
        ZooKeeper zk = new ZooKeeper(CONNETC_STR, SESSION_TIME_OUT,null);❶
        //当服务断掉时 ZooKeeper 将此临时节点删除，这样 Client 就不会得到服务的信息了
        String path = zk.create(PARENT_NODE + "/server", hostname.getBytes(),
Ids.OPEN_ACL_UNSAFE, CreateMode.EPHEMERAL_SEQUENTIAL);❷
        System.out.println("主机"+hostname+"在 ZooKeeper 中的临时节点为"+path);
    }
    /**
     * 服务器业务逻辑在此处编写
     */
    public void handle(String hostname) throws InterruptedException {
        System.out.println("主机"+hostname+"正在处理业务逻辑...");
        //线程睡眠，防止线程退出
        Thread.sleep(Long.MAX_VALUE);
    }
    public static void main(String[] args) throws Exception {
        //声明当前服务器主机名，不同服务器修改此主机名即可
        String hostname="serverHostName02";
        //连接 ZooKeeper
        PCServer server = new PCServer();
        server.connectZookeeper(hostname);
        //业务逻辑处理
        server.handle(hostname);
    }
}
```

上述代码解析如下：

❶ 服务器通过实例化对象 ZooKeeper，连接 ZooKeeper 集群，此处 Watcher 对象设置为 null，不需要监听。

❷ 服务器连接 ZooKeeper 成功后，会调用方法 create()在指定的节点/serverGroup 下创建一个属于自己的临时子节点，临时子节点创建成功后会触发客户端设置的 Watcher 监听（客户端监听到子节点状态发生变化，在回调方法中获取当前在线的子节点）。当服务器与 ZooKeeper 的连接会话断开时，子节点将被 ZooKeeper 删除，从而再次触发客户端的 Watcher 监听。子节点的名称前缀统一为"server"，ZooKeeper 将根据子节点的创建顺序，在前缀的基础上追加相应的序号，例如

"server0000000001"。子节点绑定的元数据为服务器的主机名。

2. 程序运行

客户端与服务端的启动,在 Eclipse 中直接运行上述程序相应的 main()方法即可,当然也可以将程序项目导出为 jar 包,发布到服务器上运行,此处直接在 Eclipse 中运行。

启动服务端时,为了观察方便,每次启动需要修改服务端 main()方法中的变量 hostname,以便在 ZooKeeper 中记录不同的主机名。

具体运行步骤如下:

步骤01 启动客户端,观察控制台输出信息如下:

```
暂无服务器在线
客户端正在处理业务逻辑...
```

步骤02 启动主机名为 serverHostName01 的服务器,观察客户端控制台输出信息如下:

```
服务器列表被更新:[serverHostName01]
```

步骤03 启动主机名为 serverHostName02 的服务器,观察客户端控制台输出信息如下:

```
服务器列表被更新:[serverHostName02, serverHostName01]
```

步骤04 关闭主机名为 serverHostName02 的服务器,观察客户端控制台输出信息如下:

```
服务器列表被更新:[serverHostName01]
```

整个客户端控制台输出信息如图 6-8 所示。

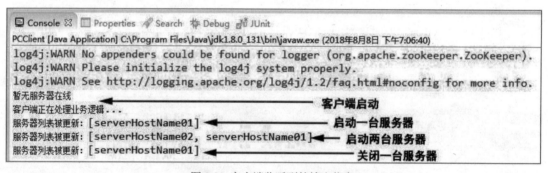

图 6-8 客户端监听到的输出信息

到此,动态监听服务器上下线的例子就完成了。实际开发中,根据自己的业务需求,在上述代码中添加相应的业务处理逻辑即可。

第 7 章

HDFS 与 YARN HA

本章内容

本章主要讲解 HDFS 与 YARN 集群的 HA（高可用性）架构原理与集群搭建，并结合 ZooKeeper 实现集群自动故障转移功能。

本章目标

- 掌握 HDFS HA 的架构原理。
- 掌握 YARN HA 的架构原理。
- 掌握 HDFS HA 集群的搭建步骤。
- 掌握 YARN HA 集群的搭建步骤。
- 掌握 HDFS 结合 ZooKeeper 实现自动故障转移。
- 掌握 YARN 结合 ZooKeeper 实现自动故障转移。

7.1 HDFS HA 搭建

在 Hadoop 2.0.0 之前，一个 HDFS 集群中只有一个单一的 NameNode，如果 NameNode 所在的节点宕机了或者因服务器软件升级导致 NameNode 进程不可用，则将导致整个集群无法访问，直到 NameNode 被重新启动。

HDFS 高可用性（HDFS High Availability，HDFS HA）解决了上述问题，它可以在同一个集群中运行两个 NameNode，其中一个处于活动状态（active），另一个处于备用状态（standby），且只有活动状态的 NameNode 可以对外提供读写服务。当活动状态的 NameNode 崩溃时，HDFS 集群可以快速切换到备用的 NameNode，这样也就实现了故障转移功能。

7.1.1 架构原理

为了能够实时无缝的进行故障切换，需要让备用 NameNode 的状态保持与活动 NameNode 同步，即元数据信息同步。因此，两个 NameNode 都需要与一组名为"JournalNode"的独立守护进程进行通信。当活动状态的 NameNode 的元数据有任何修改时，会将修改记录持久地记录到大多数的 JournalNode 中。备用 NameNode 不断地监视 JournalNode 并读取变更信息，以便将变化应用于自己的命名空间，如图 7-1 所示。

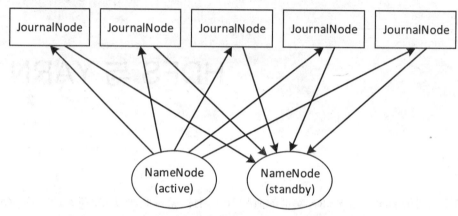

图 7-1　通过 JournalNode 进行 NameNode 状态同步

图 7-1 中的实现方式我们称为 Qurom Journal Manager（QJM），基本原理是使用 2N+1 台 JournalNode 存储元数据信息，当活动 NameNode 向 QJM 集群写数据时，只要有多数（≥N+1）JournalNode 返回成功即认为该次写数据成功，以此保证数据高可用。QJM 集群能容忍最多 N 台计算机宕机，如果多于 N 台则写数据失败。

此外，为了提供快速故障转移，还需要备用 NameNode 拥有关于集群中块位置的最新信息。为了实现这一点，DataNode 配置了两个 NameNode 的位置，并将块位置信息和心跳发送到这两个位置，如图 7-2 所示。

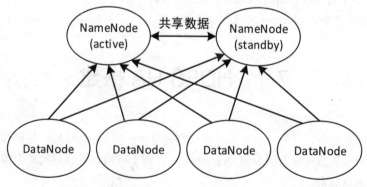

图 7-2　两个 NameNode 通过 DataNode 共享数据

7.1.2 搭建步骤

本节在本书 3.5 节中搭建好的 Hadoop 集群的基础上进行配置与修改，讲解 HDFS HA 的搭建。因此，建议初学者先参考本书 3.5 节将 Hadoop 集群搭建好，再参考本节学习 HDFS HA 的搭建。

本例的搭建总体思路是，先在 centos01 节点上配置完毕之后，再将改动的配置文件发送到 centos02、centos03 节点上。集群各节点的角色分配如表 7-1 所示。

表 7-1 HDFS HA 集群角色分配

节点	角色
centos01	NameNode
	DataNode
	JournalNode
centos02	NameNode
	DataNode
	JournalNode
centos03	DataNode
	JournalNode

需要注意的是，配置之前最好将三个节点的配置文件与 Hadoop 数据文件夹备份一下，即备份 $HADOOP_HOME/etc/hadoop 文件夹与$HADOOP_HOME/tmp 文件夹。

备份命令如下：

```
$ cp -r hadoop/ backup-hadoop
$ cp -r tmp/ backup-tmp
```

具体搭建步骤如下。

1．hdfs-site.xml 文件配置

HA NameNode 的配置，需要向 hdfs-site.xml 文件添加一些配置属性，其中的属性 dfs.nameservices 和 dfs.ha.namenodes.[nameservice ID]所设置的值将被后面的属性所引用。因此，在设置其他配置属性之前，应该先添加这两个属性。

hdfs-site.xml 文件完整的配置内容如下：

```xml
<configuration>
<property>
  <name>dfs.replication</name>
  <value>2</value>
</property>
<!--mycluster 为自定义的值，下方配置要使用该值-->
<property>
  <name>dfs.nameservices</name>
  <value>mycluster</value>
</property>
<!--配置两个 NameNode 的标识符-->
<property>
  <name>dfs.ha.namenodes.mycluster</name>
```

```xml
        <value>nn1,nn2</value>
    </property>
    <!--配置两个NameNode所在节点与访问端口-->
    <property>
        <name>dfs.namenode.rpc-address.mycluster.nn1</name>
        <value>centos01:8020</value>
    </property>
    <property>
        <name>dfs.namenode.rpc-address.mycluster.nn2</name>
        <value>centos02:8020</value>
    </property>
    <!--配置两个NameNode的Web页面访问地址-->
    <property>
        <name>dfs.namenode.http-address.mycluster.nn1</name>
        <value>centos01:50070</value>
    </property>
    <property>
        <name>dfs.namenode.http-address.mycluster.nn2</name>
        <value>centos02:50070</value>
    </property>
    <!--设置一组JournalNode的URI地址-->
    <property>
        <name>dfs.namenode.shared.edits.dir</name>
        <value>qjournal://centos01:8485;centos02:8485;centos03:8485/mycluster</value>
    </property>
    <!--JournalNode用于存放元数据和状态信息的目录-->
    <property>
        <name>dfs.journalnode.edits.dir</name>
        <value>/opt/modules/hadoop-2.8.2/tmp/dfs/jn</value>
    </property>
    <!--客户端与NameNode通信的Java类-->
    <property>
        <name>dfs.client.failover.proxy.provider.mycluster</name>
        <value>org.apache.hadoop.hdfs.server.namenode.ha.ConfiguredFailoverProxyProvider</value>
    </property>
    <!-- 解决HA集群脑裂问题-->
    <property>
        <name>dfs.ha.fencing.methods</name>
        <value>sshfence</value>
    </property>
    <!--上述属性SSH通信使用的密钥文件-->
    <property>
        <name>dfs.ha.fencing.ssh.private-key-files</name>
        <value>/home/hadoop/.ssh/id_rsa</value><!--hadoop为当前用户名-->
    </property>
</configuration>
```

上述配置属性解析如下。

- **dfs.nameservices**：为 nameservice 设置一个逻辑名称 ID（nameservice ID），名称 ID 可以自定义，例如 mycluster。并且使用这个逻辑名称 ID 作为配置属性的值。后续配置属性将引用该 ID。
- **dfs.ha.namenodes.mycluster**：nameservice 中每个 NameNode 的唯一标识符。属性值是一个以逗号分隔的 NameNode ID 列表。这将被 DataNode 用于确定集群中的所有 NameNode。例如，本例中使用 "mycluster" 作为 nameservice ID，并且使用 "nn1" 和 "nn2" 作为 NameNode 的单个 ID。需要注意的是，当前每个 nameservice 只能配置最多两个 NameNode。
- **dfs.namenode.rpc-address.mycluster.nn1**：设置 NameNode 的 RPC 监听地址，需要设置 NameNode 进程的完整地址和 RPC 端口。
- **dfs.namenode.rpc-address.mycluster.nn2**：设置另一个 NameNode 的 RPC 监听地址，需要设置 NameNode 进程的完整地址和 RPC 端口。
- **dfs.namenode.http-address.mycluster.nn1**：设置 NameNode 的 HTTP Web 端监听地址，类似于上面的 RPC 地址，可以通过浏览器端查看 NameNode 状态。
- **dfs.namenode.http-address.mycluster.nn2**：设置另一个 NameNode 的 HTTP Web 端监听地址，类似于上面的 RPC 地址，可以通过浏览器端查看 NameNode 状态。
- **dfs.namenode.shared.edits.dir**：设置一组 JournalNode 的 URI 地址，活动 NameNode 将元数据写入这些 JournalNode，而备用 NameNode 则读取这些元数据信息，并作用在内存的目录树中。如果 JournalNode 有多个节点，则使用分号分割。该属性值应符合以下格式：qjournal://host1:port1;host2:port2;host3:port3/nameservice ID。
- **dfs.journalnode.edits.dir**：JournalNode 所在节点上的一个目录，用于存放元数据和其他状态信息。
- **dfs.client.failover.proxy.provider.mycluster**：客户端与活动状态的 NameNode 进行交互的 Java 实现类。由于有两个 NameNode，只有活动 NameNode 可以对外提供读写服务，当客户端访问 HDFS 时，客户端将通过该类寻找当前的活动 NameNode。目前 Hadoop 的唯一实现是 ConfiguredFailoverProxyProvider 类，除非用户自己对其定制，否则应该使用这个类。
- **dfs.ha.fencing.methods**：解决 HA 集群脑裂问题（即出现两个 NameNode 同时对外提供服务，导致系统处于不一致状态）。在 HDFS HA 中，JournalNode 只允许一个 NameNode 对其写入数据，不会出现两个活动 NameNode 的问题。但是当主/备切换时，之前的活动 NameNode 可能仍在处理客户端的 RPC 请求，为此需要增加隔离机制（fencing）将之前的活动 NameNode 杀死。常用的 fence 方法是 sshfence，使用 SSH 需要指定 SSH 通信使用的密钥文件。
- **dfs.ha.fencing.ssh.private-key-files**：指定上述属性 SSH 通信使用的密钥文件在系统中的位置（配置 SSH 无密钥登录所生成的私钥文件，一般在当前用户主目录下的.ssh 文件夹中）。

2. core-site.xml 文件配置

修改 core-site.xml 文件中的 fs.defaultFS 属性值，为 Hadoop 客户端配置默认的访问路径，以使用新的支持 HA 的逻辑 URI。若之前配置为 hdfs://centos01:9000，则需改为 hdfs://mycluster，其中的 mycluster 为 hdfs-site.xml 中定义的 nameservice ID 值，Hadoop 启动时会根据该值找到对应的两个 NameNode。

core-site.xml 的完整配置内容如下：

```xml
<configuration>
<property>
   <name>fs.defaultFS</name>
   <value>hdfs://mycluster</value>
</property>
<property>
   <name>hadoop.tmp.dir</name>
   <value>file:/opt/modules/hadoop-2.8.2/tmp</value>
</property>
</configuration>
```

文件 hdfs-site.xml 与 core-site.xml 都配置完成后，需要将这两个文件重新发送到集群其他的节点中，并覆盖原来的文件。进入 Hadoop 安装目录，执行以下命令，发送 hdfs-site.xml 文件：

```
$ scp etc/hadoop/hdfs-site.xml hadoop@centos02:/opt/modules/hadoop-2.8.2/etc/hadoop/
$ scp etc/hadoop/hdfs-site.xml hadoop@centos03:/opt/modules/hadoop-2.8.2/etc/hadoop/
```

执行以下命令，发送 core-site.xml 文件：

```
$ scp etc/hadoop/core-site.xml hadoop@centos02:/opt/modules/hadoop-2.8.2/etc/hadoop/
$ scp etc/hadoop/core-site.xml hadoop@centos03:/opt/modules/hadoop-2.8.2/etc/hadoop/
```

3．启动与测试

HDFS HA 配置完成后，下面我们将集群启动，进行测试：

（1）启动 JournalNode 进程。

删除各个节点的$HADOOP_HOME/tmp 目录下的所有文件。分别进入各个节点的 Hadoop 安装目录，执行以下命令，启动三个节点的 JournalNode 进程：

```
$ sbin/hadoop-daemon.sh start journalnode
```

（2）格式化 NameNode。

在 centos01 节点上进入 Hadoop 安装目录，执行以下命令，格式化 NameNode。如果没有启动 JournalNode，格式化将失败。

```
$ bin/hdfs namenode -format
```

出现如下输出代表格式化成功：

```
18/03/15 14:14:45 INFO common.Storage: Storage directory /opt/modules/hadoop-2.8.2/tmp/dfs/name has been successfully formatted.
```

（3）启动 NameNode1（活动 NameNode）。

在 centos01 节点上进入 Hadoop 安装目录，执行以下命令，启动 NameNode1：

```
$ sbin/hadoop-daemon.sh start namenode
```

启动 NameNode 后会生成 images 元数据。

（4）复制 NameNode1 元数据。

在 centos02 上进入 Hadoop 安装目录，执行以下命令，将 centos01 上的 NameNode 元数据复制到 centos02 上（也可以直接将 centos01 上的$HADOOP_HOME/tmp 目录复制到 centos02 的相同位置）：

```
$ bin/hdfs namenode -bootstrapStandby
```

输出以下信息代表复制成功：

```
18/03/15 14:28:01 INFO common.Storage: Storage directory
/opt/modules/hadoop-2.8.2/tmp/dfs/name has been successfully formatted.
```

（5）启动 NameNode2（备用 NameNode）。

在 centos02 上进入 Hadoop 安装目录，执行以下命令，启动 NameNode2：

```
$ sbin/hadoop-daemon.sh start namenode
```

启动后，在浏览器中输入网址 http://centos01:50070 查看 NameNode1 的状态，如图 7-3 所示。

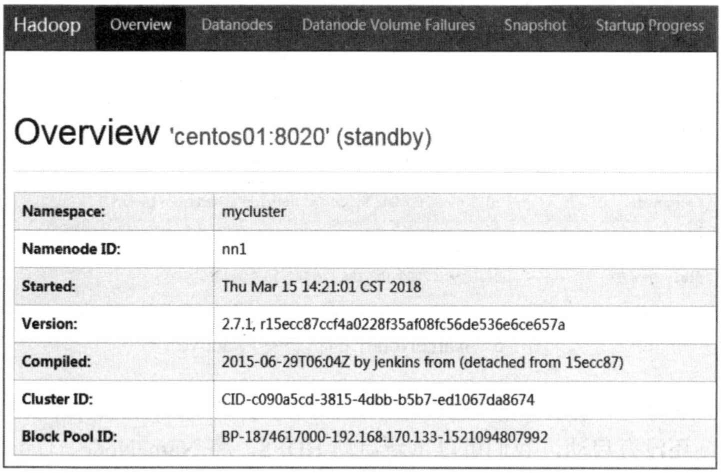

图 7-3　查看 NameNode1 的状态

在浏览器中输入网址 http://centos02:50070 查看 NameNode2 的状态，如图 7-4 所示。

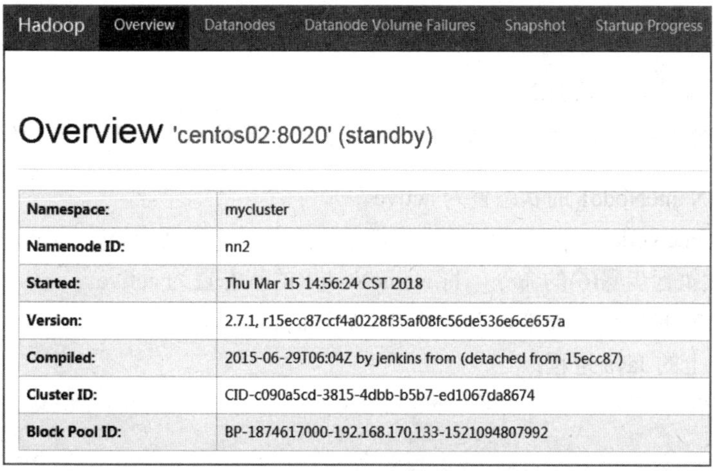

图 7-4　查看 NameNode2 的状态

从图 7-3 和图 7-4 中可以看到，此时两个 NameNode 的状态都为 standby（备用）。接下来需要将 NameNode1 的状态设置为 active（活动）。

（6）在 centos01 节点上进入 Hadoop 安装目录，执行如下命令，将 NameNode1 的状态置为 active：

```
$ bin/hdfs haadmin -transitionToActive nn1
```

上述代码中的 nn1 为 hdfs-site.xml 中设置的节点 centos01 上的 NameNode 的 ID 标识符。

上述代码执行完毕后，刷新浏览器，可以看到 NameNode1 的状态已经变为 active，如图 7-5 所示。

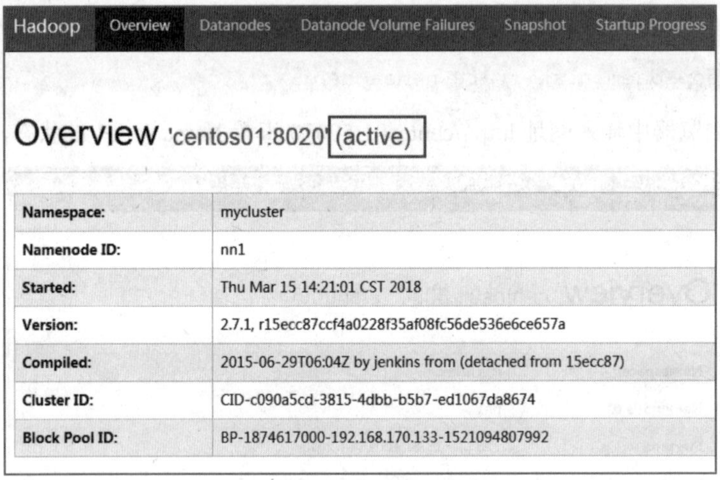

图 7-5 NameNode1 的状态变为 active

到此，两个 NameNode 都已经启动成功了，且其中一个为活动状态，另一个为备用状态。但是集群的 DataNode 还没有启动，我们可以重新启动 HDFS，将 NameNode、DataNode 等所有相关进程一起启动。

（7）重新启动 HDFS。

在 centos01 节点上进入 Hadoop 安装目录，执行以下命令，停止 HDFS：

```
$ sbin/stop-dfs.sh
```

然后执行以下命令，启动 HDFS：

```
$ sbin/start-dfs.sh
```

（8）再次将 NameNode1 的状态置为 active。

重启以后，NameNode、DataNode 等进程都已经启动了，但两个 NameNode 的状态仍然都为 standby，需要再次执行步骤(6)的命令，将 NameNode1 的状态置为 active。

（9）在各节点中执行 jps 命令，查看各节点启动的 Java 进程。

centos01 节点上的 Java 进程：

```
$ jps
8996 DataNode
9221 JournalNode
```

```
9959 Jps
8877 NameNode
```

centos02 节点上的 Java 进程：

```
$ jps
8162 NameNode
8355 JournalNode
8565 Jps
8247 DataNode
```

centos03 节点上的 Java 进程：

```
$ jps
7144 DataNode
7256 JournalNode
7371 Jps
```

（10）测试 HDFS。

上传一个文件到 HDFS，测试 HDFS 是否正常运行，文件的上传此处不做过多讲解。若一切正常，接下来测试 NameNode 故障转移功能。

首先将 NameNode1 进程杀掉：

```
$ jps
8996 DataNode
10452 Jps
9221 JournalNode
8877 NameNode

$ kill -9 8877
```

然后查看 NameNode2 的状态，发现仍然是 standby，没有自动切换到 active，此时需要手动执行步骤(6)的命令，将 NameNode2 的状态切换为 active。再次进行 HDFS 文件系统的测试，发现一切正常。

以上步骤讲解了如何配置手动故障转移。在该模式下，即使活动节点失败，系统也不会自动触发从活动 NameNode 到备用 NameNode 的故障转移。这样手动切换 NameNode 虽然能解决故障问题，但还是比较麻烦，那么可不可以自动切换呢？答案是肯定的。7.1.3 节讲解 HDFS 结合 ZooKeeper 进行自动故障转移。

7.1.3　结合 ZooKeeper 进行 HDFS 自动故障转移

前面讲解了如何配置手动故障转移。在这种模式下，即使活动 NameNode 故障，系统也不会自动触发从活动 NameNode 切换到备用 NameNode 的故障转移。本节讲解如何配置和部署自动故障转移。

HDFS 的自动故障转移功能添加了两个新组件：ZooKeeper 集群和 ZKFailoverController 进程（简称 ZKFC）。

ZooKeeper 在自动故障转移中主要起故障检测和 NameNode 选举的作用。集群中的每个

NameNode 计算机都在 ZooKeeper 中维护一个持久会话。如果计算机崩溃，ZooKeeper 会话将过期，ZooKeeper 将通知另一个 NameNode，从而触发故障转移。当活动 NameNode 故障时，ZooKeeper 提供了一个简单的选举机制，从备用 NameNode 中（目前 HA 集群只有两个 NameNode）选出一个唯一的 NameNode 作为活动 NameNode。

ZKFC 相当于一个 ZooKeeper 客户端，作为独立的进程运行，负责监视和管理 NameNode 的状态，对 NameNode 的主/备切换进行总体控制。每个运行 NameNode 的计算机都会运行一个 ZKFC。ZKFC 会定期对本地的 NameNode 进行检测。只要 NameNode 能及时地以健康的状态做出反应，ZKFC 就认为该节点是健康的。如果该节点崩溃、冻结或进入不健康状态，ZKFC 会将其标记为不健康状态，并通知 ZooKeeper。ZooKeeper 会从其他备用 NameNode 中重新选举出一个 NameNode 作为活动 NameNode，然后通知 ZKFC，最后 ZKFC 将其对应的 NameNode 切换为活动 NameNode。

HDFS 结合 ZooKeeper 实现自动故障转移的整体架构如图 7-6 所示。

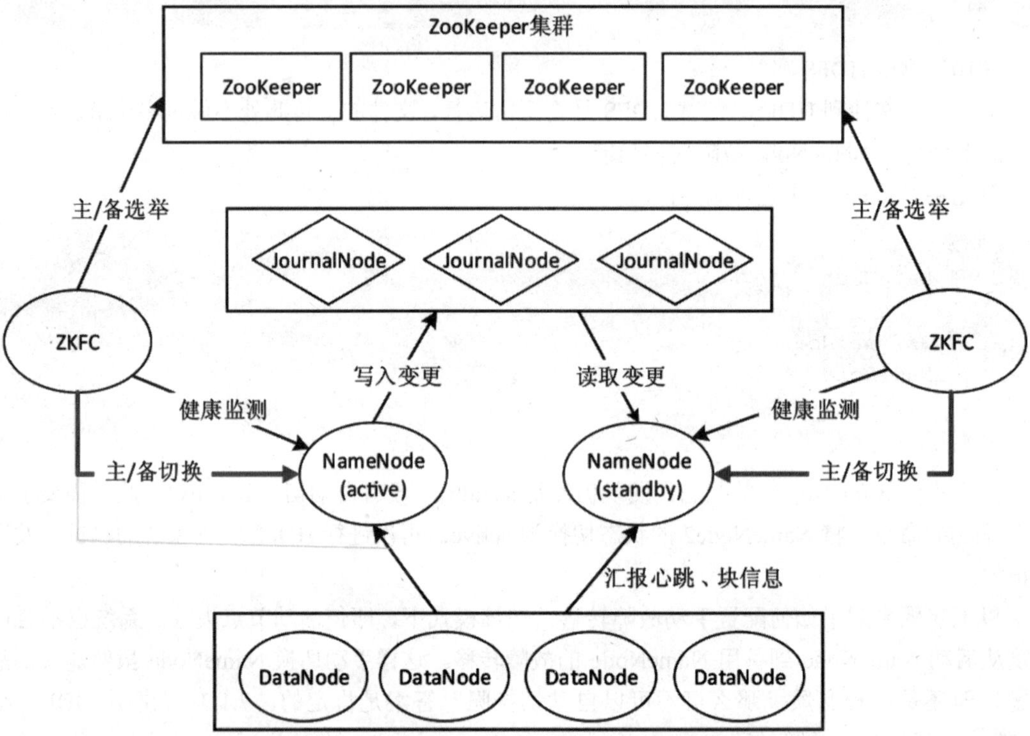

图 7-6　HDFS 结合 ZooKeeper 自动故障转移架构图

本例中，各节点的角色分配如表 7-2 所示。

表 7-2　HDFS 结合 ZooKeeper 搭建 HA 的集群角色分配

节点	角色
centos01	NameNode
	DataNode
	JournalNode
	ZKFC
	QuorumPeerMain

（续表）

节点	角色
centos02	NameNode
	DataNode
	JournalNode
	ZKFC
	QuorumPeerMain
centos03	DataNode
	JournalNode
	QuorumPeerMain

接下来，我们在 7.1.2 节配置的手动故障转移的基础上继续进行修改，搭建 NameNode 的自动故障转移，操作步骤如下。

1．开启自动故障转移功能

在 centos01 节点中，修改 hdfs-site.xml 文件，在文件下方加入以下内容：

```xml
<!--开启自动故障转移,mycluster 为自定义配置的 nameservice ID值-->
<property>
   <name>dfs.ha.automatic-failover.enabled.mycluster</name>
   <value>true</value>
</property>
```

2．指定 ZooKeeper 集群

在 centos01 节点中，修改 core-site.xml 文件，在文件下方加入以下内容，指定 ZooKeeper 集群各节点主机名及访问端口：

```xml
<property>
   <name>ha.zookeeper.quorum</name>
   <value>centos01:2181,centos02:2181,centos03:2181</value>
</property>
```

3．同步其他节点

发送修改好的 hdfs-site.xml 和 core-site.xml 文件到集群其他节点，覆盖原来的文件（这一步容易被忽略）。

4．停止 HDFS 集群

在 centos01 节点中进入 Hadoop 安装目录，执行以下命令，停止 HDFS 集群：

```
$ sbin/stop-dfs.sh
```

5．启动 ZooKeeper 集群

分别进入每个节点的 ZooKeeper 安装目录，执行以下命令，启动 ZooKeeper 集群：

```
$ bin/zkServer.sh start
```

6. 初始化 HA 在 ZooKeeper 中的状态

在 centos01 节点中进入 Hadoop 安装目录，执行以下命令，在 ZooKeeper 中创建一个 znode 节点，存储自动故障转移系统的数据：

```
$ bin/hdfs zkfc -formatZK
```

7. 启动 HDFS 集群

在 centos01 节点中进入 Hadoop 安装目录，执行以下命令，启动 HDFS 集群：

```
$ sbin/start-dfs.sh
```

8. 启动 ZKFC 守护进程

由于我们是手动管理集群上的服务，所以需要手动启动运行 NameNode 的每个计算机上的 ZKFC 守护进程。分别在 centos01 和 centos02 上进入 Hadoop 安装目录，执行以下命令，启动 ZKFC 守护进程（或者执行 bin/hdfs start zkfc 也可以，两种启动方式）：

```
$ sbin/hadoop-daemon.sh start zkfc
```

需要注意的是，先在哪个节点上启动，哪个节点的 NameNode 状态就是 active。

9. 测试 HDFS 自动故障转移

在 centos01 中上传一个文件到 HDFS，然后停止 NameNode1，读取刚才上传的文件内容。相关命令及输出如下：

```
$ jps
13105 QuorumPeerMain
13523 DataNode
13396 NameNode
13753 JournalNode
13882 DFSZKFailoverController
14045 Jps

$ kill -9 13396
$ jps
13105 QuorumPeerMain
14066 Jps
13523 DataNode
13753 JournalNode
13882 DFSZKFailoverController

$ hdfs dfs -cat /input/*
```

如果仍能成功读取文件内容，说明自动故障转移配置成功。此时在浏览器中访问 NameNode2 的 Web，可以看到 NameNode2 的状态变为 active，如图 7-7 所示。

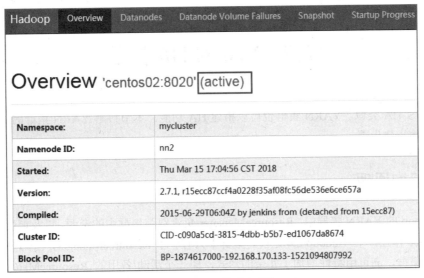

图 7-7 NameNode2 的状态变为 active

最后，查看各节点的 Java 进程，命令及输出结果如下：
centos01 节点：

```
$ jps
3360 QuorumPeerMain
4080 DFSZKFailoverController
3908 JournalNode
3702 DataNode
4155 Jps
3582 NameNode
```

centos02 节点：

```
$ jps
3815 DFSZKFailoverController
3863 Jps
3480 NameNode
3353 QuorumPeerMain
3657 JournalNode
3563 DataNode
```

centos03 节点：

```
$ jps
3496 JournalNode
3293 QuorumPeerMain
3390 DataNode
3583 Jps
```

到此，结合 ZooKeeper 进行 HDFS 自动故障转移功能就搭建完成了。

7.2 YARN HA 搭建

与 HDFS HA 类似，YARN 集群也可以搭建 HA 功能。本节讲解 YARN 集群的 HA 架构原理和 HA 的具体搭建步骤。

7.2.1 架构原理

在 Hadoop 的 YARN 集群中，ResourceManager 负责跟踪集群中的资源，以及调度应用程序(例如 MapReduce 作业)。在 Hadoop 2.4 之前，集群中只有一个 ResourceManager，当其中一个宕机时，将影响整个集群。高可用特性增加了冗余的形式，即一个活动/备用的 ResourceManager 对，以便可以进行故障转移。

YARN HA 的架构如图 7-8 所示。

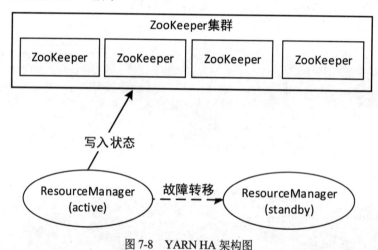

图 7-8 YARN HA 架构图

与 HDFS HA 类似，同一时间只有一个 ResourceManager 处于活动状态，当不启用自动故障转移时，我们必须手动将其中一个 ResourceManager 转换为活动状态。可以结合 ZooKeeper 实现自动故障转移，当活动 ResourceManager 无响应或故障时，另一个 ResourceManager 自动被 ZooKeeper 选为活动 ResourceManager。与 HDFS HA 不同的是，ResourceManager 中的 ZKFC 只作为 ResourceManager 的一个线程运行，而不是一个独立的进程。

7.2.2 搭建步骤

本节在本书第 3 章搭建好的 Hadoop 集群的基础上进行配置与修改，讲解 YARN HA 的搭建。因此，建议初学者先参考本书第 3 章将 Hadoop 集群搭建好，再参考本节逐步进行 YARN HA 的搭建。

本例的搭建总体思路是，先在 centos01 节点上配置完毕之后，再将改动的配置文件发送到 centos02、centos03 节点上。集群各节点的角色分配如表 7-3 所示。

表 7-3　YARN 结合 ZooKeeper 搭建 HA 的集群角色分配

节点	角色
centos01	ResourceManager NodeManager QuorumPeerMain
centos02	ResourceManager NodeManager QuorumPeerMain
centos03	NodeManager QuorumPeerMain

下面将逐步讲解 YARN HA 的配置步骤。

1. yarn-site.xml 文件配置

YARN HA 的配置需要在 Hadoop 配置文件 yarn-site.xml 中继续加入新的配置项，以完成 HA 功能。yarn-site.xml 文件的完整配置内容如下：

```xml
<configuration>
    <!--指定可以在 YARN 上运行 MapReduce 程序-->
    <property>
        <name>yarn.nodemanager.aux-services</name>
        <value>mapreduce_shuffle</value>
    </property>
    <!--YARN HA 配置-->
    <!--开启 ResourceManager HA 功能-->
    <property>
        <name>yarn.resourcemanager.ha.enabled</name>
        <value>true</value>
    </property>
    <!--标志 ResourceManager-->
    <property>
        <name>yarn.resourcemanager.cluster-id</name>
        <value>cluster1</value>
    </property>
    <!--集群中 ResourceManager 的 ID 列表，后面的配置将引用该 ID-->
    <property>
        <name>yarn.resourcemanager.ha.rm-ids</name>
        <value>rm1,rm2</value>
    </property>
    <!--ResourceManager1 所在的节点主机名-->
    <property>
        <name>yarn.resourcemanager.hostname.rm1</name>
        <value>centos01</value>
    </property>
    <!--ResourceManager2 所在的节点主机名-->
```

```xml
    <property>
        <name>yarn.resourcemanager.hostname.rm2</name>
        <value>centos02</value>
    </property>
    <!--ResourceManager1 的 Web 页面访问地址-->
    <property>
        <name>yarn.resourcemanager.webapp.address.rm1</name>
        <value>centos01:8088</value>
    </property>
    <!--ResourceManager2 的 Web 页面访问地址-->
    <property>
        <name>yarn.resourcemanager.webapp.address.rm2</name>
        <value>centos02:8088</value>
    </property>
    <!--ZooKeeper 集群列表-->
    <property>
        <name>yarn.resourcemanager.zk-address</name>
        <value>centos01:2181,centos02:2181,centos03:2181</value>
    </property>
    <!--启用 ResourceManager 重启的功能，默认为 false-->
    <property>
        <name>yarn.resourcemanager.recovery.enabled</name>
        <value>true</value>
    </property>
    <!--用于 ResourceManager 状态存储的类-->
    <property>
        <name>yarn.resourcemanager.store.class</name>
<value>org.apache.hadoop.yarn.server.resourcemanager.recovery.ZKRMStateStore</value>
    </property>
</configuration>
```

上述配置属性解析如下。

- **yarn.nodemanager.aux-services**：NodeManager 上运行的附属服务，需配置成 mapreduce_shuffle 才可正常运行 MapReduce 程序。YARN 提供了该配置项用于在 NodeManager 上扩展自定义服务，MapReduce 的 Shuffle 功能正是一种扩展服务。
- **yarn.resourcemanager.ha.enabled**：开启 ResourceManager HA 功能。
- **yarn.resourcemanager.cluster-id**：标识集群中的 ResourceManager。如果设置该属性，需要确保所有的 ResourceManager 在配置中都有自己的 ID。
- **yarn.resourcemanager.ha.rm-ids**：ResourceManager 的逻辑 ID 列表。可以自定义，此处设置为 "rm1, rm2"。后面的配置将引用该 ID。
- **yarn.resourcemanager.hostname.rm1**：指定 ResourceManager 对应的主机名。另外，可以设置 ResourceManager 的每个服务地址。
- **yarn.resourcemanager.webapp.address.rm1**：指定 ResourceManager 的 Web 端访问地址。
- **yarn.resourcemanager.zk-address**：指定集成的 ZooKeeper 的服务地址。
- **yarn.resourcemanager.recovery.enabled**：启用 ResourceManager 重启的功能，默认为 false。

- **yarn.resourcemanager.store.class**：用于 ResourceManager 状态存储的类，默认为 org.apache.hadoop.yarn.server.resourcemanager.recovery.FileSystemRMStateStore，基于 Hadoop 文件系统的实现。另外，还可以为 org.apache.hadoop.yarn.server.resourcemanager.recovery.ZKRMStateStore，该类为基于 ZooKeeper 的实现。此处指定该类。

2. 同步其他节点

将配置好的 yarn-site.xml 文件发送到集群中其他节点，覆盖之前的文件即可。

3. 启动 ZooKeeper 集群

分别进入每个节点的 ZooKeeper 安装目录，执行以下命令，启动 ZooKeeper 集群：

```
$ bin/zkServer.sh start
```

4. 启动 YARN 集群

分别在 centos01 和 centos02 节点上进入 Hadoop 安装目录，执行以下命令，启动 ResourceManager：

```
$ sbin/yarn-daemon.sh start resourcemanager
```

分别在 centos01、centos02 和 centos03 节点上进入 Hadoop 安装目录，执行以下命令，启动 NodeManager：

```
$ sbin/yarn-daemon.sh start nodemanager
```

5. 查看各节点 Java 进程

centos01 节点：

```
$ jps
3360 QuorumPeerMain
4321 NodeManager
4834 Jps
4541 ResourceManager
```

centos02 节点：

```
$ jps
4486 Jps
4071 NodeManager
4359 ResourceManager
3353 QuorumPeerMain
```

centos03 节点：

```
$ jps
4104 Jps
3836 NodeManager
3293 QuorumPeerMain
```

此时，在浏览器中输入地址 http://centos01:8088 访问活动 ResourceManager，查看 YARN 的启动状态，如图 7-9 所示。

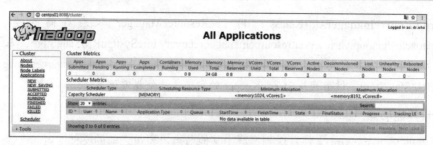

图 7-9　活动 ResourceManager Web 界面查看

如果访问备用 ResourceManager 地址 http://centos02:8088，发现自动跳转到了活动 ResourceManager 的地址 http://centos01:8088。这是因为此时活动状态的 ResourceManager 在 centos01 节点上，访问备用 ResourceManager 会自动跳转到活动 ResourceManager。

6．测试 YARN 自动故障转移

在 centos01 节点上执行 MapReduce 默认的 WordCount 程序，当正在执行 Map 任务时，新开一个 SSH Shell 窗口，杀掉 centos01 的 ResourceManager 进程，观察程序执行过程，以此来测试 YARN 的自动故障转移功能。

若仍然能够流畅地执行，说明自动故障转移功能生效了，ResourceManager 遇到故障后，自动切换到 centos02 节点上继续执行。此时，浏览器访问备用 ResourceManager 的 Web 页面地址 http://centos02:8088，发现可以成功访问，如图 7-10 所示。

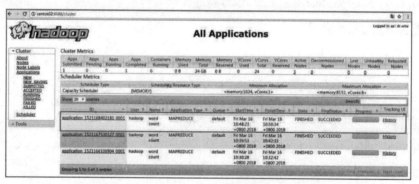

图 7-10　备用 ResourceManager Web 界面查看

到此，YARN HA 集群搭建成功。

第 8 章

HBase

本章内容

本章首先讲解 HBase 的表结构、数据模型和集群架构,然后通过实际操作讲解 HBase 集群的安装、Shell 命令和 Java API 操作,最后通过案例讲解 HBase 的数据转移以及数据备份与恢复。

本章目标

- 掌握 HBase 的基本表结构。
- 掌握 HBase 的数据模型。
- 掌握 HBase 的集群架构与原理。
- 掌握 HBase 的集群搭建。
- 掌握 HBase 的 Shell 命令和 Java API 操作。
- 掌握 HBase 的数据转移。
- 掌握 HBase 的数据备份与恢复。

8.1 什么是 HBase

Apache HBase 是一个开源的、分布式的、非关系型的列式数据库。正如 Bigtable 利用了谷歌文件系统提供的分布式数据存储一样,HBase 在 Hadoop 的 HDFS 之上提供了类似于 Bigtable 的功能。

HBase 位于 Hadoop 生态系统的结构化存储层,数据存储于分布式文件系统 HDFS 并且使用 ZooKeeper 作为协调服务。HDFS 为 HBase 提供了高可靠性的底层存储支持,MapReduce 为 HBase 提供了高性能的计算能力,ZooKeeper 则为 HBase 提供了稳定的服务和失效恢复机制。

HBase 的设计目的是处理非常庞大的表,甚至可以使用普通计算机处理超过 10 亿行的、由数百万列组成的表的数据。由于 HBase 依赖于 Hadoop HDFS,因此它与 Hadoop 一样,主要依靠横向扩展,并不断增加廉价的商用服务器来提高计算和存储能力。

HBase 对表的处理具有如下特点:

- 一个表可以有上亿行、上百万列。
- 采用面向列的存储和权限控制。
- 为空(NULL)的列并不占用存储空间。

HBase 与传统关系型数据库(RDBMS)的区别如表 8-1 所示。

表 8-1 HBase 与 RDBMS 的区别

类别	HBase	RDBMS
硬件架构	分布式集群,硬件成本低廉	传统多核系统,硬件成本昂贵
数据库大小	PB	GB、TB
数据分布方式	稀疏的、多维的	以行和列组织
数据类型	只有简单的字符串类型,所有其他类型都由用户自定义	丰富的数据类型
存储模式	基于列存储	基于表格结构的行模式存储
数据修改	可以保留旧版本数据,插入对应的新版本数据	替换修改旧版本数据
事务支持	只支持单个行级别	对行和表全面支持
查询语言	可使用 Java API,若结合其他框架,如 Hive,可以使用 HiveQL	SQL
吞吐量	百万查询每秒	数千查询每秒
索引	只支持行键,除非结合其他技术,如 Hive	支持

8.2 HBase 基本结构

HBase 数据库的基本组成结构如下。

1. 表(table)

在 HBase 中,数据存储在表中,表名是一个字符串(String),表由行和列组成。与关系型数据库(RDBMS)不同,HBase 表是多维映射的。

2. 行(row)

HBase 中的行由行键(rowkey)和一个或多个列(column)组成。行键没有数据类型,总是视为字节数组 byte[]。行键类似于关系型数据库(RDBMS)中的主键索引,在整个 HBase 表中是唯一的,但与 RDBMS 不同的是,行键按照字母顺序排序。例如,表中已有三条行键为 1000001、1000002 和 1000004 的数据,当插入一条行键为 1000003 的数据时,该条数据不会排在最后,而是排在行键 1000002 和 1000004 的中间。因此,行键的设计非常重要,我们可以利用行键的这个特性将相关的数据排列在一起。例如，将网站的域名作为行键的前缀，则应该将域名进行反转存储（例如，org.apache.www、org.apache.mail、org.apache.jira），这样所有的 Apache 域名将在表中排列在一起，而不是分散排列。

3．列族（column family）

HBase 列族由多个列组成，相当于将列进行分组。列的数量没有限制，一个列族里可以有数百万个列。表中的每一行都有同样的列族。列族必须在表创建的时候指定，不能轻易修改，且数量不能太多，一般不超过 3 个。列族名的类型是字符串（String）。

4．列限定符（qualifier）

列限定符用于代表 HBase 表中列的名称，列族里的数据通过列限定符来定位，常见的定位格式为"family:qualifier"（例如，要定位到列族 cf1 中的列 name，则使用 cf1:name）。HBase 中的列族和列限定符都可以理解为列，只是级别不同。一个列族下面可以有多个列限定符，因此列族可以简单地理解为第一级列，列限定符是第二级列，两者是父子关系。与行键一样，列限定符没有数据类型，总是视为字节数组 byte[]。

5．单元格（cell）

单元格通过行键、列族和列限定符一起来定位。单元格包含值和时间戳。值没有数据类型，总是视为字节数组 byte[]，时间戳代表该值的版本，类型为 long。默认情况下，时间戳表示数据写入服务器的时间，但是当数据放入单元格时，也可以指定不同的时间戳。每个单元格都根据时间戳保存着同一份数据的多个版本，且降序排列，即最新的数据排在前面，这样有利于快速查找最新数据。对单元格中的数据进行访问的时候会默认读取最新的值。

8.3　HBase 数据模型

图 8-1 以可视化的方式展现了 RDBMS 和 HBase 的数据模型的不同。由于 HBase 表是多维映射的，因此行列的排列与传统 RDBMS 不同。传统 RDBMS 数据库对于不存在的值，必须存储 NULL 值，而在 HBase 中，不存在的值可以省略，且不占存储空间。此外，HBase 在新建表的时候必须指定表名和列族，不需要指定列，所有的列在后续添加数据的时候动态添加，而 RDBMS 指定好列以后，不可以修改和动态添加。

我们也可以把 HBase 数据模型看成是一个键值数据库，通过 4 个键定位到具体的值。这 4 个键为行键、列族、列限定符和时间戳（也可省略，默认取最新数据）。首先通过行键定位到一整行数据，然后通过列族定位到列所在的范围，最后通过列限定符定位到具体的单元格数据。既然是键值数据库，可以用来描述的方法有很多，如图 8-2 所示，通过 JSON 数据格式表示 HBase 数据模型。

id	name	age	hobby	address
001	zhangsan	26	篮球	山东
002	lisi	20	跑步	NULL
003	wangwu	NULL	NULL	青岛
004	zhaoliu	NULL	NULL	NULL

rowkey	family1	family2
001	family1:name=zhangsan family1:age=26	family2:hobby=篮球 family2:address=山东
002	family1:name=lisi family1:age=20	family2:hobby=跑步
003	family1:name=wangwu	family2:address=青岛
004	family1:name=zhaoliu	

图 8-1　RDBMS 和 HBase 的数据模型

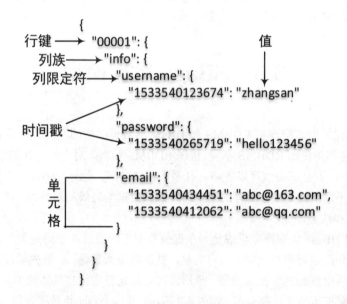

图 8-2　HBase JSON 格式数据模型

当然，我们还可以通过 Java 对 HBase 数据模型进行描述。我们都知道，Java 中常用的存储键值的集合为 Map，而 Map 是允许多层嵌套的，使用 Map 嵌套来表示 HBase 数据模型的效果如下：

Map<rowkey,Map<column family,Map< qualifier,Map<timestamp,data>>>>

8.4 HBase 集群架构

HBase 架构采用主从（master/slave）方式，由三种类型的节点组成——HMaster 节点、HRegionServer 节点和 ZooKeeper 集群。HMaster 节点作为主节点，HRegionServer 节点作为从节点，这种主从模式类似于 HDFS 的 NameNode 与 DataNode。

HBase 集群中所有的节点都是通过 ZooKeeper 来进行协调的。HBase 底层通过 HRegionServer 将数据存储于 HDFS 中。HBase 集群部署架构如图 8-3 所示。

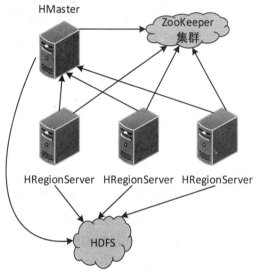

图 8-3　HBase 集群部署架构

HBase 客户端通过 RPC 方式与 HMaster 节点和 HRegionServer 节点通信，HMaster 节点连接 ZooKeeper 获得 HRegionServer 节点的状态并对其进行管理。HBase 的系统架构如图 8-4 所示。

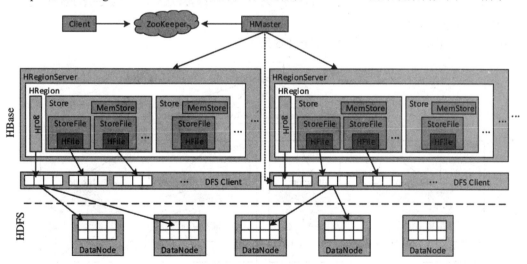

图 8-4　HBase 的系统架构

由于 HBase 将底层数据存储于 HDFS 中，因此也涉及 NameNode 节点和 DataNode 节点等。HRegionServer 经常与 HDFS 的 DataNode 在同一节点上，有利于数据的本地化访问，节省网络传输时间。

1．HMaster

HMaster 节点并不是只有一个，用户可以启动多个 HMaster 节点，并通过 ZooKeeper 的选举机制保持同一时刻只有一个 HMaster 节点处于活动状态，其他 HMaster 处于备用状态（一般情况下只会启动两个 HMaster）。

HMaster 节点的主要作用如下：

- HMaster 节点本身并不存储 HBase 的任何数据。它主要用于管理 HRegionServer 节点，指定 HRegionServer 节点可以管理哪些 HRegion，以实现其负载均衡。
- 当某个 HRegionServer 节点宕机时，HMaster 会将其中的 HRegion 迁移到其他的 HRegionServer 上。
- 管理用户对表的增删改查等操作。
- 管理表的元数据（每个 HRegion 都有一个唯一标识符，元数据主要保存 HRegion 的唯一标识符和 HRegionServer 的映射关系）。
- 权限控制。

2．HRegion 与 HRegionServer

HBase 使用 rowkey 自动把表水平切分成多个区域，这个区域称为 HRegion。每个 HRegion 由表中的多行数据组成。最初一个表只有一个 HRegion，随着数据的增多，当数据大到一定的值后，便会在某行的边界上将表分割成两个大小基本相同的 HRegion。然后由 HMaster 节点将 HRegion 分配到不同的 HRegionServer 节点中（同一张表的多个 HRegion 可以分配到不同的 HRegionServer 中），由 HRegionServer 对其进行管理以及响应客户端的读写请求。分布在集群中的所有 HRegion 按序排列就组成了一张完整的表。

每一个 HRegion 都记录了 rowkey 的起始行键（startkey）和结束行键（endkey），第一个 HRegion 的 startkey 为空，最后一个 HRegion 的 endkey 为空。客户端可以通过 HMaster 节点快速定位到每个 rowkey 所在的 HRegion。

HRegion 与 HRegionServer 的关系如图 8-5 所示。

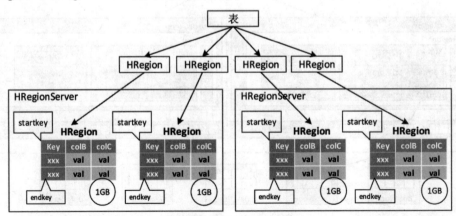

图 8-5　HRegion 与 HRegionServer 的关系

3．Store

一个 Store 存储 HBase 表的一个列族的数据。由于表被水平分割成多个 HRegion，那么一个 HRegion 中包含一个或多个 Store。Store 中包含一个 MemStore 和多个 HFile 文件。MemStore 相当于一个内存缓冲区，数据存入磁盘之前会先存入 MemStore 中，当 MemStore 中的数据大小达到一定的值后，会生成一个 HFile 文件，MemStore 中的数据会转移到 HFile 文件中（也可以手动执行 HBase 命令，将 MemStore 中的数据转移到 HFile 文件），StoreFile 是对 HFile 文件的封装，HFile 是 HBase 底层的数据存储格式，最终数据以 HFile 的格式存储在 HDFS 中。

需要注意的是，一个 HFile 文件只存放某个时刻 MemStore 中的所有数据，一个完整的行数据可能存放在多个 HFile 里。

4．HLog

HLog 是 HBase 的日志文件，记录数据的更新操作。与 RDBMS 数据库类似，为了保证数据的一致性和实现回滚等操作，HBase 在写入数据时会先进行 WAL（预写日志）操作，即将更新操作写入 HLog 文件中，然后才会将数据写入 Store 的 MemStore 中，只有这两个地方都写入并确认后，才认为数据写入成功。由于 MemStore 是将数据存入内存中，且数据大小没有达到一定值时不会写入到 HDFS，若在数据写入 HDFS 之前服务器崩溃，则 MemStore 中的数据将丢失，此时可以利用 HLog 来恢复丢失的数据。HLog 日志文件存储于 HDFS 中，因此若服务器崩溃，HLog 仍然可用。

5．ZooKeeper

每个 HRegionServer 节点会在 ZooKeeper 中注册一个自己的临时节点，HMaster 通过这些临时节点发现可用的 HRegionServer 节点，跟踪 HRegionServer 节点的故障等。

HBase 利用 ZooKeeper 来确保只有一个活动的 HMaster 在运行。

HRegion 应该分配到哪个 HRegionServer 节点上，也是通过 ZooKeeper 得知的。

8.5　HBase 安装配置

本节讲解 HBase 的单机模式、伪分布模式和集群模式的具体搭建步骤。

8.5.1　单机模式

HBase 依赖于 Java 环境，单机模式安装之前，需要先安装好 Java，Java 的安装此处不做讲解。

在单机模式中，HBase 的数据存储于本地文件系统而不是 HDFS，所有的 HBase 守护进程和 ZooKeeper 运行于同一个 JVM 中，即 HMaster、一个 HRegionServer 和 ZooKeeper 守护进程。并且 ZooKeeper 被绑定到一个开放的端口，这样客户端就可以连接 HBase 了。

单机模式的搭建步骤如下。

1．上传并解压安装包

在 Apache 网站下载一个 HBase 的稳定发布版本，本书使用 1.2.6.1 版本。然后将

hbase-1.2.6.1-bin.tar.gz 上传到 centos01 服务器的/opt/softwares 目录并将其解压到目录/opt/modules/，解压命令如下：

```
$ tar -zxf hbase-1.2.6.1-bin.tar.gz -C /opt/modules/
```

2. 修改配置文件

HBase 安装目录下的 conf/hbase-site.xml 是 HBase 的主要配置文件，修改该文件，指定一个 HBase 和 ZooKeeper 的本地数据存储目录，默认是/tmp。许多服务器重启时会自动删除/tmp 中的内容，因此我们需要将存储的数据放到其他目录。

例如如下配置，将 HBase 数据放入了 hadoop 用户主目录的 hbase 文件夹中，ZooKeeper 数据放入了 hadoop 用户主目录的 zookeeper 文件夹中。这两个文件夹不需要提前创建，HBase 将为我们自动创建。

```xml
<configuration>
  <property>
    <name>hbase.rootdir</name>
    <value>file:///home/hadoop/hbase</value>
  </property>
  <property>
    <name>hbase.zookeeper.property.dataDir</name>
    <value>/home/hadoop/zookeeper</value>
  </property>
</configuration>
```

3. 启动 HBase 服务

进入 HBase 安装目录，执行以下命令，可以启动 HBase 服务：

```
$ bin/start-hbase.sh
```

启动输出日志如下：

```
starting master, logging to /opt/modules/hbase-1.2.6.1/bin/../logs/hbase-hadoop-master-centos01.out
    Java HotSpot(TM) 64-Bit Server VM warning: ignoring option PermSize=128m; support was removed in 8.0
    Java HotSpot(TM) 64-Bit Server VM warning: ignoring option MaxPermSize=128m; support was removed in 8.0
```

启动 HBase 成功后，执行 jps 命令，可以查看当前启动的 Java 进程：

```
$ jps
2960 HMaster
3259 Jps
```

可以看到，单机模式只存在一个叫 HMaster 的进程。

> **注 意**
>
> 如果系统中已经安装了 Java，但启动 HBase 时出现 "Error: JAVA_HOME is not set" 的错误，那么修改文件 conf/hbase-env.sh，将 JAVA_HOME 的值添加到该文件中。

4. 停止 HBase 服务

进入 HBase 安装目录，执行以下命令，可以停止 HBase 服务：

```
$ bin/stop-hbase.sh
```

8.5.2 伪分布模式

伪分布模式是一种运行在单个节点（单台计算机）上的分布式模式，HBase 的每一个守护进程(HMaster、HRegionServer 和 ZooKeeper)都作为一个单独的进程来运行。

我们可以重新配置 HBase 来运行伪分布模式。由于 HBase 分布式模式的运行需要依赖于分布式文件系统 HDFS，因此安装 HBase 伪分布模式之前，需要搭建好 Hadoop。Hadoop 的搭建此处不做讲解。

HBase 伪分布模式的具体搭建步骤如下。

1. 上传并解压安装包

安装文件的上传和解压参考单机模式，此处不再赘述。

2. 修改配置文件

此处仍然需要修改 HBase 安装目录下的 conf/hbase-site.xml 配置文件，其中的 hbase.rootdir 属性仍然需要指定 HBase 数据存储目录，否则跟单机模式一样，默认存储在本地文件系统的/tmp 中。伪分布模式可以将 HBase 的数据存储于本地文件系统，也可以存储数据到 HDFS 中（集群模式只能存储于 HDFS 中），本例配置 HBase 数据存储于 HDFS 中。伪分布模式常用于 HBase 的测试与研究，不要将其使用于生产环境。

文件 hbase-site.xml 的完整配置内容如下：

```xml
<configuration>
    <!--开启分布式，每个守护进程会启动一个 JVM 实例-->
    <property>
        <name>hbase.cluster.distributed</name>
        <value>true</value>
    </property>
    <!--HBase 数据存储目录，必须与 HDFS 的 core-site.xml 中 fs.defaultFS 所指定的值相同-->
    <property>
        <name>hbase.rootdir</name>
        <value>hdfs://localhost:9000/hbase</value>
    </property>
    <!--ZooKeeper 数据存储目录-->
    <property>
        <name>hbase.zookeeper.property.dataDir</name>
        <value>/home/hadoop/zookeeper</value>
    </property>
</configuration>
```

上述配置属性解析如下。

- **hbase.rootdir**：指定 HBase 在 HDFS 中的数据存储目录，HBase 启动时会自动创建。属性值必须与 HDFS 的 core-site.xml 中的 fs.defaultFS 所指定的值相同。
- **hbase.cluster.distributed**：值为 true 代表开启分布式模式。这样每个守护进程会启动一个 JVM 实例。

3．启动 HBase

使用 bin/start-hbase.sh 命令启动 HBase，如果配置成功，使用 jps 命令可以查看到 HMaster、HRegionServer 和 HQuorumPeer 进程正在运行。

> **注 意**
>
> 与单机模式一样，若启动 HBase 时出现"Error: JAVA_HOME is not set"的错误，那么修改文件 conf/hbase-env.sh，将 JAVA_HOME 的值添加到该文件中。

4．查看 HDFS 中的 HBase 目录

启动成功后，HBase 将在 HDFS 中创建目录 hbase，查看该目录下生成的所有文件：

```
[hadoop@centos01 ~]$ hdfs dfs -ls /hbase
Found 7 items
drwxr-xr-x   - hadoop supergroup          0 2018-08-11 11:16 /hbase/.tmp
drwxr-xr-x   - hadoop supergroup          0 2018-08-11 11:16 /hbase/MasterProcWALs
drwxr-xr-x   - hadoop supergroup          0 2018-08-11 11:16 /hbase/WALs
drwxr-xr-x   - hadoop supergroup          0 2018-08-11 11:16 /hbase/data
-rw-r--r--   2 hadoop supergroup         42 2018-08-11 11:16 /hbase/hbase.id
-rw-r--r--   2 hadoop supergroup          7 2018-08-11 11:16 /hbase/hbase.version
drwxr-xr-x   - hadoop supergroup          0 2018-08-11 11:16 /hbase/oldWALs
```

5．使用 HBase Shell 操作数据

接下来就可以使用 HBase Shell 来创建表了。HBase Shell 的使用将在后续进行详细讲解。

8.5.3 集群模式

HBase 集群建立在 Hadoop 集群的基础上，而且依赖于 ZooKeeper，因此在搭建 HBase 集群之前，需要将 Hadoop 集群（本例使用的 Hadoop 集群为非 HA 模式，即一个 NameNode）和 ZooKeeper 集群搭建好。Hadoop 和 ZooKeeper 集群的搭建读者可以参考本书 3.5 节和 6.2.3 节，此处不再赘述。

本例仍然使用三个节点（centos01、centos02、centos03）搭建部署 HBase 集群，搭建步骤如下。

1．上传并解压 HBase 安装包

将 hbase-1.2.6.1-bin.tar.gz 上传到 centos01 服务器的/opt/softwares 目录并将其解压到目录/opt/modules/，解压命令如下：

```
$ tar -zxf hbase-1.2.6.1-bin.tar.gz -C /opt/modules/
```

2．hbase-env.sh 文件配置

修改 HBase 安装目录下的 conf/hbase-env.sh，配置 HBase 关联的 JDK，加入以下代码：

```
export JAVA_HOME=/opt/modules/jdk1.8.0_144
```

如果需要使用 HBase 自带的 ZooKeeper，则去掉该文件中的注释 # export HBASE_MANAGES_ZK=true 即可，本例使用单独的 ZooKeeper。

3. hbase-site.xml 文件配置

修改 HBase 安装目录下的 conf/hbase-site.xml，完整配置内容如下：

```xml
<configuration>
  <!--需要与HDFS NameNode端口一致-->
  <property>
    <name>hbase.rootdir</name>
    <value>hdfs://centos01:9000/hbase</value>
  </property>
  <!--开启分布式-->
  <property>
    <name>hbase.cluster.distributed</name>
    <value>true</value>
  </property>
  <!--ZooKeeper 节点列表 -->
  <property>
    <name>hbase.zookeeper.quorum</name>
    <value>centos01,centos02,centos03</value>
  </property>
  <!--ZooKeeper 数据存放目录-->
  <property>
    <name>hbase.zookeeper.property.dataDir</name>
    <value>/opt/modules/hbase-1.2.6.1/zkData</value>
  </property>
</configuration>
```

上述配置属性解析如下。

- **hbase.rootdir**：HBase 的数据存储目录，由于 HBase 数据存储在 HDFS 上，所以要写 HDFS 的目录，注意地址 hdfs://centos01:9000 应与 Hadoop 的 fs.defaultFS 一致。若 HDFS 使用的 HA 模式，还需要将 HDFS HA 集群的 core-site.xml 和 hdfs-site.xml 拷贝到 HBase 的 conf 目录中（初学者不建议将 HBase 与 HDFS HA 结合，使用单一 NameNode 即可）。配置好后，HBase 数据就会写入到这个目录中，且目录不需要手动创建，HBase 启动的时候会自动创建。
- **hbase.cluster.distributed**：设置为 true 代表开启分布式。
- **hbase.zookeeper.quorum**：设置依赖的 ZooKeeper 节点，此处加入所有 ZooKeeper 集群即可。
- **hbase.zookeeper.property.dataDir**：设置 ZooKeeper 的配置、日志等数据存放目录。

另外，还有一个属性 hbase.tmp.dir 是设置 HBase 临时文件存放目录，不设置的话，默认存放在 /tmp 目录，该目录重启就会清空。

4. regionservers 文件配置

regionservers 文件列出了所有运行 HRegionServer 进程的服务器。对该文件的配置与 Hadoop

中对 slaves 文件的配置相似，需要在文件中的每一行指定一台服务器，当 HBase 启动时会读取该文件，将文件中指定的所有服务器启动 HRegionServer 进程。当 HBase 停止的时候，也会同时停止它们。

本例中，我们将三个节点都作为运行 HRegionServer 的服务器。因此，我们需要作出如下修改：修改 HBase 安装目录下的/conf/regionservers 文件，去掉默认的 localhost，加入如下内容（注意：主机名前后不要包含空格）：

```
centos01
centos02
centos03
```

5. 复制 HBase 到其他节点

centos01 节点配置完成后，需要复制整个 HBase 安装目录文件到集群的其他节点，复制命令如下：

```
$ scp -r hbase-1.2.6.1/ hadoop@centos02:/opt/modules/
$ scp -r hbase-1.2.6.1/ hadoop@centos03:/opt/modules/
```

6. 启动与测试

启动 HBase 集群之前，需要先启动 Hadoop 集群。由于 HBase 不依赖 Hadoop YARN，因此只启动 Hadoop HDFS 即可。

在 centos01 节点执行以下命令，启动 HDFS：

```
$ sbin/start-dfs.sh
```

在 centos01 节点执行以下命令，启动 HBase 集群。启动 HBase 集群的同时，会将 ZooKeeper 集群也同时启动。

```
$ bin/start-hbase.sh
```

HBase 启动日志如下：

```
[hadoop@centos01 hbase-1.2.6.1]$ bin/start-hbase.sh
centos02: starting zookeeper, logging to /opt/modules/hbase-1.2.6.1/bin/../logs/hbase-hadoop-zookeeper-centos02.out
centos03: starting zookeeper, logging to /opt/modules/hbase-1.2.6.1/bin/../logs/hbase-hadoop-zookeeper-centos03.out
centos01: starting zookeeper, logging to /opt/modules/hbase-1.2.6.1/bin/../logs/hbase-hadoop-zookeeper-centos01.out
starting master, logging to /opt/modules/hbase-1.2.6.1/bin/../logs/hbase-hadoop-master-centos01.out
Java HotSpot(TM) 64-Bit Server VM warning: ignoring option PermSize=128m; support was removed in 8.0
Java HotSpot(TM) 64-Bit Server VM warning: ignoring option MaxPermSize=128m; support was removed in 8.0
centos03: starting regionserver, logging to /opt/modules/hbase-1.2.6.1/bin/../logs/hbase-hadoop-regionserver-centos03.out
centos02: starting regionserver, logging to /opt/modules/hbase-1.2.6.1/bin/../logs/hbase-hadoop-regionserver-centos02.out
```

```
    centos01: starting regionserver, logging to
/opt/modules/hbase-1.2.6.1/bin/../logs/hbase-hadoop-regionserver-centos01.out
    centos02: Java HotSpot(TM) 64-Bit Server VM warning: ignoring option
PermSize=128m; support was removed in 8.0
    centos02: Java HotSpot(TM) 64-Bit Server VM warning: ignoring option
MaxPermSize=128m; support was removed in 8.0
    centos03: Java HotSpot(TM) 64-Bit Server VM warning: ignoring option
PermSize=128m; support was removed in 8.0
    centos03: Java HotSpot(TM) 64-Bit Server VM warning: ignoring option
MaxPermSize=128m; support was removed in 8.0
    centos01: Java HotSpot(TM) 64-Bit Server VM warning: ignoring option
PermSize=128m; support was removed in 8.0
    centos01: Java HotSpot(TM) 64-Bit Server VM warning: ignoring option
MaxPermSize=128m; support was removed in 8.0
```

HBase 启动完成后，查看各节点 Java 进程：

```
[hadoop@centos01 hbase-1.2.6.1]$ jps
12544 DataNode
13584 HQuorumPeer
13074 NodeManager
12916 ResourceManager
14661 Jps
14311 HMaster
12745 SecondaryNameNode
12428 NameNode
14447 HRegionServer

[hadoop@centos02 zookeeper-3.4.10]$ jps
13632 DataNode
13761 NodeManager
14199 HRegionServer
14343 Jps
14093 HQuorumPeer

[hadoop@centos03 zookeeper-3.4.10]$ jps
8994 DataNode
9458 HQuorumPeer
9114 NodeManager
9546 HRegionServer
9679 Jps
```

从上述查看结果中可以看出，centos01 节点上出现了 HMaster、HQuorumPeer 和 HRegionServer 进程，centos02 和 centos03 节点上出现了 HQuorumPeer 和 HRegionServer 进程，说明集群启动成功。

HBase 提供了 Web 端 UI 界面，浏览器访问 HMaster 所在节点的 16010 端口 （http://centos01:16010）即可查看 HBase 集群的运行状态，如图 8-6 所示。

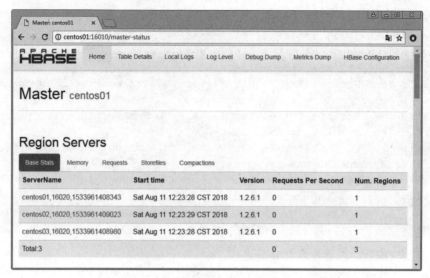

图 8-6　HBase Web 界面

8.6　HBase Shell 命令操作

HBase 为用户提供了一个非常方便的命令行操作方式，我们称之为 HBase Shell。

HBase Shell 提供了大多数的 HBase 命令，通过 HBase Shell 用户可以方便地创建、删除及修改表，还可以向表中添加数据、列出表中的相关信息等。

在启动 HBase 之后，我们可以通过执行以下命令启动 HBase Shell：

```
$ bin/hbase shell
```

下面通过实际操作来介绍 HBase Shell 的使用。

1．创建表

执行 create 't1','f1'命令，将在 HBase 中创建一张表名为 t1，列族名为 f1 的表，命令及返回信息如下：

```
hbase(main):004:0> create 't1','f1'
0 row(s) in 2.3300 seconds

=> Hbase::Table - t1
```

创建表的时候需要指定表名与列族名，列名在添加数据的时候动态指定。

> **注　意**
>
> 在 HBase Shell 命令行模式下，若输入错误需要删除时，直接按【退格】键将不起作用，可以按【Ctrl+退格】键进行删除。

2. 添加数据

向表 t1 中添加一条数据，rowkey 为 row1，列 name 的值为 zhangsan。命令如下：

```
hbase(main):005:0> put 't1','row1','f1:name','zhangsan'
0 row(s) in 0.9560 seconds
```

再向表 t1 中添加一条数据，rowkey 为 row2，列 age 为 18。命令如下：

```
hbase(main):006:0> put 't1','row2','f1:age','18'
0 row(s) in 0.1170 seconds
```

3. 全表扫描

使用 scan 命令可以通过对表的扫描来获取表中所有数据。例如，扫描表 t1，命令如下：

```
hbase(main):007:0> scan 't1'
ROW          COLUMN+CELL
 row1        column=f1:name, timestamp=1533964596956, value=zhangsan
 row2        column=f1:age, timestamp=1533964653403, value=18
2 row(s) in 0.2670 seconds
```

可以看到，表 t1 中已经存在两条已添加的数据了。

4. 查询一行数据

使用 get 命令可以查询表中一整行数据。例如，查询表 t1 中 rowkey 为 row1 的一整行数据，命令如下：

```
hbase(main):020:0> get 't1','row1'
COLUMN                  CELL
 f1:name                timestamp=1533966270032, value=zhangsan
1 row(s) in 0.2510 seconds
```

5. 修改表

修改表也同样使用 put 命令。例如，修改表 t1 中行键 row1 对应的 name 值，将 zhangsan 改为 lisi，命令如下：

```
hbase(main):008:0> put 't1','row1','f1:name','lisi'
0 row(s) in 0.0430 seconds
```

然后扫描表 t1，此时 row1 中 name 的值已经变为了"lisi"：

```
hbase(main):009:0> scan 't1'
ROW          COLUMN+CELL
 row1        column=f1:name, timestamp=1533965160863, value=lisi
 row2        column=f1:age, timestamp=1533964653403, value=18
2 row(s) in 0.0610 seconds
```

6. 删除特定单元格

删除表中 rowkey 为 row1 的行的 name 单元格，命令如下：

```
hbase(main):010:0> delete 't1','row1','f1:name'
0 row(s) in 0.1900 seconds
```

然后扫描表 t1，发现 rowkey 为 row1 的行不存在了，因为 row1 只有一个 name 单元格，name 被删除了，row1 一整行数据也就不存在了。

```
hbase(main):011:0> scan 't1'
ROW           COLUMN+CELL
 row2         column=f1:age, timestamp=1533964653403, value=18
1 row(s) in 0.0480 seconds
```

7. 删除一整行数据

使用 deleteall 命令可以删除一整行数据。例如，删除 rowkey 为 row2 的一整行数据，命令如下：

```
hbase(main):012:0> deleteall 't1','row2'
0 row(s) in 0.0600 seconds
```

然后扫描表 t1，发现 rowkey 为 row2 的行也不存在了，此时表中数据为空。

```
hbase(main):013:0> scan 't1'
ROW           COLUMN+CELL
0 row(s) in 0.0470 seconds
```

8. 删除整张表

disable 命令可以禁用表，使表无效。drop 命令可以删除表。若需要完全删除一张表，需要先执行 disable 命令，再执行 drop 命令。如下：

```
hbase(main):014:0> disable 't1'
0 row(s) in 2.4650 seconds
```

```
hbase(main):015:0> drop 't1'
0 row(s) in 1.3150 seconds
```

如果只执行 drop 命令，将提示以下错误：
ERROR: Table t1 is enabled. Disable it first.

9. 列出所有表

使用 list 命令，可以列出 HBase 数据库中的所有表：

```
hbase(main):024:0> list
TABLE
t1
1 row(s) in 0.1820 seconds

=> ["t1"]
```

从上述返回信息中可以看出，目前 HBase 中只有一张表 t1。

10. 查询表中的记录数

使用 count 命令，可以查询表中的记录数。例如，查询表 t1 的记录数，命令如下：

```
hbase(main):025:0> count 't1'
2 row(s) in 0.2140 seconds
```

```
=> 2
```

11. 查询表是否存在

使用 exists 命令,查询表 t1 是否存在,命令如下:

```
hbase(main):026:0> exists 't1'
Table t1 does exist
0 row(s) in 0.0240 seconds
```

12. 批量执行命令

HBase 还支持将多个 Shell 命令放入一个文件中,每行一个命令,然后读取文件中的命令,批量执行。例如,在 HBase 安装目录下新建一个文件 sample_commands.txt,向其加入以下命令:

```
create 'test', 'cf'
list
put 'test', 'row1', 'cf:a', 'value1'
put 'test', 'row2', 'cf:b', 'value2'
put 'test', 'row3', 'cf:c', 'value3'
put 'test', 'row4', 'cf:d', 'value4'
scan 'test'
get 'test', 'row1'
disable 'test'
enable 'test'
```

然后在启动 HBase Shell 时,将该文件的路径作为一个参数传入。这样文本文件中的每一个命令都会被执行,且每个命令的执行结果会显示在控制台上,如下:

```
$ bin/hbase shell ../sample_commands.txt
0 row(s) in 13.0390 seconds

TABLE
t1
test
2 row(s) in 0.0900 seconds

0 row(s) in 1.1620 seconds
0 row(s) in 0.0520 seconds
0 row(s) in 0.0170 seconds
0 row(s) in 0.0350 seconds

ROW                  COLUMN+CELL
 row1                column=cf:a, timestamp=1533968115853, value=value1
 row2                column=cf:b, timestamp=1533968115989, value=value2
 row3                column=cf:c, timestamp=1533968116004, value=value3
 row4                column=cf:d, timestamp=1533968116039, value=value4
4 row(s) in 0.0950 seconds

COLUMN                               CELL
 cf:a                                timestamp=1533968115853, value=value1
1 row(s) in 0.0750 seconds
```

```
0 row(s) in 4.4820 seconds
0 row(s) in 2.7450 seconds
```

8.7　HBase Java API 操作

本节讲解在 Eclipse 中使用 HBase Java API 对表进行创建、添加数据、查询和删除数据等。

8.7.1　创建 Java 工程

在 Eclipse 中新建 Maven 项目 hbase_demo，然后在项目的 pom.xml 中加入以下内容，引入 HBase 的客户端依赖 jar 包：

```
<dependency>
    <groupId>org.apache.hbase</groupId>
    <artifactId>hbase-client</artifactId>
    <version>1.2.6.1</version>
</dependency>
```

加入以后发现 pom.xml 报以下错误：

Missing artifact jdk.tools:jdk.tools:jar:1.6

原因是，pom.xml 中加入的 HBase 客户端依赖 jar 包隐式依赖 tools.jar 包，而 tools.jar 包并未存在于 Maven 仓库中，tools.jar 包是 JDK 自带的。因此需要在 pom.xml 中继续引入 tools.jar 包，问题即可得到解决，内容如下：

```
<dependency>
    <groupId>jdk.tools</groupId>
    <artifactId>jdk.tools</artifactId>
    <version>1.8</version>
    <scope>system</scope>    <!--需要本地配置好环境变量 JAVA_HOME-->
    <systemPath>${JAVA_HOME}/lib/tools.jar</systemPath>
</dependency>
```

8.7.2　创建表

HBase Java API 提供了一个 Admin 接口，该接口中定义了用于对表进行创建、删除、启用、禁用等的方法。使用其中的 createTable() 方法可以创建一张表。createTable() 方法的定义源码如下：

```
/**
 * 创建一张新表，同步操作
 * @param desc 表的描述，包括表名和列族名
 */
void createTable(HTableDescriptor desc) throws IOException;
```

例如，创建表 t1，列族 f1，操作步骤如下。

1. 编写代码

在 Maven 项目 hbase_demo 中新建 Java 类 HBaseCreateTable.java，在 main()方法中写入创建表的代码，完整代码如下：

```java
import org.apache.hadoop.conf.Configuration;
import org.apache.hadoop.hbase.HBaseConfiguration;
import org.apache.hadoop.hbase.HColumnDescriptor;
import org.apache.hadoop.hbase.HTableDescriptor;
import org.apache.hadoop.hbase.TableName;
import org.apache.hadoop.hbase.client.Admin;
import org.apache.hadoop.hbase.client.Connection;
import org.apache.hadoop.hbase.client.ConnectionFactory;
/**
 * 在 HBase 中创建一张表
 */
public class HBaseCreateTable{
    public static void main(String[] args) throws Exception {
        //创建 HBase 配置对象
        Configuration conf=HBaseConfiguration.create();
        //指定 ZooKeeper 集群地址
        conf.set("hbase.zookeeper.quorum",
"192.168.170.133:2181,192.168.170.134:2181,192.168.170.135:2181");
        //创建连接对象 Connection
        Connection conn=ConnectionFactory.createConnection(conf);
        //得到数据库管理员对象
        Admin admin=conn.getAdmin();
        //创建表描述，并指定表名
        TableName tableName=TableName.valueOf("t1");
        HTableDescriptor desc=new HTableDescriptor(tableName);
        //创建列族描述
        HColumnDescriptor family=new HColumnDescriptor("f1");
        //指定列族
        desc.addFamily(family);
        //创建表
        admin.createTable(desc);
        System.out.println("create table success!!");
    }
}
```

2. 执行代码

在 Eclipse 中右键运行 main()方法，若控制台输出 "create table success!!" 信息，则说明表创建成功。当然，也可以将项目打包成 jar 包，上传到 HBase 集群中执行。

3. 验证

在 HBase 集群的任一节点上进入 HBase Shell 命令行模式，然后执行 list 命令查看当前 HBase 中的所有表，结果如下：

```
hbase(main):007:0> list
TABLE
t1
1 row(s) in 0.0220 seconds
```

从输出结果中可以看到，表 t1 创建成功。

8.7.3 添加数据

HBase Java API 提供了一个 Table 接口，该接口中定义了对表数据进行查询、添加、扫描、删除等的方法。使用其中的 put()方法可以向表中添加一条数据。put()方法的定义源码如下：

```
/**
 * 向表中添加一条数据
 * @param put 包含一条数据的 Put 对象
 */
void put(Put put) throws IOException;
```

例如，向表 t1 中添加三条用户数据，操作步骤如下。

1. 编写代码

在 Maven 项目 hbase_demo 中新建 Java 类 HBasePutData.java，在 main()方法中写入向表 t1 中添加三条数据的代码，完整代码如下：

```java
import org.apache.hadoop.conf.Configuration;
import org.apache.hadoop.hbase.HBaseConfiguration;
import org.apache.hadoop.hbase.TableName;
import org.apache.hadoop.hbase.client.Connection;
import org.apache.hadoop.hbase.client.ConnectionFactory;
import org.apache.hadoop.hbase.client.Put;
import org.apache.hadoop.hbase.client.Table;
import org.apache.hadoop.hbase.util.Bytes;
/**
 * 向表 t1 中添加三条数据
 */
public class HBasePutData{
    public static void main(String[] args) throws Exception {
        //创建 HBase 配置对象
        Configuration conf=HBaseConfiguration.create();
        //指定 ZooKeeper 集群地址
        conf.set("hbase.zookeeper.quorum",
        "192.168.170.133:2181,192.168.170.134:2181,192.168.170.135:2181");
        //创建数据库连接对象 Connection
        Connection conn=ConnectionFactory.createConnection(conf);
        //Table 负责与记录相关的操作,如增删改查等
        TableName tableName=TableName.valueOf("t1");
        Table table=conn.getTable(tableName);

        Put put = new Put(Bytes.toBytes("row1"));//设置 rowkey
```

```java
        //添加列数据,指定列族、列名与列值
        put.addColumn(Bytes.toBytes("f1"), Bytes.toBytes("name"),
            Bytes.toBytes("xiaoming"));
        put.addColumn(Bytes.toBytes("f1"), Bytes.toBytes("age"),
            Bytes.toBytes("20"));
        put.addColumn(Bytes.toBytes("f1"), Bytes.toBytes("address"),
            Bytes.toBytes("beijing"));

        Put put2 = new Put(Bytes.toBytes("row2"));//设置rowkey
        //添加列数据,指定列族、列名与列值
        put2.addColumn(Bytes.toBytes("f1"), Bytes.toBytes("name"),
            Bytes.toBytes("xiaoming2"));
        put2.addColumn(Bytes.toBytes("f1"), Bytes.toBytes("age"),
            Bytes.toBytes("22"));
        put2.addColumn(Bytes.toBytes("f1"), Bytes.toBytes("address"),
            Bytes.toBytes("beijing2"));

        Put put3 = new Put(Bytes.toBytes("row3"));//设置rowkey
        //添加列数据,指定列族、列名与列值
        put3.addColumn(Bytes.toBytes("f1"), Bytes.toBytes("age"),
            Bytes.toBytes("25"));
        put3.addColumn(Bytes.toBytes("f1"), Bytes.toBytes("address"),
            Bytes.toBytes("beijing3"));

        //执行添加数据
        table.put(put);
        table.put(put2);
        table.put(put3);
        //释放资源
        table.close();
        System.out.println("put data success!!");
    }
}
```

上述代码中新建了三个 Put 对象,分别作为 put() 方法的参数传入。每个 Put 对象包含需要添加的一条数据。

2. 执行代码

右键运行 main() 方法,若控制台输出"put data success!!"信息,则说明数据添加成功。

3. 验证

在 HBase 集群的任一节点上进入 HBase Shell 命令行模式,然后执行 scan 't1' 命令扫描表 t1 中的所有数据,结果如下:

```
hbase(main):017:0> scan 't1'
ROW            COLUMN+CELL
 row1          column=f1:address, timestamp=1514533573439, value=beijing
 row1          column=f1:age, timestamp=1514533573439, value=20
 row1          column=f1:name, timestamp=1514533573439, value=xiaoming
 row2          column=f1:address, timestamp=1514533573514, value=beijing2
```

```
row2            column=f1:age, timestamp=1514533573514, value=22
row2            column=f1:name, timestamp=1514533573514, value=xiaoming2
row3            column=f1:address, timestamp=1514533573524, value=beijing3
row3            column=f1:age, timestamp=1514533573524, value=25
3 row(s) in 0.3930 seconds
```

从上述输出结果中可以看到，表 t1 成功添加了三条数据，rowkey 分别为 row1、row2 和 row3，同属于列族 f1，row1 有三个字段 address、age、name，row2 有三个字段 address、age、name，row3 有两个字段 address、age。

8.7.4 查询数据

使用 Table 接口的 get()方法可以根据行键查询一整条数据。get()方法的定义源码如下：

```
/**
 * 从给定的行中提取指定的单元格
 * @param get 该对象指定从哪一行获取数据
 * @return 返回查询的指定行的数据
 */
Result get(Get get) throws IOException;
```

例如，查询表 t1 中行键为 row1 的一整条数据，操作步骤如下：

在 Maven 项目 hbase_demo 中新建 Java 类 HBaseGetData.java，在 main()方法中写入查询一整条数据的代码，完整代码如下：

```java
import org.apache.hadoop.conf.Configuration;
import org.apache.hadoop.hbase.Cell;
import org.apache.hadoop.hbase.CellUtil;
import org.apache.hadoop.hbase.HBaseConfiguration;
import org.apache.hadoop.hbase.TableName;
import org.apache.hadoop.hbase.client.Connection;
import org.apache.hadoop.hbase.client.ConnectionFactory;
import org.apache.hadoop.hbase.client.Get;
import org.apache.hadoop.hbase.client.Result;
import org.apache.hadoop.hbase.client.Table;
/**
 * 查询表 t1 中的行键为 row1 的一行数据
 */
public class HBaseGetData{
    public static void main(String[] args) throws Exception {
        //创建 HBase 配置对象
        Configuration conf=HBaseConfiguration.create();
        //指定 ZooKeeper 集群地址
        conf.set("hbase.zookeeper.quorum",
"192.168.170.133:2181,192.168.170.134:2181,192.168.170.135:2181");
        //获得数据库连接
        Connection conn=ConnectionFactory.createConnection(conf);
        //获取 Table 对象，指定查询表名，Table 负责与记录相关的操作，如增删改查等
        Table table = conn.getTable(TableName.valueOf("t1"));
```

```
        //创建Get对象，根据rowkey查询,rowkey=row1
        Get get = new Get("row1".getBytes());
        //查询数据，取得结果集
        Result r = table.get(get);
        //循环输出每个单元格的数据
        for (Cell cell : r.rawCells()) {
            //取得当前单元格所属的列族名称
            String family=new String(CellUtil.cloneFamily(cell));
            //取得当前单元格所属的列名称
            String qualifier=new String(CellUtil.cloneQualifier(cell));
            //取得当前单元格的列值
            String value=new String(CellUtil.cloneValue(cell));
            //输出结果
            System.out.println("列：" + family+":"+qualifier + "————值:" + value);
        }
    }
}
```

右键运行 main()方法，控制台输出结果如下：

```
列：f1:address————值:beijing
列：f1:age————值:20
列：f1:name————值:xiaoming
```

与 t1 表中实际数据一致，则查询成功。

8.7.5 删除数据

使用 Table 接口的 delete()方法可以根据行键删除一条数据。delete()方法的定义源码如下：

```
/**
 * 删除指定的行或单元格数据
 * @param delete 指定需要删除的数据
 */
void delete(Delete delete) throws IOException;
```

例如，删除表 t1 中行键为 row1 的一整条数据，操作步骤如下。

1．编写代码

在 Maven 项目 hbase_demo 中新建 Java 类 HBaseDeleteData.java，在 main()方法中写入删除一整条数据的代码，完整代码如下：

```
import org.apache.hadoop.conf.Configuration;
import org.apache.hadoop.hbase.HBaseConfiguration;
import org.apache.hadoop.hbase.TableName;
import org.apache.hadoop.hbase.client.Connection;
import org.apache.hadoop.hbase.client.ConnectionFactory;
import org.apache.hadoop.hbase.client.Delete;
import org.apache.hadoop.hbase.client.Table;
import org.apache.hadoop.hbase.util.Bytes;
```

```java
/**
 * 删除表 t1 中行键为 row1 的一整条数据
 */
public class HBaseDeleteData{
    public static void main(String[] args) throws Exception {
        //创建 HBase 配置对象
        Configuration conf=HBaseConfiguration.create();
        //指定 ZooKeeper 集群地址
        conf.set("hbase.zookeeper.quorum",
"192.168.170.133:2181,192.168.170.134:2181,192.168.170.135:2181");
        //获得数据库连接
        Connection conn=ConnectionFactory.createConnection(conf);
        //获取 Table 对象，指定表名，Table 负责与记录相关的操作，如增删改查等
        TableName tableName=TableName.valueOf("t1");
        Table table=conn.getTable(tableName);
        //创建删除对象 Delete，根据 rowkey 删除一整条
        Delete delete=new Delete(Bytes.toBytes("row1"));
        table.delete(delete);
        //释放资源
        table.close();
        System.out.println("delete data success!!");
    }
}
```

2．执行代码

右键运行 main()方法，若控制台输出 "delete data success!!" 信息，则说明数据删除成功。

3．验证

在 HBase 集群的任一节点上进入 HBase Shell 命令行模式，然后执行 scan 't1'命令扫描表 t1 中的数据，结果如下：

```
hbase(main):019:0> scan 't1'
ROW             COLUMN+CELL
 row2           column=f1:address, timestamp=1514533573514, value=beijing2
 row2           column=f1:age, timestamp=1514533573514, value=22
 row2           column=f1:name, timestamp=1514533573514, value=xiaoming2
 row3           column=f1:address, timestamp=1514533573524, value=beijing3
 row3           column=f1:age, timestamp=1514533573524, value=25
2 row(s) in 0.1080 seconds
```

从上述结果中可以看到，表 t1 中的 rowkey 为 row1 的行已经被删除了。

8.8　HBase 过滤器

HBase 中的过滤器类似于 SQL 中的 Where 条件。过滤器可以在 HBase 数据的多个维度（行、列、数据版本等）上进行对数据的筛选操作。也就是说，过滤器筛选的数据能够细化到具体的一个

存储单元格上（由行键、列族、列限定符定位）。通常来说，通过行键或值来筛选数据的应用场景较多。

使用过滤器至少需要两类参数，一类是抽象的运算符。HBase 提供了枚举类型的变量来表示这些抽象的运算符，如表 8-2 所示。

表 8-2　HBase 过滤器的运算符

运算符	含义
LESS	小于
LESS_OR_EQUAL	小于等于
EQUAL	等于
NOT_EQUAL	不等于
GREATER_OR_EQUAL	大于等于
GREATER	大于
NO_OP	无操作

另一类是比较器，比较器作为过滤器的核心组成之一，用于处理具体的比较逻辑，例如字节级的比较、字符串级的比较等。常用的比较器及其含义如表 8-3 所示。

表 8-3　HBase 过滤器的比较器

比较器	含义
BinaryComparator	二进制比较器。用于按字典顺序比较 Byte 数据值。采用 Bytes.compareTo(byte[])进行比较
BinaryPrefixComparator	前缀二进制比较器。与二进制比较器不同的是，只比较前缀是否相同
NullComparator	空值比较器。判断给定的值是否为空
RegexStringComparator	正则比较器，仅支持 EQUAL 和非 EQUAL
SubstringComparator	字符串包含比较器。用于监测一个字符串是否存在于值中，并且不区分大小写

1．行键过滤器

行键过滤器是通过一定的规则过滤行键，达到筛选数据的目的。

使用二进制比较器 BinaryComparator 结合运算符可以筛选出具有某个行键的行，或者通过改变比较运算符来筛选出行键符合某一条件的多条数据。例如下面的例子，从表 t1 中筛选出行键为 row1 的一行数据：

```
    Table table =conn.getTable(TableName.valueOf("t1"));
    //创建 Scan 对象
    Scan scan = new Scan();
    //创建一个过滤器，筛选行键等于 row1 的数据
    Filter filter = new RowFilter(CompareOp.EQUAL, new
BinaryComparator(Bytes.toBytes("row1")));
    //设置过滤器
    scan.setFilter(filter);
    //查询数据，返回结果数据集
```

```
ResultScanner rs = table.getScanner(scan);
for (Result res : rs) {
    System.out.println(res);
}
```

上述代码中,使用了二进制比较器与等于运算符相结合,从而可以筛选出行键等于某个值的数据。客户端首先创建了数据扫描对象 Scan,然后将创建的过滤器加入到了 Scan 对象中,最后使用 Scan 对象进行过滤操作,返回结果数据集。此处直接将存储每一行数据的 Result 对象进行了打印,在实际开发中往往需要将 Result 对象转成 Map,然后添加到 List 集合中,最后转成 JSON 格式数据返回给前端,如下代码:

```
List<Map<String, Object>> resList = new ArrayList<Map<String, Object>>();
for (Result res : rs) {
    //将每一行数据转成 Map,需要单独实现
    Map<String, Object> tempmap = resultToMap(res);
    //将 Map 添加到 List 集合中
    resList.add(tempmap);
}
```

行键的设计往往有一定的规律,因此可以使用正则比较器来对符合特定规律的行键进行过滤。例如,筛选出行键与正则表达式 ".*-.5" 相匹配的所有数据,创建过滤器的代码如下:

```
Filter filter = new RowFilter(CompareOp.EQUAL, new RegexStringComparator(".*-.5"));
```

2. 列族过滤器

列族过滤器是通过对列族进行筛选,从而得到符合条件的所有列族数据。例如下面的例子,筛选出列族为 f1 的所有数据:

```
Table table =conn.getTable(TableName.valueOf("t1"));
Scan scan = new Scan();
//创建一个过滤器,筛选列族为 f1 的所有数据
Filter filter = new FamilyFilter(CompareOp.EQUAL, new BinaryComparator(Bytes.toBytes("f1")));
scan.setFilter(filter);
ResultScanner rs = table.getScanner(scan);
for (Result res : rs) {
    System.out.println(res);
}
```

上述代码使用了等于运算符 EQUAL 和二进制比较器 BinaryComparator。

3. 列过滤器

列过滤器是通过对列进行筛选,从而得到符合条件的所有数据。

例如下面的例子,筛选出包含列 name 的所有数据。在 HBase 中,不同的行可以有不同的列,因此允许根据列进行筛选。

```
Scan scan = new Scan();
Filter filter = new QualifierFilter(CompareOp.EQUAL, new BinaryComparator(Bytes.toBytes("name")));
```

```
scan.setFilter(filter);
```

上述代码使用了等于运算符 EQUAL 和二进制比较器 BinaryComparator。

4．值过滤器

值过滤器是通过对单元格中的值进行筛选，从而得到符合条件的所有单元格数据。例如下面的例子，筛选出值包含"xiaoming"的所有单元格数据：

```
Scan scan = new Scan();
Filter filter = new ValueFilter(CompareOp.EQUAL, new SubstringComparator("xiaoming"));
scan.setFilter(filter);
```

上述代码使用了等于运算符 EQUAL 和字符串包含比较器 SubstringComparator。

5．单列值过滤器

单列值过滤器是通过对某一列的值进行筛选，从而得到符合条件的所有数据。例如下面的例子，筛选出 name 列的值不包含"xiaoming"的所有数据：

```
Filter filter = new SingleColumnValueFilter(Bytes.toBytes("f1"),
Bytes.toBytes("name"),CompareFilter.CompareOp.NOT_EQUAL, new
SubstringComparator("xiaoming"));
//如果某行 name 列不存在，那么该行将被过滤掉，false 则不进行过滤，默认为 false。
((SingleColumnValueFilter) filter).setFilterIfMissing(true);
```

上述代码使用了不等于运算符 NOT_EQUAL 和字符串包含比较器 SubstringComparator。

6．多条件过滤

多条件过滤，即将多个过滤器组合进行查询。例如下面的例子，使用单列值过滤器组合筛选出年龄在 18 到 30 岁之间的所有数据：

```
//指定要查询的表 t1
Table table =conn.getTable(TableName.valueOf("t1"));
Scan scan = new Scan();
//创建过滤器 1，查询年龄小于等于 30 岁的所有数据
Filter filter1 = new SingleColumnValueFilter(Bytes.toBytes("f1"),
Bytes.toBytes("age"),
            CompareFilter.CompareOp.LESS_OR_EQUAL, Bytes.toBytes("30"));
//创建过滤器 2，查询年龄大于等于 18 岁的所有数据
Filter filter2 = new SingleColumnValueFilter(Bytes.toBytes("f1"),
Bytes.toBytes("age"),
            CompareFilter.CompareOp.GREATER_OR_EQUAL,
Bytes.toBytes("18"));
//创建过滤器集合对象
FilterList filterList = new FilterList();
//添加过滤器 1
filterList.addFilter(filter1);
//添加过滤器 2
filterList.addFilter(filter2);
//设置过滤器集合
```

```
scan.setFilter(filterList);
//执行查询,得到结果集
ResultScanner rs = table.getScanner(scan);
```

上述代码中的过滤器 1 使用了小于等于运算符 LESS_OR_EQUAL,过滤器 2 使用了大于等于运算符 GREATER_OR_EQUAL。

8.9 案例分析:HBase MapReduce 数据转移

为了使用 MapReduce 任务来并行处理大规模 HBase 数据,HBase 对 MapReduce API 进行了扩展。

常用的 HBase MapReduce API 与 Hadoop MapReduce API 对应关系如表 8-4 所示。

表 8-4 Hbase MapReduce API 与 Hadoop MapReduce API 对应关系

HBase MapReduce API	Hadoop MapReduce API
org.apache.hadoop.hbase.mapreduce.TableMapper	org.apache.hadoop.mapreduce.Mapper
org.apache.hadoop.hbase.mapreduce.TableReducer	org.apache.hadoop.mapreduce.Reducer
org.apache.hadoop.hbase.mapreduce.TableInputFormat	org.apache.hadoop.mapreduce.InputFormat
org.apache.hadoop.hbase.mapreduce.TableOutputFormat	org.apache.hadoop.mapreduce.OutputFormat

本节讲解使用 HBase MapReduce API 进行数据转移。

8.9.1 HBase 不同表间数据转移

本节通过一个具体实例,讲解 HBase 使用 MapReduce 任务将一张表中的部分数据转移到另一张表中,并且保留源表的数据。

已知 HBase 中已经存在一张表 "student",且其中有三条数据,如表 8-5 所示。

表 8-5 HBase 表 "student" 的数据

rowkey(行键)	info(列族)
001	info:name=" ZhangSan"
	info:age=21
	info:address="Beijing"
002	info:name="LiSi"
	info:age=19
	info:address="Shanghai"
003	info:name="WangWu"
	info:age=18
	info:address="Shandong"

现在需要将表 "student" 中的 "info:name" 列和 "info:age" 列的数据转移至另一张表

"student_new",两张表的结构相同,且表"student_new"需要提前在 HBase 中创建好。

表"student_new"的创建命令如下:

```
hbase(main):005:0> create 'student_new','info'
0 row(s) in 2.5050 seconds
```

具体操作步骤如下。

1. 创建 Java 工程

在 Eclipse 中创建一个 Maven 项目,并在 pom.xml 中加入 HBase 客户端 API 及 HBase MapReduce API 的依赖 jar 包,内容如下:

```xml
<!-- HBase 客户端 API -->
<dependency>
 <groupId>org.apache.hbase</groupId>
 <artifactId>hbase-client</artifactId>
 <version>1.2.6.1</version>
</dependency>
<dependency>
 <groupId>jdk.tools</groupId>
 <artifactId>jdk.tools</artifactId>
 <version>1.8</version>
 <scope>system</scope>  <!-- 需要配置好环境变量 JAVA_HOME -->
 <systemPath>${JAVA_HOME}/lib/tools.jar</systemPath>
</dependency>

<!-- HBase MapReduce API -->
<dependency>
 <groupId>org.apache.hbase</groupId>
 <artifactId>hbase-server</artifactId>
 <version>1.2.6.1</version>
</dependency>
```

由于该项目是一个 MapReduce 程序,最终需要运行在 Hadoop 集群上。但是项目使用了 HBase API,而 Hadoop 集群中不存在 HBase API 的依赖 jar 包,因此当项目完成时需要将 pom.xml 中引入的 API 依赖包一起打包到项目中。

Maven 默认的普通打包方式是不支持打包依赖 jar 的,为了实现这个功能,只需要在 pom.xml 中加入一个 Maven 的打包插件即可,内容如下:

```xml
<!--Maven 打包插件 -->
 <plugin>
  <groupId>org.apache.maven.plugins</groupId>
  <artifactId>maven-shade-plugin</artifactId>
  <version>1.4</version>
  <executions>
   <execution>
    <phase>package</phase>
    <goals>
     <goal>shade</goal>
    </goals>
```

```
        </execution>
      </executions>
    </plugin>
```

2．编写程序代码

（1）新建 ReadStudentMapper.java 类。

ReadStudentMapper.java 类主要用于读取 HBase 表"student"中的数据，完整代码如下：

```java
import java.io.IOException;
import org.apache.hadoop.hbase.Cell;
import org.apache.hadoop.hbase.CellUtil;
import org.apache.hadoop.hbase.client.Put;
import org.apache.hadoop.hbase.client.Result;
import org.apache.hadoop.hbase.io.ImmutableBytesWritable;
import org.apache.hadoop.hbase.mapreduce.TableMapper;
import org.apache.hadoop.hbase.util.Bytes;

/**
 * 从 HBase 中读取表 student 的指定列的数据
 */
public class ReadStudentMapper extends TableMapper<ImmutableBytesWritable,Put>{
    /**
     * 参数 key 为表中的行键，value 为表中的一行数据
     */
    protected void map(ImmutableBytesWritable key, Result value, Context context)
      throws IOException, InterruptedException {
    //新建 put 对象，传入行键
    Put put = new Put(key.get());
    //遍历一行数据的每一个单元格
    for (Cell cell : value.rawCells()) {
     //如果当前单元格所属列族为 info
     if ("info".equals(Bytes.toString(CellUtil.cloneFamily(cell)))) {
      //如果当前单元格的列限定符为 name
      if ("name".equals(Bytes.toString(CellUtil.cloneQualifier(cell)))) {
       //将该单元格加入到 put 对象中
       put.add(cell);
       //如果当前单元格的列限定符为 age
      } else if ("age".equals(Bytes.toString(CellUtil.cloneQualifier(cell)))) {
       //将该单元格加入到 put 对象中
       put.add(cell);
      }
     }
    }
    //将 put 对象写入到 context 中作为 map 的输出
    context.write(key, put);
   }
}
```

上述代码中，TableMapper 是 MapReduce 中的 Mapper 类的简化版本，只是将泛型参数个数进

行了简化，本质上没有任何区别。TableMapper 实际上继承了 MapReduce 的 Mapper 类。

TableMapper 的泛型参数只有两个，分别代表输出 key 和输出 value。TableMapper 的输入 key 和输入 value 的类型是固定的，分别为 ImmutableBytesWritable 和 Result，代表 HBase 表的行键和一行数据。

TableMapper 类的源码如下：

```
public abstract class TableMapper<KEYOUT, VALUEOUT>
extends Mapper<ImmutableBytesWritable, Result, KEYOUT, VALUEOUT> {
}
```

（2）新建 WriteStudentReducer.java 类。

WriteStudentReducer.java 类主要用于接收 Map 阶段读取的数据，并将数据写入到 HBase 中。完整代码如下：

```
import java.io.IOException;
import org.apache.hadoop.hbase.client.Put;
import org.apache.hadoop.hbase.io.ImmutableBytesWritable;
import org.apache.hadoop.hbase.mapreduce.TableReducer;
import org.apache.hadoop.io.NullWritable;

/**
 * 将数据写入到 HBase 另一张表 student_new 中
 */
public class WriteStudentReducer extends
  TableReducer<ImmutableBytesWritable, Put, NullWritable> {
    /**
     * 接收 map()方法的输出，参数 key 和 values 的类型需与 map()方法的输出一致
     */
    protected void reduce(ImmutableBytesWritable key, Iterable<Put> values,
     Context context) throws IOException, InterruptedException {
        for (Put put : values) {
            //将数据写入 HBase 表中，输出的 key 可以为空，因为行键在 put 对象中已经包含
            context.write(NullWritable.get(), put);
        }
    }
}
```

上述代码中，TableReducer 是 MapReduce 中的 Reducer 类的简化版本，只是将泛型参数个数进行了简化，本质上没有任何区别。TableReducer 实际上继承了 MapReduce 的 Reducer 类。

TableReducer 的泛型参数只有三个，分别代表输入 key、输入 value 和输出 key。输入 key 和输入 value 的类型必须与 TableMapper 的输出类型一致。TableReducer 的输出 value 的类型是固定的，为 HBase 抽象类 Mutation 类型。Mutation 有 4 个子类，分别为 Append、Delete、Increment 和 Put。因此，TableReducer 的输出 value 的类型只能是这 4 个子类中的一个。抽象类 Mutation 的继承关系如图 8-7 所示。

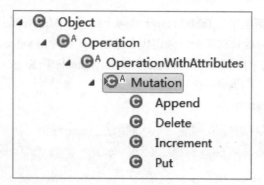

图 8-7 抽象类 Mutation 的继承关系

TableReducer 类的源码如下：

```
public abstract class TableReducer<KEYIN, VALUEIN, KEYOUT>
extends Reducer<KEYIN, VALUEIN, KEYOUT, Mutation> {
}
```

（3）新建 StudentMRRunner.java 类。

StudentMRRunner.java 类用于构建与执行 MapReduce 任务，完整代码如下：

```
import java.io.IOException;
import org.apache.hadoop.conf.Configuration;
import org.apache.hadoop.hbase.HBaseConfiguration;
import org.apache.hadoop.hbase.client.Put;
import org.apache.hadoop.hbase.client.Scan;
import org.apache.hadoop.hbase.io.ImmutableBytesWritable;
import org.apache.hadoop.hbase.mapreduce.TableMapReduceUtil;
import org.apache.hadoop.mapreduce.Job;
/**
 * MapReduce 任务构建与执行类
 */
public class StudentMRRunner{
    /**
     * main 方法，任务执行的入口
     */
    public static void main(String[] args) throws Exception {
        //创建 Configuration 实例
        Configuration conf = HBaseConfiguration.create();
        //创建 Job 任务,指定任务名称
        Job job = Job.getInstance(conf, "hbase_mr_job");
        //设置任务运行主类
        job.setJarByClass(StudentMRRunner.class);
        //创建 Scan 数据扫描对象
        Scan scan = new Scan();
        //是否缓存块数据，默认 true。设置为 false 节省了交换缓存的操作消耗,可以提升 MR 任务的效率
        //MR 任务必须设置为 false
        scan.setCacheBlocks(false);
        //每次 RPC 请求从 HBase 表中取得的数据行数
```

```java
    scan.setCaching(500);
    //初始化 Mapper 任务
    //注意导入的是 mapreduce 包,而不是 mapred 包,后者是旧版本
    TableMapReduceUtil.initTableMapperJob("student", //数据源表名
      scan, //scan 扫描控制器
      ReadStudentMapper.class, //指定 Mapper 类
      ImmutableBytesWritable.class, //Mapper 输出的 key 类型
      Put.class, //Mapper 输出的 value 类型
      job//指定任务 job
    );
    //初始化 Reducer 任务
    TableMapReduceUtil.initTableReducerJob("student_new",//数据目的地表名
      WriteStudentReducer.class, job);//指定 Reducer 类与任务 job
    //设置 Reduce 数量,最少 1 个
    job.setNumReduceTasks(1);
    //执行任务
    boolean isSuccess = job.waitForCompletion(true);
    if (!isSuccess) {
      throw new IOException("任务运行错误!! ");
    }
    System.exit(isSuccess ? 0 : 1);
  }
}
```

3. 启动 YARN 集群

MapReduce 任务运行于 YARN 集群之上,因此需要先启动 YARN 集群。

4. 运行 MapReduce 任务

将包含上述程序代码的 Maven 项目编译并打包,例如打包为 hbase_mr.jar,然后上传到 Hadoop 集群的主节点中。

执行以下命令,运行 hbase_mr.jar:

```
$ hadoop jar hbase_mr.jar hbase.demo.mr.StudentMRRunner
```

上述命令中的 hbase.demo.mr 为类 StudentMRRunner 所在的包。

若出现以下输出日志,说明执行成功:

```
18/08/14 15:05:33 INFO mapreduce.Job: Running job: job_1534230187476_0001
18/08/14 15:07:31 INFO mapreduce.Job: Job job_1534230187476_0001 running in uber mode : false
18/08/14 15:07:33 INFO mapreduce.Job:  map 0% reduce 0%
18/08/14 15:09:51 INFO mapreduce.Job:  map 100% reduce 0%
18/08/14 15:10:49 INFO mapreduce.Job:  map 100% reduce 100%
18/08/14 15:11:11 INFO mapreduce.Job: Job job_1534230187476_0001 completed successfully
```

5. 查看导入的数据

进入 HBase Shell 命令行,使用 scan 命令扫描表"student_new",查看导入的数据:

```
hbase(main):006:0> scan 'student_new'
```

```
ROW                 COLUMN+CELL
 001                column=info:age, timestamp=1534229645656, value=21
 001                column=info:name, timestamp=1534229645656, value=ZhangSan
 002                column=info:age, timestamp=1534229645744, value=19
 002                column=info:name, timestamp=1534229645744, value=LiSi
 003                column=info:age, timestamp=1534229645757, value=18
 003                column=info:name, timestamp=1534229645757, value=WangWu
3 row(s) in 2.0940 seconds
```

从上述数据可以看出，表"student"中的 name 列和 age 列已经完全导入到表 student_new 中。

8.9.2 HDFS 数据转移至 HBase

本例讲解将 HDFS 文件系统中的数据转移到 HBase 表中。已知 HDFS 系统的根目录有一个存储学生信息的文件 student.txt，文件中共有三列，分别代表学号、姓名和年龄。该文件的内容如下（不同列之间使用 Tab 分割）：

```
004     WangQiang       28
005     ZhaoLong        36
006     LiNing          27
```

现在需要使用 MapReduce 读取 student.txt 文件中的数据，将学号作为 rowkey 添加到 8.9.1 节创建的 HBase 表"student_new"中。关于 Maven 项目依赖 jar 包的引入参考 8.9.1 节，此处不再讲解。

具体操作步骤如下：

（1）新建 ReadHDFSStudentMapper.java 类

ReadHDFSStudentMapper.java 类主要用于读取 HDFS 中的文件数据，然后将读取到的数据进行分割并存储到 HBase 的 Put 对象中。完整代码如下：

```java
import java.io.IOException;
import org.apache.hadoop.hbase.client.Put;
import org.apache.hadoop.hbase.io.ImmutableBytesWritable;
import org.apache.hadoop.hbase.util.Bytes;
import org.apache.hadoop.io.LongWritable;
import org.apache.hadoop.io.Text;
import org.apache.hadoop.mapreduce.Mapper;
/**
 * 读取 HDFS 中的文件 student.txt 的数据
 */
public class ReadHDFSStudentMapper extends
  Mapper<LongWritable, Text, ImmutableBytesWritable, Put> {
  /**
   * 接收 HDFS 中的数据
   * 参数 key 为一行数据的下标位置，value 为一行数据
   */
  protected void map(LongWritable key, Text value, Context context)
    throws IOException, InterruptedException {
    //将读取的一行数据转为字符串
```

```
      String lineValue = value.toString();
      //将一行数据根据"\t"分割成String数组
      String[] values = lineValue.split("\t");
      //取出每一个值
      String rowKey = values[0];//学号
      String name = values[1];//姓名
      String age = values[2];//年龄
      //将rowKey转为ImmutableBytesWritable类型,便于Reduce阶段接收
      ImmutableBytesWritable rowKeyWritable = new ImmutableBytesWritable(
        Bytes.toBytes(rowKey));
      //创建Put对象,用于存储一整行数据
      Put put = new Put(Bytes.toBytes(rowKey));
      //向Put对象中添加数据,参数分别为:列族、列、值
      put.addColumn(Bytes.toBytes("info"), Bytes.toBytes("name"),
        Bytes.toBytes(name));
      put.addColumn(Bytes.toBytes("info"), Bytes.toBytes("age"),
        Bytes.toBytes(age));
      //写数据到Reduce阶段,键为HBase表的rowkey(学号),值为Put对象
      context.write(rowKeyWritable, put);
    }
  }
```

上述代码中,自定义类 ReadHDFSStudentMapper 继承了 MapReduce 的 Mapper 类,并且指定了 4 个泛型参数。前两个为输入参数,与普通 MapReduce 程序一样,默认为 LongWritable 和 Text 类型,分别代表 HDFS 文件每一行的下标位置和一整行的数据。后两个为输出参数,此处指定为 HBase 类型 ImmutableBytesWritable 和 Put,ImmutableBytesWritable 主要用于存储 HBase 的主键,Put 用于存储一整行数据。由于数据最终需要写入到 HBase 中,因此这里使用 HBase 的 Put 对象作为输出的值,以便 reduce()方法容易进行处理。

(2)新建 WriteHBaseStudentReducer.java 类。

WriteHBaseStudentReducer.java 类主要用于接收 Map 阶段读取的数据,并将数据写入到 HBase 中。完整代码如下:

```
import java.io.IOException;
import org.apache.hadoop.hbase.client.Put;
import org.apache.hadoop.hbase.io.ImmutableBytesWritable;
import org.apache.hadoop.hbase.mapreduce.TableReducer;
import org.apache.hadoop.io.NullWritable;

/**
 * 将接收到的数据写入到HBase表中
 */
public class WriteHBaseStudentReducer extends
  TableReducer<ImmutableBytesWritable, Put, NullWritable> {
  /**
   * 接收map()方法的输出,参数key和values的类型需与map()方法的输出一致
   */
  protected void reduce(ImmutableBytesWritable key, Iterable<Put> values,
    Context context) throws IOException, InterruptedException {
    for (Put put : values) {
```

```
        //将数据写入HBase表中，输出的key可以为空，因为行键在put对象中已经包含
        context.write(NullWritable.get(), put);
    }
  }
}
```

上述代码的逻辑与原理与8.9.1节中的WriteStudentReducer.java类一致，都是将接收到的数据写入到HBase表中，此处不再讲解。

（3）新建HDFS2HBaseMRRunner.java类。

HDFS2HBaseMRRunner.java类用于构建与执行MapReduce任务，完整代码如下：

```java
import java.io.IOException;
import org.apache.hadoop.conf.Configuration;
import org.apache.hadoop.fs.Path;
import org.apache.hadoop.hbase.HBaseConfiguration;
import org.apache.hadoop.hbase.client.Put;
import org.apache.hadoop.hbase.io.ImmutableBytesWritable;
import org.apache.hadoop.hbase.mapreduce.TableMapReduceUtil;
import org.apache.hadoop.mapreduce.Job;
import org.apache.hadoop.mapreduce.lib.input.FileInputFormat;
/**
 * MapReduce任务构建与执行类
 */
public class HDFS2HBaseMRRunner {
  /**
   * main方法，任务执行的入口
   */
  public static void main(String[] args) throws Exception {
    //创建Configuration实例
    Configuration conf = HBaseConfiguration.create();
    //创建Job任务,指定任务名称
    Job job = Job.getInstance(conf, "hbase_mr_job2");
    //设置任务运行主类
    job.setJarByClass(HDFS2HBaseMRRunner.class);
    //设置文件输入路径，centos01为Hadoop集群NameNode节点的主机名
    Path inputPath = new Path("hdfs://centos01:9000/student.txt");
    FileInputFormat.addInputPath(job, inputPath);
    //设置Mapper类
    job.setMapperClass(ReadHDFSStudentMapper.class);
    //Mapper类输出的key的类型
    job.setMapOutputKeyClass(ImmutableBytesWritable.class);
    //Mapper类输出的value的类型
    job.setMapOutputValueClass(Put.class);
    //初始化Reducer任务
    TableMapReduceUtil.initTableReducerJob("student_new",//数据目的地表名
      WriteHBaseStudentReducer.class, job);//指定Reducer类与任务job
    //设置Reduce数量，最少1个
    job.setNumReduceTasks(1);
    //执行任务
    boolean isSuccess = job.waitForCompletion(true);
```

```
    if (!isSuccess) {
     throw new IOException("任务运行错误!! ");
    }
    System.exit(isSuccess ? 0 : 1);
   }
  }
```

(4) 运行 MapReduce 任务。

将包含上述程序代码的 Maven 项目编译并打包,例如打包为 hbase_hdfs_mr.jar。具体运行参考 8.9.1 节,此处不再赘述。

任务运行成功后,进入 HBase Shell 使用 scan 命令查看表"student_new"中的数据,若成功增加以下三条内容的数据,说明数据导入成功。

```
 004         column=info:age, timestamp=1534243434044, value=28
 004         column=info:name, timestamp=1534243434044, value=WangQiang
 005         column=info:age, timestamp=1534243434044, value=36
 005         column=info:name, timestamp=1534243434044, value=ZhaoLong
 006         column=info:age, timestamp=1534243434044, value=27
 006         column=info:name, timestamp=1534243434044, value=LiNing
```

8.10 案例分析:HBase 数据备份与恢复

在实际开发中,为了提高 HBase 数据的安全性,常常需要对 HBase 数据进行备份操作;当数据丢失或损坏时,则需要对数据进行恢复操作。

1. 数据备份

使用 Hadoop 的 distcp 命令可以将 HBase 数据备份(实际上是复制)到同一个 HDFS 系统的其他目录,也可以备份到其他 HDFS 系统或者是专用的备份集群。distcp 命令会开启一个 MapReduce 任务来执行备份操作。

例如,HBase 数据存放于 HDFS 的 hdfs://centos01:9000/hbase 目录(即 HBase conf/hbase-site.xml 配置文件指定的 hbase.rootdir 属性对应的 HDFS 路径),现需要将其备份到目录 hdfs://centos01:9000/hbase_backup 中,具体操作步骤如下:

步骤01 启动 YARN 集群。
步骤02 执行备份命令。

进入 Hadoop 安装目录,执行以下备份命令:

```
$ bin/hadoop distcp \
hdfs://centos01:9000/hbase \
hdfs://centos01:9000/hbase_backup
```

部分输出日志如下:

```
19/01/15 16:59:17 INFO mapreduce.Job: Running job: job_1547542511175_0001
19/01/15 16:59:46 INFO mapreduce.Job: Job job_1547542511175_0001 running in
```

```
uber mode : false
    19/01/15 16:59:46 INFO mapreduce.Job:  map 0% reduce 0%
    19/01/15 17:02:09 INFO mapreduce.Job:  map 43% reduce 0%
    19/01/15 17:02:47 INFO mapreduce.Job:  map 64% reduce 0%
    19/01/15 17:02:48 INFO mapreduce.Job:  map 86% reduce 0%
    19/01/15 17:03:03 INFO mapreduce.Job:  map 100% reduce 0%
    19/01/15 17:03:04 INFO mapreduce.Job: Job job_1547542511175_0001 completed
successfully
    19/01/15 17:03:05 INFO mapreduce.Job: Counters: 33
```

从输出日志中可以看出，底层实际上启动了一个 MapReduce 任务进行数据的备份。

此时访问 MapReduce 应用程序的 Web UI 界面 http://centos01:8080/，可以看到正在执行的任务的状态，如图 8-8 所示。

图 8-8 MapReduce 任务状态

任务成功执行完毕后，查看 HDFS 中生成的备份目录 hbase_backup，发现数据备份成功，如图 8-9 所示。

```
[hadoop@centos01 hbase-1.2.6.1]$ hdfs dfs -ls /hbase_backup
Found 9 items
drwxr-xr-x   - hadoop supergroup          0 2019-01-15 17:01 /hbase_backup/.tmp
drwxr-xr-x   - hadoop supergroup          0 2019-01-15 17:01 /hbase_backup/MasterProcWALs
drwxr-xr-x   - hadoop supergroup          0 2019-01-15 17:01 /hbase_backup/WALs
drwxr-xr-x   - hadoop supergroup          0 2019-01-15 17:01 /hbase_backup/archive
drwxr-xr-x   - hadoop supergroup          0 2019-01-15 17:02 /hbase_backup/corrupt
drwxr-xr-x   - hadoop supergroup          0 2019-01-15 17:01 /hbase_backup/data
-rw-r--r--   2 hadoop supergroup         42 2019-01-15 17:01 /hbase_backup/hbase.id
-rw-r--r--   2 hadoop supergroup          7 2019-01-15 17:01 /hbase_backup/hbase.version
drwxr-xr-x   - hadoop supergroup          0 2019-01-15 17:01 /hbase_backup/oldWALs
```

图 8-9 查看 HDFS 数据备份目录

2．数据恢复

数据恢复与备份一样，仍然使用 Hadoop 的 distcp 命令将备份数据复制回源目录即可。

第 9 章

Hive

本章内容

本章首先讲解 Hive 的数据单元和架构体系，然后讲解 Hive 的三种安装模式、常用的表操作及 Beeline 工具的使用，最后通过两个案例讲解 Hive 在实际开发中与 HBase 的整合、Hive 对日志数据的分析。

本章目标

- 掌握 Hive 的数据单元和数据类型。
- 掌握 Hive 的架构体系。
- 掌握 Hive 的三种安装模式。
- 掌握 Hive 数据库及表的操作。
- 掌握 Beeline 工具的使用。
- 掌握 Hive 的子句查询和连接查询。
- 掌握 Hive 的 JDBC 操作。
- 掌握 Hive 与 HBase 的整合。

9.1 什么是 Hive

Hive 是一个基于 Hadoop 的数据仓库架构，使用 SQL 语句读、写和管理大型分布式数据集。Hive 可以将 SQL 语句转化为 MapReduce（或 Apache Spark 和 Apache Tez）任务执行，大大降低了 Hadoop 的使用门槛，减少了开发 MapReduce 程序的时间成本。

我们可以将 Hive 理解为一个客户端工具，其提供了一种类 SQL 查询语言，称为 HiveQL。这使得 Hive 十分适合数据仓库的统计分析,能够轻松使用 HiveQL 开启数据仓库任务,如提取/转换/加载(ETL)、分析报告和数据分析。Hive 不仅可以分析 HDFS 文件系统中的数据也可以分析其他存储系统,例如 HBase。

9.1.1 数据单元

Hive 中核心的几个数据单元解析如下。

1. 元数据

元数据(Metadata)是指数据的各项属性信息,例如数据的类型、结构、数据库、表、视图的信息等。

2. 数据库

Hive 中的数据库相当于一个命名空间,用于避免表、分区、列之间出现命名冲突,以确保用户和用户组的安全。

3. 表

数据库中的表由若干行组成,每行数据都有相同的模式和相同属性的列。Hive 中的表可以分为内部表和外部表。

- 内部表:通常所说的表就是指内部表,也叫管理表。内部表数据被存储在数据仓库的目录中。当删除内部表时,表数据及其元数据将一同被删除。
- 外部表:外部表在创建时,数据可以存储于指定的 HDFS 目录中,也可以存储于数据仓库中,还可以与指定的 HDFS 目录中的数据相关联。外部表被删除时,只有元数据被删除,实际数据不会被删除。

有关内部表和外部表,将在后续进行详细介绍。

4. 分区

Hive 在查询数据的时候会扫描整个表的数据,如果表非常大,则会耗费大量时间和资源。因此,Hive 引入了表分区的功能,每个表可以有一个或多个分区,这些分区决定了数据的存储方式,使查询操作只扫描相关性高的那部分数据,从而大大提高了 Hive 的工作效率。有关表分区,将在后续进行详细介绍。

5. 桶

每个分区会根据表的某列数据的哈希值被划分为若干个桶,每个桶对应分区下的一个数据文件。

对表进行分区和分桶不是必须的,但这样可以减少对不必要数据的访问,从而提高查询速度。有关表分桶,将在后续进行详细介绍。

9.1.2 数据类型

Hive 的数据类型分为基本数据类型和复杂数据类型。基本数据类型与常用的大部分数据库类似，包括以下几种：

- 整型：TINYINT、SMALLINT、INT、BIGINT。
- 布尔型：TRUE/FALSE。
- 浮点型：FLOAT（单精度）、DOUBLE（双精度）。
- 定点型：DECIMAL。
- 字符型：STRING、VARCHAR、CHAR。
- 日期和时间型：TIMESTAMP、DATE。
- 二进制型：BINARY，用于存储变长的二进制数据。

Hive 复杂数据类型主要有以下三种。

1. 结构体（STRUCT）

STRUCT 是一个记录类型，封装了一个命名字段集合。一个 STRUCT 类型的元素可以包含不同类型的其他元素，并且可以使用点符号"."访问类型中的元素。例如，表中的 c 列的数据类型为 STRUCT<a STRING,b INT>，则可以通过 c.a 访问 c 列中的元素 a。

假如现在需要创建一张学生表"student"，其中有两列，一列是主键 id，另一列是学生信息 info，其中学生信息包括姓名和年龄，则该表的创建语句如下：

```
CREATE TABLE student(id INT,info STRUCT<name:STRING,age:INT>)
```

向表"student"中导入以下测试数据：

```
1,zhangsan:24
2,lisi:25
3,wangwu:19
```

若需要查询年龄大于 20 的所有数据，查询语句如下：

```
SELECT * FROM student WHERE info.age>20;
```

查询输出结果为：

```
1 {"name":"zhangsan","age":24}
2 {"name":"lisi","age":25}
```

2. 键值对（MAP）

类似于 Java 中的 Map，使用键值对存储数据，根据键可以访问值。例如，表中的 c 列用于存储学生的姓名和年龄，数据类型为 MAP<STRING,INT>（姓名为键，年龄为值），访问 c 列中的键 zhangsan 对应的年龄，可以写为 c['zhangsan']。

在上方的学生表例子中，若将列 info 的类型改为 MAP<STRING,INT>，则创建表的语句如下：

```
CREATE TABLE student(id INT,info MAP<STRING,INT>)
```

然后向表中导入以下测试数据：

```
1 zhangsan:20,english:98
2 lisi:24,english:92
3 wangwu:25,english:87
```

查询姓名为 zhangsan，年龄为 20 的所有数据，查询语句如下：

```
SELECT * FROM student WHERE info[zhangsan]=20;
```

查询输出结果为：

```
1 zhangsan:20,english:98
```

3. 数组（ARRAY）

类似于 Java 中的数组，数组中所有元素的类型相同。例如，表中 c 列的数据类型为 ARRAY<INT>，访问该列的第一个元素可以写为 c[0]。

仍然以上方的学生表为例，若将列 info 的类型改为 ARRAY <STRING>，则创建表的语句如下：

```
CREATE TABLE student(id INT,info ARRAY<STRING>)
```

然后向表中导入以下测试数据（冒号前面为数组的第一个值，后面为第二个值）：

```
1,zhangsan:24
2,lisi:25
3,wangwu:19
```

查询表中年龄大于 20 的所有数据，查询语句如下：

```
SELECT * FROM student WHERE info[1]>20;
```

查询输出结果为：

```
1 ["zhangsan","24"]
2 ["lisi","25"]
```

此外，一张表中也可以存在多个复杂数据类型。例如，创建表"student"，其中有三列 col1、col2 和 col3，每一列都使用复杂数据类型，创建语句如下：

```
CREATE TABLE student(
  col1 STRUCT<a:STRING,b:INT,c:DOUBLE>,
  col2 MAP<STRING,INT>,
  col3 ARRAY<INT>
)
```

> **注　意**
>
> 复杂数据类型允许任意层次的嵌套。复杂数据类型的声明必须使用尖括号，并指定其中数据字段的类型。

9.2 Hive 架构体系

整个 Hive 的架构体系如图 9-1 所示。

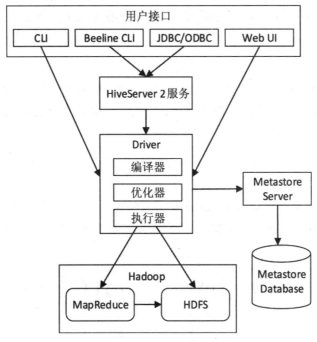

图 9-1 Hive 架构体系

1. CLI（Command Line Interface）

CLI 是 Hive 的命令行界面（模式），是 Hive 最常用的一种方式。CLI 本质上是 Hive 的一个客户端服务，启动客户端后进入交互式命令行，即可通过 HiveQL 访问 Hive 中的数据（本书中的 CLI 即是指的 Hive CLI）。

2. HiveServer 2

HiveServer 2 是一种为远程客户端（例如 Beeline、JDBC 等）提供的可以执行 Hive 查询的服务。HiveServer 2 是 HiveServer 的改进版，早期版本的 Hive 使用的是 HiveServer 服务，但 HiveServer 服务不能处理多于一个客户端的并发请求，而经过重写后的 HiveServer 2 可以同时支持多个客户端的并发请求和身份认证。HiveServer 2 的核心是一个基于 Thrift 的 Hive 服务，Thrift 是构建跨平台服务的 RPC 框架，提供了可远程访问其他进程的功能，能让不同语言（Java、Python 等）访问 Hive 接口。

若用户自己编写 JDBC（或 ODBC）程序访问 Hive，则需要提前启动 HiveServer 2 服务。

3. Beeline CLI

Beeline CLI 又称 HiveServer 2 客户端，是一个基于 HiveServer 2 服务和 SQLLine 开源项目的

JDBC 交互式命令行客户端。使用 Beeline CLI 需要指定连接的 HiveServer 2 服务的地址，以便通过本地或远程以 JDBC 的方式访问 Hive。Beeline CLI 会对查询到的数据信息进行格式美化（类似 MySQL），使其看起来更加直观。

4. Web UI

Web UI 是 Hive 提供的网页界面，可以通过浏览器远程对 Hive 进行访问。Web UI 是 B/S 模式的服务进程，分 Server 端与 Browser 端，目前比较流行的是采用了 Cloudera 公司的开源项目 Hue 作为 Hive 的 Web UI。

5. Driver

Driver 是 Hive 的一个组件，负责将 HiveQL 解析（编译、优化、执行）为一个 MapReduce（新版 Hive 支持 Spark 和 Tez）任务，并提交给 Hadoop 集群，最终将 Hive 的数据存储于 HDFS 上。

6. Metastore Server

由于 Hive 的元数据经常面临读取、修改和更新操作，因此不适合存储在 HDFS 中，通常将其存储在关系型数据库中，例如 Derby 或者 MySQL。而 Metastore Server 是 Hive 中的一个元数据服务，所有客户端都需要通过 Metastore Server 来访问存储在关系型数据库中的元数据。即客户端将访问请求发送给 Metastore Server，由 Metastore Server 访问关系型数据库进行元数据的存取。

9.3　Hive 三种运行模式

Hive 根据 Metastore Server 的位置不同可以分为三种运行模式：内嵌模式、本地模式和远程模式。

内嵌模式是 Hive 入门的最简单方法，是 Hive 默认的启动模式，使用 Hive 内嵌的 Derby 数据库存储元数据，并将数据存储于本地磁盘上。在这种模式下，Metastore Server、Hive 服务、Derby 三者运行于同一个 JVM 进程中，这就意味着每次只能允许一个会话对 Derby 中的数据进行访问。若开启第二个会话进行访问，Hive 将提示报错。因此，内嵌模式常用于测试，不建议用于生产环境。

内嵌模式的架构如图 9-2 所示。

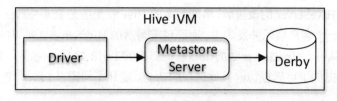

图 9-2　Hive 内嵌模式架构图

本地模式需要使用其他关系型数据库来存储 Hive 元数据信息，最常用的为 MySQL。在这种模式下，Metastore Server 与 Hive 服务仍然运行于同一个 JVM 进程中，但是 MySQL 数据库可以独立运行在另一个进程中，可以是同一台计算机也可以是远程的计算机。因此，本地模式支持多会话以及多用户对 Hive 数据的访问，每当开启一个连接会话，Hive 将开启一个 JVM 进程。

本地模式的架构如图 9-3 所示。

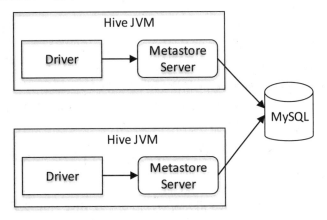

图 9-3　Hive 本地模式架构图

远程模式将 Metastore Server 分离了出来，作为一个单独的进程，并且可以部署多个，运行于不同的计算机上。这样的模式，将数据库层完全置于防火墙后，使客户端访问时不需要数据库凭据（用户名和密码），提高了可管理性和安全性。

远程模式的架构如图 9-4 所示。

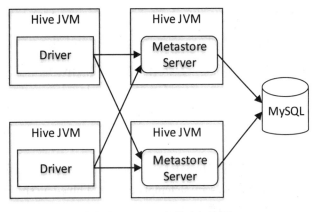

图 9-4　Hive 远程模式架构图

9.4　Hive 安装配置

本节分别讲解 Hive 的三种运行模式：内嵌模式、本地模式和远程模式的安装。

由于 Hive 基于 Hadoop，因此在安装 Hive 之前需要先安装好 Hadoop。Hadoop 的安装可参考本书 3.5 节，此处不再赘述。

Hive 只需要在 Hadoop 集群的其中一个节点安装即可，而不需要搭建 Hive 集群。

9.4.1 内嵌模式

Hive 内嵌模式的安装步骤如下。

1. 下载并解压安装文件

首先从 Apache 官网下载一个 Hive 的稳定版本，下载地址为：http://www.apache.org/dyn/closer.cgi/hive/，本书使用 2.3.3 版本。

然后将下载的安装包 apache-hive-2.3.3-bin.tar.gz 上传到 centos01 节点的/opt/softwares 目录，并将其解压到目录/opt/modules 中，解压命令如下：

```
$ tar -zxvf apache-hive-2.3.3-bin.tar.gz -C /opt/modules/
```

2. 配置环境变量

为了后续能在任意目录下执行 Hive 相关命令，需要配置 Hive 环境变量。

修改系统环境变量文件/etc/profile：

```
$ sudo vi /etc/profile
```

在末尾加入以下内容：

```
export HIVE_HOME=/opt/modules/apache-hive-2.3.3-bin
export PATH=$PATH:$HIVE_HOME/bin
```

修改完毕后，刷新 profile 文件使修改生效：

```
$ source /etc/profile
```

环境变量配置完成后，执行以下命令，若能成功输出当前 Hive 版本信息，则说明 Hive 环境变量配置成功。

```
$ hive --version
```

3. 关联 Hadoop

Hive 依赖于 Hadoop，因此需要在 Hive 中指定 Hadoop 的安装目录。

复制 Hive 安装目录下的 conf/hive-env.sh.template 文件为 hive-env.sh，然后修改 hive-env.sh，添加以下内容，指定 Hadoop 的安装目录。

```
export HADOOP_HOME=/opt/modules/hadoop-2.8.2
```

4. 创建数据仓库目录

执行以下 HDFS 命令，在 HDFS 中创建两个目录，并设置同组用户具有可写权限，便于同组其他用户进行访问：

```
$ hadoop fs -mkdir       /tmp
$ hadoop fs -mkdir -p  /user/hive/warehouse
$ hadoop fs -chmod g+w /tmp
$ hadoop fs -chmod g+w /user/hive/warehouse
```

上述创建的两个目录的作用如下：

- /tmp：Hive 任务在 HDFS 中的缓存目录。
- /user/hive/warehouse：Hive 数据仓库目录，用于存储 Hive 创建的数据库。

Hive 默认会向这两个目录写入数据，当然也可以在配置文件中更改为其他目录。如果希望任意用户对这两个目录拥有可写权限，只需要将上述命令中的 g+w 改为 a+w 即可。

5. 初始化元数据信息

从 Hive 2.1 开始，需要运行 schematool 命令对 Hive 数据库的元数据进行初始化。默认 Hive 使用内嵌的 Derby 数据库来存储元数据信息。初始化命令如下：

```
$ schematool -dbType derby -initSchema
```

部分输出日志信息如下：

```
SLF4J: Actual binding is of type [org.apache.logging.slf4j.Log4jLoggerFactory]
Metastore connection URL:    jdbc:derby:;databaseName=metastore_db;create=true
Metastore Connection Driver :    org.apache.derby.jdbc.EmbeddedDriver
Metastore connection User:    APP
Starting metastore schema initialization to 2.3.0
Initialization script hive-schema-2.3.0.derby.sql
```

从上述日志信息可以看出，执行初始化命令后，Hive 创建了一个名为 metastore_db 的 Derby 数据库。

需要注意的是，metastore_db 数据库的位置默认在初始化命令的执行目录下，即初始化命令在哪一个目录下执行，metastore_db 数据库就生成在哪一个目录。例如，在 Hive 安装目录下执行上述初始化命令，则会在 Hive 安装目录下生成一个 metastore_db 文件夹，该文件夹则是 metastore_db 数据库文件的存储目录。进入该文件夹，查看其中生成的初始化文件列表如下：

```
[hadoop@centos01 metastore_db]$ ll
总用量 20
-rw-rw-r--. 1 hadoop hadoop    4 8月  15 16:21 dbex.lck
-rw-rw-r--. 1 hadoop hadoop   38 8月  15 16:21 db.lck
drwxrwxr-x. 2 hadoop hadoop   97 8月  15 15:28 log
-rw-rw-r--. 1 hadoop hadoop  608 8月  15 15:28 README_DO_NOT_TOUCH_FILES.txt
drwxrwxr-x. 2 hadoop hadoop 4096 8月  15 15:28 seg0
-rw-rw-r--. 1 hadoop hadoop  931 8月  15 15:28 service.properties
drwxrwxr-x. 2 hadoop hadoop    6 8月  15 16:21 tmp
```

6. 启动 Hive CLI

在 Derby 数据库 metastore_db 所在的目录（即初始化命令的执行目录）下执行"hive"命令，即可进入 Hive CLI（Hive 命令行界面），如下：

```
$ hive
hive>
```

需要注意的是，上述命令必须在 metastore_db 数据库所在的目录中执行，如果切换到其他目录执行，也可以启动 Hive，但当执行查询等命令时将报错，因为 Hive 找不到元数据库。

在 Hive CLI 中查看当前 Hive 中存在的所有数据库列表，命令及返回信息如下：

```
hive> SHOW DATABASES;
OK
default
Time taken: 8.913 seconds, Fetched: 1 row(s)
```

从上述命令可以看出，Hive 默认创建了一个名为 default 的数据库，Hive 默认使用 default 数据库进行操作；也可以新建其他数据库，并使用 use 命令切换到其他数据库进行建表等操作。Hive 命令行操作将在后续详细讲解。

7．验证多用户同时访问

由于本例将 Hive 安装在了 centos01 节点，因此新开一个 SSH 窗口连接 centos01，以与上述同样的方式启动 Hive 命令行，然后执行"show databases;"命令查看 Hive 中存在的数据库列表，以验证是否允许多个会话同时访问，如图 9-5 所示。

图 9-5　内嵌模式验证多用户同时访问 Hive

从图 9-5 中的执行结果可以看出，右侧新开的 SSH 窗口执行 Hive 命令报 HiveException 异常。此时，左侧窗口执行"exit;"命令退出 Hive 命令行，而右侧窗口再次执行"show databases;"命令则执行成功，如图 9-6 所示。

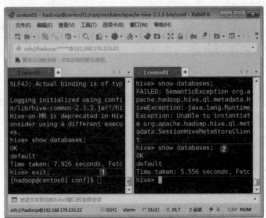

图 9-6　内嵌模式单用户访问 Hive

上述验证充分说明了 Hive 内嵌模式不支持同时多个会话对数据进行操作。

> **注 意**
>
> 由于 Hive 的数据存储在 HDFS 中，而向 Hive 中添加数据实际上是执行了一个 MapReduce 任务。因此，若需要向 Hive 中添加数据，则需要先启动 Hadoop 的 HDFS 集群和 YARN 集群。

9.4.2 本地模式

本地模式的安装与内嵌模式的不同在于，需要修改配置文件，设置 MySQL 数据库的连接信息。此处默认已经安装好 MySQL。

下面在内嵌模式的基础上继续进行修改，搭建本地模式，操作步骤如下。

1. 配置 MySQL

使用 root 身份登录 MySQL，创建名为"hive_db"的数据库，用于存放 Hive 元数据信息。然后创建用户 hive（密码同为 hive），并为其赋予全局外部访问权限。整个过程使用的 SQL 命令如下：

```sql
create database hive_db;
create user hive IDENTIFIED by 'hive';
grant all privileges on hive_db.* to hive@'%' identified by 'hive';
flush privileges;
```

2. 配置 Hive

（1）上传驱动包。

上传 Java 连接 MySQL 的驱动包 mysql-connector-java-5.1.20-bin.jar 到 $HIVE_HOME/lib 中。

（2）修改配置文件。

复制配置文件 $HIVE_HOME/conf/hive-default.xml.template 为 hive-site.xml，然后修改 hive-site.xml 中的如下属性（或者将 hive-site.xml 中的默认配置信息清空，添加以下配置属性）：

```xml
<configuration>
<!--MySQL 数据库连接信息 -->
<property><!--连接 MySQL 的驱动类 -->
 <name>javax.jdo.option.ConnectionDriverName</name>
 <value>com.mysql.jdbc.Driver</value>
</property>
<property><!--MySQL 连接地址，此处连接远程数据库，可根据实际情况进行修改 -->
 <name>javax.jdo.option.ConnectionURL</name>
<value>jdbc:mysql://192.168.1.69:3306/hive_db?createDatabaseIfNotExist=true</value>
</property>
<property><!--MySQL 用户名 -->
 <name>javax.jdo.option.ConnectionUserName</name>
 <value>hive</value>
</property>
```

```xml
<property><!--MySQL 密码 -->
 <name>javax.jdo.option.ConnectionPassword</name>
 <value>hive</value>
</property>
</configuration>
```

若需要配置其他日志等存储目录,可以添加以下配置属性:

```xml
<property> <!--Hive 数据库在 HDFS 中的存放地址-->
    <name>hive.metastore.warehouse.dir</name>
    <value>/user/hive/warehouse</value>
</property>
<property><!--Hive 本地缓存目录-->
    <name>hive.exec.local.scratchdir</name>
    <value>/tmp/hive</value>
</property>
<property><!--Hive 在 HDFS 中的缓存目录-->
    <name>hive.exec.scratchdir</name>
    <value>/tmp/hive</value>
</property>
<property><!--从远程文件系统中添加资源的本地临时目录-->
    <name>hive.downloaded.resources.dir</name>
    <value>/tmp/hive</value>
</property>
<property><!--Hive 运行时的结构化日志目录-->
    <name>hive.querylog.location</name>
    <value>/tmp/hive</value>
</property>
<property><!--日志功能开启时,存储操作日志的最高级目录-->
    <name>hive.server2.logging.operation.log.location</name>
    <value>/tmp/hive</value>
</property>
```

Hive 日志存储的默认目录为/tmp/${username},${username}为当前系统用户名。

需要注意的是,hive-site.xml 文件不可缺少,Hive 启动时将读取文件 hive-site.xml 中的配置属性,且 hive-site.xml 中的配置将覆盖 Hive 的默认配置文件 hive-default.xml.template 中的相同配置。

3. 初始化元数据

执行以下命令,初始化 Hive 在 MySQL 中的元数据信息:

```
$ schematool -dbType mysql -initSchema
```

输出以下信息,则初始化完成:

```
SLF4J: Actual binding is of type [org.apache.logging.slf4j.Log4jLoggerFactory]
Metastore connection URL:    jdbc:mysql://192.168.1.69:3306/hive_db?createDatabaseIfNotExist=true
Metastore Connection Driver :    com.mysql.jdbc.Driver
Metastore connection User:    hive
Starting metastore schema initialization to 2.3.0
Initialization script hive-schema-2.3.0.mysql.sql
```

```
Initialization script completed
schemaTool completed
```

初始化完成后,可以看到在 MySQL 中的 hive_db 数据库里生成了很多存放元数据的表,部分表展示如图 9-7 所示。

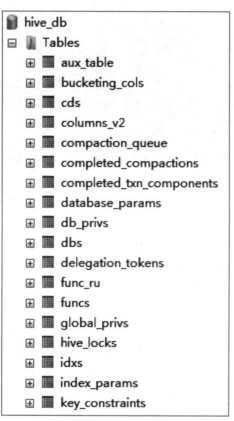

图 9-7 MySQL 部分元数据表

需要注意的是,若需要重新初始化,则重新初始化之前需要删除元数据库 hive_db 中的所有表,否则初始化将失败。

4. 启动命令行

在任意目录执行"hive"命令,进入 Hive CLI 命令行模式。

```
$ hive
hive>
```

上述命令会启动 Hive 的 CLI 服务,因此也可以使用以下命令代替(执行成功后同样会进入 Hive 命令行模式)。

```
$ hive --service cli
```

5. 验证多用户同时访问

验证方式与内嵌模式一样,使用两个 SSH 窗口连接 Hive,分别执行"show databases;"命令,查看输出信息,如图 9-8 所示。

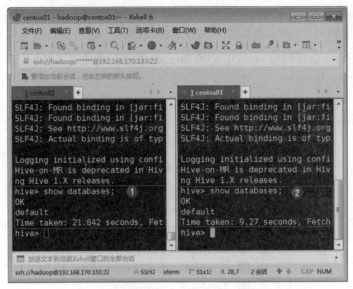

图 9-8 本地模式验证多用户同时访问 Hive

从图 9-8 中的执行结果可以看出,两个会话都可以执行成功,从而说明使用 MySQL 存储 Hive 元数据允许同一时间内多个会话对数据进行操作。

9.4.3 远程模式

远程模式分为服务端与客户端两部分,服务端的配置与本地模式相同,客户端需要单独配置。

本例将 centos01 节点作为 Hive 的服务端,centos02 节点作为 Hive 的客户端。在本地模式的基础上继续进行远程模式的配置。

1. 安装 Hive 客户端

在 centos01 节点中执行以下命令,将 Hive 安装文件复制到 centos02 节点:

```
$ scp -r apache-hive-2.3.3-bin/ hadoop@centos02:/opt/modules/
```

然后修改 centos02 节点的 Hive 配置文件 hive-site.xml,清除之前的配置属性,添加以下配置:

```xml
<!--Hive 数据仓库在 HDFS 中的存储目录-->
<property>
  <name>hive.metastore.warehouse.dir</name>
  <value>/user/hive/warehouse</value>
</property>
<!--是否启用本地服务器连接 Hive, false 为非本地模式,即远程模式-->
<property>
  <name>hive.metastore.local</name>
  <value>false</value>
</property>
<!--Hive 服务端 Metastore Server 连接地址,默认监听端口 9083-->
<property>
  <name>hive.metastore.uris</name>
```

```
      <value>thrift://192.168.170.133:9083</value>
</property>
```

2. 启动 Metastore Server

在 centos01 节点中执行以下命令，启动 Metastore Server 并使其在后台运行：

```
$ hive --service metastore &
```

控制台输出的部分启动日志信息如下：

```
2018-08-21 16:58:15: Starting Hive Metastore Server
```

Hive 日志文件中的部分启动日志如下：

```
INFO [main] metastore.HiveMetaStore: Starting hive metastore on port 9083
INFO [main] metastore.MetaStoreDirectSql: Using direct SQL, underlying DB is MYSQL
INFO [main] metastore.HiveMetaStore: Started the new metaserver on port [9083]...
INFO [main] metastore.HiveMetaStore: Options.minWorkerThreads = 200
INFO [main] metastore.HiveMetaStore: Options.maxWorkerThreads = 1000
INFO [main] metastore.HiveMetaStore: TCP keepalive = true
```

启动成功后，在 centos01 节点中执行 jps 命令查看启动的 Java 进程。从输出信息中可以看到，除了 Hadoop 的进程外还多了一个名为 RunJar 的进程，该进程则是 Metastore Server 的独立进程。如下所示：

```
$ jps
3169 NameNode
8615 Jps
7561 NodeManager
7450 ResourceManager
7916 RunJar
3501 SecondaryNameNode
```

若此时在 centos01 节点中执行 hive 命令，启动 Hive 命令行模式，则会再次产生一个 RunJar 进程，该进程为 Hive 的服务进程（也是 Hive CLI 的服务进程）。如下所示：

```
$ jps
3169 NameNode
8339 RunJar
8615 Jps
7561 NodeManager
7450 ResourceManager
7916 RunJar
3501 SecondaryNameNode
```

3. 访问 Hive

在 centos02 节点中进入 Hive 安装目录执行以下命令，启动远程 Hive 命令行模式：

```
$ bin/hive
```

4. 测试 Hive 远程访问

在 centos01 节点（Hive 服务端）中进入 Hive 命令行模式，执行以下命令，创建表 student（Hive 默认将表创建在 default 数据库中）：

```
hive> CREATE TABLE student(id INT,name STRING);
OK
Time taken: 1.185 seconds
```

然后在 centos02 节点（Hive 客户端）中执行以下命令，查看 Hive 中的所有表：

```
hive> SHOW TABLES;
OK
student
Time taken: 0.349 seconds, Fetched: 1 row(s)
```

上述输出信息显示，在 Hive 客户端中成功查询到了服务端创建的表 student。这说明 Hive 远程模式配置成功。

> **注意**
>
> ①在 Hive 内嵌模式与本地模式中，当启动 Hive CLI 时，Hive 会在后台自动启动 Hive 服务与 Metastore Server，且这两个服务运行于同一个进程中。Hive 远程模式需要手动启动 Metastore Server 独立进程。②无论是内嵌模式还是本地模式和远程模式，当启动 Hive CLI 时都需要注意 YARN 集群 ResourceManager 的位置，因为大部分 HiveQL 需要转化成 MapReduce 任务在 YARN 中运行，而 MapReduce 任务首先需要提交到 ResourceManager 中。由于执行 HiveQL 时，默认会寻找本地的 ResourceManager，因此需要在 ResourceManager 所在的节点中启动 Hive CLI。

9.5 Hive 常见属性配置

1. 数据仓库位置修改

Hive 数据仓库默认位置在 HDFS 系统的/user/hive/warehouse 路径下，也可以在配置文件 hive-site.xml 中进行修改，将以下属性值改为其他路径：

```
<property>
<name>hive.metastore.warehouse.dir</name>
<value>/user/hive/warehouse</value>
</property>
```

2. 日志文件位置修改

Hive 的日志文件默认存放于/tmp/${username}/hive.log 中，${username}为当前操作系统用户名。若需要修改日志文件存储位置，可以复制${HIVE_HOME}/conf/ hive-log4j2.properties.template

文件为 hive-log4j2.properties，并修改 hive-log4j2.properties，如下：

```
$ cp hive-log4j2.properties.template hive-log4j2.properties
$ vi hive-log4j2.properties
```

将以下属性：

```
property.hive.log.dir = ${sys:java.io.tmpdir}/${sys:user.name}
```

改为需要存储的位置：

```
property.hive.log.dir = /home/hadoop
```

3. Hive CLI 中显示数据库名称及列名

Hive CLI 中默认不显示当前所操作的数据库名称以及结果数据的列名，可以在配置文件 hive-site.xml 中添加如下属性，使其显示在 CLI 中，从而看起来更加直观。

```xml
<!--在 Hive 提示符中包含当前数据库-->
<property>
    <name>hive.cli.print.current.db</name>
    <value>true</value>
</property>
<!--在查询输出中打印列的名称-->
<property>
    <name>hive.cli.print.header</name>
    <value>true</value>
</property>
```

修改完后重新启动 Hive CLI，可以看到，在 CLI 提示符中显示了当前数据库名称，且查询结果中显示出了每一列所在的表名与列名，如图 9-9 所示。

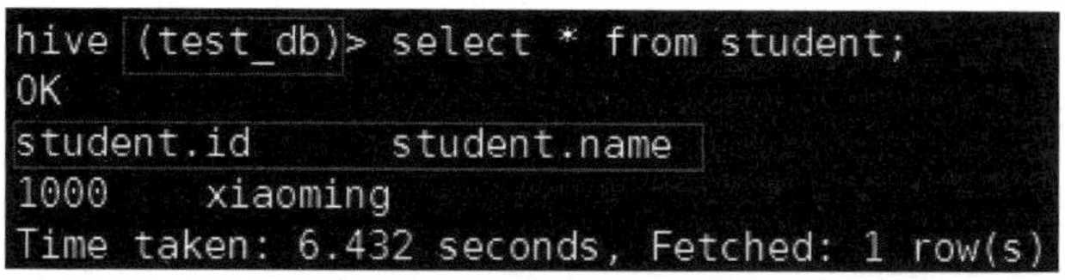

图 9-9　Hive CLI 中显示当前数据库名及表的列名

9.6　Beeline CLI 的使用

我们已经知道，Beeline CLI 是 Hive 中的一个 JDBC 客户端，它可以代替 Hive 默认的 CLI（Hive 命令行模式）。但与 CLI 不同的是，Beeline CLI 需要与 HiveServer 2 服务一起使用。

在 9.4.3 节的远程模式中，我们使用 centos01 节点作为服务端，centos02 节点作为客户端。下面继续讲解如何在远程模式下使用 Beeline CLI。

1. 修改用户权限

使用 Beeline CLI 连接 Hive，需要在 Hadoop 中为 Hive 开通代理用户访问权限。在 centos01 节

点中修改 Hadoop 配置文件 core-site.xml，添加以下配置内容：

```xml
<property>
    <name>hadoop.proxyuser.hadoop.hosts</name>
    <value>*</value>
</property>
<property>
    <name>hadoop.proxyuser.hadoop.groups</name>
    <value>*</value>
</property>
```

需要注意的是，修改完后将 core-site.xml 同步到 Hadoop 集群的其他节点。

上述配置属性中，hadoop.proxyuser 是固定写法，后面跟的是 Hadoop 集群的代理用户名，本例用户名为"hadoop"。hosts 属性配置为"*"，代表任意节点可以使用 Hadoop 集群的代理用户"hadoop"访问 HDFS 集群。groups 属性配置为"*"，代表所有组。

经过以上配置后，就可以使用"hadoop"用户在 Beeline CLI 中连接 Hive 了。

2. 启动 HiveServer 2

在 centos01 节点中执行以下命令，启动 HiveServer 2 服务：

```
$ hive --service hiveserver2 &
```

符号"&"代表使服务在后台运行。

当 HiveServer 2 服务启动以后，就可以通过访问默认端口 10002 查看 HiveServer 2 的 Web UI。浏览器访问网址 http://centos01:10002 即可出现如图 9-10 所示的 Web 界面，该界面中显示了当前连接的会话，包括 IP、用户名、当前执行的操作数量、会话连接总时长和空闲时长。如果有会话执行查询，则下方的 Open Queries 处会显示执行的查询语句、执行耗时等。

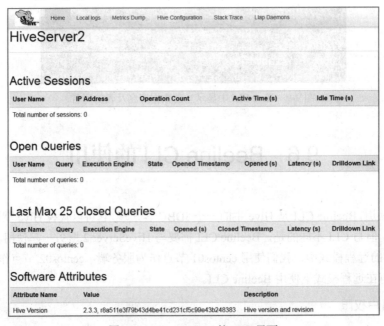

图 9-10　HiveServer 2 的 Web 界面

当然，也可以通过修改 Hive 配置文件 hive-site.xml，在其中加入以下内容，对 Web UI 的端口等信息进行配置。修改完后需要重启 HiveServer 2 服务使其生效。

```xml
<!--配置 Hive Web UI-->
<property>
  <name>hive.server2.webui.host</name>
  <value>0.0.0.0</value>
</property>
<property>
  <name>hive.server2.webui.port</name>
  <value>10002</value>
</property>
```

3. 启动 Beeline CLI

在节点 centos02 中进入 Hive 安装目录执行（也可以在服务端节点执行）以下命令启动 Beeline CLI：

```
$ bin/beeline
```

4. 连接 HiveServer 2 服务

在 Beeline CLI 中连接 HiveServer 2 服务，命令及输出如下：

```
beeline> !connect jdbc:hive2://centos01:10000
Connecting to jdbc:hive2://centos01:10000
Enter username for jdbc:hive2://centos01:10000: hadoop
Enter password for jdbc:hive2://centos01:10000:
Connected to: Apache Hive (version 2.3.3)
Driver: Hive JDBC (version 2.3.3)
Transaction isolation: TRANSACTION_REPEATABLE_READ
0: jdbc:hive2://centos01:10000>
```

上述命令中，连接的主机名为 centos01，端口默认为 10000。在连接的过程中需要输入用户名与密码，此处用户名为 hadoop，密码默认为空，直接按回车键即可。

连接成功后将出现以下提示符：

```
0: jdbc:hive2://centos01:10000>
```

此外，在启动 Beeline CLI 时也可以执行以下命令直接连接到 HiveServer2 服务：

```
$ bin/beeline -u jdbc:hive2://centos01:10000 -n hadoop
```

接下来就可以在 Beeline CLI 界面中执行相关 HiveQL 了，例如查看当前的数据库列表：

```
0: jdbc:hive2://centos01:10000> show databases;
+----------------+
| database_name  |
+----------------+
| default        |
+----------------+
2 rows selected (19.61 seconds)
```

查看表 "student" 中的所有数据：

```
0: jdbc:hive2://centos01:10000> select * from student;
+-------------+---------------+
| student.id  | student.name  |
+-------------+---------------+
| 1           | zhangsan      |
+-------------+---------------+
1 row selected (7.329 seconds)
```

由于 Beeline CLI 是一个基于 SQLLine 的 JDBC 客户端，因此 SQLLine 的常用命令在 Beeline 中也同样适用。关于 SQLLine 的常用命令可以在网址 http://sqlline.sourceforge.net/ 中查看。

Beeline CLI 的查询命令与 Hive CLI 一样，都是正常的 SQL 输入。但是一些管理命令，例如连接、关闭、退出，需要在命令前面加上感叹号"!"，且不需要结束符。

在 Beeline CLI 中执行 "!help" 命令可以输出常用的以感叹号开头的特殊命令，常用命令及其解析如表 9-1 所示。

表 9-1　Beeline CLI 常用命令及其解析

命令	说明
!tables	列出数据库中所有的表
!list	列出当前所有连接
!help	显示所有命令列表
!quit	退出 Beeline CLI
!close	关闭与当前数据库的连接
!dropall	删除当前数据库中的所有表
!closeall	关闭所有当前打开的连接
!columns	列出指定表的所有列
!history	显示命令执行历史
!reconnect	重新连接
!scan	扫描已安装的 JDBC 驱动程序
!addlocaldriverjar	在 Beeline 客户端添加驱动程序 jar 文件
!addlocaldrivername	添加在 Beeline 中需要支持的驱动程序名称
!all	对所有当前连接执行指定的 SQL
!autocommit	设置打开或关闭自动提交模式
!batch	执行批量语句
!commit	提交当前事务(如果自动提交被关闭)
!connect	连接到指定 HiveServer 2 服务
!describe	显示一张表的描述信息
!indexes	列出指定表的所有索引
!outputformat	设置显示结果的输出格式。可选的格式有：table、vertical、csv2、dsv、tsv2、xmlattrs、xmlelements
!record	将所有输出记录到指定的文件中
!rollback	回滚当前事务(如果自动提交被关闭)
!run	从指定的文件运行脚本
!script	开始将脚本保存到文件中

命令	说明
!set	设置一个 Beeline 变量
!sh	执行一个 Shell 命令
!sql	执行一个 SQL 命令

9.7 Hive 数据库操作

1. 创建数据库

创建数据库的语法如下:

```
CREATE (DATABASE|SCHEMA) [IF NOT EXISTS] database_name
  [COMMENT database_comment]
  [LOCATION hdfs_path]
  [WITH DBPROPERTIES (property_name=property_value, ...)];
```

关键字含义解析如下:

- IF NOT EXISTS: 当数据库不存在时进行创建,存在时则忽略本次操作。
- COMMENT: 添加注释。
- LOCATION: 指定数据库在 HDFS 中的地址。不指定默认使用数据仓库地址。
- WITH DBPROPERTIES: 指定数据库的属性信息,属性名与属性值均可自定义。
- DATABASE 和 SCHEMA 关键字功能一样且可以互换,都代表数据库。

例如,创建数据库 db_hive,若数据库已存在则会抛出异常:

```
hive> CREATE DATABASE db_hive;
```

创建数据库 db_hive,若数据库已存在则不创建(不会抛出异常):

```
hive> CREATE DATABASE IF NOT EXISTS db_hive;
```

创建数据库 db_hive2,并指定在 HDFS 上的存储位置:

```
hive> CREATE DATABASE db_hive2 LOCATION '/input/db_hive.db';
```

上述命令执行成功后,若 HDFS 目录/input 中不存在文件夹 db_hive.db 则会自动创建。

创建数据库 db_hive,并添加注释"hive database":

```
hive> CREATE DATABASE IF NOT EXISTS db_hive COMMENT 'hive database';
```

创建数据库 db_hive,并定义相关属性:

```
hive> CREATE DATABASE IF NOT EXISTS db_hive
    > WITH DBPROPERTIES('creator'='hadoop','date'='2018-08-24');
```

2. 修改数据库

（1）修改自定义属性。

修改数据库的自定义属性的操作语法如下：

```
ALTER (DATABASE|SCHEMA) database_name SET DBPROPERTIES
(property_name=property_value, ...);
```

关键字 SET DBPROPERTIES 表示添加自定义属性。

例如，创建数据库 testdb，然后使用 desc 命令查看 testdb 的数据库默认描述信息（为了使操作结果的显示更加直观，此处在 Beeline CLI 中查看），如图 9-11 所示。

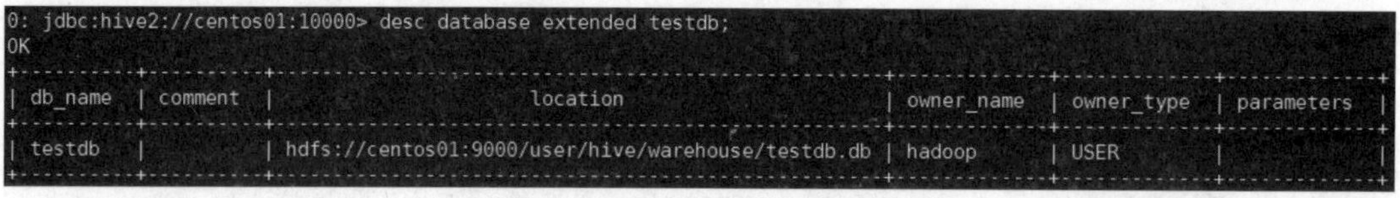

```
0: jdbc:hive2://centos01:10000> desc database extended testdb;
OK
+----------+----------+----------------------------------------------------+-------------+-------------+-------------+
| db_name  | comment  |                      location                      | owner_name  | owner_type  | parameters  |
+----------+----------+----------------------------------------------------+-------------+-------------+-------------+
| testdb   |          | hdfs://centos01:9000/user/hive/warehouse/testdb.db | hadoop      | USER        |             |
+----------+----------+----------------------------------------------------+-------------+-------------+-------------+
```

图 9-11　查看数据库默认描述信息

执行以下命令，给数据库 testdb 添加自定义属性 createtime：

```
hive> ALTER DATABASE testdb SET DBPROPERTIES('createtime'='20180825');
```

此时查看数据库 testdb 的描述信息，发现 parameters 一列出现了自定义属性值 createtime，如图 9-12 所示。

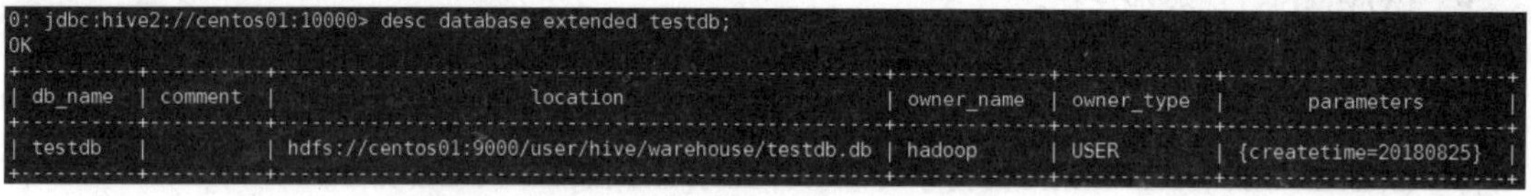

```
0: jdbc:hive2://centos01:10000> desc database extended testdb;
OK
+----------+----------+----------------------------------------------------+-------------+-------------+------------------------+
| db_name  | comment  |                      location                      | owner_name  | owner_type  |       parameters       |
+----------+----------+----------------------------------------------------+-------------+-------------+------------------------+
| testdb   |          | hdfs://centos01:9000/user/hive/warehouse/testdb.db | hadoop      | USER        | {createtime=20180825}  |
+----------+----------+----------------------------------------------------+-------------+-------------+------------------------+
```

图 9-12　数据库添加自定义属性后的描述信息

（2）修改数据库所有者。

修改数据库的所有者的操作语法如下：

```
ALTER (DATABASE|SCHEMA) database_name SET OWNER [USER|ROLE] user_or_role;
```

例如，修改数据库 testdb 的所有者为用户 root，命令如下：

```
hive> ALTER DATABASE testdb SET OWNER USER root;
```

此时查看数据库 testdb 的描述信息，发现 owner_name 一列的值变为了 root，如图 9-13 所示。

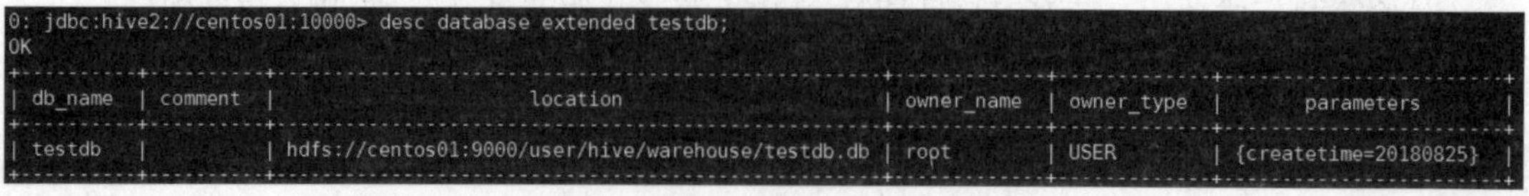

```
0: jdbc:hive2://centos01:10000> desc database extended testdb;
OK
+----------+----------+----------------------------------------------------+-------------+-------------+------------------------+
| db_name  | comment  |                      location                      | owner_name  | owner_type  |       parameters       |
+----------+----------+----------------------------------------------------+-------------+-------------+------------------------+
| testdb   |          | hdfs://centos01:9000/user/hive/warehouse/testdb.db | root        | USER        | {createtime=20180825}  |
+----------+----------+----------------------------------------------------+-------------+-------------+------------------------+
```

图 9-13　数据库修改所有者后的描述信息

（3）修改数据库存储位置。

在 Hive 2.4.0 之后，支持修改数据库的存储位置，操作语法如下：

```
ALTER (DATABASE|SCHEMA) database_name SET LOCATION hdfs_path;
```

SET LOCATION 语句不会将数据库当前目录的内容移动到新指定的位置。它不会更改与指定数据库下的任何表/分区相关联的位置。当创建新表时，只更改新表所属的父目录。

关于数据库的其他元数据则不允许更改。

3. 选择数据库

选择某一个数据库作为后续 HiveQL 的执行数据库，操作语法如下：

```
USE database_name;
```

例如，选择数据库 testdb，命令如下：

```
hive> USE testdb;
```

Hive 中存在一个默认数据库 default，切换为默认数据库的命令如下：

```
hive>USE default;
```

4. 删除数据库

删除数据库的操作语法如下：

```
DROP (DATABASE|SCHEMA) [IF EXISTS] database_name [RESTRICT|CASCADE];
```

关键字含义解析如下：

- IF EXISTS：当数据库不存在时，忽略本次操作，不抛出异常。
- RESTRICT|CASCADE：约束|级联。默认为约束，即如果被删除的数据库中有表数据，则删除失败。如果指定为级联，无论数据库中是否有表数据，都将强制删除。

例如，删除数据库 testdb，若数据库不存在则忽略本次操作（不会抛出异常）：

```
hive> drop database if exists testdb;
```

删除数据库 testdb，若数据库中无表数据则删除成功，若数据库中有表数据则抛出异常：

```
hive> DROP DATABASE testdb;
```

删除数据库 testdb，无论数据库中是否有表数据都将强制删除：

```
hive> drop database testdb cascade;
```

5. 显示数据库

显示当前 Hive 中的所有数据库，命令如下：

```
hive> show databases;
OK
db_hive
db_hive2
default
test_db
testdb
```

可以看到，Hive 除了自己创建的数据库外，还存在一个名为 default 的默认数据库。若不指定数据库，将默认使用该数据库进行操作。

过滤显示数据库前缀为 db_hive 的所有数据库，命令如下：

```
hive> show databases like 'db_hive*';
OK
db_hive
db_hive2
Time taken: 0.043 seconds, Fetched: 3 row(s)
```

查看当前所使用的数据库，命令如下：

```
hive> SELECT current_database();
```

显示数据库的属性描述信息，命令如下：

```
hive> desc database extended testdb;
OK
testdb    hdfs://centos01:9000/user/hive/warehouse/testdb.db    root    USER
{createtime=20180825}
```

9.8 Hive 表操作

Hive 的表由实际存储的数据和元数据组成。实际数据一般存储于 HDFS 中，元数据一般存储于关系型数据库中。

Hive 中创建表的语法如下：

```
CREATE [TEMPORARY] [EXTERNAL] TABLE [IF NOT EXISTS] [db_name.]table_name
  [(col_name data_type [COMMENT col_comment], ... [constraint_specification])]
  [COMMENT table_comment]
  [PARTITIONED BY (col_name data_type [COMMENT col_comment], ...)]
  [CLUSTERED BY (col_name, col_name, ...) [SORTED BY (col_name [ASC|DESC], ...)]
INTO num_buckets BUCKETS]
  [SKEWED BY (col_name, col_name, ...)
     ON ((col_value, col_value, ...), (col_value, col_value, ...), ...)
     [STORED AS DIRECTORIES]
  [
  [ROW FORMAT row_format]
  [STORED AS file_format]
    | STORED BY 'storage.handler.class.name' [WITH SERDEPROPERTIES (...)]
  ]
  [LOCATION hdfs_path]
  [TBLPROPERTIES (property_name=property_value, ...)]
  [AS select_statement];
```

常用关键字含义解析如下。

- CREATE TABLE：创建表，后面跟上指定的表名。
- TEMPORARY：声明临时表。

- EXTERNAL：声明外部表。
- IF NOT EXISTS：如果存在表则忽略本次操作，且不抛出异常。
- COMMENT：为表和列添加注释。
- PARTITIONED BY：创建分区。
- CLUSTERED BY：创建分桶。
- SORTED BY：在桶中按照某个字段排序。
- SKEWED BY ON：将特定字段的特定值标记为倾斜数据。
- ROW FORMAT：自定义 SerDe（Serializer/Deserializer 的简称，序列化/反序列化）格式或使用默认的 SerDe 格式。若不指定或设置为 DELIMITED 将使用默认 SerDe 格式。在指定表的列的同时也可以指定自定义的 SerDe。
- STORED AS：数据文件存储格式。Hive 支持内置和定制开发的文件格式，常用内置的文件格式有：TEXTFILE（文本文件，默认为此格式）、SEQUENCEFILE（压缩序列文件）、ORC（ORC 文件）、AVRO（Avro 文件）、JSONFILE（JSON 文件）。
- STORED BY：用户自己指定的非原生数据格式。
- WITH SERDEPROPERTIES：设置 SerDe 的属性。
- LOCATION：指定表在 HDFS 上的存储位置。
- TBLPROPERTIES：自定义表的属性。

也可以使用"LIKE"关键字复制另一张表的表结构到新表中，但不复制数据，语法如下：

```
CREATE [TEMPORARY] [EXTERNAL] TABLE [IF NOT EXISTS] [db_name.]table_name
  LIKE existing_table_or_view_name
  [LOCATION hdfs_path];
```

需要注意的是，在创建表时，若要指定表所在的数据库有两种方法：第一，在创建表之前使用 USE 命令指定当前使用的数据库；第二，在表名前添加数据库声明，例如 database_name.table_name。

9.8.1 内部表

Hive 中默认创建的普通表被称为管理表或内部表。内部表的数据由 Hive 进行管理，默认存储于数据仓库目录/user/hive/warehouse 中，可在 Hive 配置文件 hive-site.xml 中对数据仓库目录进行更改（配置属性 hive.metastore.warehouse.dir）。

删除内部表时，表数据和元数据将一起被删除。

1. 创建表

执行以下命令，使用数据库 test_db：

```
hive> USE test_db;
OK
Time taken: 0.174 seconds
```

执行以下命令，创建表 student，其中字段 id 为整型，字段 name 为字符串：

```
hive> CREATE TABLE student(id INT,name STRING);
OK
Time taken: 4.015 seconds
```

然后查看数据仓库目录生成的文件，可以看到，在数据仓库目录中的 test_db.db 文件夹下生成了一个名为 student 的文件夹，该文件夹正是表 "student" 的数据存储目录，如图 9-14 所示。

```
[hadoop@centos01 ~]$ hadoop fs -ls -R /user/hive/warehouse
drwxrwxr-x   - hadoop supergroup          0 2018-08-22 16:45 /user/hive/warehouse/test_db.db
drwxrwxr-x   - hadoop supergroup          0 2018-08-22 16:49 /user/hive/warehouse/test_db.db/student
```

图 9-14　查看数据仓库目录下的子目录

2．查看表结构

执行以下命令，查看新创建的表 student 的表结构：

```
hive> DESC student;
OK
id                      int
name                    string
Time taken: 1.465 seconds, Fetched: 2 row(s)
```

执行以下命令，将显示详细表结构，包括表的类型以及在数据仓库的位置等信息：

```
hive> DESC FORMATTED student;
OK
id                      int
name                    string

# Detailed Table Information
Database:               test_db
Owner:                  hadoop
CreateTime:             Wed Aug 22 17:11:11 CST 2018
LastAccessTime:         UNKNOWN
Retention:              0
Location:               hdfs://centos01:9000/user/hive/warehouse/test_db.db/score
Table Type:             MANAGED_TABLE
```

3．向表中插入数据

执行以下命令，向表 student 中插入一条数据，命令及输出信息如下：

```
hive> INSERT INTO student VALUES(1000,'xiaoming');
WARNING: Hive-on-MR is deprecated in Hive 2 and may not be available in the future versions. Consider using a different execution engine (i.e. spark, tez) or using Hive 1.X releases.
  Query ID = hadoop_20180507162339_a8cc9834-46c9-442f-a73a-2caa25b1671f
  Total jobs = 3
  Launching Job 1 out of 3
  Number of reduce tasks is set to 0 since there's no reduce operator
  Starting Job = job_1525661172383_0001, Tracking URL = http://centos01:8088/proxy/application_1525661172383_0001/
  Kill Command = /opt/modules/hadoop-2.8.2/bin/hadoop job  -kill
```

```
job_1525661172383_0001
    Hadoop job information for Stage-1: number of mappers: 1; number of reducers: 0
    2018-05-07 16:25:50,917 Stage-1 map = 0%,  reduce = 0%
    2018-05-07 16:26:32,980 Stage-1 map = 100%, reduce = 0%, Cumulative CPU 3.63 sec
    MapReduce Total cumulative CPU time: 3 seconds 840 msec
    Ended Job = job_1525661172383_0001
    Stage-4 is selected by condition resolver.
    Stage-3 is filtered out by condition resolver.
    Stage-5 is filtered out by condition resolver.
    Moving data to directory
hdfs://centos01:9000/hive/warehouse/test_db.db/student/.hive-staging_hive_2018
-05-07_16-23-39_376_6674392701472391235-1/-ext-10000
    Loading data to table test_db.student
    MapReduce Jobs Launched:
    Stage-Stage-1: Map: 1   Cumulative CPU: 3.84 sec   HDFS Read: 4117 HDFS Write:
85 SUCCESS
    Total MapReduce CPU Time Spent: 3 seconds 840 msec
    OK
    Time taken: 196.952 seconds
```

从上述输出信息可以看出，Hive 将 insert 插入语句转成了 MapReduce 任务执行。

查看数据仓库目录生成的文件，可以看到，在数据仓库目录中的表"student"对应的文件夹下生成了一个名为 000000_0 的文件，如图 9-15 所示。

```
[hadoop@centos01 ~]$ hadoop fs -ls -R /user/hive/warehouse
drwxrwxr-x   - hadoop supergroup          0 2018-08-22 16:45 /user/hive/warehouse/test_db.db
drwxrwxr-x   - hadoop supergroup          0 2018-08-22 16:49 /user/hive/warehouse/test_db.db/student
-rwxrwxr-x   2 hadoop supergroup         14 2018-08-22 16:49 /user/hive/warehouse/test_db.db/student/000000_0
```

图 9-15　查看数据仓库目录下生成的数据文件

然后执行以下命令，查看文件 000000_0 中的内容：

```
$ hadoop fs -cat /user/hive/warehouse/test_db.db/student/000000_0
1000xiaoming
```

从输出信息可以看到，文件 000000_0 中以文本的形式存储着表"student"的一条数据。

4．查询表中数据

执行以下命令，查询表 student 中的所有数据：

```
hive> SELECT * FROM student;
OK
1000    xiaoming
Time taken: 1.948 seconds, Fetched: 1 row(s)
```

5．将本地文件导入 Hive

我们可以将本地文件的数据直接导入到 Hive 表中，但是本地文件中数据的格式需要在创建表的时候指定。

（1）新建学生成绩表 score，其中学号 sno 为整型，姓名 name 为字符串，得分 score 为整型，并指定以 Tab 键作为字段分隔符：

```
hive> CREATE TABLE score(
> sno INT,
> name STRING,
> score INT)
> row format delimited fields terminated by '\t';

OK
Time taken: 2.012 seconds
```

（2）在本地目录/home/hadoop 中新建 score.txt 文件，并写入以下内容，列之间用 Tab 键隔开：

```
1001    zhangsan    98
1002    lisi        92
1003    wangwu      87
```

（3）执行以下命令，将 score.txt 中的数据导入到表 score 中：

```
hive> LOAD DATA LOCAL INPATH '/home/hadoop/score.txt' INTO TABLE score;
Loading data to table test_db.score
OK
Time taken: 0.492 seconds
```

（4）查询表 score 的所有数据：

```
hive> SELECT * FROM score;
OK
1001    zhangsan    98
1002    lisi        92
1003    wangwu      87
Time taken: 0.174 seconds, Fetched: 3 row(s)
```

可以看到，score.txt 中的数据已成功导入表 "score"。

（5）查看 HDFS 数据仓库中对应的数据文件，可以看到，score.txt 已被上传到了文件夹 score 中，如图 9-16 所示。

```
[hadoop@centos01 ~]$ hadoop fs -ls -R /user/hive/warehouse
drwxrwxr-x   - hadoop supergroup          0 2018-08-22 17:11 /user/hive/warehouse/test_db.db
drwxrwxr-x   - hadoop supergroup          0 2018-08-22 17:11 /user/hive/warehouse/test_db.db/score
-rwxrwxr-x   2 hadoop supergroup         45 2018-08-22 17:11 /user/hive/warehouse/test_db.db/score/score.txt
drwxrwxr-x   - hadoop supergroup          0 2018-08-22 16:49 /user/hive/warehouse/test_db.db/student
-rwxrwxr-x   2 hadoop supergroup         14 2018-08-22 16:49 /user/hive/warehouse/test_db.db/student/000000_0
```

图 9-16　查看上传到数据仓库中的文件

执行以下命令，查看 score.txt 的内容：

```
$ hadoop fs -cat /user/hive/warehouse/test_db.db/score/score.txt
1001    zhangsan    98
1002    lisi        92
1003    wangwu      87
```

从输出信息中可以看到，score.txt 的内容与导入到表 "score" 的内容一致。

6. 删除表

执行以下命令，删除 test_db 数据库中的学生表 student：

```
hive> DROP TABLE IF EXISTS test_db.student;
OK
Time taken: 2.953 seconds
```

此时查看数据仓库目录中的 student 表数据，发现目录 student 已被删除，如图 9-17 所示。

```
[hadoop@centos01 ~]$ hadoop fs -ls -R /user/hive/warehouse
drwxrwxr-x   - hadoop supergroup          0 2018-08-25 11:06 /user/hive/warehouse/test_db.db
drwxrwxr-x   - hadoop supergroup          0 2018-08-22 17:11 /user/hive/warehouse/test_db.db/score
-rwxrwxr-x   2 hadoop supergroup         45 2018-08-22 17:11 /user/hive/warehouse/test_db.db/score/score.txt
```

图 9-17　查看数据仓库目录的所有子目录

> **注　意**
>
> Hive LOAD 语句只是将数据复制或移动到数据仓库中 Hive 表对应的位置，不会在加载数据的时候做任何转换工作。因此，如果手动将数据复制到表的相应位置与执行 LOAD 加载操作所产生的效果是一样的。

9.8.2　外部表

除了默认的内部表以外，Hive 也可以使用关键字"EXTERNAL"创建外部表。外部表的数据可以存储于数据仓库以外的位置，因此 Hive 并非认为其完全拥有这份数据。

外部表在创建的时候可以关联 HDFS 中已经存在的数据，也可以手动添加数据。删除外部表不会删除表数据，但是元数据将被删除。

（1）创建外部表时，如果不指定 LOCATION 关键字，则默认将表创建于数据仓库目录中。

例如，执行以下命令，在数据库 test_db 中创建外部表 emp：

```
hive> CREATE EXTERNAL TABLE test_db.emp(id INT,name STRING);
OK
Time taken: 0.299 seconds
```

然后查看数据仓库目录中的文件，发现生成了一个文件夹 emp，表 emp 的数据将存储于该目录，如图 9-18 所示。

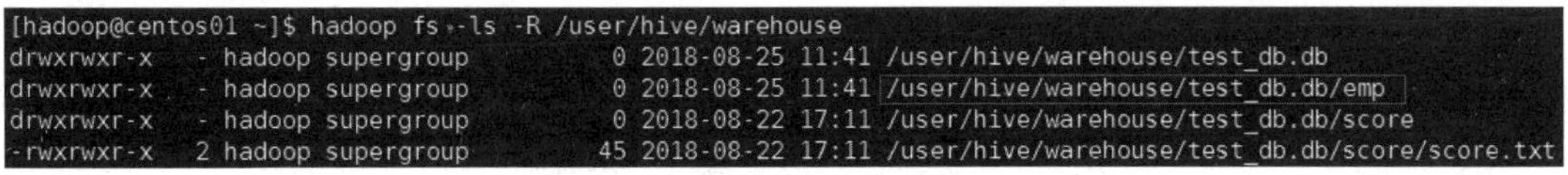

```
[hadoop@centos01 ~]$ hadoop fs -ls -R /user/hive/warehouse
drwxrwxr-x   - hadoop supergroup          0 2018-08-25 11:41 /user/hive/warehouse/test_db.db
drwxrwxr-x   - hadoop supergroup          0 2018-08-25 11:41 /user/hive/warehouse/test_db.db/emp
drwxrwxr-x   - hadoop supergroup          0 2018-08-22 17:11 /user/hive/warehouse/test_db.db/score
-rwxrwxr-x   2 hadoop supergroup         45 2018-08-22 17:11 /user/hive/warehouse/test_db.db/score/score.txt
```

图 9-18　查看数据仓库生成的目录

（2）创建外部表时，如果指定 LOCATION 关键字，则将表创建于指定的 HDFS 位置。

例如，执行以下命令，在数据库 test_db 中创建外部表 emp2，并指定在 HDFS 中的存储目录为/input/hive，表字段分隔符为 Tab 键：

```
hive> create external table test_db.emp2(
    > id int,
    > name STRING)
    > ROW FORMAT DELIMITED FIELDS
    > TERMINATED BY '\t' LOCATION '/input/hive';
```

```
OK
Time taken: 0.165 seconds
```

然后在本地目录/home/hadoop 下创建文件 emp.txt，并将该文件导入表 emp2。emp.txt 的内容如下（字段之间以 Tab 键隔开）：

```
1    xiaoming
2    zhangsan
3    wangqiang
```

导入命令如下：

```
hive> LOAD DATA LOCAL INPATH '/home/hadoop/emp.txt' INTO TABLE test_db.emp2;

Loading data to table test_db.emp2
OK
Time taken: 5.119 seconds
```

导入成功后，查看 HDFS 目录/input/hive 中生成的文件，发现 emp.txt 已导入到该目录，如图 9-19 所示。

```
[hadoop@centos01 ~]$ hadoop fs -ls -R /input/hive
-rwxr-xr-x   2 hadoop supergroup         40 2018-08-25 12:03 /input/hive/emp.txt
```

图 9-19　查看已导入的数据文件

查看导入的 emp.txt 的文件内容，如下：

```
$ hadoop fs -cat /input/hive/emp.txt
1    xiaoming
2    zhangsan
3    wangqiang
```

查看表 emp2 的数据，如下：

```
hive> SELECT * FROM test_db.emp2;
OK
1    xiaoming
2    zhangsan
3    wangqiang
Time taken: 0.331 seconds, Fetched: 3 row(s)
```

（3）删除外部表时，不会删除实际数据，但元数据会被删除。

例如，执行以下命令，删除在目录/input/hive 中创建的表 emp2：

```
hive> DROP TABLE test_db.emp2;
OK
Time taken: 0.491 seconds
```

然后查看 HDFS 目录/input/hive 中的数据，发现数据仍然存在，如图 9-20 所示。

```
[hadoop@centos01 ~]$ hadoop fs -ls -R /input/hive
-rwxr-xr-x   2 hadoop supergroup         40 2018-08-25 12:03 /input/hive/emp.txt
```

图 9-20　查看删除表数据后的 HDFS 文件数据

（4）创建外部表时，使用 LOCATION 关键字，可以将表与 HDFS 中已经存在的数据相关联。

例如，执行以下命令，在数据库 test_db 中创建外部表 emp3，并指定表数据所在的 HDFS 中的存储目录为/input/hive（该目录已经存在数据文件 emp.txt）：

```
hive> create external table test_db.emp3(
> id int,
> name string)
> row format delimited fields
> terminated by '\t' location '/input/hive';

OK
Time taken: 0.165 seconds
```

然后执行以下命令，查询表 emp3 的所有数据，发现该表已与数据文件 emp.txt 相关联：

```
hive> SELECT * FROM test_db.emp3;
OK
1    xiaoming
2    zhangsan
3    wangqiang
Time taken: 0.373 seconds, Fetched: 3 row(s)
```

内部表与外部表的区别总结如表 9-2 所示。

表 9-2 Hive 内部表与外部表的区别

操作	管理表（内部表）	外部表
CREATE/LOAD	将数据复制或移动到数据仓库目录	创建表时关联外部数据或将数据存储于外部目录（也可以存储于数据仓库目录，但不常用）
DROP	元数据和实际数据被一起删除	只删除元数据

> **注　意**
>
> 在实际开发中，外部表一般创建于数据仓库路径之外，因此创建外部表时常常指定 LOCATION 关键字。在多数情况下，内部表与外部表没有太大的区别（删除表除外）。一般来说，如果所有数据处理都由 Hive 完成，则应该使用内部表；如果同一个数据集既要用 Hive 处理又要用其他工具处理，则应该使用外部表。

9.8.3 分区表

Hive 可以使用关键字 PARTITIONED BY 对一张表进行分区操作。可以根据某一列的值将表分为多个分区，每一个分区对应数据仓库中的一个目录（相当于根据列的值将表数据进行分目录存储）。当查询数据的时候，根据 WHERE 条件 Hive 只查询指定的分区而不需要全表扫描，从而可以加快数据的查询速度。在 HDFS 文件系统中，分区实际上只是在表目录下嵌套的子目录。

Hive 中的分区好比关系型数据库中的索引。例如，有一张数据量非常大的学生表"student"，现需要查询年龄 age 等于 18 的所有数据。在关系型数据库中，需要对年龄 age 列建立索引，当查询时，数据库会先从索引列中找到匹配的数据，然后再根据匹配数据查询一整行数据。如果不建立索引则将先扫描每一行数据，然后取出该行数据的字段 age 进行对比。在 Hive 中，创建表的时候可以将列 age 设置为分区列，然后向表"student"添加或导入数据时，需要指定分区值（即数据所属的分区），例如设置分区值为 age=18，则会在表目录下生成一个名为 age=18 的子目录，年龄等于 18 的所有数据应当存储于该目录下。当查询 age=18 时，只查询指定的分区即可。

"student"表分区后的目录结构如图 9-21 所示。

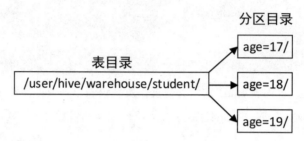

图 9-21　表分区后的目录结构

图 9-21 中根据年龄 age 的值设置了三个分区：17、18 和 19，分别对应于子目录 age=17、age=18 和 age=19。

此外，Hive 还支持在创建表时同时指定多个分区列。例如，将"student"表的年龄列 age 和性别列 gender 同时指定为分区列，命令如下：

```
hive> CREATE TABLE test_db.student(
    > id INT,
    > name STRING)
    > PARTITIONED BY (age INT, gender STRING)
    > ROW FORMAT DELIMITED FIELDS TERMINATED BY '\t';
```

加载数据的命令如下：

```
hive> LOAD DATA LOCAL INPATH '/home/hadoop/file1.txt'
    > INTO TABLE test_db.student
    > PARTITION(age=17,gender='male');
```

Hive 会根据分区列的指定顺序，生成嵌套子目录。加载更多数据到表"student"后，目录结构可能像如图 9-22 所示。

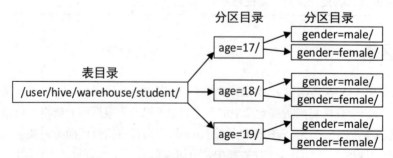

图 9-22　向表指定多个分区列后的目录结构

下面通过实际操作对分区表进行详细讲解：

(1)创建分区表。

在数据库 test_db 中创建分区表"student",表"student"包含四列:id(学号)、name(姓名)、age(年龄)和 gender(性别),将年龄 age 作为分区列。命令如下:

```
hive> CREATE TABLE test_db.student(
    > id INT,
    > name STRING,
    > gender STRING)
    > PARTITIONED BY (age INT)
    > ROW FORMAT DELIMITED FIELDS TERMINATED BY '\t';
```

需要注意的是,创建表时指定的表的列中不应该包含分区列,分区列需要使用关键字 PARTITIONED BY 在后面单独指定。Hive 将把分区列排在普通列之后。

(2)导入数据。

在本地目录/home/hadoop 中创建数据文件 file1.txt,并写入以下数据(注意,列之间用 Tab 键隔开):

```
1    zhangsan      male
2    zhanghua      female
3    wanglulu      female
4    liuxiaojie    male
```

然后将数据文件 file1.txt 导入表"student"中,同时指定分区值 age=17,命令如下:

```
hive> LOAD DATA LOCAL INPATH '/home/hadoop/file1.txt'
    > INTO TABLE test_db.student
    > PARTITION(age=17);
```

> **注 意**
>
> ①数据文件中列的顺序必须与创建表时指定的顺序一致,且不需要写入分区列 age 的数据,Hive 会自动将分区列放入最后一列。②导入数据时必须指定分区值。如果数据文件 file1.txt 中存在第四列,无论第四列的值是多少,Hive 会自动将第四列替换为分区列,且值为指定的分区值,本例为 17。

导入成功后,查看 HDFS 数据仓库中表"student"目录中的文件,发现生成了一个名为"age=17"的文件夹,且文件 file1.txt 也导入到了该文件夹中,如图 9-23 所示。

```
[hadoop@centos01 ~]$ hadoop fs -ls -R /user/hive/warehouse/test_db.db/student
drwxrwxr-x   - hadoop supergroup          0 2018-08-25 15:19 /user/hive/warehouse/test_db.db/student/age=17
-rwxrwxr-x   2 hadoop supergroup         82 2018-08-25 15:19 /user/hive/warehouse/test_db.db/student/age=17/file1.txt
```

图 9-23 查看数据仓库中导入的分区文件

图 9-23 中的文件夹"age=17"则为表"student"的一个分区,所有年龄为 17 的学生数据都将存储在该文件夹中。

同理,将年龄为 20 的学生数据放入文件 file2.txt,然后导入到表"student"中。导入命令如下:

```
hive> LOAD DATA LOCAL INPATH '/home/hadoop/file2.txt'
    > overwrite into table test_db.student
    > PARTITION(age=20);
```

导入成功后,查看 HDFS 数据仓库中表"student"目录中的文件,发现又生成了一个名为"age=20"的文件夹,该文件夹则为表"student"的另一个分区,如图 9-24 所示。

```
[hadoop@centos01 ~]$ hadoop fs -ls -R /user/hive/warehouse/test_db.db/student
drwxrwxr-x   - hadoop supergroup          0 2018-08-25 15:54 /user/hive/warehouse/test_db.db/student/age=17
-rwxrwxr-x   2 hadoop supergroup         91 2018-08-25 15:54 /user/hive/warehouse/test_db.db/student/age=17/file2.txt
drwxrwxr-x   - hadoop supergroup          0 2018-08-25 17:11 /user/hive/warehouse/test_db.db/student/age=20
-rwxrwxr-x   2 hadoop supergroup         91 2018-08-25 17:11 /user/hive/warehouse/test_db.db/student/age=20/file2.txt
```

图 9-24 查看数据仓库中的多个分区文件

(3) 查询分区表数据。

可以在 SELECT 语句中按常用的方式使用分区列,Hive 将根据查询条件只扫描相关的分区。如下:

```
hive> SELECT name,age FROM student WHERE age=17;
OK
zhangsan    17
zhanghua    17
wanglulu    17
liuxiaojie  17
Time taken: 0.335 seconds, Fetched: 4 row(s)
```

执行上述查询命令后,Hive 将不会扫描分区"age=20"中的文件。上述查询结果中的分区列的值是从分区目录名中读取的,因为分区列在数据文件中并不存在。

也可以使用 UNION 关键字将多个分区联合查询,命令如下:

```
hive> SELECT * FROM student WHERE age=17
    > UNION
    > SELECT * FROM student WHERE age=20;
```

执行上述查询命令后,Hive 将开启 MapReduce 任务进行数据的读取与合并。

(4) 增加分区。

使用修改表关键字 ALTER 可以为现有分区列增加一个分区目录。例如,在表"student"中增加一个分区 age=21,命令如下:

```
hive> ALTER TABLE student ADD PARTITION(age=21);
```

执行成功后,查看 HDFS 数据仓库中表"student"目录中的文件,发现生成了一个名为"age=21"的文件夹,如图 9-25 所示。

```
[hadoop@centos01 ~]$ hadoop fs -ls -R /user/hive/warehouse/test_db.db/student
drwxrwxr-x   - hadoop supergroup          0 2018-08-25 15:54 /user/hive/warehouse/test_db.db/student/age=17
-rwxrwxr-x   2 hadoop supergroup         91 2018-08-25 15:54 /user/hive/warehouse/test_db.db/student/age=17/file2.txt
drwxrwxr-x   - hadoop supergroup          0 2018-08-25 17:11 /user/hive/warehouse/test_db.db/student/age=20
-rwxrwxr-x   2 hadoop supergroup         91 2018-08-25 17:11 /user/hive/warehouse/test_db.db/student/age=20/file2.txt
drwxrwxr-x   - hadoop supergroup          0 2018-08-27 09:54 /user/hive/warehouse/test_db.db/student/age=21
```

图 9-25 查看数据仓库中增加的分区文件

若需要同时增加多个分区,命令如下:

```
hive> ALTER TABLE student ADD PARTITION(age=21) PARTITION(age=22);
```

需要注意的是,以上命令只是为现有的分区列增加一个或多个分区目录,并不是增加其他的分区列。

（5）删除分区。

删除分区将删除分区目录及目录下的所有数据文件。例如，删除分区 age=17，命令如下：

```
hive> ALTER TABLE test_db.student DROP PARTITION (age=17);
```

同时删除多个分区，命令如下：

```
hive> ALTER TABLE test_db.student DROP PARTITION (age=17),PARTITION (age=21);
```

（6）查看分区。

查看表的所有分区，命令如下：

```
hive> show partitions test_db.student;
```

（7）动态分区。

使用 LOAD 关键字导入数据到表中，默认使用的是静态分区（即需要指定分区值，Hive 根据分区值创建分区目录）。

9.8.4 分桶表

在 Hive 中，可以将表或者分区进一步细分成桶，桶是对数据进行更细粒度的划分，以便获得更高的查询效率。桶在数据存储上与分区不同的是，一个分区会存储为一个目录，数据文件存储于该目录中，而一个桶将存储为一个文件，数据内容存储于该文件中。

在 Hive 中，可以直接在普通表上创建分桶，也可以在分区表中创建分桶，存储模型如图 9-26 和图 9-27 所示。

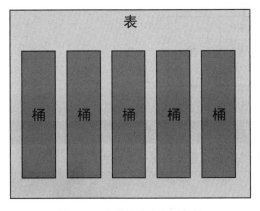

图 9-26　在普通表中创建分桶

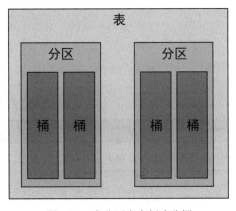

图 9-27　在分区表中创建分桶

在创建表的时候需要指定分桶的列以及桶的数量。当添加数据的时候，Hive 将对分桶列的值进行哈希计算，并将结果除以桶的个数，最后取余数。然后根据余数将数据分配到不同的桶中（每一个桶都会有自己的编号，从 0 开始。余数为 0 的行数据被分配到编号为 0 的桶中，余数为 1 的行数据被分配到编号为 1 的桶中，依次类推）。这样可以尽量将数据平均分配到各个桶中。基于这种方式，分桶列中的值相同的行数据将被分配到同一个桶中。这种分配方式与 MapReduce 中相同的 key 被分配到同一个 Reduce 中的原理是类似的。

那么到底如何通过分桶提高查询效率呢？举个例子，Hive 中有两张表：用户表和订单表。现在需要对两张表进行 JOIN 连接查询，如果两张表的数据量非常大，连接查询将耗费大量时间，这时候就可以对连接字段进行分桶。如图 9-28 所示，对订单表的 uid 列进行分桶，分桶个数为 3，相同 uid 所在的一整行数据则会被分配到同一个桶中。当再次对表进行 JOIN 连接查询时，将根据 uid 快速定位到数据所在的桶，只从桶中查找数据，而不需要进行全表扫描，大大提高了查询效率。

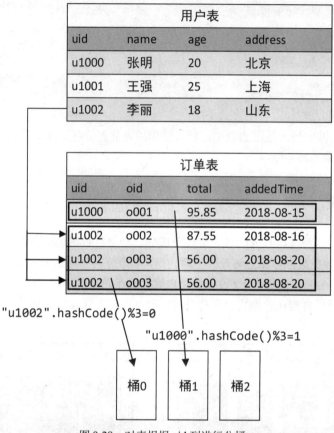

图 9-28 对表根据 uid 列进行分桶

> **注 意**
>
> 分区列不能作为分桶列，否则一个分区下的数据将全部被分配到同一个桶中。

下面通过实际操作对分桶表进行详细讲解。

1. 分桶表操作

（1）创建分桶表。

创建用户表"user_info"，并根据 user_id 进行分桶，桶的数量为 6，命令如下：

```
hive> CREATE TABLE user_info (user_id INT, name STRING)
    > CLUSTERED BY(user_id)
    > INTO 6 BUCKETS
    > ROW FORMAT DELIMITED FIELDS TERMINATED BY '\t';
```

创建成功后,查看表"user_info"的描述信息,命令及主要描述信息如下:

```
hive> DESC FORMATTED user_info;
OK
Location:
hdfs://centos01:9000/user/hive/warehouse/test_db.db/user_info
Table Type:             MANAGED_TABLE
Compressed:             No
Num Buckets:            6
Bucket Columns:         [user_id]
```

(2)向分桶表导入数据。

在本地目录/home/hadoop 下创建数据文件 user_info.txt,写入以下数据(列之间以 Tab 键分隔):

```
1001    zhangsan
1002    liugang
1003    lihong
1004    xiaoming
1005    zhaolong
1006    wangwu
1007    sundong
1008    jiangdashan
1009    zhanghao
1010    lisi1001
```

执行以下命令,将数据文件 user_info.txt 导入表"user_info":

```
hive> LOAD DATA LOCAL INPATH '/home/hadoop/user_info.txt' INTO TABLE user_info;
```

发现报如下错误:

```
FAILED: SemanticException Please load into an intermediate table and use
'insert... select' to allow Hive to enforce bucketing. Load into bucketed tables
are disabled for safety reasons.
```

根据上述错误信息可以得知,Hive 默认不支持通过 LOAD 命令导入数据到分桶表(在 Hive 旧版本中默认可以使用 LOAD 命令导入,但仅仅是将数据复制或移动到表目录下,并不会平均分配到各个桶中),代替的是先将数据导入一张中间表(可以是普通表,也可以是临时表)中,然后通过"INSERT... SELECT"的方式,将普通表的数据导入到分桶表。

(3)创建中间表。

执行以下命令,创建一张中间表"user_info_tmp":

```
hive> CREATE TABLE user_info_tmp (user_id INT, name STRING)
    > ROW FORMAT DELIMITED FIELDS TERMINATED BY '\t';
```

(4)向中间表导入数据。

执行以下命令,将数据导入到表"user_info_tmp"中:

```
hive> LOAD DATA LOCAL INPATH '/home/hadoop/user_info.txt'
    > INTO TABLE user_info_tmp;
```

(5)将中间表的数据导入到分桶表。

执行以下命令，将中间表"user_info_tmp"中的数据导入到分桶表"user_info"中：

```
hive> INSERT INTO TABLE user_info
    > SELECT user_id,name FROM user_info_tmp;
```

上述命令执行时控制台的部分日志信息如下：

```
Hadoop job information for Stage-1: number of mappers: 1;number of reducers: 6
    2018-08-28 15:07:48,318 Stage-1 map = 100%,reduce = 0%, Cumulative CPU 2.12 sec
    2018-08-28 15:09:10,003 Stage-1 map = 100%,reduce = 11%, Cumulative CPU 5.91 sec
    2018-08-28 15:09:11,524 Stage-1 map = 100%,reduce = 44%, Cumulative CPU 6.44 sec
    2018-08-28 15:09:39,375 Stage-1 map = 100%,reduce = 78%, Cumulative CPU 13.62 sec
    2018-08-28 15:09:43,150 Stage-1 map = 100%,reduce = 100%, Cumulative CPU 19.83 sec
```

从上述日志信息可以看出，Hive 底层使用 MapReduce 任务进行数据的导入工作，且启用的 reducer 的个数为 6，mapper 的个数为 1。reducer 的数量默认与表"user_info"的分桶数量一致。

（6）查看桶数据对应的 HDFS 数据仓库文件。

查看 HDFS 数据仓库中表"user_info"所在目录下的所有文件，可以看到，在目录 user_info 下生成了 6 个文件，编号分别从 0 到 5，而表"user_info"的数据则均匀地分布在这些文件中，如图 9-29 所示。

```
[hadoop@centos01 ~]$ hadoop fs -ls -R /user/hive/warehouse/test_db.db/user_info
-rwxrwxr-x   2 hadoop supergroup       30 2018-08-28 15:10 /user/hive/warehouse/test_db.db/user_info/000000_0
-rwxrwxr-x   2 hadoop supergroup       26 2018-08-28 15:10 /user/hive/warehouse/test_db.db/user_info/000001_0
-rwxrwxr-x   2 hadoop supergroup       28 2018-08-28 15:10 /user/hive/warehouse/test_db.db/user_info/000002_0
-rwxrwxr-x   2 hadoop supergroup       14 2018-08-28 15:10 /user/hive/warehouse/test_db.db/user_info/000003_0
-rwxrwxr-x   2 hadoop supergroup       12 2018-08-28 15:10 /user/hive/warehouse/test_db.db/user_info/000004_0
-rwxrwxr-x   2 hadoop supergroup       27 2018-08-28 15:10 /user/hive/warehouse/test_db.db/user_info/000005_0
```

图 9-29　查看数据仓库中的桶数据文件

分别查看以上生成的 6 个文件中的数据，如图 9-30 所示。

```
[hadoop@centos01 ~]$ hadoop fs -cat /user/hive/warehouse/test_db.db/user_info/000000_0
1008    jiangdashan
1002    liugang
[hadoop@centos01 ~]$ hadoop fs -cat /user/hive/warehouse/test_db.db/user_info/000001_0
1009    zhanghao
1003    lihong
[hadoop@centos01 ~]$ hadoop fs -cat /user/hive/warehouse/test_db.db/user_info/000002_0
1010    lisi1001
1004    xiaoming
[hadoop@centos01 ~]$ hadoop fs -cat /user/hive/warehouse/test_db.db/user_info/000003_0
1005    zhaolong
[hadoop@centos01 ~]$ hadoop fs -cat /user/hive/warehouse/test_db.db/user_info/000004_0
1006    wangwu
[hadoop@centos01 ~]$ hadoop fs -cat /user/hive/warehouse/test_db.db/user_info/000005_0
1007    sundong
1001    zhangsan
```

图 9-30　查看数据仓库中每个桶的数据

2．分桶表数据抽样

当需要做某一方面的调查或分析时，往往需要从大量数据集中抽取出具有代表性的数据作为调查样本，而不是查询全部数据。这时可以使用 Hive 对分桶表进行抽样查询，在每个桶或部分桶中只抽取部分数据。

使用抽样查询需要用到语法 TABLESAMPLE(BUCKET x OUT OF y)，其中 y 必须是表分桶数的倍数或者因子，Hive 会根据 y 的大小，决定抽样的比例。例如，表总共分了 4 个桶，当 y=2 时，则抽取 2(4/2=2) 个桶的数据；当 y=8 时，则抽取 1/2(4/8=1/2) 个桶的数据。

x 表示从第几个桶开始抽取，同时 y 也是抽取的下一个桶与上一个桶的编号间隔数。例如，表分桶数为 4，TABLESAMPLE(BUCKET 1 OUT OF 2)表示总共抽取 2(4/2=2) 个桶的数据，分别为第 1 个和第 3(1+2=3)个桶。

以前面创建的分桶表"user_info"为例，对其进行抽样查询，查询命令及结果如下：

```
hive> select * from user_info tablesample(bucket 1 out of 2);
OK
user_info.user_id    user_info.name
1008    jiangdashan
1002    liugang
1010    lisi1001
1004    xiaoming
1006    wangwu
Time taken: 0.302 seconds, Fetched: 5 row(s)
```

我们已经知道，表"user_info"的分桶个数为 6，则上述命令中抽取的桶的个数为 3（6/2=3），抽取的桶分别为第 1 个、第 3（1+2=3）个和第 5（3+2=5）个。

注 意

分桶语法中 x 的值必须小于等于 y 的值，否则会抛出以下异常：
FAILED: SemanticException [Error 10061]: Numerator should not be bigger than denominator in sample clause for table user_info

---

9.9 Hive 查询

Hive 查询语句的语法如下：

```
SELECT [ALL | DISTINCT] select_expr, select_expr, ...
  FROM table_reference
  [WHERE where_condition]
  [GROUP BY col_list]
  [ORDER BY col_list]
  [CLUSTER BY col_list
    | [DISTRIBUTE BY col_list] [SORT BY col_list]
  ]
  [LIMIT [offset,] rows]
```

SELECT 语句可以是联合查询或另一个查询的子查询的一部分。table_reference 表示查询的输入,可以是常规表、视图、表连接或子查询。

9.9.1 SELECT 子句查询

1. WHERE 子句

WHERE 条件是布尔表达式。例如,下面的查询只返回来自美国地区的金额大于 10 的销售记录。Hive 在 WHERE 子句中支持许多操作符和自定义函数。

```
SELECT * FROM sales WHERE amount > 10 AND region = "US"
```

2. ALL 和 DISTINCT 子句

ALL 和 DISTINCT 选项指定是否应该返回重复的行,默认为 ALL(返回所有匹配的行)。DISTINCT 指定从结果集中删除重复行(注意,Hive 从版本 1.1.0 开始支持 DISTINCT)。

例如,表 t1 中有两列 col1 和 col2,数据如下:

```
hive> SELECT col1, col2 FROM t1
    1 3
    1 3
    1 4
    2 5
```

查询列 col1 和 col2 并去掉重复数据:

```
hive> SELECT DISTINCT col1, col2 FROM t1
    1 3
    1 4
    2 5
```

查询列 col1 并去掉重复数据:

```
hive> SELECT DISTINCT col1 FROM t1
    1
    2
```

3. HAVING 子句

HAVING 子句主要用于对 GROUP BY 语句产生的分组进行条件过滤。

Hive 在 0.7.0 版本中增加了对 HAVING 子句的支持。在早期版本的 Hive 中,可以通过使用子查询来达到同样的效果。例如:

```
SELECT col1 FROM t1 GROUP BY col1 HAVING SUM(col2) > 10
```

也可以用以下语句代替:

```
SELECT col1 FROM (SELECT col1, SUM(col2) AS col2sum FROM t1 GROUP BY col1) t2
WHERE t2.col2sum > 10
```

4. LIMIT 子句

LIMIT 子句可用于限制 SELECT 语句返回的行数。LIMIT 有一个或两个数值参数,它们都必须是非负整数常量。第一个参数指定要返回的开始行的偏移量(即行号,从 0 开始),第二个参数指定要返回的最大行数。当给定一个参数时，表示最大行数，偏移默认值为 0。

以下查询返回表 customers 中的前 5 条数据：

```
SELECT * FROM customers LIMIT 5
```

以下查询返回表 customers 中创建时间最早的前 5 条数据（ORDER BY 默认升序排列）：

```
SELECT * FROM customers ORDER BY create_date LIMIT 5
```

以下查询返回表 customers 中创建时间最早的第 3 到 7 第条数据：

```
SELECT * FROM customers ORDER BY create_date LIMIT 3,7
```

5. GROUP BY 子句

GROUP BY 子句用于对表中的列进行分组查询。

例如，统计表 users 中不同性别的用户数量，查询结果显示性别和数量。因此，可以根据性别字段进行分组：

```
SELECT users.gender, count(*)
FROM users
GROUP BY users.gender;
```

在 GROUP BY 查询中也可以同时指定多个聚合函数，但是多个函数需要指定同一列：

```
SELECT users.gender,count(DISTINCT users.userid), count(*), sum(DISTINCT users.userid)
FROM users
GROUP BY users.gender;
```

当使用 GROUP BY 子句时，SELECT 语句只能包含 GROUP BY 子句中包含的列或者是聚合函数。例如有一张表 t1：

```
CREATE TABLE t1(a INTEGER, b INTGER);
```

对表 t1 进行 GROUP BY 查询：

```
SELECT
    a,sum(b)
FROM
    t1
GROUP BY
    a;
```

上述查询是有效的，SELECT 子句包含了一个 GROUP BY 列（a）和一个聚合函数（sum(b)）。而下面的查询则是错误的：

```
SELECT
    a,b
FROM
    t1
GROUP BY a;
```

这是因为 SELECT 子句有一个额外的列（b），它不包含在 GROUP BY 子句中（而且它也不是聚合函数）。

6. ORDER BY 和 SORT BY

ORDER BY 与 RDBMS 中的 ORDER BY 一样，对全局结果进行排序。这就意味着，使用 ORDER BY，所有数据只能通过一个 reducer 进行处理（多个 reducer 无法保证全局有序），当数据量特别大时，处理结果将非常缓慢。

SORT BY 只是对进入 reducer 中的数据进行排序，相当于局部排序。可以保证每个 reducer 的输出数据都是有序的，但保证不了全局数据的顺序。

当 reducer 的数量都为 1 时，使用 ORDER BY 和 SORT BY 的排序结果是一样的，但如果 reducer 的数量大于 1，排序结果将不同。

例如，在数据库 test_db 中有一张用户表 user_info，数据如下：

```
hive> SELECT * FROM user_info;
OK
user_info.user_id   user_info.name
1001    zhangsan
1002    liugang
1003    lihong
1004    xiaoming
1005    zhaolong
1006    wangwu
1007    sundong
1008    jiangdashan
1009    zhanghao
1010    lisi
Time taken: 0.271 seconds, Fetched: 10 row(s)
```

使用 ORDER BY 对表按照 user_id 字段进行降序排序，如下：

```
hive> SELECT * FROM user_info ORDER BY user_id DESC;
```

查询过程的部分日志信息如下：

```
Hadoop job information for Stage-1:number of mappers: 1; number of reducers: 1
```

使用 SORT BY 对表按照 user_id 字段进行降序排序，如下：

```
hive> SELECT * FROM user_info SORT BY user_id DESC;
```

查询过程的部分日志信息如下：

```
Hadoop job information for Stage-1:number of mappers: 1; number of reducers: 1
```

在默认情况下，上述两个语句的查询结果一致，都使用了 1 个 reducer 进行处理（Hive 会根据数据量自动分配 reducer 的数量）。

现执行以下命令，将 reducer 数量设置为 2：

```
hive> SET mapred.reduce.tasks=2;
```

然后再次使用 SORT BY 按照 user_id 字段进行降序排序，部分日志信息如下：

```
Hadoop job information for Stage-1:number of mappers: 1; number of reducers: 2
```

查询结果如下:

```
hive (test_db)> select * from user_info sort by user_id desc;
user_info_tmp.user_id    user_info_tmp.name
1010    lisi
1008    jiangdashan
1005    zhaolong
1004    xiaoming
1003    lihong
1001    zhangsan
1009    zhanghao
1007    sundong
1006    wangwu
1002    liugang
Time taken: 53.799 seconds, Fetched: 10 row(s)
```

从上述结果中可以看出,数据并没有按照全局进行排列,而是分成了两组(因为 reducer 的数量为 2),每一组分别按照降序排列。

7. DISTRIBUTE BY 和 CLUSTER BY

我们已经知道,MapReduce 中的数据都是以键值对的方式进行组织的。默认情况下,MapReduce 会根据键的哈希值均匀地将键值对分配到多个 reducer 中。而 DISTRIBUTE BY 的作用主要是控制键值对是如何划分到 reducer 中的。使用 DISTRIBUTE BY 可以保证某一列具有相同值的记录被分发到同一个 reducer 中进行处理,然后可以结合 SORT BY 对每一个 reducer 的数据进行排序,从而达到期望的输出结果。

例如,有一张订单表 t_order,该表有四列:订单 ID、用户 ID、订单价格和下单日期。完整数据如下:

```
hive> SELECT * FROM order_info;
OK
t_order.order_id    t_order.user_id    t_order.order_price
t_order.order_date
001    1    55.5     2018-09-01
002    2    73.4     2018-09-01
003    3    99.2     2018-09-02
004    1    34.55    2018-09-02
005    1    77.58    2018-09-02
006    2    45.56    2018-09-02
007    3    77.5     2018-09-03
008    2    28.0     2018-09-03
009    1    36.0     2018-09-03
Time taken: 0.272 seconds, Fetched: 9 row(s)
```

现需要将同一个用户 ID 的订单数据排列在一起,并按照下单日期降序排列。此时可以使用 DISTRIBUTE BY 将具有相同用户 ID 的记录分发到同一个 reducer 中,然后结合 SORT BY 对每一个 reducer 中的数据按照下单日期降序排列。

基于上述需求,可以首先设置一下 reducer 的个数,例如设置为 10:

```
hive> SET mapred.reduce.tasks=10;
```

然后执行以下查询语句：

```
hive> SELECT t.user_id,t.order_date FROM order_info t
    > DISTRIBUTE BY t.user_id
    > SORT BY t.order_date DESC;

OK
t.user_id    t.order_date
1            2018-09-03
1            2018-09-02
1            2018-09-02
1            2018-09-01
2            2018-09-03
2            2018-09-02
2            2018-09-01
3            2018-09-03
3            2018-09-02
Time taken: 154.368 seconds, Fetched: 9 row(s)
```

从上述输出结果可以看出，同一个 user_id 排列在了一起，且同一个 user_id 按照日期降序排列。

CLUSTER BY 同时具备 DISTRIBUTE BY 和 SORT BY 的功能，但排序只能是升序排列，且不能指定 DESC 或 ASC。若上述 DISTRIBUTE BY 和 SORT BY 后面的字段相同，且采用升序排列，则可以使用 CLUSTER BY 代替。查询语句及结果如下：

```
hive> SELECT t.user_id,t.order_date FROM order_info t
    > CLUSTER BY t.user_id;

OK
t.user_id    t.order_date
1            2018-09-03
1            2018-09-02
1            2018-09-02
1            2018-09-01
2            2018-09-03
2            2018-09-02
2            2018-09-01
3            2018-09-03
3            2018-09-02
Time taken: 178.262 seconds, Fetched: 9 row(s)
```

8. UNION 子句

UNION 用于将多个 SELECT 语句的结果合并到单个结果集中。UNION 子句的语法如下：

```
select_statement UNION [ALL | DISTINCT] select_statement UNION [ALL | DISTINCT]
select_statement ...
```

在 1.2.0 之前的 Hive 版本只支持 UNION ALL，不会发生重复行删除，结果包含所有 SELECT 语句中的所有匹配行。在 Hive 1.2.0 和之后版本中，UNION 的默认行为是从结果中删除重复的行。也就是默认为 UNION DISTINCT，指定了重复行的删除。当然，也可以在同一个查询中混合 UNION ALL 和 UNION DISTINCT。

如果必须对 UNION 的结果进行一些额外的处理，则整个语句表达式可以嵌入到 FROM 子句中，语法如下：

```
SELECT *
FROM (
  select_statement
  UNION ALL
  select_statement
) unionResult
```

例如，有两个不同的表：action_video 和 action_comment，分别用于记录用户发布的视频信息和用户发表的评论信息。下面的查询使用 UNION ALL 将两张表根据日期 2008-06-03 筛选后的数据进行合并，并将合并后的数据作为一张表 actions；然后将表 actions 与用户表 users 进行连接查询，获得用户 ID 与发布日期。

```
SELECT u.id, actions.date
FROM (
    SELECT av.uid AS uid
    FROM action_video av
    WHERE av.date = '2008-06-03'
    UNION ALL
    SELECT ac.uid AS uid
    FROM action_comment ac
    WHERE ac.date = '2008-06-03'
) actions JOIN users u ON (u.id = actions.uid)
```

如果要对单个 SELECT 使用 ORDER BY、SORT BY、CLUSTER BY、DISTRIBUTE BY 或 LIMIT，可以将子句放在包含 SELECT 的括号内，如下：

```
SELECT key FROM (SELECT key FROM src ORDER BY key LIMIT 10)subq1
UNION
SELECT key FROM (SELECT key FROM src1 ORDER BY key LIMIT 10)subq2
```

如果要将 ORDER BY、SORT BY、CLUSTER BY、DISTRIBUTE BY 或 LIMIT 子句应用到整个 UNION 结果中，可以将这些子句放置在最后一个结果之后。如下示例同时使用了 ORDER BY 和 LIMIT 子句：

```
SELECT key FROM src
UNION
SELECT key FROM src1
ORDER BY key LIMIT 10
```

UNION 在表达式的两端需要使用相同的列 schema。因此，下面的查询可能会失败，并且会抛出异常：

```
SELECT name, id, category FROM source_table_1
    UNION ALL
SELECT name, id, "Category159" FROM source_table_2
```

在这种情况下，使用列别名可以强制指定列为相同的 schema：

```
SELECT name, id, category FROM source_table_1
```

```
    UNION ALL
SELECT name, id, "Category159" as category FROM source_table_2
```

为了联合不同的数据类型（例如，字符串类型和日期类型）到同一个结果集中，查询中需要从字符串到日期或从日期到字符串的显式转换：

```
SELECT name, id, cast('2001-01-01' as date) d FROM source_table_1
UNION ALL
SELECT name, id, hiredate as d FROM source_table_2
```

9.9.2 JOIN 连接查询

Hive 中没有主外键之分，但是可以进行多表关联查询。

例如，在数据库 test_db 中有两张表：用户表 "t_user" 和订单表 "t_order"。用户表列出了用户 ID 和用户姓名，订单表列出了订单 ID、商品名称和用户 ID。

用户表数据如下：

```
uid        name
1          张三
2          李四
3          王五
```

订单表数据如下：

```
oid        proname        uid
1          手机           1
2          平板           1
3          音箱           2
```

下面对两张表的关联查询进行讲解。

1. 内连接

内连接使用关键字 JOIN…ON 通过关联字段连接两张表，且同一个关联字段的值，两张表中的数据都存在才会在查询结果中显示（类似 MySQL 中的 INNER JOIN）。

例如有一个这样的需求：查询用户的下单信息，需要显示用户信息和订单信息，未下单的用户不显示。

我们可以将用户表与订单表根据字段 uid 进行关联查询，命令及结果如下：

```
hive> SELECT * FROM t_user
    > JOIN t_order ON t_user.uid=t_order.uid;

OK
t_user.uid  t_user.name    t_order.oid    t_order.name    t_order.uid
1           张三           1              手机            1
1           张三           2              平板            1
2           李四           3              音箱            2
Time taken: 88.946 seconds, Fetched: 3 row(s)
```

上述命令执行时，底层将启用 MapReduce 任务来查询表数据。

从上述输出结果可以看到，用户张三有两笔订单，用户李四有一笔订单，用户王五由于没有订单，在查询结果中未显示。

此外，也可以使用下面的命令代替上述查询命令：

```
hive> SELECT * FROM t_user,t_order
    > WHERE t_user.uid=t_order.uid;
```

2. 左外连接

左外连接以左表为准，使用关键字 LEFT OUTER JOIN...ON 通过关联字段连接右表，与内连接不同的是，左表中的所有数据都会显示，若左表中关联字段的值在右表中不存在，则右表中不存在的关联数据将置为空值 NULL（类似 MySQL 中的 LEFT JOIN）。

例如有一个这样的需求：查询所有用户的下单信息，需要显示用户信息和订单信息，未下单用户同样需要显示。

我们可以以用户表为左表，订单表为右表进行左外连接查询，命令及结果如下：

```
hive> SELECT * FROM t_user
    > LEFT OUTER JOIN t_order
    > ON t_user.uid=t_order.uid;

OK
t_user.uid  t_user.name  t_order.oid  t_order.name  t_order.uid
1           张三           1            手机            1
1           张三           2            平板            1
2           李四           3            音箱            2
3           王五           NULL         NULL          NULL
Time taken: 84.386 seconds, Fetched: 4 row(s)
```

从上述结果中可以看出，左表的用户数据都存在，而用户"王五"由于在右表中没有其关联的数据，因此以空值 NULL 代替。

3. 右外连接

右外连接与左外连接正好相反，以右表为准，使用关键字 RIGHT OUTER JOIN...ON 通过关联字段连接左表，右表中的所有数据都会显示，若右表中关联字段的值在左表中不存在，则左表中不存在的关联数据将置为空值 NULL（类似 MySQL 中的 RIGHT JOIN）。

例如有一个这样的需求：查询所有订单信息，并显示订单所属用户信息。

我们可以以用户表为左表，订单表为右表进行右外连接查询，命令及结果如下：

```
hive> SELECT * FROM t_user
    > RIGHT OUTER JOIN t_order
    > ON t_user.uid=t_order.uid;

OK
t_user.uid  t_user.name  t_order.oid  t_order.name  t_order.uid
1           张三           1            手机            1
1           张三           2            平板            1
2           李四           3            音箱            2
Time taken: 82.974 seconds, Fetched: 3 row(s)
```

从上述结果中可以看出，右表的订单数据都存在，而右表关联字段 uid 的值在左表中也都存在，因此左表关联数据不存在空值 NULL 的情况，但用户"王五"由于在右表中没有其关联的数据，因此未显示。

4．全外连接

全外连接是左外连接与右外连接的综合，使用关键字 FULL OUTER JOIN...ON 通过关联字段连接两张表，将会显示两张表中的所有数据。若其中一张表中的关联字段的值在另一张表中不存在，则另一张表的查询数据将以空值 NULL 代替。

例如有这样一个需求：查询所有用户的所有订单信息，需要显示所有用户及所有订单。

我们可以使用全外连接将用户表与订单表进行关联查询，命令及结果如下：

```
hive> SELECT * FROM t_user
    > FULL OUTER JOIN t_order
    > ON t_user.uid=t_order.uid;

OK
t_user.uid  t_user.name  t_order.oid  t_order.name  t_order.uid
1           张三         2            平板          1
1           张三         1            手机          1
2           李四         3            音箱          2
3           王五         NULL         NULL          NULL
Time taken: 103.817 seconds, Fetched: 4 row(s)
```

上述查询结果显示了所有用户及所有订单信息，没有关联的数据则显示为空值 NULL。

5．半连接

半连接使用关键字 LEFT SEMI JOIN...ON 通过关联字段连接右表，与外连接不同的是，半连接的查询结果只显示左表的内容，即显示与右表相关联的左表数据（类似于 MySQL 中的 IN 和 EXISTS 查询）。

例如有一个这样的需求：查询有订单数据的所有用户信息（即无订单数据的用户信息不需要显示）。

我们可以以用户表为左表，订单表为右表进行半连接查询，命令及结果如下：

```
hive> SELECT * FROM t_user
    > LEFT SEMI JOIN t_order
    > ON t_user.uid=t_order.uid;

OK
t_user.uid  t_user.name
1           张三
2           李四
Time taken: 66.088 seconds, Fetched: 2 row(s)
```

从上述结果中可以看出，只显示了左表的数据，左表中的用户"王五"由于在右表中没有其关联的数据，因此未显示。

此外，上述查询命令也可以使用 IN 关键字代替，如下所示：

```
hive> SELECT * FROM t_user
    > WHERE uid IN(SELECT uid FROM t_order);
```

还可以使用 EXISTS 关键字代替，如下：

```
hive> SELECT * FROM t_user
    > WHERE EXISTS (
    > SELECT * FROM t_order
    > WHERE t_order.uid = t_user.uid
    > );
```

9.10 其他 Hive 命令

1. 在 Linux Shell 中执行 Hive 命令

在 Linux Shell 中执行 "hive -help" 命令，可显示常用的可以直接在 Linux Shell 中执行的 Hive 命令参数，如下：

```
$ hive -help
usage: hive
 -d,--define <key=value>          Variable substitution to apply to Hive
                                  commands. e.g. -d A=B or --define A=B
    --database <databasename>     Specify the database to use
 -e <quoted-query-string>         SQL from command line
 -f <filename>                    SQL from files
 -H,--help                        Print help information
    --hiveconf <property=value>   Use value for given property
    --hivevar <key=value>         Variable substitution to apply to Hive
                                  commands. e.g. --hivevar A=B
 -i <filename>                    Initialization SQL file
 -S,--silent                      Silent mode in interactive shell
 -v,--verbose                     Verbose mode (echo executed SQL to the
                                  console)
```

下面解析几个常用的参数：

（1）--database。

启动 Hive CLI 时，指定要使用的数据库。

例如，在 Linux Shell 中执行以下命令，指定使用数据库 "test_db"。执行成功后将直接进入 Hive 命令行模式。

```
$ hive --database test_db
hive>
```

（2）-e。

在 Linux Shell 中执行需要使用的 SQL 语句。

例如，在 Linux Shell 中执行以下命令，将直接使用默认数据库 "default" 查询表 "student" 的数据且不会进入到 Hive 命令行模式：

```
$ hive -e "select * from student;"
```

（3）-f。

批量执行本地系统或 HDFS 系统中指定文件中的 SQL 语句。

例如，在本地系统目录/home/hadoop 中创建一个文件 hive.sql，并向其写入以下 SQL 命令：

```
insert into stu values(1,'zhangsan');
select * from student;
```

然后执行以下命令，将批量执行文件 hive.sql 中的 SQL 命令：

```
$ hive -f /home/hadoop/hive.sql
```

除了执行本地文件中的 SQL 外，也可以执行 HDFS 系统中的文件，如下：

```
$ hive -f hdfs://centos01:9000/input/hive.sql
```

（4）--hiveconf。

启动 Hive CLI 时，给指定属性设置值。

例如，执行以下命令，启动 Hive CLI 时将当前日志级别改为 DEBUG（开启调试模式）。启动后，在 Hive CLI 中执行的所有命令将输出详细的日志信息。

```
$ hive --hiveconf hive.root.logger=DEBUG,console
```

执行以下命令，启动 Hive CLI 时设置 Reduce 任务数为 10：

```
$ hive -hive conf mapred.reduce.tasks=10
```

启动后，使用 set 命令可以查看属性的值：

```
hive> SET mapred.reduce.tasks;
mapred.reduce.tasks=10
```

也可在 Hive CLI 中使用 set 命令给指定属性设置值：

```
hive> SET mapred.reduce.tasks=20;
```

需要注意的是，使用--hiveconf 参数和 set 命令给属性设置的值，仅对本次会话有效。当退出 Hive CLI 时将失效。若想永久有效需要修改 Hive 配置文件 hive-site.xml。

2. 在 Hive CLI 中执行 Linux Shell 命令

在 Hive CLI 中也可以执行 Linux Shell 命令，只需要在 Shell 命令前面加上感叹号并以分号结尾即可。例如，在 Hive CLI 中查看当前系统启动的 Java 进程：

```
hive> !jps;
```

查看本地系统某个文件夹的文件列表：

```
hive> !ls /home/hadoop;
```

查看 HDFS 文件系统中某个目录下的文件列表：

```
hive> !hadoop fs -ls /user/hive;
```

此外，Hive 也提供了专门操作 HDFS 的命令，命令前缀为 dfs：

```
hive> dfs -ls /user/hive;
```

3. 退出 Hive CLI

在 Hive CLI 中执行 "exit;" 或者 "quit;" 命令即可退出 Hive CLI 命令行模式。

```
hive> quit;
```

9.11　Hive 元数据表结构分析

本节分析 Hive 元数据库中一些重要的表结构及用途，便于读者加深对元数据库的理解。

1. version 表

version 表用于存储 Hive 的版本信息。查询 version 表的数据，如图 9-31 所示。

VER_ID	SCHEMA_VERSION	VERSION_COMMENT
1	2.3.0	Hive release version 2.3.0
(NULL)	(NULL)	(NULL)

图 9-31　version 表的数据

若将该表删除，在 Hive CLI 中查询数据将抛出异常。

2. dbs 表

dbs 表存储 Hive 中所有数据库的基本信息。

例如，执行以下命令，创建数据库 test_db：

```
hive> create database if not exists test_db;
OK
Time taken: 3.676 seconds
```

然后查看元数据表 dbs，发现存在数据库 test_db 和默认数据库 default 的基本信息，如图 9-32 所示。

DB_ID	DESC	DB_LOCATION_URI	NAME	OWNER_NAME	OWNER_TYPE
1	Default Hive database	hdfs://centos01:9000/user/hive/warehouse	default	public	ROLE
6	(NULL)	hdfs://centos01:9000/user/hive/warehouse/test_db.db	test_db	hadoop	USER
(NULL)	(NULL)	(NULL)	(NULL)	(NULL)	(NULL)

图 9-32　dbs 表的数据

3. database_params 表

database_params 表存储数据库的属性信息。

例如，执行以下命令，修改数据库 test_db 的自定义属性信息：

```
hive> ALTER DATABASE test_db SET DBPROPERTIES('createtime'='20180827');
```

然后查看表 database_params 中的数据，如图 9-33 所示。

DB_ID	PARAM_KEY	PARAM_VALUE
6	createtime	20180827
(NULL)	(NULL)	(NULL)

图 9-33　database_params 表的数据

表 dbs 和表 database_params 通过字段 DB_ID 进行关联。

4．tbls 表

tbls 表用于存储 Hive 表和视图的基本信息。

查看表 tbls，数据如图 9-34 所示，可以看到，目前 Hive 中存在 4 张表：score、emp、emp3、student。

TBL_ID	CREATE_TIME	DB_ID	LAST_ACCESS_TIME	OWNER	RETENTION	SD_ID	TBL_NAME	TBL_TYPE	VIEW_EXPANDED_TEXT	VIEW_ORIGINAL_TEXT	IS_REWRITE_ENABLED
18	1534929071	6	0	hadoop	0	18	score	MANAGED_TABLE	(NULL)	(NULL)	(Binary/Image)
33	1535168419	1	0	hadoop	0	33	emp	EXTERNAL_TABLE	(NULL)	(NULL)	(Binary/Image)
39	1535172914	6	0	hadoop	0	39	emp3	EXTERNAL_TABLE	(NULL)	(NULL)	(Binary/Image)
41	1535181493	6	0	hadoop	0	41	student	MANAGED_TABLE	(NULL)	(NULL)	(Binary/Image)
(NULL)	(NULL)	(NULL)	(NULL)	(NULL)	(NULL)	(NULL)	(NULL)	(NULL)	(NULL)	(NULL)	(NULL)

图 9-34　tbl 表的数据

5．table_params 表

table_params 表类似于表 database_params，用于存储表和视图的属性信息。

6．columns_v2 表

columns_v2 表用于存储 Hive 表所有的字段信息。

查看表 columns_v2 中的数据，如图 9-35 所示，从左至右字段含义依次为：字段信息 ID、字段注释、字段名、字段类型、字段顺序。

CD_ID	COMMENT	COLUMN_NAME	TYPE_NAME	INTEGER_IDX
18	(NULL)	name	string	6B	1
18	(NULL)	score	int	3B	2
18	(NULL)	sno	int	3B	0
33	(NULL)	id	int	3B	0
33	(NULL)	name	string	6B	1
39	(NULL)	id	int	3B	0
39	(NULL)	name	string	6B	1
41	(NULL)	gender	string	6B	2
41	(NULL)	id	int	3B	0
41	(NULL)	name	string	6B	1
(NULL)	(NULL)	(NULL)	(NULL)	OK	(NULL)

图 9-35　columns_v2 表的数据

7．partitions 表

partitions 表用于存储表分区的基本信息。

查看表 partitions 的数据，如图 9-36 所示，从左至右字段含义依次为：分区 ID、分区创建时间、最后一次访问时间、分区名、分区存储 ID、表 ID。

PART_ID	CREATE_TIME	LAST_ACCESS_TIME	PART_NAME	SD_ID	TBL_ID
2	1535188295	0	age=20	43	41
(NULL)	(NULL)	(NULL)	(NULL)	(NULL)	(NULL)

图 9-36　partitions 表的数据

9.12　Hive 自定义函数

当 Hive 提供的内置函数不能满足查询需求时，用户也可以根据自己的业务编写自定义函数（User Defined Functions，UDF），然后在 HiveQL 中调用。

例如有这样一个需求：为了保护用户的隐私，当查询数据的时候，需要将用户手机号的中间四位用星号（*）代替，比如手机号 18001292688 需要显示为 180****2688。这时候就可以写一个自定义函数来实现这个需求。

由于 Hive 本身是用 Java 语言编写的，因此 UDF 也需要使用 Java 语言。上述需求的具体实现步骤如下。

1. 新建 Java 项目

在 Eclipse 中新建一个 Java Maven 项目，并在 pom.xml 中添加以下 Maven 依赖：

```xml
<!--Hadoop common 包 -->
<dependency>
  <groupId>org.apache.hadoop</groupId>
  <artifactId>hadoop-common</artifactId>
  <version>2.8.2</version>
</dependency>
<!--Hive UDF 依赖包 -->
<dependency>
  <groupId>org.apache.hive</groupId>
  <artifactId>hive-exec</artifactId>
  <version>2.3.3</version>
</dependency>
<!--指定JDK工具包的位置，需要本地配置好环境变量 JAVA_HOME -->
<dependency>
  <groupId>jdk.tools</groupId>
  <artifactId>jdk.tools</artifactId>
  <version>1.8</version>
  <scope>system</scope>
  <systemPath>${JAVA_HOME}/lib/tools.jar</systemPath>
</dependency>
```

由于 Hive UDF 依赖包隐式引用 JDK 工具包 tools.jar，而 tools.jar 在 Maven 仓库中并未存在，因此需要指定本地 JDK 工具包的位置。

2. 编写 UDF 类

编写一个 UDF 类主要分为两个步骤：

步骤01 继承 org.apache.hadoop.hive.ql.exec.UDF 类。

步骤02 编写名为 evaluate() 的方法，该方法支持重载且必须有返回类型（不可为 void）。在 Hive 中调用自定义函数时实际上是调用的该方法。该方法处理后的值会返回给 Hive。

完整的 UDF 类 MyUDF.java 的代码如下：

```java
import org.apache.hadoop.hive.ql.exec.UDF;
import org.apache.hadoop.io.Text;
/**
 * Hive自定义函数类
 */
public class MyUDF extends UDF {
 /**
  * @param text
  *          调用函数时需要传入的参数
  * @return 隐藏后的手机号码
  * 自定义函数类需要有一个名为evaluate()的方法，Hive将调用该方法
  */
 public String evaluate(Text text) {
  String result = "手机号码错误！";
  if (text != null && text.getLength() == 11) {
   String inputStr = text.toString();
   StringBuffer sb = new StringBuffer();
   sb.append(inputStr.substring(0, 3));
   sb.append("****");
   sb.append(inputStr.substring(7));
   result = sb.toString();
  }
  return result;
 }
}
```

3. 运行 UDF 程序

打包程序。

将项目打包为 jar 文件，上传到 Hive 所在的服务器。例如，上传到目录 /opt/softwares 中。

（2）添加到类路径

然后在 Hive CLI 中执行以下命令，向 Hive 注册这个文件到类路径中：

```
hive>add jar /opt/softwares/MyUDF.jar;
```

（3）创建函数名称。

在 Hive CLI 中执行以下命令，创建一个自定义函数名称并关联自定义类 MyUDF。例如，创建函数名称为 "formatPhone"：

```
hive> CREATE TEMPORARY FUNCTION formatPhone AS 'hive.demo.MyUDF';
```

上述命令中的 hive.demo.MyUDF 为类 MyUDF.java 所在的包的全路径。

（4）调用 UDF。

例如，在 Hive 数据库 test_db 中有一张用户表"t_user2"，该表有两列：id（整型）和 phone（字符串），表数据如下：

```
hive> SELECT * FROM t_user2;
OK
t_user2.id    t_user2.phone
1             13123567589
2             15898705673
3             18001292688
Time taken: 2.663 seconds, Fetched: 3 row(s)
```

现需要在查询该表数据时将手机号的中间四位进行隐藏显示，命令及查询结果如下：

```
hive> SELECT id,formatPhone(phone) AS newphone FROM t_user2;
OK
id   newphone
1    131****7589
2    158****5673
3    180****2688
Time taken: 0.433 seconds, Fetched: 3 row(s)
```

需要注意的是，上述操作方式创建的自定义函数 formatPhone 只是在当前 Hive 会话中起作用，并没有在 Metastore 中持久化存储。当退出当前 Hive CLI 后，下次再进入将不起作用，若想使用需要在 Hive CLI 中重新注册自定义程序和创建自定义函数。

那么有没有方法可以进行全局配置，不需要每次重新注册，只要启动 Hive 就能够直接使用呢？答案是有的，我们可以在$HIVE_HOME/conf 目录中创建一个隐藏文件.hiverc（Linux 查看隐藏文件的命令为 ls -a），将自定义函数的注册命令添加到该文件中，每个 Hive 服务（包括 Hive CLI、HiveServer 2 和 Metastore Server）在启动之前都会首先执行该文件中的命令进行一些初始化属性配置，这样就不需要每次手动配置了。例如如下配置，在 Hive CLI 中显示当前数据库名以及在查询结果中显示列的名称：

```
SET hive.cli.print.current.db=true;
SET hive.cli.print.header=true;
```

针对本例的自定义函数，可以在.hiverc 文件中添加如下内容：

```
add jar /opt/softwares/MyUDF.jar;
CREATE TEMPORARY FUNCTION formatPhone AS 'hive.demo.MyUDF';
```

9.13　Hive JDBC 操作

在 9.4.3 小节的 Hive 远程模式搭建好后，就可以使用 Beeline CLI 客户端或 JDBC 远程访问 Hive 了。

本节介绍通过编写 JDBC 程序访问 Hive 中的数据。例如，通过 JDBC 查询 Hive 中的表"student"中的数据，表"student"包括两列：id（整型）和 name（字符串）。

具体操作步骤如下。

1. 修改用户权限

使用 JDBC 或 Beeline CLI 连接 Hive 都需要在 Hadoop 中为 Hive 开通代理用户访问权限。修改 Hadoop 配置文件 core-site.xml，添加以下配置内容：

```xml
<property>
    <name>hadoop.proxyuser.hadoop.hosts</name>
    <value>*</value>
</property>
<property>
    <name>hadoop.proxyuser.hadoop.groups</name>
    <value>*</value>
</property>
```

上述配置属性的解析参考 9.6 节。

2. 启动 HiveServer 2 服务

使用 JDBC 或 Beeline CLI 访问 Hive 都需要先启动 HiveServer 2 服务，命令如下：

```
$ hive --service hiveserver2 &
```

符号"&"代表使服务在后台运行。

3. 新建 Java 项目

在 Eclipse 中新建一个 Java Maven 项目，并在 pom.xml 中添加以下 Maven 依赖：

```xml
<!--Hive JDBC 依赖包 -->
<dependency>
 <groupId>org.apache.hive</groupId>
 <artifactId>hive-jdbc</artifactId>
 <version>2.3.3</version>
</dependency>
<!--指定 JDK 工具包的位置，需要本地配置好环境变量 JAVA_HOME -->
<dependency>
 <groupId>jdk.tools</groupId>
 <artifactId>jdk.tools</artifactId>
 <version>1.8</version>
 <scope>system</scope>
 <systemPath>${JAVA_HOME}/lib/tools.jar</systemPath>
</dependency>
```

由于 Hive JDBC 依赖包隐式引用 JDK 工具包 tools.jar，而 tools.jar 在 Maven 仓库中并未存在，因此需要指定 JDK 工具包的位置。

4. 编写 JDBC 程序

Hive JDBC 程序的编写与其他数据库（MySQL、Oracle 等）类似，主要分为五个步骤：

（1）加载 JDBC 驱动。

使用 Class.forName()加载 JDBC 驱动。

（2）获取连接。

使用 DriverManager 驱动管理类获取 Hive 连接。

（3）执行查询。

通过 Statement 对象的 executeQuery()方法执行查询命令。

（4）处理结果。

通过 ResultSet 对象获取返回的结果。ResultSet 是 JDBC 用于装载返回数据的类。

（5）关闭连接

关闭连接，释放资源。

在 Java 项目中新建 Java 类 HiveJDBCTest.java，完整代码如下：

```java
import java.sql.Connection;
import java.sql.DriverManager;
import java.sql.ResultSet;
import java.sql.Statement;
/**
 * Hive JDBC 测试类
 */
public class HiveJDBCTest {
 public static void main(String[] args) throws Exception {
  //驱动名称
  String driver = "org.apache.hive.jdbc.HiveDriver";
  //连接地址，默认使用端口 10000，使用默认数据库
  String url = "jdbc:hive2://192.168.170.133:10000/default";
  //用户名（Hadoop 集群的登录用户）
  String username = "hadoop";
  //密码（默认为空）
  String password = "";
  //1.加载 JDBC 驱动
  Class.forName(driver);
  //2.获取连接
  Connection conn = DriverManager.getConnection(url, username, password);
  Statement stmt = conn.createStatement();
  //3.执行查询
  ResultSet res = stmt.executeQuery("select * from student");
  //4.处理结果
  while (res.next()) {
   System.out.println(res.getInt(1) + "\t" + res.getString(2));
  }
  //5.关闭连接
  res.close();
  stmt.close();
  conn.close();
 }
}
```

5. 运行程序

代码编写完毕后，直接在 Eclipse 中右键运行该程序即可，观察控制台打印出的表"student"的内容。

9.14　案例分析：Hive 与 HBase 整合

我们已经知道，HBase 数据库没有类 SQL 的查询方式，因此在实际的业务中操作和计算数据非常不方便。而 Hive 支持标准的 SQL 语法（HiveQL），若将 Hive 与 HBase 整合，则可以通过 HiveQL 直接对 HBase 的表进行读写操作，让 HBase 支持 JOIN、GROUP 等 SQL 查询语法，完成复杂的数据分析。甚至可以通过连接和联合将对 HBase 表的访问与 Hive 表的访问结合起来进行统计与分析。

Hive 与 HBase 整合的实现是利用两者本身对外的 API 接口互相通信来完成的，其具体工作由 Hive 安装主目录下的 lib 文件夹中的 hive-hbase-handler-x.y.z.jar 工具类来实现。

Hive 与 HBase 整合的核心是将 Hive 中的表与 HBase 中的表进行绑定，绑定的关键是 HBase 中的表如何与 Hive 中的表在列级别上建立映射关系。例如，HBase 中有一张表 hbase_table，该表的数据模型如图 9-37 所示。

rowkey	column family1		column family2
	column1	column2	column3

图 9-37　HBase 表数据模型

则对应 Hive 表的数据模型如图 9-38 所示。

rowkey	column1	column2	column3

图 9-38　Hive 表数据模型

下面具体讲解 Hive 如何与 HBase 进行整合，本例中 Hive 的版本为 2.3.3，HBase 的版本为 1.2.6.1。

（1）前提条件。

在整合之前，应先安装好 Hive，并确保 Hive 能正常使用。Hive 可安装于 HBase 集群的任意一个节点上。

（2）启动 ZooKeeper 与 HBase。

ZooKeeper 和 HBase 的安装与启动参考本书前面章节，此处不做讲解。

（3）修改 Hive 配置文件 hive-site.xml。

修改$HIVE_HOME/conf 下的配置文件 hive-site.xml，添加 Hive 的 HBase 和 ZooKeeper 依赖包，内容如下：

```xml
<!--配置 ZooKeeper 集群的访问地址-->
<property>
    <name>hive.zookeeper.quorum</name>
    <value>centos01:2181,centos02:2181,centos03:2181</value>
</property>
<!--配置依赖的 HBase、ZooKeeper 的 jar 文件-->
<property>
    <name>hive.aux.jars.path</name>
    <value>
    file:///opt/modules/hbase-1.2.6.1/lib/hbase-common-1.2.6.1.jar,
    file:///opt/modules/hbase-1.2.6.1/lib/hbase-client-1.2.6.1.jar,
    file:///opt/modules/hbase-1.2.6.1/lib/hbase-server-1.2.6.1.jar,
    file:///opt/modules/hbase-1.2.6.1/lib/hbase-hadoop2-compat-1.2.6.1.jar,
    file:///opt/modules/hbase-1.2.6.1/lib/netty-all-4.0.23.Final.jar,
    file:///opt/modules/hbase-1.2.6.1/lib/hbase-protocol-1.2.6.1.jar,
    file:///opt/modules/zookeeper-3.4.10/zookeeper-3.4.10.jar
    </value>
</property>
```

上述配置中首先指定了 ZooKeeper 集群的访问地址，若 ZooKeeper 集群端口统一为 2181，此配置项可以省略，因为 Hive 默认将本地节点的 2181 端口作为 ZooKeeper 集群的访问地址。

然后指定了 HBase、Hive 和 ZooKeeper 安装目录下的 lib 文件夹中的相关 jar 文件，Hive 在启动的时候会将上述配置的本地 jar 文件加入到 ClassPath 中。

在 Hive2.3 中，Hive 安装主目录下的 lib 文件夹中实际上已经存在了上述 jar 文件，但是版本不同，为了防止产生兼容性问题，需要引用 HBase 与 ZooKeeper 中的 jar 文件。

到此，Hive 与 HBase 整合完毕。

目前，Hive 中操作 HBase 的方式主要有以下两种，下面分别进行介绍。

1. Hive 创建表的同时创建 HBase 表

（1）在 Hive 中创建学生表"hive_student"：

```
hive> CREATE TABLE hive_student(id INT,name STRING)
    > STORED BY 'org.apache.hadoop.hive.hbase.HBaseStorageHandler'
    > WITH SERDEPROPERTIES ("hbase.columns.mapping" = ":key,cf1:name")
    > TBLPROPERTIES ("hbase.table.name" = "hive_student");
```

上述创建命令中的参数含义如下。

- STORED BY：指定用于 Hive 与 HBase 通信的工具类 HBaseStorageHandler。
- WITH SERDEPROPERTIES: 指定 HBase 表与 Hive 表对应的列。此处":key,cf1:name"中的 key 指的是 HBase 表的 rowkey 列，对应 Hive 表的 id 列；cf1:name 指的是 HBase 表中的列族 cf1 和 cf1 中的列 name，对应 Hive 表的 name 列。Hive 列与 HBase 列的对应不是通过列名称对

应的，而是通过列的顺序。
- TBLPROPERTIES：指定 HBase 表的属性信息。参数值"hive_student"代表 HBase 的表名。

（2）创建成功后，新开一个 XShell 窗口，在 HBase Shell 中查看创建的表：

```
hbase(main):001:0> list
TABLE
hive_student

1 row(s) in 3.0360 seconds
=> ["hive_student"]
```

可以看到，在 HBase 中成功创建了表"hive_student"。

（3）在 Hive 中向表"hive_student"添加一条数据（底层将开启 MapReduce 任务执行）：

```
hive> INSERT INTO hive_student VALUES(1,'zhangsan');
```

添加成功后，查看 Hive 数据仓库对应 HDFS 目录的表数据，发现数据为空，命令如下：

```
$ hadoop fs -ls -R /user/hive/warehouse/test_db.db/hive_student
```

然后查看 HBase 中的表"hive_student"的数据：

```
hbase(main):003:0> scan 'hive_student'
ROW            COLUMN+CELL
 1                column=cf1:name, timestamp=1536138928227, value=zhangsan
1 row(s) in 1.9100 seconds
```

从上述查询信息可以看到，在 Hive 中成功地将一条数据添加到了 HBase 表中。

（4）修改 HBase 表数据。

修改 HBase 表"hive_student"，将姓名 zhangsan 改为 lisi：

```
hbase(main):004:0>  put 'hive_student','1','cf1:name','lisi'
0 row(s) in 0.4570 seconds

hbase(main):005:0> scan 'hive_student'
ROW            COLUMN+CELL
 1                column=cf1:name, timestamp=1536139648053, value=lisi
1 row(s) in 0.2220 seconds
```

修改成功后，在 Hive 中查看表"hive_student"的数据：

```
hive> SELECT * FROM hive_student;
OK
hive_student.id     hive_student.name
1                   lisi
Time taken: 3.214 seconds, Fetched: 1 row(s)
```

可以看到，表"hive_student"的数据已被修改。

（5）停止 HBase。

停止 HBase 集群后，再次在 Hive 中查看表"hive_student"的数据：

```
hive> SELECT * FROM hive_student;
```

```
OK
hive_student.id hive_student.name
Failed with exception
java.io.IOException:org.apache.hadoop.hbase.client.RetriesExhaustedException:
Failed after attempts=36, exceptions:
    Wed Sep 05 17:42:58 CST 2018, null, java.net.SocketTimeoutException:
callTimeout=60000, callDuration=68391: row 'hive_student,,00000000000000' on
table 'hbase:meta' at region=hbase:meta,,1.1588230740,
hostname=centos01,16020,1536132321656, seqNum=0
```

从上述输出信息可以看出,HBase 集群停止后,在 Hive 中只能查看到表的元数据信息,查看不到实际表数据,并且会抛出 IO 连接异常错误。

到此,我们可以得出一个结论:Hive 与 HBase 整合后,实际上是将 HBase 作为 Hive 的数据源,数据存储在 HBase 中(实际上存储在由 HRegionServer 管理的 HDFS 中)而不是 Hive 的数据仓库中。

2. Hive 创建外部表关联已存在的 HBase 表

(1)在 HBase 中创建表"hbase_student",并向表中添加两条数据:

```
hbase(main):001:0> create 'hbase_student','cf1'

hbase(main):002:0> put 'hbase_student','1','cf1:name','zhangsan'
hbase(main):003:0> put 'hbase_student','1','cf1:age','18'
hbase(main):005:0> put 'hbase_student','2','cf1:name','lisi'
hbase(main):006:0> put 'hbase_student','2','cf1:age','20'
```

```
hbase(main):007:0> scan 'hbase_student'
ROW          COLUMN+CELL
 1           column=cf1:age, timestamp=1536141301180, value=18
 1           column=cf1:name, timestamp=1536141218846, value=zhangsan
 2           column=cf1:age, timestamp=1536141417109, value=20
 2           column=cf1:name, timestamp=1536141406234, value=lisi
2 row(s) in 0.1820 seconds
```

(2)在 Hive 中创建外部表"hive_hbase_student",并关联 HBase 表"hbase_student":

```
hive> CREATE EXTERNAL TABLE hive_hbase_student(id int,name string,age int)
    > STORED BY 'org.apache.hadoop.hive.hbase.HBaseStorageHandler'
    > WITH SERDEPROPERTIES (
    > "hbase.columns.mapping" = ":key,cf1:name,cf1:age"
    > )
    > TBLPROPERTIES("hbase.table.name" = "hbase_student");
```

(3)创建成功后,在 Hive 中查询表"hive_hbase_student"的数据:

```
hive> SELECT * FROM hive_hbase_student;
OK
hive_hbase_student.id    hive_hbase_student.name    hive_hbase_student.age
1                        zhangsan                   18
2                        lisi                       20
```

可以看到，在 Hive 中成功查询到了 HBase 表"hbase_student"中的数据，即 Hive 外部表"hive_hbase_student"与 HBase 表"hbase_student"关联成功。

从上述两种操作方式可以得出以下结论：

- 在 Hive 中创建的 HBase 映射表的数据都只存在于 HBase 中，Hive 的数据仓库中不存在数据。
- HBase 是 Hive 的数据源，Hive 相当于 HBase 的一个客户端工具，可以对 HBase 数据进行查询与统计。
- 若 HBase 集群停止，Hive 将查询不到 HBase 中的数据。
- 通过 HBase 的 put 语句添加一条数据比 Hive 的 insert 语句效率要高，因为 Hive 的 insert 语句需要开启 MapReduce 任务执行数据添加操作。

9.15 案例分析：Hive 分析搜狗用户搜索日志

本例讲解使用 Hive 对搜狗用户的搜索行为日志进行分析，具体操作步骤如下。

1. 下载测试数据

测试数据可以从搜狗实验室进行下载（地址：http://www.sogou.com/labs/resource/q.php）。搜狗实验室提供约一个月的 Sogou 搜索引擎部分网页查询需求及用户单击情况的网页查询日志数据集合。该数据共分成了三部分：迷你版（样例数据，376 KB）、精简版（一天数据，63 MB）和完整版（1.9 GB）。此处下载精简版数据进行操作演示。

将下载到的精简版测试数据压缩包解压后，使用 notepad++工具打开其中的文件 SogouQ.reduced，截取前 10 条数据，如图 9-39 所示。

```
00:00:00  2982199073774412  [360安全卫士]         8 3  download.it.com.cn/softweb/software/firewall/antivirus/20067/17938.html
00:00:00  07594220010824798 [哄抢救灾物资]        1 1  news.21cn.com/social/daqian/2008/05/29/4777194_1.shtml
00:00:00  5228056822071097  [75810部队]          14 5  www.greatoo.com/greatoo_cn/list.asp?link_id=276&title=%BE%DE%C2%D6%D
00:00:00  6140463203615646  [绳艺]              62 36 www.jd-cd.com/jd_opus/xx/200607/706.html
00:00:00  8561366108033201  [汶川地震原因]        3 2  www.big38.net/
00:00:00  23908140386148713 [莫衷一是的意思]      1 2  www.chinabaike.com/article/81/82/110/2007/2007020724490.html
00:00:00  17979432984449139 [星梦缘全集在线观看]  8 5  www.6wei.net/dianshiju/????\xa1\xe9|????do=index
00:00:00  00717725924582846 [闪字吧]             1 2  www.shanziba.com/
00:00:00  41416219018952116 [霍霞霾与朱玲玲照片]  2 6  bbs.gouzai.cn/thread-698736.html
00:00:00  9975666857142764  [电脑创业]           2 2  ks.cn.yahoo.com/question/1307120203719.html
```

图 9-39　精简版测试数据前 10 条

数据字段从左到右分别为：访问时间、用户 ID、搜索关键词、结果 URL 在返回结果中的排名、用户单击的顺序号、用户单击的 URL。其中，用户 ID 是根据用户使用浏览器访问搜索引擎时的 Cookie 信息自动赋值，即同一次使用浏览器输入的不同查询对应同一个用户 ID。

2. 修改数据格式与编码

（1）单击 Notepad++工具栏的【显示所有字符】按钮，将数据文件中的空格与 Tab 制表符等字符显示出来，如图 9-40 所示。

```
00:00:00»2982199073774412→[360安全卫士]→8·3→download.it.com.cn/softweb/software/firewall/antivirus/20067/17938.html⏎
00:00:00»07594220010824798→[哄抢救灾物资]→1·1→news.21cn.com/social/daqian/2008/05/29/4777194_1.shtml⏎
00:00:00»5228056822071097→[75810部队]·14·5·www.greatoo.com/greatoo_cn/list.asp?link_id=276&title=%BE%DE%C2%D6%D
00:00:00»6140463203615646→[绳艺]→62·36→www.jd-cd.com/jd_opus/xx/200607/706.html⏎
00:00:00»8561366108033201→[汶川地震原因]→3·2→www.big38.net/⏎
00:00:00»23908140386148713→[莫衷一是的意思]→1·2→www.chinabaike.com/article/81/82/110/2007/2007020724490.html⏎
00:00:00»1797943298449139→[星梦缘全集在线观看]→8·5→www.6wei.net/dianshiju/????\xa1\xe9|????do=index⏎
00:00:00»00717725924582846→[闪字吧]→1·2→www.shanziba.com/⏎
00:00:00»41416219018952116→[霍震霆与朱玲玲照片]→2·6→bbs.gouzai.cn/thread-698736.html
00:00:00»9975666857142764→[电脑创业]→2·2→ks.cn.yahoo.com/question/1307120203719.html⏎
```

图 9-40　显示数据的特殊字符

数据文件中显示的横向箭头代表 Tab 制表符（"\t"），垂直居中的点号代表空格，LF 代表回车符（"\n"）。可以看到，该数据文件中的字段分割既有制表符又有空格。

（2）将数据文件 SogouQ.reduced 的编码改为"UTF-8"，然后保存。

（3）将文件 SogouQ.reduced 上传到 Hive 所在服务器，例如上传到目录/home/hadoop。

进入数据文件所在目录，执行以下命令，将文件中的制表符和空格全部替换为英文逗号：

```
$ sed -i "s/\t/,/g" SogouQ.reduced
$ sed -i "s/ /,/g" SogouQ.reduced
```

替换后的前 10 条数据如图 9-41 所示。

```
00:00:00,2982199073774412,[360安全卫士],8,3,download.it.com.cn/softweb/software/firewall/antivirus/20067/17938.html
00:00:00,07594220010824798,[哄抢救灾物资],1,1,news.21cn.com/social/daqian/2008/05/29/4777194_1.shtml
00:00:00,5228056822071097,[75810部队],14,5,www.greatoo.com/greatoo_cn/list.asp?link_id=276&title=%BE%DE%C2%D6%D0%C2%CE%C5
00:00:00,6140463203615646,[绳艺],62,36,www.jd-cd.com/jd_opus/xx/200607/706.html
00:00:00,8561366108033201,[汶川地震原因],3,2,www.big38.net/
00:00:00,23908140386148713,[莫衷一是的意思],1,2,www.chinabaike.com/article/81/82/110/2007/2007020724490.html
00:00:00,1797943298449139,[星梦缘全集在线观看],8,5,www.6wei.net/dianshiju/????\xa1\xe9|????do=index
00:00:00,00717725924582846,[闪字吧],1,2,www.shanziba.com/
00:00:00,41416219018952116,[霍震霆与朱玲玲照片],2,6,bbs.gouzai.cn/thread-698736.html
00:00:00,9975666857142764,[电脑创业],2,2,ks.cn.yahoo.com/question/1307120203719.html
```

图 9-41　替换特殊字符后的数据

3．在 Hive 中创建表并导入数据

在 Hive 中创建表"activelog"，用于存储文件 SogouQ.reduced 的数据。表"activelog"的字段含义如表 9-3 所示。

表 9-3　Hive 表"activelog"的字段含义

字段	含义
time	访问时间
user_id	用户 ID
keyword	搜索关键词
page_rank	结果链接排名
click_order	用户单击的顺序号
url	用户单击的 URL

创建表的语句如下：

```
hive> CREATE TABLE activelog(
    > time STRING,
    > user_id STRING,
    > keyword STRING,
    > page_rank INT,
    > click_order INT,
```

```
> url STRING)
> ROW FORMAT DELIMITED
> FIELDS TERMINATED BY ',';
```

创建成功后，将文件 SogouQ.reduced 的数据导入到表"activelog"中：

```
hive> LOAD DATA LOCAL INPATH '/home/hadoop/SogouQ.reduced' INTO TABLE
activelog;
```

4．数据分析

（1）查询前 10 条数据，查询语句如下：

```
hive> SELECT * FROM activelog LIMIT 10;
```

查询结果如图 9-42 所示。

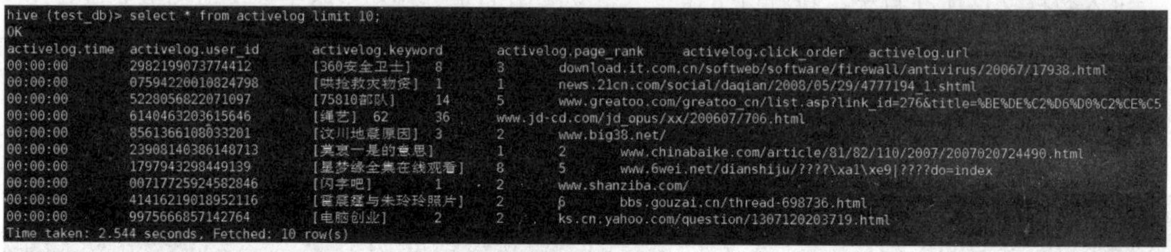

图 9-42 前 10 条数据查询结果

（2）查询前 10 个访问量最高的用户 ID 及访问数量，并按照访问量降序排列。查询语句及结果如下：

```
hive> SELECT user_id, COUNT(*) AS num
    > FROM activelog
    > GROUP BY user_id
    > ORDER BY num DESC
    > LIMIT 10;

OK
user_id                 num
11579135515147154       431
6383499980790535        385
7822241147182134        370
900755558064074         335
12385969593715146       226
519493440787543         223
787615177142486         214
502949445189088         210
2501320721983056        208
9165829432475153        201
```

（3）分析链接排名与用户单击的相关性。

下面的语句以链接排名（page_rank）进行分组（并排除分组后的不规范数据，排名为空或 0），查询链接排名及其单击数量，然后将结果按照链接排名升序显示，最终取前 10 条数据。

```
hive> SELECT page_rank, COUNT(*) AS num FROM activelog
```

```
    > GROUP BY page_rank
    > HAVING page_rank IS NOT NULL
    > AND page_rank <> 0
    > ORDER BY page_rank
    > LIMIT 10;
OK
page_rank    num
1            532665
2            272585
3            183349
4            122899
5            92346
6            74243
7            63351
8            55643
9            51549
10           54554
```

从上述输出结果可以看出,链接排名越靠前,用户单击的数量越多。随着链接排名的靠后,单击数量逐渐降低。

(4)分析一天中上网用户最多的时间段

下面的语句以时间字段(time)中的小时进行分组,查询同一小时内用户的单击数量,并按数量降序排列,最终取前 10 条数据。

```
hive> SELECT substr(time,1,2) AS h, COUNT(*) AS num FROM activelog
    > GROUP BY substr(time, 1, 2)
    > ORDER BY num DESC
    > LIMIT 10;
OK
h     num
16    116679
21    115283
20    111022
15    109255
10    104872
17    104756
14    101455
22    100122
11    98135
19    97247
```

上述查询语句使用方法 substr()截取了时间字段的前两个字符。substr(time,1,2)与 substr(time,0,2) 的效果一样,都是指从第 1 位截取,截取字符长度为 2。

从上述查询结果可以看出,一天中用户上网集中时间段排名前三的小时为下午四点、晚上九点和晚上八点。

(5)查询用户单击最多的前 10 个链接。

下面的语句以用户单击的链接 URL 中的域名进行分组，查询同一个域名用户的单击数量，并按数量降序排列，最终取前 10 条数据。

```
hive> SELECT substr(url,1,instr(url, "/")-1) AS host, COUNT(*) AS num
    > FROM activelog
    > GROUP BY substr(url,1,instr(url, "/")-1)
    > ORDER BY num DESC
    > LIMIT 10;

OK
host                    num
zhidao.baidu.com        102881
news.21cn.com           50594
ks.cn.yahoo.com         30646
www.tudou.com           28704
click.cpc.sogou.com     27319
wenwen.soso.com         24510
www.17tech.com          24070
baike.baidu.com         19456
pic.news.mop.com        16641
iask.sina.com.cn        14788
```

上述查询语句中使用了 instr()方法，instr(url, "/")-1 的含义为从 url 中取得字符串 "/" 第一次出现的位置然后减 1。substr(url,1,instr(url, "/")-1)的含义为截取字段 url 中的域名。

从上述查询结果中可以看出，用户单击次数最多的网址域名为 "zhidao.baidu.com"，其次是 "news.21cn.com"。

第 10 章

Sqoop

本章内容

本章从 Sqoop 的基本概念入手,深入讲解 Sqoop 的架构原理以及安装配置,最后通过案例讲解使用 Sqoop 进行关系型数据库与 Hadoop 平台之间的数据导入和导出的操作方法。

本章目标

- 掌握 Sqoop 的基本架构。
- 掌握 Sqoop 的安装配置。
- 掌握 Sqoop 的命令行操作。
- 掌握使用 Sqoop 进行数据的导入和导出。

10.1 什么是 Sqoop

Sqoop 是一种用于在 Hadoop 和关系型数据库(RDBMS,如 MySQL 或 Oracle)之间传输数据的工具。使用 Sqoop 可以批量将数据从关系型数据库导入到 Hadoop 分布式文件系统(HDFS)及其相关系统(如 HBase 和 Hive)中,也可以把 Hadoop 文件系统及其相关系统中的数据导出到关系型数据库中,如图 10-1 所示。

图 10-1　Sqoop 数据导入导出模型

10.1.1　Sqoop 基本架构

Sqoop 是使用 Java 语言编写的，Sqoop 的架构非常简单，整合了 HDFS、HBase 和 Hive。底层使用 MapReduce 进行数据传递，从而提供并行操作和容错功能，如图 10-2 所示。

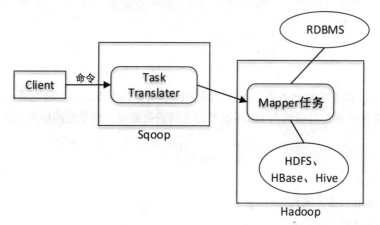

图 10-2　Sqoop 基本架构

Sqoop 接收到客户端的请求命令后，通过命令翻译器（Task Translator）将命令转换为对应的 MapReduce 任务，然后通过 MapReduce 任务将数据在 RDBMS 和 Hadoop 系统之间进行导入与导出。

Sqoop 导入操作的输入是一个 RDBMS 数据库表，输出是包含表数据的一系列 HDFS 文件。导入操作是并行的，可以同时启动多个 map 任务，每个 map 任务分别逐行读取表中的一部分数据，并且将这部分数据输出到一个 HDFS 文件中（即一个 map 任务对应一个 HDFS 文件）。

Sqoop 导出操作是将数据从 HDFS 或者 Hive 导出到关系型数据库中。导出过程并行地读取 HDFS 上的文件，将每一行内容转化成一条记录添加到关系型数据库表中。除了导入和导出操作，Sqoop 还可以查询数据库结构和表信息等。

10.1.2　Sqoop 开发流程

在实际开发中，若数据存储于关系型数据库中，当数据量达到一定规模后需要对其进行分析或统计，此时关系型数据库可能成为瓶颈，这时可以将数据从关系型数据库导入到 HBase 中，而后通过数据仓库 Hive 对 HBase 中的数据进行统计与分析，并将分析结果存入到 Hive 表中。最后通过 Sqoop 将分析结果导出到关系型数据库中作为业务的辅助数据或者用于 Web 页面的展示。

Sqoop 的业务开发流程如图 10-3 所示。

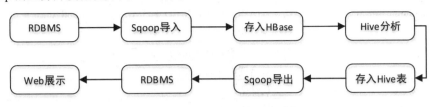

图 10-3　Sqoop 业务开发流程

10.2　使用 Sqoop

要使用 Sqoop，需要指定要使用的工具和控制工具的参数。

可以通过进入 Sqoop 安装目录运行 bin/sqoop 命令来运行 Sqoop。

Sqoop 命令的运行语法如下：

```
$ sqoop tool-name [tool-arguments]
```

Sqoop 内置了很多工具，可以通过执行以下命令，显示所有可用工具的列表：

```
$ sqoop help
```

常用工具及解析如下：

```
codegen              生成与数据库记录交互的代码
create-hive-table    导入表的结构到 Hive 中
eval                 执行 SQL 语句并返回结果
export               导出 HDFS 目录中的文件数据到数据库表中
help                 列出所有可用的工具
import               导入数据库表数据到 HDFS 中
import-all-tables    导入数据库所有表数据到 HDFS 中
list-databases       列出所有可用数据库
list-tables          列出数据库中所有可用表
version              显示版本信息
```

也可以执行 sqoop help (tool-name) 来显示特定工具的帮助信息，例如 sqoop help import。还可以将 --help 参数添加到任何命令，例如 sqoop import --help。

Sqoop 的导入和导出操作主要使用 import 工具和 export 工具。这两个工具提供了很多参数帮助我们完成数据的迁移和同步。两个工具中都包含的一些通用参数，如表 10-1 所示。

表 10-1　Sqoop 导入导出工具的通用参数

参数	含义
--connect <jdbc-uri>	指定 JDBC 连接字符串
--connection-manager <class-name>	指定要使用的连接管理器类
--driver <class-name>	指定要使用的 JDBC 驱动类

(续表)

参数	含义
--hadoop-mapred-home <dir>	指定$HADOOP_MAPRED_HOME 路径（MapReduce 主目录）
--help	打印用法帮助信息
--password-file	设置用于存放认证的密码信息文件的路径
-P	从控制台读取输入的密码
--password <password>	设置认证密码
--username <username>	设置认证用户名
--verbose	打印详细的运行信息
--connection-param-file <filename>	指定存储数据库连接参数的属性文件（可选）

10.3 数据导入工具

数据导入工具import，可以将关系型数据库中的数据导入到Hadoop平台，便于后续分析。import工具的基本参数及其含义，如表10-2所示。

表10-2　Sqoop 导入工具的基本参数及其含义

参数	含义
--append	将数据追加到 HDFS 上一个已存在的数据集
--as-avrodatafile	将数据导入到 Avro 数据文件
--as-sequencefile	将数据导入到 SequenceFile 文件
--as-textfile	将数据导入到普通文本文件（默认）
--boundary-query <statement>	边界查询。通过传入一个返回两个数字类型的 SQL 语句来指定导入范围
--columns <col,col,col…>	从表中导出指定的一组列的数据
--delete-target-dir	如果指定目录存在，则先删除掉
--direct	使用直接导入模式（优化导入速度）
--direct-split-size <n>	分割输入 stream 的字节大小（在直接导入模式下）
--fetch-size <n>	从数据库中批量读取记录数
-inline-lob-limit <n>	设置内联的 LOB 对象的大小
-m,--num-mappers <n>	使用 n 个 map 任务并行导入数据
-e,--query <statement>	导入数据所使用的查询语句
--split-by <column-name>	指定按照哪一列对数据进行分割导入（后续会详细讲解）
--table <table-name>	导入的源表表名
--target-dir <dir>	导入 HDFS 的目标路径
--warehouse-dir <dir>	HDFS 存放表的父级目录，与--target-dir 不共存
--where <where clause>	指定导入数据时所使用的查询条件
-z,--compress	启用压缩导入
--compression-codec <c>	指定 Hadoop 的 codec 方式（默认 gzip）

(续表)

参数	含义
--null-string <null-string>	string 类型的字段，当值是 NULL 时，替换成指定的字符。如果没有指定，则使用字符串"null"
--null-non-string <null-string>	非 string 类型的字段，当值是 NULL 时，替换成指定的字符。如果没有指定，则使用字符串"null"

1. 连接到数据库

要使用 import 工具，首先要连接到数据库，如下：

```
$ sqoop import --connect jdbc:mysql://database.example.com/employees
```

上述命令指明连接到服务器 database.example.com 上的数据库 employees。每个 map 节点都会使用该连接字符串连接到数据库。

需要注意的是，服务器域名不能写 localhost，因为各个 map 节点一般不在同一台服务器上。

指定好数据库连接字符串后，需要指定数据库的用户名和密码，如下：

```
$ sqoop import --connect jdbc:mysql://database.example.com/employees \
    --username zhangsan --password 123456
```

上述命令中的反斜杠"\"表示换行显示命令，与 Linux Shell 用法一致。--password 参数后直接指定了密码，这种方式将密码写入命令中不安全，推荐将密码写入一个文件，这个文件可以位于本地也可位于 HDFS 上，并将该文件的权限设置为 400，通过参数--password-file 指定到该文件。命令如下：

```
$ sqoop import --connect jdbc:mysql://database.example.com/employees \
    --username zhangsan --password-file ${user.home}/.password
```

此外，需要将关系型数据库的驱动 jar 包放入 Sqoop 安装主目录下的 lib 目录中才能连接成功。如果连接 MySQL 数据库，不需要指定连接驱动类，Sqoop 会默认为其指定。如果连接其他数据库（例如 SQL Server），需要以如下方式使用--driver 参数指定连接的驱动类：

```
$ sqoop import --driver com.microsoft.jdbc.sqlserver.SQLServerDriver \
    --connect <connect-string> ...
```

2. 选择导入

使用--table 参数选择需要导入的表或视图。例如，导入表 employees：--table employees。

默认情况下，将选择表中的所有列并按照列的自然顺序进行导入，也可以使用--columns 参数选择指定的列并控制列的顺序。例如，--columns "name,employee_id,jobtitle"。

还可以通过向 import 语句添加一个 SQL WHERE 子句来控制导入哪些行。例如，--where "id > 400"，则源表中仅 id 大于 400 的记录将被导入。

此外，Sqoop 在使用 import 工具时，可以使用--split-by 参数指定关系型数据库中的某一列作为分区导入，默认是主键。Sqoop 会根据--split-by 参数指定的列对数据进行切分，然后将切分出来的不同区域的数据分配到不同的 map 任务中。每一个 map 负责把对应区域的数据导入到 Hadoop 平台。由此可知，数据导入和导出的事务是以 Mapper 任务为单位的。

同时，--split-by 根据不同的参数类型有不同的切分方法，如比较简单的 int 型，Sqoop 会取最大和最小--split-by 列的值，然后根据指定的 map 任务数量来确定将数据划分为几个区域。例如，--split-by 指定的列为 id， 则 Sqoop 会执行以下 SQL 得到最大 id 和最小 id 的值：

```
select max(id),min(id) from table
```

若得到的 max(id)和 min(id)分别为 1000 和 1，而同时参数--m 的值为 2 的话，则会将表数据分成两个区域(1,500)和(501,1000)，同时也会分成 2 个 SQL 并分配给 2 个 map，分别为 select XXX from table where id>=1 and id<=500 和 select XXX from table where id>=501 and id<=1000。每个 map 会分别执行自己对应的 SQL 对数据进行查询，然后将结果数据进行导入。

在某些情况下，查询语句 select max(id),min(id) from table 并不是最优的，因此可以使用"边界查询"参数--boundary-query <statement>传入一个返回两个数字类型的 SQL 语句来指定导入范围。如果传入非数字类型的字段，比如 varchar 类型，则会抛出异常。

3. 查询导入

Sqoop 也可以使用--query 参数指定一个查询 SQL 语句，将查询到的结果集进行导入，从而可以代替--table、--columns 和--where 参数。当使用--query 参数时，必须使用--target-dir 参数指定数据存放的目标位置。如果需要使用多个 map 将查询结果进行并行导入，那么每一个 map 需要执行相同的查询 SQL 语句，但是查询的数据范围不同，即 WHERE 条件不同。此时，必须在查询语句中指定一个条件表达式$CONDITIONS 并指定参数--split-by。每一个 map 会将条件表达式替换为实际的 SQL。例如，如下查询：

```
$ sqoop import \
  --query 'SELECT a.*, b.* FROM a JOIN b on(a.id == b.id) WHERE $CONDITIONS'\
  --split-by a.id --target-dir /user/foo/joinresults
```

若不想进行并行导入而仍然使用--query 参数，则需要将 map 数量置为 1：

```
$ sqoop import \
  --query 'SELECT a.*, b.* FROM a JOIN b on(a.id == b.id) WHERE $CONDITIONS'\
  -m 1 --target-dir /user/foo/joinresults
```

上述参数中的-m 含义为设置 map 任务的数量，等同于--m 和--num-mappers。

> **注 意**
>
> 在当前 Sqoop 版本中，还不能传入特别复杂的 SQL 语句（比如，不支持在 WHERE 条件中添加 OR 操作），并且对有子查询的语句，可能会出现一些未知的错误。

4. 导入到 HBase

通过使用--hbase-table 参数，可以将数据导入到 HBase 中的表，而不是 HDFS 中的目录。--hbase-table 参数的值为 HBase 的表名称。源表的每一行数据将被转换为一个 HBase Put 操作输出到目标表中，且每个输出列都将放置在同一个列族中，必须使用参数--column-family 指定列族的名称。HBase 表的行键来自源表的其中一列。默认情况下，Sqoop 将使用--split-by 参数指定的列作为 HBase 表的行键列。如果没有指定，则将使用源表的主键列(如果有的话)。此外，还可以使用--hbase-row-key 参数手动指定行键列。

如果源表具有组合键（主键由多列组成），则必须指定参数--hbase-row-key，且参数--hbase-row-key 的值必须是以逗号分隔的组合键的列名。而 HBase 的行键将通过使用下划线作为分隔符拼接组合键列的值来生成。

如果 HBase 表和列族不存在，Sqoop 将抛出异常。因此，在运行导入之前，应该创建 HBase 表和列族。但是如果指定参数--hbase-create-table，Sqoop 将使用 HBase 的默认配置来创建不存在的 HBase 表和列族。

数据导入到 HBase 的特殊参数及其含义如表 10-3 所示。

表 10-3　Sqoop 导入数据到 HBase 的特殊参数及其含义

参数	含义
--column-family <family>	设置导入的目标列族名称
--hbase-create-table	如果 HBase 表不存在，则进行创建（不需要参数值）。若不指定该参数，则需要提前在 HBase 中创建表
--hbase-row-key <col>	指定源表中要用作行键的列。如果源表包含组合键，则该参数的值必须是以逗号分隔的组合键的列名
--hbase-table <table-name>	指定一个 HBase 表作为目标表
--hbase-bulkload	开启批量加载（不需要参数值）。为了减少 HBase 上的负载，Sqoop 可以执行批量加载。我们已经知道，在 HBase Put 数据时会首先将数据的更新操作和数据信息写入到 WAL（预写日志），然后再将数据放入到 MemStore 缓存中，最后将 MemStore 中的数据刷新到磁盘(即形成 HFile 文件)。而开启批量加载后，则绕过了上述过程，使用 MapReduce 直接生成 HFile 格式文件。这种方式可以快速导入海量数据且节省内存资源

将数据导入到 HBase 的示例代码如下：

```
sqoop import \
--connect jdbc:mysql://example.com/testdb?characterEncoding=UTF-8 \
--username root --password 123456 \
--query "SELECT * FROM user_info WHERE 1=1 AND \$CONDITIONS" \
--hbase-table user_info \
--column-family baseinfo \
--hbase-row-key userId \
--split-by addedTime \
--m 2
```

5．导入到 Hive

由于 Sqoop 导入工具的主要功能是将数据上传到 HDFS 文件中，因此当使用 Sqoop 将数据导入到 Hive 中时，Sqoop 会首先将数据上传到 HDFS 文件中，然后通过生成和执行 CREATE TABLE 语句在 Hive 中创建表，最后使用 LOAD DATA INPATH 语句将 HDFS 数据文件移动到 Hive 的数据仓库目录。

将数据导入到 Hive 中非常简单，只需在 Sqoop 导入命令中加入--hive-import 参数即可。如果 Hive 表已经存在，可以指定--hive-overwrite 参数，以替换 Hive 中原有的表。在将数据导入 HDFS 后，Sqoop 将生成一个 Hive 脚本，其中包含一个使用 Hive 类型定义列的 CREATE TABLE 操作，以及一个 LOAD DATA INPATH 语句将数据文件移动到 Hive 的数据仓库目录。脚本将通过在运行

Sqoop 的计算机上调用已安装的 Hive 来执行。如果 Hive 命令没有放入环境变量$PATH 中，可以使用--hive-home 参数来指定 Hive 的安装主目录，或者在 Sqoop 的配置文件 sqoop-env.sh 中进行指定。Sqoop 将从指定的主目录中找到 Hive 的执行命令，例如$HIVE_HOME/bin/hive。

数据导入到 Hive 的特殊参数及其含义如表 10-4 所示。

表 10-4　Sqoop 导入数据到 Hive 的特殊参数及其含义

参数	含义
--hive-home <dir>	指定 Hive 安装主目录
--hive-import	将表导入到 Hive 中(默认将使用 Hive 的默认分隔符：默认的列分隔符是 "\01"，默认的行分隔符是 "\n"，且 Hive 只支持 "\n" 为行分隔符)
--hive-overwrite	覆盖 Hive 已存在的表数据
--create-hive-table	若不存在 Hive 表则创建。若设置该属性，当 Hive 表存在时会抛出异常
--hive-table <table-name>	指定要导入的 Hive 表名称
--hive-drop-import-delims	当导入到 Hive 时，从字符串字段中删除特殊字符\n、\r 和\01
--hive-delims-replacement	当导入到 Hive 时，用用户定义的字符串替换字符串字段中的字符\n、\r 和\01
--hive-partition-key	创建分区，指定 Hive 分区字段的名称
--hive-partition-value <v>	导入数据到 Hive 中时，与--hive-partition-key 设定的 key 对应的 value 值，通过该参数，Hive 可以将数据分区导入以便提高查询性能
--map-column-hive <map>	重写 SQL 字段类型到 Hive 字段类型的映射（默认情况下，Sqoop 导入 Hive 中的 Date 类型会被映射成 String）。例如，将列 addTime 的 Date 类型映射成 T 类型，列 age 的 int 类型映射成 String 类型： --map-column-hive addTime=TIMESTAMP,age=String

如果数据库表中包含字符串字段，且字段的值中有 Hive 的默认行分隔符（\n 和\r 字符）或列分隔符（\01 字符），那么使用 Sqoop 导入数据会产生问题。因此，经常使用--hive-drop-import-delims 参数在导入时删除这些字符，以提供与 Hive 兼容的文本数据。或者使用--hive-delims-replacement 参数在导入时用用户定义的字符串替换这些字符。需要注意的是，这些参数只能在使用 Hive 的默认分隔符时使用，如果指定了不同的分隔符，则不应该使用。

默认情况下，Hive 中使用的表名与源表相同。可以使用--hive-table 参数指定输出表名。Hive 可以将数据放入分区，以获得更高效的查询性能。通过指定--hive-partition-key 和--hive-partition-value 参数，可以告诉 Sqoop 作业将数据导入到特定分区。分区值必须是字符串。

Sqoop 默认使用字符串 "null" 代替数据中的 NULL，而 Hive 使用 "\N" 标识 NULL 值，因此当向 Hive 中导入数据时，可以使用如下空值控制参数将空值数据转为字符串 "\N"，然后导入 Hive 中。

```
--null-string '\\N'
--null-non-string '\\N'
```

将数据导入到 Hive 中的示例代码如下：

```
$ sqoop import \
--connect jdbc:mysql://example.com:3306/testdb \
--hive-import \
```

```
--username hive \
--password hive \
--table t_users \
--hive-table t_users \
--hive-overwrite \
--input-fields-terminated-by '\t' \
--null-string '\\N' \
--null-non-string '\\N'
```

10.4 数据导出工具

数据导出工具 export，可以将 Hadoop 平台中的数据导出到外部的关系型数据库中。export 工具的基本参数及其含义，如表 10-5 所示。

表 10-5 Sqoop 导出工具的基本参数及其含义

参数	含义
--validate <class-name>	启用数据复制的验证功能，只支持单表复制，可以指定验证使用的实现类
--validation-threshold <class-name>	指定使用的阈值验证类
--direct	使用直接导出模式（优化速度）
--export-dir <dir>	导出的 HDFS 源路径
-m,--num-mappers <n>	使用 n 个 map 任务并行导出
--table <table-name>	导出的目标表名称
--call <stored-proc-name>	导出数据调用的指定存储过程名
--update-key <col-name>	更新参考的列名称，多个列名使用逗号分隔。Sqoop 通过指定的列的值确定唯一的一条数据
--update-mode <mode>	指定在数据库中发现带有不匹配键的新行时如何执行更新。可选值包括 updateonly(默认值)和 allowinsert
--input-null-string <null-string>	使用指定字符串，替换字符串类型值为 NULL 的列
--input-null-non-string <null-string>	使用指定字符串，替换非字符串类型值为 NULL 的列
--staging-table <staging-table-name>	在数据导出到数据库之前，数据临时存放的表名
--clear-staging-table	清除工作区中临时存放的数据
--batch	使用批处理模式执行底层语句

默认情况下，将选择表中的所有列进行导出。也可以通过使用--columns 参数选择部分列并控制它们的排序。列之间应以逗号分隔，例如--columns "col1,col2,col3"。需要注意的是，--columns 参数中不包含的列需要定义默认值或允许 NULL 值；否则，数据库将拒绝导入的数据，从而导致 Sqoop 作业失败。

数据导出的性能取决于任务并行度。默认情况下，Sqoop 将为导出过程并行使用四个任务。这可能不是最佳的，具体需要根据实际情况进行特定设置。额外的任务可能提供更好的并发性，但是如果数据库在更新索引、调用触发器等方面已经遇到瓶颈，那么额外的负载可能会降低性能。

--num-mappers 或-m 参数用于控制 map 任务的数量，即任务的并行度。

默认情况下，sqoop_export 将每个输入记录转换为 INSERT 语句，该语句向目标数据库表添加新行。如果表有约束（例如，主键列的值必须是唯一的），并且已经包含数据，则应该避免插入违反约束的记录。如果 INSERT 语句失败，导出过程将失败。这种模式主要用于将记录导出到一个新的空表。如果指定--update-key 参数，Sqoop 将修改数据库中的现有数据。每个输入记录都被转换为更新语句，修改现有的行。语句修改的行由使用--update-key 参数指定的列名决定。

例如，关系型数据库中有如下表定义：

```
CREATE TABLE foo(
    id INT NOT NULL PRIMARY KEY,
    msg VARCHAR(32),
    bar INT);
```

在 HDFS 中包含如下样式的数据：

```
0,this is a test,42
1,some more data,100
...
```

执行以下格式的导出命令，将上述数据导出到 RDBMS 中：

```
sqoop-export --table foo --update-key id --export-dir /path/to/data --connect …
```

上述命令将最终转换为如下的更新 SQL：

```
UPDATE foo SET msg='this is a test', bar=42 WHERE id=0;
UPDATE foo SET msg='some more data', bar=100 WHERE id=1;
...
```

如果 UPDATE 语句没有修改任何行，导出仍然会继续，且不会抛出异常(基于更新的导出默认不会向数据库插入新行)。同样，如果使用--update-key 指定的列的数据不是唯一的（即不能唯一标识行），那么多个行数据将通过一条语句进行更新。

参数--update-key 也可以指定多个列，列之间使用逗号分隔。Sqoop 将在更新前通过多个列确定一条唯一的数据。

如果希望在执行更新导出时，对于目标数据库中不存在的数据执行添加操作，而对于已存在的数据执行更新操作，可以使用--update-mode 参数，将值设置为 allowinsert。

下面的示例为获取 HDFS 目录/results/bar_data 中的文件，并将其内容导出到 db.example.com 上 foo 数据库中的 bar 表。目标表必须已经存在于数据库中。Sqoop 将执行一组插入操作且不会考虑表中现有的内容。如果 Sqoop 尝试插入违反数据库约束的行（例如，某个主键值已经存在），则将导出失败。

```
$ sqoop export --connect jdbc:mysql://db.example.com/foo --table bar \
    --export-dir /results/bar_data
```

10.5 Sqoop 安装与配置

Sqoop 是基于 Hadoop 系统的一款数据转移工具，因此在安装 Sqoop 之前需要先安装 Hadoop。Hadoop 的安装在前面已经详细讲解过，此处不再赘述。

1. 下载 Sqoop

从 Apache 官网 http://sqoop.apache.org 下载 Sqoop 的稳定版本，本书使用的是 sqoop-1.4.7.bin__hadoop-2.6.0.tar.gz。

2. 安装 Sqoop

（1）将下载的 Sqoop 安装文件上传到 centos01 服务器的/opt/softwares 目录并将其解压到目录/opt/modules/。

```
$ tar -zxvf sqoop-1.4.7.bin__hadoop-2.6.0.tar.gz -C /opt/modules/
```

（2）将解压后生成的文件夹重命名为 sqoop-1.4.7。

```
$ mv sqoop-1.4.7.bin__hadoop-2.6.0/ sqoop-1.4.7
```

（3）为了以后操作方便，可在环境变量配置文件/etc/profile 中加入以下内容：

```
export SQOOP_HOME=/opt/modules/sqoop-1.4.7
export PATH=$PATH:$SQOOP_HOME/bin
```

内容添加完毕后，执行 source /etc/profile 命令对环境变量文件进行刷新操作。

（4）进入 Sqoop 安装目录下的 conf 文件夹，复制文件 sqoop-env-template.sh 为 sqoop-env.sh，并修改文件 sqoop-env.sh，在其中加入以下内容，指定 Hadoop 的安装目录：

```
export HADOOP_COMMON_HOME=/opt/modules/hadoop-2.8.2
export HADOOP_MAPRED_HOME=/opt/modules/hadoop-2.8.2
```

（5）将 MySQL 驱动包 mysql-connector-java-5.1.20-bin.jar 上传到 Sqoop 安装目录下的 lib 文件夹中。

3. 测试是否安装成功

执行如下命令，查询本地已安装的 MySQL 数据库的数据库列表：

```
$ sqoop list-databases --connect jdbc:mysql://192.168.1.69:3306/test --username root --password 123456
```

上述代码中各参数含义如下。

- **--connect**：数据库的连接 URL。
- **--username**：数据库用户名。
- **--password**：数据库密码。

如果能正确输出 MySQL 数据库列表（例如，下面结果所示），则说明 Sqoop 安装成功。

```
information_schema
mysql
performance_schema
test
```

10.6 案例分析：将 MySQL 表数据导入到 HDFS 中

已知 MySQL 中存在数据库 test，数据库 test 中存在表 user_info，且表 user_info 中有两条数据，如图 10-4 所示。

userId	userName	password	trueName	addedTime
1	hello	123456	zhangsan	2017-06-21
2	hello2	123456	lisi	2017-06-10

图 10-4　表 user_info 中的数据

其中主键是字段 userId，为 int 类型，字段 userName、password 和 trueName 为字符串类型，字段 addedTime 为 date 类型。

下面使用 Sqoop 将表 user_info 中的数据导入到 HDFS 中，步骤如下。

1．启动 Hadoop

在导入数据之前，需要先启动 Hadoop 集群。执行如下命令，启动 Hadoop：

```
$ start-all.sh
```

2．执行导入命令

执行如下命令，使用 Sqoop 连接 MySQL 并将表数据导入到 HDFS 中：

```
$ sqoop import \
--connect 'jdbc:mysql://192.168.1.69:3306/test?characterEncoding=UTF-8' \
--username root \
--password 123456 \
--table user_info \
--columns userId,userName,password,trueName,addedTime \
--target-dir /sqoop/mysql
```

需要注意的是，"\" 后面紧跟回车，表示当前行是下一行的续行。

上述代码中各参数含义如下。

- **--connect：** 数据库的连接 URL。
- **--username：** 数据库用户名。
- **--password：** 数据库密码。
- **--table：** 数据库表名。
- **--columns：** 数据库列名。

- **--target-dir**：数据在 HDFS 中的存放目录。如果 HDFS 中没有该目录则会自动生成。

上述命令的部分执行日志如下：

```
18/09/10 11:58:39 INFO mapreduce.Job: Running job: job_1536551892750_0001
18/09/10 11:58:55 INFO mapreduce.Job: Job job_1536551892750_0001 running in uber mode : false
18/09/10 11:58:55 INFO mapreduce.Job:  map 0% reduce 0%
18/09/10 11:59:18 INFO mapreduce.Job:  map 100% reduce 0%
18/09/10 11:59:19 INFO mapreduce.Job: Job job_1536551892750_0001 completed successfully
```

3. 查看导入结果

执行以下命令，查看 HDFS 中的 /sqoop/mysql 目录下生成的文件：

```
$ hadoop fs -ls /sqoop/mysql
```

输出结果如下：

```
Found 3 items
-rw-r--r--   2 root supergroup          0 2017-11-16 17:23 /sqoop/mysql/_SUCCESS
-rw-r--r--   2 root supergroup         33 2017-11-16 17:23 /sqoop/mysql/part-m-00000
-rw-r--r--   2 root supergroup         34 2017-11-16 17:23 /sqoop/mysql/part-m-00001
```

可以看到，在 /sqoop/mysql 目录下生成了三个文件，分别是 _SUCCESS、part-m-00000 和 part-m-00001，而导入的数据则存在于后两个文件中。

执行以下命令，查看 /sqoop/mysql/ 目录下所有文件的内容：

```
$ hadoop fs -cat /sqoop/mysql/*
```

输出结果如下：

```
1,hello,123456,zhangsan,2017-06-21
2,hello2,123456,lisi,2017-06-10
```

可见，MySQL 中的表 user_info 已经完全导入到了 HDFS 中。

10.7 案例分析：将 HDFS 中的数据导出到 MySQL 中

下面使用 Sqoop 将 10.6 节案例中生成的文件 part-m-00000 中的数据导出到 MySQL 表中，操作步骤如下：

1. 新建表

在 MySQL 数据库 test 中新建表 user_info_2，字段及类型与表 user_info 相同，如图 10-5 所示。

	userId	userName	password	trueName	addedTime
*	(NULL)	(NULL)	(NULL)	(NULL)	(NULL)

图 10-5　user_info_2 的表结构

2. 执行导出命令

执行以下命令，将 HDFS 文件系统 /sqoop/mysql/part-m-00000 文件中的内容导出到表 user_info_2 中：

```
$ sqoop export \
--connect jdbc:mysql://192.168.1.69:3306/test?characterEncoding=UTF-8 \
--username root \
--password 123456 \
--table user_info_2 \
--export-dir /sqoop/mysql/part-m-00000
```

上述代码中各参数含义如下。

- **--table**：目标数据所在表的名称。
- **--export-dir**：源数据所在的位置。

导出完毕后，在 MySQL 中执行以下 SQL 命令，查询表 user_info_2 中的数据：

```
select * from user_info_2
```

输出结果如图 10-6 所示，可以看到，成功导入了一条数据。

	userId	userName	password	trueName	addedTime
☐	1	hello	123456	zhangsan	2017-06-21

图 10-6　导入表 user_info_2 中的数据

当然，也可以将 HDFS 中 /sqoop/mysql 目录下的所有文件一起导出到表 user_info_2 中，只需将上述导出命令中的 /sqoop/mysql/part-m-00000 替换为 /sqoop/mysql/* 即可。

10.8　案例分析：将 MySQL 表数据导入到 HBase 中

本例使用 Sqoop 将 MySQL 中的表 user_info 的数据导入到 HBase 中，操作步骤如下。

1. 启动 HBase

执行以下命令，启动 HBase 集群：

```
$ start-hbase.sh
```

2. 新建 HBase 表

执行以下命令，在 HBase Shell 中新建表 user_info，列族 baseinfo：

```
hbase(main):001:0> create 'user_info','baseinfo'
```

3. 修改 Sqoop 配置文件

修改 Sqoop 配置文件${SQOOP_HOME}/conf/sqoop-evn.sh，添加以下代码，指定 HBase 的安装主目录：

```
export HBASE_HOME=/opt/modules/hbase-1.2.6.1
```

若省略该步骤，后续执行导入命令时可能会报以下错误：

```
ERROR tool.ImportTool: Import failed: HBase jars are not present in classpath, cannot import to HBase!
```

4. 执行导入命令

执行以下命令，将 MySQL 中的数据导入到 HBase 中：

```
$ sqoop import \
--connect jdbc:mysql://192.168.1.69/test?characterEncoding=UTF-8 \
--username root --password 123456 \
--query "SELECT * FROM user_info WHERE 1=1 AND \$CONDITIONS" \
--hbase-table user_info \
--column-family baseinfo \
--hbase-row-key userId \
--split-by addedTime \
--m 2
```

上述代码中各参数含义如下。

- **--query**：指定导入数据的查询条件。
- **--hbase-table**：指定要导入的 HBase 中的表名。
- **--column-family**：指定要导入的 HBase 表的列族。
- **--hbase-row-key**：指定 MySQL 中的某一列作为 HBase 表中的 rowkey。
- **--split-by**：指定数据库中的某一列作为分区拆分列。默认是主键列（如果存在）。如果主键的实际值不在其范围内均匀分布，那么这可能导致任务分配不平衡。此时应该显式地选择一个具有--split-by 参数的列。
- **--m**：指定数据导入过程使用的 map 任务的数量（并行进程的数量）。若不指定该参数，默认使用 4 个 map 任务。一些数据库可以通过将该值增加到 8 或 16 来提高性能，但注意不要增加超过 MapReduce 集群中可用的并行度。该参数与-m 和--num-mappers 具有同样的效果。

Sqoop 是如何根据--split-by 进行分区的？

假设有一张表 test，Sqoop 命令中存在参数--split-by id --m 10。首先，Sqoop 会向关系型数据库比如 MySQL 发送一条命令：select max(id),min(id) from test，然后会把 max、min 之间的区间平均分为 10 份，最后 10 个并行的 map 去查询对应的数据，将各自查询到的数据作为数据源进行导入。

5. 查看导入结果

进入 HBase Shell，执行 scan 'user_info'命令，扫描 user_info 表中的数据：

```
hbase(main):001:0> scan 'user_info'
```

```
ROW     COLUMN+CELL
 1      column=baseinfo:addedTime, timestamp=1510887550010, value=2017-06-21
 1      column=baseinfo:password, timestamp=1510887550010, value=123456
 1      column=baseinfo:trueName, timestamp=1510887550010, value=zhangsan
 1      column=baseinfo:userName, timestamp=1510887550010, value=hello
 2      column=baseinfo:addedTime, timestamp=1510887550110, value=2017-06-10
 2      column=baseinfo:password, timestamp=1510887550110, value=123456
 2      column=baseinfo:trueName, timestamp=1510887550110, value=lisi
 2      column=baseinfo:userName, timestamp=1510887550110, value=hello2
2 row(s) in 0.6870 seconds
```

从上述结果中可以看到，两条数据已经成功导入。

如果修改 user_info 中的数据，重新导入，则会更新替换 HBase 中相同 rowkey 对应行的数据。

目前暂不支持将 HBase 中的数据导出到 MySQL，但可以先将 HBase 中的数据导出到 HDFS 或 Hive 中，再将数据导出到 MySQL。

第 11 章

Kafka

本章内容

本章主要讲解 Kafka 的基本架构、主题和分区、数据的存储机制以及集群环境的搭建和 Java API 的操作，最后通过案例讲解 Kafka 生产者拦截器的使用。

本章目标

- 掌握 Kafka 的架构原理。
- 掌握 Kafka 的主题、分区、消费者组的概念。
- 掌握 Kafka 的数据存储机制。
- 掌握 Kafka 集群环境的搭建。
- 掌握 Kafka Java API 的操作。
- 掌握 Kafka 生产者拦截器的使用。

11.1 什么是 Kafka

Kafka 是一个基于 ZooKeeper 的高吞吐量低延迟的分布式的发布与订阅消息系统，它可以实时处理大量消息数据以满足各种需求。比如，基于 Hadoop 的批处理系统、低延迟的实时系统等。即便使用非常普通的硬件，Kafka 每秒也可以处理数百万条消息，其延迟最低只有几毫秒。

那么 Kafka 到底是什么？简单来说，Kafka 是消息中间件的一种。下面举一个生产者与消费者的例子：

生产者生产鸡蛋，消费者消费鸡蛋。假设消费者消费鸡蛋的时候噎住了（系统宕机了），而生产者还在生产鸡蛋，那么新生产的鸡蛋就丢失了；再比如，生产者 1 秒钟生产 100 个鸡蛋（大交易量的情况），而消费者1秒钟只能消费50个鸡蛋，那过不了多长时间，消费者就吃不消了（消息堵塞，最终导致系统超时），导致鸡蛋又丢失了。这个时候我们放个篮子在生产者与消费者中间，生产者生产出来的鸡蛋都放到篮子里，消费者去篮子里拿鸡蛋，这样鸡蛋就不会丢失了，这个篮子就相当于"Kafka"。

上述例子中的鸡蛋则相当于 Kafka 中的消息（Message）；篮子相当于存放消息的消息队列，也就是 Kafka 集群；当篮子满了，鸡蛋放不下了，这时再加几个篮子，就是 Kafka 集群扩容。

说到这里，不得不提一下 Kafka 中的一些基本概念：

- 消息（Message）。Kafka 的数据单元被称为消息。我们可以把消息看成是数据库里的一行数据或一条记录。为了提高效率，消息可以分组传输，每一组消息就是一个批次，分成批次传输可以减少网络开销。但是批次越大，单位时间内处理的消息就越大，因此要在吞吐量和时间延迟之间做出权衡。
- 服务器节点（Broker）。Kafka 集群包含一个或多个服务器节点，一个独立的服务器节点被称为 Broker。
- 主题（Topic）。每条发布到 Kafka 集群的消息都有一个类别，这个类别被称为主题。在物理上，不同主题的消息分开存储；在逻辑上，一个主题的消息虽然保存于一个或多个 Broker 上，但用户只需指定消息的主题即可生产或消费消息而不必关心消息存于何处。主题在逻辑上可以被认为是一个队列。每条消息都必须指定它的主题，可以简单理解为必须指明把这条消息放进哪个队列里。
- 分区（Partition）。为了使 Kafka 的吞吐率可以水平扩展，物理上把主题分成一个或多个分区。创建主题时可指定分区数量。每个分区对应于一个文件夹，该文件夹下存储该分区的数据和索引文件。
- 生产者（Producer）。生产者负责发布消息到 Kafka 的 Broker，实际上属于 Broker 的一种客户端。生产者负责选择哪些消息应该分配到哪个主题内的哪个分区。默认生产者会把消息均匀地分布到特定主题的所有分区上，但在某些情况下，生产者会将消息直接写到指定的分区。
- 消费者（Consumer）。消费者属于从 Kafka 的 Broker 上读取消息的客户端。读取消息时需要指定读取的主题，通常消费者会订阅一个或多个主题，并按照消息生成的顺序读取它们。

针对上面的概念，我们可以这样理解：不同的主题好比不同的高速公路，分区好比某条高速公路上的车道，消息就是车道上运行的车辆。如果车流量大，则拓宽车道，反之，则减少车道。而消费者就好比高速公路上的收费站，开放的收费站越多，则车辆通过速度越快。

11.2 Kafka 架构

Kafka 的消息传递流程如图 11-1 所示。生产者将消息发送给 Kafka 集群，同时 Kafka 集群将消息转发给消费者。

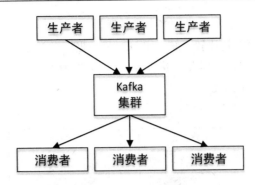

图 11-1　Kafka 消息传递流程

在 Kafka 中，客户端和服务器之间的通信是通过一个简单的、高性能的、与语言无关的 TCP 协议完成的。该协议进行了版本控制，并与旧版本保持向后兼容。Kafka 不仅提供 Java 客户端，也提供其他多种语言的客户端。

一个典型的 Kafka 集群中包含若干生产者（数据可以是 Web 前端产生的页面内容或者服务器日志等）、若干 Broker、若干消费者（可以是 Hadoop 集群、实时监控程序、数据仓库或其他服务）以及一个 ZooKeeper 集群。ZooKeeper 用于管理和协调 Broker。当 Kafka 系统中新增了 Broker 或者某个 Broker 故障失效时，ZooKeeper 将通知生产者和消费者。生产者和消费者据此开始与其他 Broker 协调工作。

Kafka 的集群架构如图 11-2 所示。生产者使用 Push 模式将消息发送到 Broker，而消费者使用 Pull 模式从 Broker 订阅并消费消息。

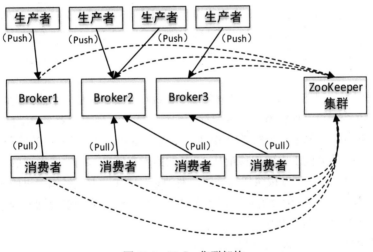

图 11-2　Kafka 集群架构

11.3　主题与分区

Kafka 通过主题对消息进行分类，一个主题可以分为多个分区，且每个分区可以存储于不同的

Broker 上。也就是说，一个主题可以横跨多个服务器。

如果你对 HBase 的集群架构比较了解，用 HBase 数据库做类比，可以将主题看作 HBase 数据库中的一张表，而分区则是将表数据拆分成了多个部分，即 HRegion。不同的 HRegion 可以存储于不同的服务器上，而分区也是如此。

主题与分区的关系如图 11-3 所示。

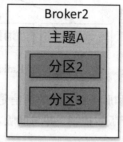

图 11-3　主题与分区的关系

对主题进行分区的好处是：允许主题消息规模超出一台服务器的文件大小上限。因为一个主题可以有多个分区，且可以存储在不同的服务器上，当一个分区的文件大小超出所在服务器的文件大小上限时，可以动态添加其他分区，因此可以处理无限量的数据。

Kafka 会为每个主题维护一个分区日志，记录各个分区的消息存放情况。消息以追加的方式写入到每个分区的尾部，然后以先入先出的顺序进行读取。由于一个主题包含多个分区，所以无法在整个主题范围内保证消息的顺序，但可以保证单个分区内消息的顺序。

当一条消息被发送到 Broker 时，会根据分区规则被存储到某个分区里。如果分区规则设置合理，所有消息将被均匀地分配到不同的分区里，这样就实现了水平扩展。如果一个主题的消息都存放到一个文件中，则该文件所在的 Broker 的 I/O 将成为主题的性能瓶颈，而分区正好解决了这个问题。

分区中的每个记录都被分配了一个偏移量（offset），偏移量是一个连续递增的整数值，它唯一标识分区中的某个记录。而消费者只需保存该偏移量即可，当消费者客户端向 Broker 发起消息请求时需要携带偏移量。例如，消费者向 Broker 请求主题 test 的分区 0 中的偏移量从 20 开始的所有消息以及主题 test 的分区 1 中的偏移量从 35 开始的所有消息。当消费者读取消息后，偏移量会线性递增。当然，消费者也可以按照任意顺序消费消息，比如读取已经消费过的历史消息（将偏移量重置到之前版本）。此外，消费者还可以指定从某个分区中一次最多返回多少条数据，防止一次返回数据太多而耗尽客户端的内存。

Kafka 分区消息的读写如图 11-4 所示。

此外，对于已经发布的消息，无论这些消息是否被消费，Kafka 都将会保留一段时间，具体的保留策略有两种：根据时间保留（例如 7 天）和根据消息大小保留（例如 1 GB）。可以进行相关参数配置，选择具体策略。当消息数量达到配置的策略上限时，Kafka 就会为节省磁盘空间而将旧消息删除。例如，设置消息保留两天，则两天内该消息可以随时被消费，但两天后该消息将被删除。Kafka 的性能对数据大小不敏感，因此保留大量数据毫无压力。

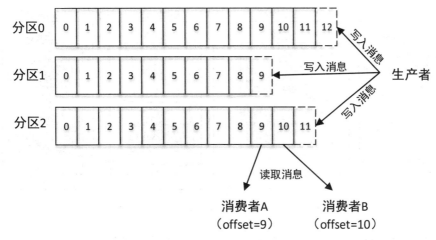

图 11-4 Kafka 分区消息的读写

每个主题也可以配置自己的保留策略，可以根据具体的业务进行设置。例如，用于跟踪用户活动的数据可能需要保留几天，而应用程序的度量指标可能只需要保留几个小时。

11.4　分区副本

在 Kafka 集群中，为了提高数据的可靠性，同一个分区可以复制多个副本分配到不同的 Broker，这种方式类似于 HDFS 中的副本机制。如果其中一个 Broker 宕机，其他 Broker 可以接替宕机的 Broker，不过生产者和消费者需要重新连接到新的 Broker。Kafka 分区的复制如图 11-5 所示。

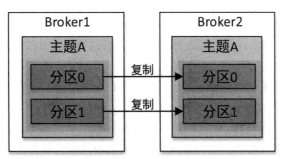

图 11-5　Kafka 分区的复制

Kafka 每个分区的副本都被分为两种类型：领导者副本和跟随者副本。领导者副本只有一个，其余的都是跟随者副本。所有生产者和消费者都向领导者副本发起请求，进行消息的写入与读取，而跟随者副本并不处理客户端的请求，它唯一的任务是从领导者副本复制消息，以保持与领导者副本数据及状态的一致。

如果领导者副本发生崩溃，会从其余的跟随者副本中选出一个作为新的领导者副本。领导者与跟随者在 Kafka 集群中的分布如图 11-6 所示。

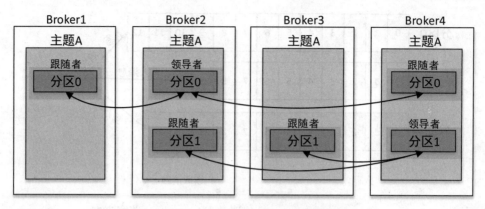

图 11-6　领导者与跟随者在 Kafka 集群中的分布

既然跟随者副本会从领导者副本那里复制消息，那么这种复制是领导者主动向跟随者发起 Push（推送）请求还是跟随者向领导者发起 Pull（拉取）请求？

跟随者为了与领导者保持同步，会周期性向领导者发起获取数据的请求（Pull），这种请求与消费者读取消息发送的请求是一样的。请求消息里包含了跟随者想要获取消息的偏移量，偏移量的值随着每次请求进行递增。领导者从跟随者请求的偏移量可以知道消息复制的进度。

领导者与跟随者之间的消息复制，什么时候才认为是复制成功呢？是同步复制还是异步复制？如果个别跟随者由于网络问题导致消息没有复制完成，是否允许消费者对消息进行读取？

Kafka 的消息复制是以分区为单位的，既不是完全的同步复制，也不是完全的异步复制，而是基于 ISR（In-sync Replica）的动态复制方案。

领导者会维护一个需要与其保持同步的副本列表（包括领导者自己），该列表称为 ISR。而且每个分区都会有一个 ISR。如果在一定时间内（可以通过参数 replica.lag.time.max.ms 进行配置），跟随者没有向领导者请求新的消息（可能由于网络问题），该跟随者将被认为是不同步的，领导者会从 ISR 中将其移除，从而避免因跟随者的请求速度过慢而拖慢整体速度。而当跟随者重新与领导者保持同步时，领导者会将其再次加入到 ISR 中。当领导者失效时，也不会选择 ISR 中不存在的跟随者作为新的领导者。

ISR 的列表数据保存在 ZooKeeper 中，每次 ISR 改变后，领导者都会将最新的 ISR 同步到 ZooKeeper 中。

每次消息写入时，只有 ISR 中的所有跟随者都复制完毕，领导者才会将消息写入状态置为 Commit（写入成功），而只有状态置为 Commit 的消息才能被消费者读取。从消费者的角度来看，要想成功读取消息，ISR 中的所有副本必须处于同步状态，从而提高了数据的一致性。

可以通过设置 min.insync.replicas 参数指定 ISR 的最小数量，默认为 1。即 ISR 中的所有跟随者都可以被移除，只剩下领导者。但是在这种情况下，如果领导者失效，由于 ISR 中没有跟随者，因此该分区将不可用。适当增加参数 min.insync.replicas 的值，将提高系统的可用性。

以上是站在消费者的角度来看 ISR，即 ISR 中所有的副本都成功写入消息后，才允许消费者读取。那么对于生产者来说，在消息发送完毕后，是否需要等待 ISR 中所有副本成功写入才认为消息发送成功？

生产者通过 ZooKeeper 向领导者副本所在的 Broker 发送消息，领导者收到消息后需要向生产者返回消息确认收到的通知。而实际上，领导者并不需要等待 ISR 中的所有副本都写入成功才向生产者进行确认。

在生产者发送消息时，可以对 acks 参数进行配置，该参数指定了对消息写入成功的界定。生产者可以通过 acks 参数指定需要多少个副本写入成功才视为该消息发送成功。acks 参数有三个值，分别为 1、all 和 0。如果 acks=1（默认值），则只要领导者副本写入成功，生产者就认为写入成功；如果 acks=all，则需要 ISR 中的所有副本写入成功，生产者才能认为写入成功；如果 acks=0，则生产者将消息发送出去后，立即认为该消息发送成功，不需要等待 Broker 的响应（而实际上该消息可能发送失败）。因此，需要根据实际业务需求来设置 acks 的值。

对于 Broker 来说，Broker 会通过 acks 的值来判断何时向生产者返回响应。在消息被写入分区的领导者副本后，Broker 开始检查 acks 参数值，如果 acks 的值是 1 或 0，则 Broker 立即返回响应给生产者；如果 acks 的值为 all，则请求会被保存在缓冲区中，直到领导者检测到所有跟随者副本都已成功复制了消息，才会向生产者返回响应。

11.5 消费者组

消费者组（Consumer Group）实际上就是一组消费者的集合。每个消费者属于一个特定的消费者组（可为每个消费者指定组名称，消费者通过组名称对自己进行标识，若不指定组名称则属于默认的组）。

传统消息处理有两种模式：队列模式和发布订阅模式。队列模式是指消费者可以从一台服务器读取消息，并且每个消息只被其中一个消费者消费；发布订阅模式是指消息通过广播方式发送给所有消费者。而 Kafka 提供了消费者组模式，能够同时具备这两种（队列和发布订阅）模式的特点。

Kafka 规定，同一消费者组内不允许多个消费者消费同一分区的消息，而不同的消费者组可以同时消费同一分区的消息。也就是说，分区与同一个消费者组中的消费者的对应关系是多对一而不允许一对多。举个例子，如果同一个应用有 100 台计算机，这 100 台计算机属于同一个消费者组，则同一条消息在 100 台计算机中只有一台能得到。如果另一个应用也需要同时消费同一个主题的消息，则需要新建一个消费者组并消费同一个主题的消息。我们已经知道，消息存储于分区中，消费者组与分区的关系如图 11-7 所示。

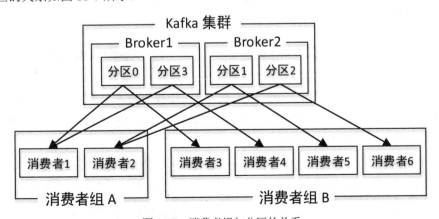

图 11-7　消费者组与分区的关系

鉴于此，每条消息发送到主题后，只能发送给某个消费者组中的唯一一个消费者实例（可以是同一台服务器上的不同进程，也可以是不同服务器上的进程）。

显然，如果所有的消费者实例属于同一分组（有相同的分组名），则该过程就是传统的队列模式，即同一消息只有一个消费者能得到；如果所有的消费者都不属于同一分组，则该过程就是发布订阅模式，即同一消息每个消费者都能得到。

从消费者组与分区的角度来看，整个 Kafka 的架构如图 11-8 所示。

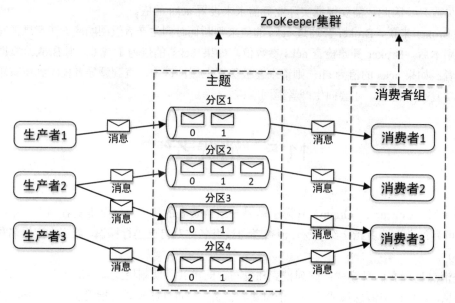

图 11-8　消费者组从分区读取消息

在图 11-8 中，属于同一个消费者组的三个消费者共同读取一个主题，其中的两个消费者各自读取一个分区，而另一个消费者同时读取了两个分区。消费者组保证了同一个分区只能被组中的一个消费者进行消费。

11.6　数据存储机制

我们已经知道，Kafka 中的消息由主题进行分类，而主题在物理上又分为多个分区。那么分区是怎么存储数据的呢？

假设在 Broker 中有一个名为 topictest 的主题，该主题被分为 4 个分区，则在 Kafka 消息存储目录（配置文件 server.properties 中的属性 log.dirs 指定的目录）中会生成以下 4 个文件夹，且这 4 个文件夹可能分布于不同的 Broker 中：

```
topictest-0
topictest-1
topictest-2
topictest-3
```

在 Kafka 数据存储中，每个分区的消息数据存储于一个单独的文件夹中，分区文件夹的命名规则为"主题名-分区编号"，分区编号从 0 开始，依次递增。

一个分区在物理上又由多个 segment（段）组成。segment 是 Kafka 数据存储的最小单位。每个分区的消息数据会被分配到多个 segment 文件中，这种将分区细分为 segment 的方式，方便了旧消息（旧 segment）的删除和清理，达到及时释放磁盘空间的效果。

segment 文件由两部分组成：索引文件（后缀为.index）和数据文件（后缀为.log），这两个文件一一对应，且成对出现。索引文件存储元数据，数据文件存储实际消息，索引文件中的元数据指向对应数据文件中消息的物理偏移地址。

segment 文件的命名由 20 位数字组成，同一分区中的第一个 segment 文件的命名编号从 0 开始，下一个 segment 文件的命名编号为上一个 segment 文件的最后一条消息的 offset 值。编号长度不够以 0 补充，如下所示：

```
00000000000000000000.index
00000000000000000000.log
00000000000000170410.index
00000000000000170410.log
00000000000000258330.index
00000000000000258330.log
```

segment 的索引文件与数据文件的对应关系如图 11-9 所示。

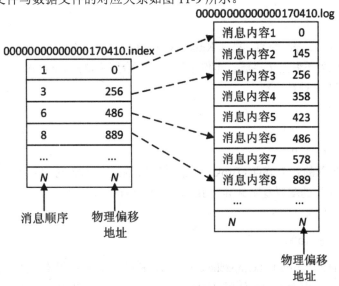

图 11-9 segment 的索引文件与数据文件的对应关系

在图 11-9 中，索引文件的左侧为消息在该文件中的顺序（即第几条消息），右侧为消息在数据文件中对应的偏移地址（实际物理存储位置）。可以看到，并不是所有的消息都会在索引文件中建立索引，而是采用每隔一定字节的数据建立一条索引，这种索引方式被称为"稀疏索引"。采用稀疏索引避免了索引文件占用过多的空间，从而提高了索引的查找速度。但缺点是，没有建立索引的消息不能一次定位到其在数据文件的物理位置，而是通过"二分法"定位到与其最近的消息的位置（即小于等于需要查找的消息位置中的最大值），然后顺序进行扫描（此时，顺序扫描的范围已经被缩小了），直到找到需要查找的消息。

我们已经知道，消费者是通过offset值查找消息的，以图11-9为例，如果需要查找offset=170413的消息，Kafka的查找步骤如下：

（1）通过offset值定位到索引文件。

索引文件00000000000000170410.index的起始offset值为170410+1=170411；索引文件00000000000000258330.index的起始offset值为258330+1=258331。根据"二分法"，可以快速定位到offset值为170413的消息的索引文件为00000000000000170410.index。

（2）通过索引文件查询消息物理偏移地址。

首先根据offset值查找到消息顺序，offset值为170413的消息在索引文件00000000000000170410.index中的消息顺序为170413-170410=3。

然后根据消息顺序查找（二分法）到消息在数据文件的物理偏移地址，消息顺序为3的消息对应的物理偏移地址为256。

（3）通过物理偏移地址定位到消息内容。

根据查找到的物理偏移地址，到数据文件00000000000000170410.log中查找对应的消息内容。

11.7 集群环境搭建

Kafka依赖ZooKeeper集群，搭建Kafka集群之前，需要先搭建好ZooKeeper集群。ZooKeeper集群的搭建步骤此处不做过多讲解。本例依然使用三台服务器在CentOS 7上搭建Kafka集群，三台服务器的主机和IP地址分别为：

centos01 192.168.170.133
centos02 192.168.170.134
centos03 192.168.170.135

由于Kafka集群的各个节点（Broker）是对等的，配置基本相同，因此只需要配置一个Broker，然后将这个Broker上的配置复制到其他Broker，并进行微调即可。

具体的搭建步骤如下：

1. 下载并解压Kafka

从Apache官网http://kafka.apache.org下载Kafka的稳定版本，本书使用的是2.0.0版本kafka_2.11-2.0.0.tgz（由于Kafka使用Scala和Java编写，2.11指Scala的版本号，关于Scala语言本书第15章将详细讲解）。

然后将Kafka安装包上传到centos01节点的/opt/softwares目录，并解压到目录/opt/modules/下，解压命令如下：

```
$ tar -zxvf kafka_2.11-2.0.0.tgz -C /opt/modules/
```

2. 修改配置文件

修改Kafka安装目录下的config/server.properties文件。在分布式环境中建议至少修改以下配置项（若文件中无此配置项，则需要新增），其他配置项可以根据具体项目环境进行调优：

```
broker.id=1
num.partitions=2
default.replication.factor=2
listeners=PLAINTEXT://centos01:9092
log.dirs=/opt/modules/kafka_2.11-2.0.0/kafka-logs
zookeeper.connect=centos01:2181,centos02:2181,centos03:2181
```

上述代码中各选项含义如下。

- **broker.id**：每一个 Broker 都需要有一个标识符，使用 broker.id 表示。它类似于 ZooKeeper 的 myid。broker.id 必须是一个全局（集群范围）唯一的整数值，即集群中每个 Kafka 服务器的 broker.id 的值不能相同。
- **num.partitions**：每个主题的分区数量，默认是 1。需要注意的是，可以增加分区的数量，但是不能减少分区的数量。
- **default.replication.factor**：消息备份副本数，默认为 1，即不进行备份。
- **listeners**：Socket 监听的地址，用于 Broker 监听生产者和消费者请求，格式为 listeners = security_protocol://host_name:port。如果没有配置该参数，则默认通过 Java 的 API（java.net.InetAddress.getCanonicalHostName()）来获取主机名，端口默认为 9092，建议进行显式配置，避免多网卡时解析有误。
- **log.dirs**：Kafka 消息数据的存储位置。可以指定多个目录，以逗号分隔。
- **zookeeper.connect**：ZooKeeper 的连接地址。该参数是用逗号分隔的一组格式为 hostname:port/path 的列表，其中 hostname 为 ZooKeeper 服务器的主机名或 IP 地址；port 是 ZooKeeper 客户端连接端口；/path 是可选的 ZooKeeper 路径，如果不指定，则默认使用 ZooKeeper 根路径。

3. 发送安装文件到其他节点

执行以下命令，将 centos01 节点配置好的 Kafka 安装文件复制到 centos02 和 centos03 节点：

```
scp -r kafka_2.11-2.0.0/ hadoop@centos02:/opt/modules/
scp -r kafka_2.11-2.0.0/ hadoop@centos03:/opt/modules/
```

复制完成后，修改 centos02 节点的 Kafka 安装目录下的 config/server.properties 文件，修改内容如下：

```
broker.id=2
listeners=PLAINTEXT://centos02:9092
```

同理，修改 centos03 节点的 Kafka 安装目录下的 config/server.properties 文件，修改内容如下：

```
broker.id=3
listeners=PLAINTEXT://centos03:9092
```

4. 启动 ZooKeeper 集群

分别在三个节点上执行以下命令，启动 ZooKeeper 集群（需进入 ZooKeeper 安装目录）：

```
bin/zkServer.sh start
```

5. 启动 Kafka 集群

分别在三个节点上执行以下命令，启动 Kafka 集群（需进入 Kafka 安装目录）：

```
bin/kafka-server-start.sh -daemon config/server.properties
```

集群启动后，分别在各个节点上执行 jps 命令，查看启动的 Java 进程，若能输出如下进程信息，说明启动成功。

```
2848 Jps
2518 QuorumPeerMain
2795 Kafka
```

查看 Kafka 安装目录下的日志文件 logs/server.log，确保运行稳定，没有抛出异常。至此，Kafka 集群搭建完成。

11.8 命令行操作

生产者接收用户的标准输入发送到 Kafka，消费者则一直尝试从 Kafka 中拉取生产的数据，并打印到标准输出中。下面使用 Kafka 命令行客户端创建主题、生产者与消费者，以测试 Kafka 集群能否正常使用。

如无特殊说明，以下所有命令都是在 Kafka 安装目录下执行。

11.8.1 创建主题

创建主题可以使用 Kafka 提供的命令工具 kafka-topics.sh，此处我们创建一个名为 topictest 的主题，分区数为 2，每个分区的副本数为 2，命令如下（在 Kafka 集群的任意节点执行即可）：

```
$ bin/kafka-topics.sh \
--create \
--zookeeper centos01:2181,centos02:2181,centos03:2181 \
--replication-factor 2 \
--partitions 2 \
--topic topictest
```

上述代码中各参数含义如下。

- **--create**：指定命令的动作是创建主题，使用该命令必须指定--topic 参数。
- **--topic**：所创建的主题名称。
- **--partitions**：所创建主题的分区数。
- **--zookeeper**：指定 ZooKeeper 集群的访问地址。
- **--replication-factor**：所创建主题的分区副本数，其值必须小于等于 Kafka 的节点数。

命令执行完毕后，若输出以下结果则表明创建主题成功：
Created Topic "topictest".

此时查看 ZooKeeper 中 Kafka 创建的 /brokers 节点，发现主题 topictest 的信息已记录在其中，如图 11-10 所示。

```
[zk: localhost:2181(CONNECTED) 8] ls /brokers
[ids, topics, seqid]
[zk: localhost:2181(CONNECTED) 9] ls /brokers/topics
[topictest]
[zk: localhost:2181(CONNECTED) 10] ls /brokers/topics/topictest
[partitions]
[zk: localhost:2181(CONNECTED) 11] ls /brokers/topics/topictest/partitions
[0, 1]
```

图 11-9　查看 Kafka 在 ZooKeeper 中创建的节点信息

11.8.2　查询主题

创建主题成功后，可以执行以下命令，查看当前 Kafka 集群中存在的所有主题：

```
$ bin/kafka-topics.sh \
--list \
--zookeeper centos01:2181
```

也可以使用 --describe 参数查询某一个主题的详细信息。例如，查询主题 topictest 的详细信息，命令如下：

```
$ bin/kafka-topics.sh \
--describe \
--zookeeper centos01:2181 \
--topic topictest
```

输出结果如下：

```
Topic:topictest    PartitionCount:2    ReplicationFactor:2 Configs:
Topic: topictest    Partition: 0    Leader: 2    Replicas: 2,3    Isr: 2,3
Topic: topictest    Partition: 1    Leader: 3    Replicas: 3,1    Isr: 3,1
```

上述结果中的参数解析如下。

- Topic：主题名称。
- PartitionCount：分区数量。
- ReplicationFactor：每个分区的副本数量。
- Partition：分区编号。
- Leader：领导者副本所在的 Broker，这里指安装 Kafka 集群时设置的 broker.id。
- Replicas：分区副本所在的 Broker（包括领导者副本），同样指安装 Kafka 集群时设置的 broker.id。
- Isr：ISR 列表中的副本所在的 Broker（包括领导者副本），同样指安装 Kafka 集群时设置的 broker.id。

可以看到，该主题有 2 个分区，每个分区有 2 个副本。分区编号为 0 的副本分布在 broker.id

为 2 和 3 的 Broker 上，其中 broker.id 为 2 上的副本为领导者副本；分区编号为 1 的副本分布在 broker.id 为 1 和 3 的 Broker 上，其中 broker.id 为 3 上的副本为领导者副本。

接下来就可以创建生产者向主题发送消息了。

11.8.3 创建生产者

Kafka 生产者作为消息生产角色，可以使用 Kafka 自带的命令工具创建一个最简单的生产者。例如，在主题 topictest 上创建一个生产者，命令如下：

```
$ bin/kafka-console-producer.sh \
--broker-list centos01:9092,centos02:9092,centos03:9092 \
--topic topictest
```

上述代码中各参数含义如下。

- **--broker-list：** 指定 Kafka Broker 的访问地址，只要能访问到其中一个即可连接成功，若想写多个则用逗号隔开。建议将所有的 Broker 都写上，如果只写其中一个，如果该 Broker 失效，连接将失败。注意此处的 Broker 访问端口为 9092，Broker 通过该端口接收生产者和消费者的请求，该端口在安装 Kafka 时已经指定。
- **--topic：** 指定生产者发送消息的主题名称。

创建完成后，控制台进入等待键盘输入消息的状态。

接下来需要创建一个消费者来接收生产者发送的消息。

11.8.4 创建消费者

新开启一个 SSH 连接窗口（可连接 Kafka 集群中的任何一个节点），在主题 topictest 上创建一个消费者，命令如下：

```
$ bin/kafka-console-consumer.sh \
--bootstrap-server centos01:9092,centos02:9092,centos03:9092 \
--topic topictest
```

上述代码中，参数--bootstrap-server 用于指定 Kafka Broker 访问地址。

消费者创建完成后，等待接收生产者的消息。此时，在生产者控制台输入消息"hello kafka"后按回车键（可以将文件或者标准输入的消息发送到 Kafka 集群中，默认一行作为一个消息），即可将消息发送到 Kafka 集群，如图 11-11 所示。

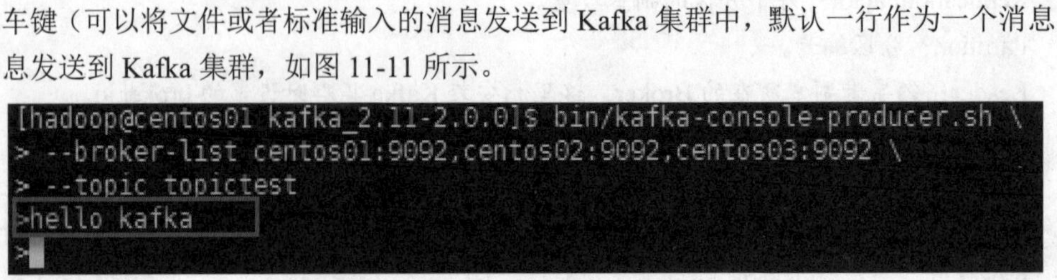

```
[hadoop@centos01 kafka_2.11-2.0.0]$ bin/kafka-console-producer.sh \
> --broker-list centos01:9092,centos02:9092,centos03:9092 \
> --topic topictest
>hello kafka
>
```

图 11-11　生产者控制台生产消息

在消费者控制台，则可以看到输出相同的消息"hello kafka"，如图 11-12 所示。

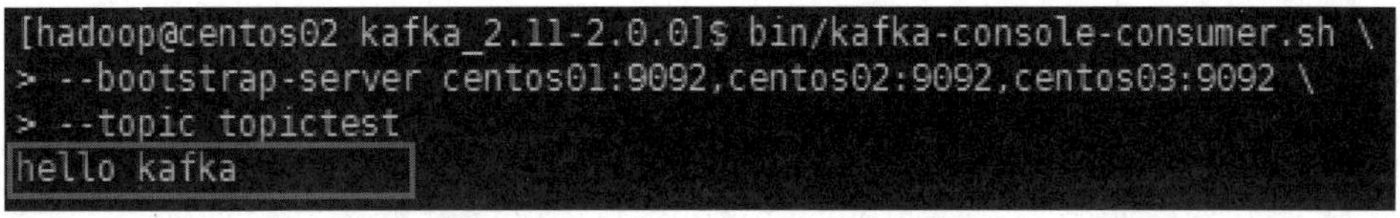

[hadoop@centos02 kafka_2.11-2.0.0]$ bin/kafka-console-consumer.sh \
> --bootstrap-server centos01:9092,centos02:9092,centos03:9092 \
> --topic topictest
hello kafka

图 11-12 消费者控制台接收消息

到此，Kafka 集群测试成功，能够正常运行。

11.9 Java API 操作

Kafka 提供了 Java 客户端 API 进行消息的创建与接收。下面将通过在 Eclipse 中编写 Java 客户端程序创建生产者与消费者。

11.9.1 创建 Java 工程

使用 Java API 之前需要先新建一个 Java 项目。

在 Eclipse 中新建一个 Maven 项目 kafka_demo，项目结构如图 11-13 所示。

kafka_demo
src/main/java
src/test/java
Maven Dependencies
JRE System Library [jdk1.8.0_131]
src
target
pom.xml

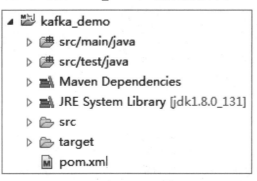

图 11-13 Kafka Maven 项目结构

然后在项目的 pom.xml 中加入 Kafka 客户端的依赖 jar 包，内容如下：

```
<dependency>
    <groupId>org.apache.kafka</groupId>
    <artifactId>kafka-clients</artifactId>
    <version>2.0.0</version>
</dependency>
```

pom.xml 配置好后，接下来就可以进行 Java API 的编写了。

11.9.2 创建生产者

在项目 kafka_demo 中新建一个生产者类 MyProducer.java，该类的主要作用是循环向已经创建好的主题 topictest（本章 11.8.1 节创建的主题）发送 10 条消息，完整代码如下：

```java
import java.util.Properties;
import org.apache.kafka.clients.producer.KafkaProducer;
import org.apache.kafka.clients.producer.Producer;
import org.apache.kafka.clients.producer.ProducerConfig;
import org.apache.kafka.clients.producer.ProducerRecord;
import org.apache.kafka.common.serialization.IntegerSerializer;
import org.apache.kafka.common.serialization.StringSerializer;

/**
 * 生产者类
 */
public class MyProducer {

  public static void main(String[] args) {
   //1. 使用 Properties 定义配置属性
   Properties props = new Properties();
   //设置生产者 Broker 服务器连接地址
   props.setProperty(ProducerConfig.BOOTSTRAP_SERVERS_CONFIG,
     "centos01:9092,centos02:9092,centos03:9092");
   //设置序列化 key 程序类
   props.setProperty(ProducerConfig.KEY_SERIALIZER_CLASS_CONFIG,
     StringSerializer.class.getName());
   //设置序列化 value 程序类,此处不一定非得是 Integer,也可以是 String
   props.setProperty(ProducerConfig.VALUE_SERIALIZER_CLASS_CONFIG,
     IntegerSerializer.class.getName());
   //2. 定义消息生产者对象,依靠此对象可以进行消息的传递
   Producer<String, Integer> producer = new KafkaProducer<String, Integer>(props);
   //3. 循环发送 10 条消息
   for (int i = 0; i < 10; i++) {
    //发送消息,此方式只负责发送消息,不关心是否发送成功
    //第一个参数:主题名称
    //第二个参数：消息的 key 值
    //第三个参数：消息的 value 值
    producer.send(new ProducerRecord<String, Integer>("topictest",
      "hello kafka " + i, i));
   }
   //4. 关闭生产者,释放资源
   producer.close();
  }
}
```

上述代码中，生产者对象 KafkaProducer 的 send()方法负责发送消息，并将消息记录 ProducerRecord 对象作为参数，因此需要先创建 ProducerRecord 对象。ProducerRecord 有多个构造方法，这里使用其中一种构造方法，该构造方法的第一个参数为目标主题的名称，第二个参数为消息的键（key），第三个参数为消息的值（value），即具体的消息内容。此处的键为字符串类型，值为整数（也可为字符串）。但消息键值的类型必须与序列化程序类和生产者对象 Producer 中规

定的类型相匹配。

上述这种消息发送方式的特点是：消息发送给服务器即发送完成，而不管消息是否送达。因为 Kafka 的高可用性，在大多数情况下，消息都可正常送达，当然也不排除丢失消息的情况。所以，如果发送结果并不重要，可以使用这种消息发送方式。例如，记录消息日志或记录不太重要的应用程序日志。

除了上述消息发送方式外，还有两种消息发送方式：同步发送和异步发送，下面分别介绍。

（1）同步发送。

使用生产者对象的 send()方法发送消息，会返回一个 Future 对象，调用 Future 对象的 get()方法，然后等待结果，就可以知道消息是否发送成功。如果服务器返回错误，get()方法会抛出异常；如果没有发生错误，则会得到一个 RecordMetadata 对象，可以利用该对象获取消息的偏移量等。同步发送消息的最简单代码如下：

```
try{
  producer.send(new ProducerRecord<String,Integer>("topictest","hello kafka "+i,i)).get();
}catch(Exception e){
  e.printStackTrace();
}
```

（2）异步发送。

使用生产者对象的 send()方法发送消息时，可以指定一个回调方法，服务器返回响应信息时会调用该方法。可以在该方法中对一些异常信息进行处理，比如记录错误日志，或是把消息写入"错误消息"文件以便日后分析，示例代码如下：

```
producer.send(new ProducerRecord<String,Integer>("topictest","hello kafka "+i,i),new Callback(){
        public void onCompletion(RecordMetadata recordMetadata, Exception e) {
            if(e!=null){
                e.printStackTrace();
            }
        }
});
```

上述代码中，为了使用回调方法，在 send()方法中加入了一个参数，该参数是实现了 Callback 接口的匿名内部类。Callback 接口只有一个 onCompletion()方法，该方法有两个参数：第一个参数为 RecordMetadata 对象，从该对象可以获取消息的偏移量等内容；第二个参数为 Exception 对象。如果 Kafka 返回一个错误，则 onCompletion()方法会抛出一个非空异常，可以从 Exception 对象中获取这个异常信息，从而对异常进行处理。

11.9.3 创建消费者

在项目 kafka_demo 中新建一个消费者类 MyConsumer.java，该类主要用于接收上述生产者发送的所有消息，完整代码如下：

```java
import java.time.Duration;
import java.util.Arrays;
import java.util.Properties;
import org.apache.kafka.clients.consumer.Consumer;
import org.apache.kafka.clients.consumer.ConsumerConfig;
import org.apache.kafka.clients.consumer.ConsumerRecord;
import org.apache.kafka.clients.consumer.ConsumerRecords;
import org.apache.kafka.clients.consumer.KafkaConsumer;
import org.apache.kafka.common.serialization.IntegerDeserializer;
import org.apache.kafka.common.serialization.StringDeserializer;

/**
 * 消费者类
 */
public class MyConsumer {

    public static void main(String[] args) {
        //1. 使用Properties定义配置属性
        Properties props = new Properties();❶
        //设置消费者Broker服务器的连接地址
        props.setProperty(ConsumerConfig.BOOTSTRAP_SERVERS_CONFIG,
            "centos01:9092,centos02:9092,centos03:9092");
        //设置反序列化key的程序类,与生产者对应
        props.setProperty(ConsumerConfig.KEY_DESERIALIZER_CLASS_CONFIG,
            StringDeserializer.class.getName());
        //设置反序列化value的程序类,与生产者对应
        props.setProperty(ConsumerConfig.VALUE_DESERIALIZER_CLASS_CONFIG,
            IntegerDeserializer.class.getName());
        //设置消费者组ID,即组名称,值可自定义。组名称相同的消费者进程属于同一个消费者组
        props.setProperty(ConsumerConfig.GROUP_ID_CONFIG, "groupid-1");
        //2. 定义消费者对象
        Consumer<String, Integer> consumer = new KafkaConsumer<String, Integer>(props);❷
        //3. 设置消费者读取的主题名称,可以设置多个
        consumer.subscribe(Arrays.asList("topictest"));❸
        //4. 不停地读取消息
        while (true) {❹
            //拉取消息,并设置超时时间为10秒
            ConsumerRecords<String, Integer> records = consumer.poll(Duration
                .ofSeconds(10));❺
            for (ConsumerRecord<String, Integer> record : records) {
                //打印消息关键信息
                System.out.println("key: " + record.key() + ", value: " + record.value()
                    +", partition: "+record.partition()+",offset: "+record.offset());❻
            }
        }
    }
}
```

上述代码分析如下。

❶ Properties 对象用于向消费者对象传递相关配置属性值，其传递的第一个属性 ConsumerConfig.BOOTSTRAP_SERVERS_CONFIG 是类 ConsumerConfig 中的一个常量字符串"bootstrap.servers"，含义是指定 Kafka 集群 Broker 的连接字符串；第二个属性 ConsumerConfig.KEY_DESERIALIZER_CLASS_CONFIG 是类 ConsumerConfig 中的一个常量字符串"key.deserializer"，其含义是指定反序列化消息键（key）的程序类，使用该类可以把经过序列化后的字节数组进行反序列化成 Java 对象；第三个属性 ConsumerConfig.VALUE_DESERIALIZER_CLASS_CONFIG 是类 ConsumerConfig 中的一个常量字符串"value.deserializer"，其含义是指定反序列化消息值（value）的程序类，同样使用该类可以把字节数组转成 Java 对象；第四个属性 ConsumerConfig.GROUP_ID_CONFIG 为常量字符串"group.id"，其含义是指定该消费者所属的消费者组名称。需要注意的是，创建不属于任何一个消费者组的消费者也可以，但是不常见。

❷ 消费者对象 KafkaConsumer 用于从 Broker 中拉取消息，因此在拉取消息之前需要先创建该对象。该对象的创建与生产者对象 KafkaProducer 的创建类似。

❸ 使用消费者对象的 subscribe()方法，可以对主题进行订阅。该方法可以接收一个主题列表作为参数。

❹ 通过 while 无限循环来使用消息轮询 API，对服务器发送轮询请求。在进行轮询请求时，Kafka 会自动处理所有细节，包括消费者组协调、分区再均衡、发送心跳和获取数据等。消费者必须持续对 Kafka 进行轮询，否则会被认为已经死亡，其分区会被移交给消费者组里的其他消费者。

❺ poll()方法可以对消息进行拉取，并返回一个 ConsumerRecords 对象，该对象存储了返回的消息记录列表。每条消息记录都包含了记录的键值对、记录所属主题信息、分区信息及所在分区的偏移量。可以根据业务需要遍历这个记录列表，取出所需信息。

poll()方法有一个超时时间参数，它指定了方法在多久之后必须返回消息记录。Kafka 2.0.0 版本建议使用 JDK1.8 新增的时间类 Duration 作为 poll()方法的参数，因此如果要使用 Duration 类，JDK 版本必须在 1.8 以上。此处的 Duration.ofSeconds(10)指的是时间为 10 秒。若 JDK 版本在 1.8 以下，可以直接向 poll()方法传入时间毫秒数。例如，poll(1000)。但 Kafka 2.0.0 不推荐使用该方法，且该方法在后续版本中可能被废弃。

如果时间到达 poll()方法设定的时间，不管有没有数据，poll()都要进行返回。如果时间被设置为 0，则 poll()会立即返回，否则它会在指定的时间内一直等待 Broker 返回消息数据。

❻ 此处调用消息记录对象 ConsumerRecord 的 key()与 value()方法取得消息的键与值，调用该对象的 partition()和 offset()方法取得消息所在分区编号和偏移量（offset）。

11.9.4　运行程序

生产者与消费者代码编写完毕后，就可以运行程序了，运行步骤如下：

（1）运行消费者程序。

在 Eclipse 中运行消费者程序 MyConsumer.java，对消息进行监听。

（2）运行生产者程序。

在 Eclipse 中运行生产者程序 MyProducer.java，向 Kafka 发送消息。

（3）查看接收到的消息内容。

消息发送完毕后，在 Eclipse 的控制台中查看输出结果，可以看到输出以下内容：

```
key: hello kafka 1, value: 1, partition: 0,offset: 0
key: hello kafka 2, value: 2, partition: 0,offset: 1
key: hello kafka 4, value: 4, partition: 0,offset: 2
key: hello kafka 5, value: 5, partition: 0,offset: 3
key: hello kafka 7, value: 7, partition: 0,offset: 4
key: hello kafka 8, value: 8, partition: 0,offset: 5
key: hello kafka 0, value: 0, partition: 1,offset: 0
key: hello kafka 3, value: 3, partition: 1,offset: 1
key: hello kafka 6, value: 6, partition: 1,offset: 2
key: hello kafka 9, value: 9, partition: 1,offset: 3
```

可以看到，消费者成功消费了生产者发送的 10 条消息。

我们已经知道，key 与 value 的值可以代表生产者发送消息的顺序，offset 的值可以代表消费者消费消息的顺序，partition 的值为消息所在的分区编号。上述输出的消息共来源于 2 个分区，分区编号分别为 0 和 1。

进一步分析上述输出内容可以发现，消费者消费的消息总体来说是无序的，但是针对同一个分区（分区编号相同）的消息消费却是有序的。而生产者是按照 0 到 9 的顺序进行的消息发送。

那么，Kafka 消息的消费是没有顺序的吗？为什么会产生这样的结果呢？下面对此进行验证。

（4）验证消息消费顺序。

在 Eclipse 中再次运行消费者程序 MyConsumer.java，此时就有两个消费者共同消费消息，并且这两个消费者属于同一个组，组 ID 为 "groupid-1"（在消费者程序 MyConsumer.java 中已对组 ID 进行了定义）。然后重新运行生产者程序 MyProducer.java 发送消息，发送完毕后，查看两个消费者程序的控制台的输出结果。

消费者一的输出结果如下：

```
key: hello kafka 0, value: 0, partition: 1,offset: 4
key: hello kafka 3, value: 3, partition: 1,offset: 5
key: hello kafka 6, value: 6, partition: 1,offset: 6
key: hello kafka 9, value: 9, partition: 1,offset: 7
```

消费者二的输出结果如下：

```
key: hello kafka 1, value: 1, partition: 0,offset: 6
key: hello kafka 2, value: 2, partition: 0,offset: 7
key: hello kafka 4, value: 4, partition: 0,offset: 8
key: hello kafka 5, value: 5, partition: 0,offset: 9
key: hello kafka 7, value: 7, partition: 0,offset: 10
key: hello kafka 8, value: 8, partition: 0,offset: 11
```

从上述两个消费者的输出结果可以看到，10 条消息来自于两个分区：分区 0 和分区 1。分区 1 的消息被消费者一所消费，分区 0 的消息被消费者二所消费。结合各自输出结果的 offset 值可以看出，每个消费者又都是按顺序消费的。那么，为什么会产生这样的结果呢？

因为 Kafka 仅支持分区内的消息按顺序消费，并不支持全局（同一主题的不同分区之间）的消息按顺序消费。而本例开始时使用一个消费者消费了主题 topictest 中两个分区的内容（在本章

11.8.1 节创建主题 topictest 时，为该主题指定了两个分区），因此不支持两个分区之间顺序消费。

Kafka 规定，同一个分区内的消息只能被同一个消费者组中的一个消费者消费。而本例中的两个消费者正是属于同一个消费者组，且主题 topictest 有两个分区，所以需要两个消费者才能各自按顺序消费。

> **注 意**
> ①同一个消费者组内，消费者数量不能多于分区数量，否则多出的消费者不能消费消息。
> ②如果需要全局都按顺序消费消息，可以通过给一个主题只设置一个分区的方法实现，但是这也意味着一个分组只能有一个消费者。

11.10　案例分析：Kafka 生产者拦截器

Kafka 生产者拦截器主要用于在消息发送前对消息内容进行定制化修改，以便满足相应的业务需求，也可用于在消息发送后获取消息的发送状态、所在分区和偏移量等信息。同时，用户可以在生产者中指定多个拦截器形成一个拦截器链，生产者会根据指定顺序先后调用。

生产者拦截器的访问流程如图 11-14 所示。

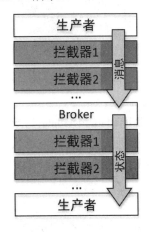

图 11-14　Kafka 生产者拦截器访问流程

本例讲解使用两个拦截器组成一个拦截器链。第一个拦截器为时间戳拦截器，作用是在消息发送之前修改消息的内容，在消息最前边加入当前时间戳；第二个拦截器为消息发送状态统计拦截器，作用是统计发送成功和失败的消息数。

操作步骤如下。

1．创建 Java 项目

在 Eclipse 中新建 Maven 项目 kafka_interceptor_demo，然后在项目的 pom.xml 中加入 Kafka 客户端依赖库，内容如下：

```
<dependency>
```

```xml
<groupId>org.apache.kafka</groupId>
<artifactId>kafka-clients</artifactId>
<version>2.0.0</version>
</dependency>
```

2. 创建时间戳拦截器

在项目中新建拦截器类 TimeInterceptor.java，并实现 Kafka 客户端 API 的生产者接口 org.apache.kafka.clients.producer.ProducerInterceptor，然后添加接口中需要实现的四个方法：

（1）configure(Map<String, ?> configs)。

该方法在初始化数据时被调用，用于获取生产者的配置信息。

（2）onSend(ProducerRecord<K, V> record)。

该方法在消息被序列化之前调用，并传入要发送的消息记录。用户可以在该方法中对消息记录进行任意修改，包括消息的 key 和 value 以及要发送的主题和分区等。

在前面的 Kafka API 操作中已经讲过，生产者使用 KafkaProducer 对象的 send()方法发送消息，send()方法的源码如下：

```java
@Override
public Future<RecordMetadata> send(ProducerRecord<K, V> record,
    Callback callback) {
    //对消息记录进行修改
    ProducerRecord<K, V> interceptedRecord = this.interceptors.onSend(record);
    return doSend(interceptedRecord, callback);
}
```

从上述源码中可以看出，在生产者发送消息之前，会先调用拦截器的 onSend()方法，并传入消息记录 record。onSend()方法返回一条新的消息记录 interceptedRecord。最终将新消息记录 interceptedRecord 发送给了 Kafka 服务器。

（3）onAcknowledgement(RecordMetadata metadata, Exception exception)。

该方法在发送到服务器的记录已被确认或者记录发送失败时调用（在生产者回调逻辑触发之前），可以在 metadata 对象中获取消息的主题、分区和偏移量等信息，在 exception 对象中获取消息的异常信息。

（4）close()。

该方法用于关闭拦截器并释放资源。当生产者关闭时将调用该方法。

拦截器类 TimeInterceptor.java 的完整代码如下：

```java
import java.util.Map;
import org.apache.kafka.clients.producer.ProducerConfig;
import org.apache.kafka.clients.producer.ProducerInterceptor;
import org.apache.kafka.clients.producer.ProducerRecord;
import org.apache.kafka.clients.producer.RecordMetadata;

/**
 * 时间戳拦截器
 * 发送消息之前，在消息内容前面加入时间戳
 */
public class TimeInterceptor implements ProducerInterceptor<String,String>{
```

```java
/**
 * 获取生产者配置信息
 */
public void configure(Map<String, ?> configs) {
    System.out.println(configs.get(ProducerConfig.BOOTSTRAP_SERVERS_CONFIG));
}
/**
 * 该方法在消息发送前调用。
 * 将原消息记录进行修改,在消息内容最前边添加时间戳。
 * @param record
 *          生产者发送的消息记录,将自动传入
 * @return 修改后的消息记录
 */
public ProducerRecord<String, String> onSend(
    ProducerRecord<String, String> record) {
    System.out.println("TimeInterceptor------onSend方法被调用");
    //创建一条新的消息记录,将时间戳加入消息内容的最前边
    ProducerRecord<String, String> proRecord = new ProducerRecord<String, String>(
        record.topic(), record.key(), System.currentTimeMillis() + ","
            + record.value().toString());
    return proRecord;
}
/**
 * 该方法在消息发送完毕后调用
 * 当发送到服务器的记录已被确认,或者记录发送失败时,将调用此方法
 */
public void onAcknowledgement(RecordMetadata metadata,Exception exception){
    System.out.println("TimeInterceptor------onAcknowledgement方法被调用");
}
/**
 * 当拦截器关闭时调用该方法
 */
public void close() {
    System.out.println("TimeInterceptor------close方法被调用");
}
}
```

3. 创建消息发送状态统计拦截器

在项目中新建拦截器类 CounterInterceptor.java,并实现 Kafka 客户端 API 的生产者接口 org.apache.kafka.clients.producer.ProducerInterceptor。类 CounterInterceptor 的结构与时间戳拦截器相同,只是业务逻辑不同。

拦截器类 CounterInterceptor.java 的完整代码如下:

```java
import java.util.Map;
import org.apache.kafka.clients.producer.ProducerConfig;
import org.apache.kafka.clients.producer.ProducerInterceptor;
import org.apache.kafka.clients.producer.ProducerRecord;
import org.apache.kafka.clients.producer.RecordMetadata;
```

```java
/**
 * 消息发送状态统计拦截器
 * 统计发送成功和失败的消息数,并在生产者关闭时打印这两个消息数
 */
public class CounterInterceptor implements ProducerInterceptor<String, String> {
    private int successCounter = 0;//发送成功的消息数量
    private int errorCounter = 0;//发送失败的消息数量
    /**
     * 获取生产者配置信息
     */
    public void configure(Map<String, ?> configs) {
        System.out.println(configs.get(ProducerConfig.BOOTSTRAP_SERVERS_CONFIG));
    }
    /**
     * 该方法在消息发送前调用
     * 修改发送的消息记录,此处不做处理
     */
    public ProducerRecord<String, String> onSend(
        ProducerRecord<String, String> record) {
        System.out.println("CounterInterceptor------onSend 方法被调用");
        return record;
    }
    /**
     * 该方法在消息发送完毕后调用
     * 当发送到服务器的记录已被确认,或者记录发送失败时,将调用此方法
     */
    public void onAcknowledgement(RecordMetadata metadata, Exception exception) {
        System.out.println("CounterInterceptor------onAcknowledgement 方法被调用");
        //统计成功和失败的次数
        if (exception == null) {
            successCounter++;
        } else {
            errorCounter++;
        }
    }
    /**
     * 当生产者关闭时调用该方法,可以在此将结果进行持久化保存
     */
    public void close() {
        System.out.println("CounterInterceptor------close 方法被调用");
        //打印统计结果
        System.out.println("发送成功的消息数量: " + successCounter);
        System.out.println("发送失败的消息数量: " + errorCounter);
    }
}
```

4. 创建生产者

在项目中新建生产者类 MyProducer.java,向名称为"topictest"的主题循环发送 5 条消息,完

整代码如下：

```java
import java.util.ArrayList;
import java.util.List;
import java.util.Properties;

import org.apache.kafka.clients.producer.KafkaProducer;
import org.apache.kafka.clients.producer.Producer;
import org.apache.kafka.clients.producer.ProducerConfig;
import org.apache.kafka.clients.producer.ProducerRecord;
import org.apache.kafka.common.serialization.StringSerializer;

/**
 * 生产者类
 */
public class MyProducer {

    public static void main(String[] args) {
        //1. 设置配置属性
        Properties props = new Properties();
        //设置生产者Broker服务器连接地址
        props.setProperty(ProducerConfig.BOOTSTRAP_SERVERS_CONFIG,
            "centos01:9092,centos02:9092,centos03:9092");
        //设置序列化key程序类
        props.setProperty(ProducerConfig.KEY_SERIALIZER_CLASS_CONFIG,
            StringSerializer.class.getName());
        //设置序列化value程序类，此处不一定非得是Integer，也可以是String
        props.setProperty(ProducerConfig.VALUE_SERIALIZER_CLASS_CONFIG,
            StringSerializer.class.getName());

        //2. 设置拦截器链
        List<String> interceptors = new ArrayList<String>();
        //添加拦截器TimeInterceptor（需指定拦截器的全路径）
        interceptors.add("kafka.demo.interceptor.TimeInterceptor");
        //添加拦截器CounterInterceptor
        interceptors.add("kafka.demo.interceptor.CounterInterceptor");
        //将拦截器加入到配置属性中
        props.put(ProducerConfig.INTERCEPTOR_CLASSES_CONFIG, interceptors);

        //3. 发送消息
        Producer<String, String> producer = new KafkaProducer<String, String>(props);
        //循环发送5条消息
        for (int i = 0; i < 5; i++) {
            //发送消息，此方式只负责发送消息，不关心是否发送成功
            //第一个参数:主题名称
            //第二个参数：消息的value值（消息内容）
            producer.send(new ProducerRecord<String, String>("topictest","hello kafka"
                + i));
        }
```

```
    //4.关闭生产者,释放资源
    //调用该方法后将触发拦截器的close()方法
    producer.close();
 }
}
```

上述代码与普通的生产者程序不同的是,在发送消息之前向生产者配置属性中加入了两个拦截器类 TimeInterceptor 和 CounterInterceptor,生产者在发送消息之前和消息发送完毕之后(无论是否发送成功),都会按顺序依次调用这两个拦截器中的相应方法。

项目 kafka_interceptor_demo 的完整结构如图 11-15 所示。

图 11-15 Kafka 拦截器项目完整结构

5. 运行程序

(1)创建主题。

在 Kafka 集群中执行以下命令,创建名为"topictest"的主题,且分区数为 2,每个分区的副本数为 2:

```
$ bin/kafka-topics.sh \
--create \
--zookeeper centos01:2181,centos02:2181,centos03:2181 \
--replication-factor 2 \
--partitions 2 \
--topic topictest
```

(2)启动消费者。

在 Kafka 集群中执行以下命令,启动一个消费者,监听主题"topictest"的消息:

```
$ bin/kafka-console-consumer.sh \
--bootstrap-server centos01:9092,centos02:9092,centos03:9092 \
--topic topictest
```

(3)运行生产者程序。

在 Eclipse 中运行编写好的生产者程序 MyProducer.java,观察 Kafka 消费者端和 Eclipse 控制台的输出信息。

Kafka 消费者端的输出信息如下：

```
1538272561530,hello kafka 1
1538272561530,hello kafka 3
1538272561402,hello kafka 0
1538272561530,hello kafka 2
1538272561530,hello kafka 4
```

可以看到，成功输出了 5 条消息，且在消息内容前面加入了时间戳。

Eclipse 控制台的部分输出信息如下：

```
TimeInterceptor------onSend 方法被调用
CounterInterceptor------onSend 方法被调用
TimeInterceptor------onSend 方法被调用
CounterInterceptor------onSend 方法被调用
TimeInterceptor------onSend 方法被调用
CounterInterceptor------onSend 方法被调用
TimeInterceptor------onSend 方法被调用
CounterInterceptor------onSend 方法被调用
TimeInterceptor------onSend 方法被调用
CounterInterceptor------onSend 方法被调用
TimeInterceptor------onAcknowledgement 方法被调用
CounterInterceptor------onAcknowledgement 方法被调用
TimeInterceptor------onAcknowledgement 方法被调用
CounterInterceptor------onAcknowledgement 方法被调用
TimeInterceptor------onAcknowledgement 方法被调用
CounterInterceptor------onAcknowledgement 方法被调用
TimeInterceptor------onAcknowledgement 方法被调用
CounterInterceptor------onAcknowledgement 方法被调用
TimeInterceptor------onAcknowledgement 方法被调用
CounterInterceptor------onAcknowledgement 方法被调用
TimeInterceptor------close 方法被调用
CounterInterceptor------close 方法被调用
发送成功的消息数量：5
发送失败的消息数量：0
```

由上述输出信息结合拦截器的调用顺序可以总结出：在每条消息发送之前，两个拦截器会依次调用 onSend()方法；在每条消息发送之后，两个拦截器会依次调用 onAcknowledgement()方法；在生产者关闭时，两个拦截器会依次调用 close()方法。

到此，Kafka 生产者拦截器的例子就完成了。

第 12 章

Flume

本章内容

本章讲解 Flume 的架构原理、常用的相关组件及拦截器和选择器。最后通过几个案例分析，带领读者逐步搭建 Flume 集群，掌握实际开发所需要的操作知识。

本章目标

- 了解 Flume 的架构原理。
- 掌握 Flume 的安装与基本使用。
- 掌握 Flume 的拦截器和选择器的使用。
- 掌握 Flume 多节点集群的搭建。
- 掌握 Flume 与 Kafka 的整合。

12.1 什么是 Flume

Apache Flume 是一个分布式的、可靠和易用的日志收集系统，用于将大量日志数据从许多不同的源进行收集、聚合，最终移动到一个集中的数据中心进行存储。Flume 的使用不仅仅限于日志数据聚合，由于数据源是可定制的，Flume 可以用于传输大量数据，包括但不限于网络流量数据、社交媒体生成的数据、电子邮件消息和几乎所有可能的数据源。

12.2 架构原理

本节讲解 Flume 的架构原理和主要构成组件。

12.2.1 单节点架构

Flume 中最小的独立运行单位是 Agent，Agent 是一个 JVM 进程，运行在日志收集节点（服务器节点），其包含三个组件——Source（源）、Channel（通道）和 Sink（接收地）。数据可以从外部数据源流入到这些组件，然后再输出到目的地。一个 Flume 单节点架构如图 12-1 所示。

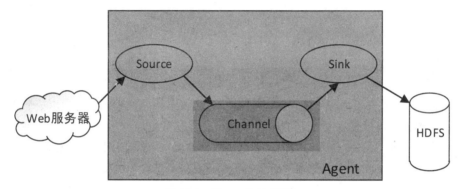

图 12-1　Flume 单节点架构

Flume 中传输数据的基本单位是 event（如果是文本文件，通常是一行记录），event 包括 event 头（headers）和 event 体（body）。event 头是一些 key-value 键值对，存储在 Map 集合中，就好比 HTTP 的头信息，用于传递与体不同的额外信息。event 体为一个字节数组，存储实际要传递的数据。event 的结构如图 12-2 所示。

图 12-2　event 的结构

event 从 Source 流向 Channel，再流向 Sink，最终输出到目的地。event 的数据流向如图 12-3 所示。

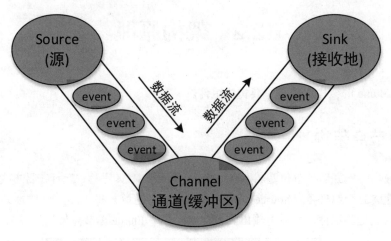

图 12-3 event 的数据流向

12.2.2 组件介绍

Source 用于消费外部数据源中的数据（event，例如 Web 系统产生的日志），一个外部数据源（如 Web 服务器）可以以 Source 识别的格式向 Source 发送数据。

Channel 用于存储 Source 传入的数据，当这些数据被 Sink 消费后则会自动删除。

Sink 用于消费 Channel 中的数据，然后将其存放在外部持久化的文件系统中（例如 HDFS、HBase 和 Hive 等）。

Flume 可以在一个配置文件中指定一个或者多个 Agent，每个 Agent 都需要指定 Source、Channel 和 Sink 三个组件以及它们的绑定关系，从而形成一个完整的数据流。

Source、Channel 和 Sink 根据功能的不同有不同的类型。Source 组件根据数据源的不同，常用类型与描述如表 12-1 所示。

表 12-1 Source 组件常用类型介绍

类型	描述
Avro Source	监听 Avro 端口并从外部 Avro 客户端流接收 event
Exec Source	运行指定的 Shell 命令（例如 tail -F）对日志进行读取，从而持续生成数据
JMS Source	从 JMS 目的地（例如队列或主题）读取消息
Kafka Source	相当于一个 Apache Kafka 消费者，从 Kafka 主题中读取消息
NetCat Source	打开指定的端口并监听数据，数据的格式必须是换行分割的文本，每行文本会被转换为 event 发送给 Channel
HTTP Source	接收 HTTP 的 GET 或 POST 请求数据作为 event

Channel 组件根据存储方式的不同，常用类型与描述如表 12-2 所示。

表 12-2　Channel 组件常用类型介绍

类型	描述
Memory Channel	数据存储于内存队列中，具有很高的吞吐量，但是服务器宕机可能造成数据丢失
JDBC Channel	将数据持久化到数据库中，目前支持内置的 Derby 数据库。如果对数据的可恢复性要求比较高，可以采用该类型
Kafka Channel	数据存储在 Kafka 集群中。Kafka 提供高可用性和复制性，如果 Agent 或 Kafka 服务器崩溃，数据不会丢失
File Channel	将数据持久化到本地系统的文件中，效率比较低，但可以保证数据不丢失

Sink 组件根据输出目的地的不同，常用类型与描述如表 12-3 所示。

表 12-3　Sink 组件常用类型介绍

类型	描述
Logger Sink	在 INFO 级别上记录日志数据，通常用于测试/调试目的
Avro Sink	发送数据到其他的 Avro Source。需要配置目标 Avro Source 的主机名/IP 和端口等
HDFS Sink	写入数据到 HDFS 文件系统中
Hive Sink	写入数据到 Hive 中
Kafka Sink	发布数据到 Kafka 主题中
HBase Sink	写入数据到 HBase 数据库中
ElasticSearch Sink	写入数据到 ElasticSearch 集群中
File Roll Sink	写入数据到本地文件系统中，并根据大小和时间生成文件

具体使用哪个类型，在实际开发中根据需要的功能在 Flume 配置文件中对其进行指定即可。

12.2.3　多节点架构

如图 12-4 所示，Flume 除了可以单节点直接采集数据外，也提供了多节点共同采集数据的功能，多个 Agent 位于不同的服务器上，每个 Agent 的 Avro Sink 将数据输出到另一台服务器上的同一个 Avro Source 进行汇总，最终将数据输出到 HDFS 文件系统中。

例如一个大型网站，为了实现负载均衡功能，往往需要部署在多台服务器上，每台服务器都会产生大量日志数据，如何将每台服务器的日志数据汇总到一台服务器上，然后对其进行分析呢？这个时候可以在每台网站所在的服务器上安装一个 Flume，每个 Flume 启动一个 Agent 对本地日志进行收集，然后分别将每个 Agent 收集到的日志数据发送到同一台装有 Flume 的服务器进行汇总，最终将汇总的日志数据写入本地 HDFS 文件系统中。

为了能使数据流跨越多个 Agent，前一个 Agent 的 Sink 和当前 Agent 的 Source 需要同样是 Avro 类型，并且 Sink 需要指定 Source 的主机名（或者 IP 地址）和端口号。

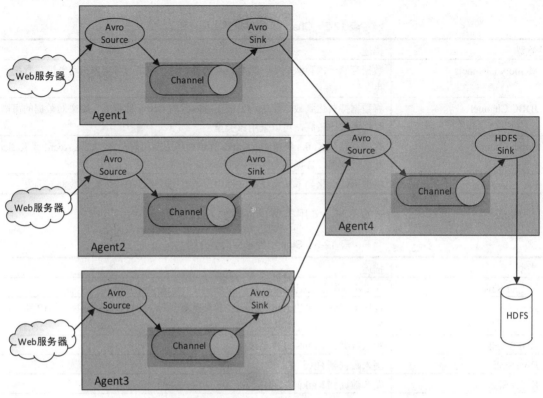

图 12-4　Flume 多节点共同采集数据架构

此外，Flume 还支持将数据流多路复用到一个或多个目的地，如图 12-5 所示。

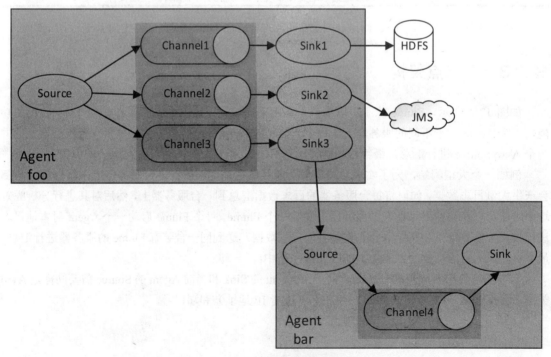

图 12-5　Flume 数据流的多路复用架构

图 12-5 中，名称为 foo 的 Agent 中的 Source 组件将接收到的数据发送给了三个不同的 Channel，这种方式可以是复制或多路输出。在复制的情况下，每个 event 都被发送到所有三个 Channel。对于多路输出的情况，一个 event 可以被发送到一部分可用的 Channel 中，Flume 会根据 event 的属性和预先配置的值选择 Channel，可以在 Agent 的配置文件中进行映射的设置。HDFS、JMS 和名称为 bar 的 Agent 分别接收了来自 Sink1、Sink2 和 Sink3 的数据，这种方式称为"扇出"。所谓扇出就是 Sink 可以将数据输出到多个目的地中。Flume 还支持"扇入"方式，所谓扇入就是一个 Source 可以接收来自多个数据源的输入。

> **注　意**
>
> 一个 Source 可以对应多个 Channel，一个 Channel 也可以对应多个 Source。一个 Channel 可以对应多个 Sink，但一个 Sink 只能对应一个 Channel。

12.3　安装与简单使用

Flume 依赖于 Java 环境，安装 Flume 之前需要先安装好 JDK，JDK 的安装此处不再赘述。

下面讲解在集群中的 centos01 节点上安装 Flume 的操作步骤，并配置 Flume 从指定端口采集数据，将数据输出到控制台。

1. 上传并解压安装文件

将安装包 apache-flume-1.8.0-bin.tar.gz 上传到 centos01 节点的/opt/softwares 目录，并将其解压到目录/opt/modules/下，解压命令如下：

```
$ tar -zxvf apache-flume-1.8.0-bin.tar.gz -C /opt/modules/
```

2. 配置环境变量

执行以下命令，修改/etc/profile 文件：

```
$ sudo vi /etc/profile
```

在该文件中加入以下代码，使 flume 命令可以在任意目录下执行：

```
export FLUME_HOME=/opt/modules/apache-flume-1.8.0-bin
export PATH=$PATH:$FLUME_HOME/bin
```

刷新/etc/profile 文件使修改生效：

```
$ source /etc/profile
```

在任意目录下执行 flume-ng 命令，若能成功输出如下参数信息，说明环境变量配置成功：

```
commands:
  help                      display this help text
  agent                     run a Flume agent
  avro-client               run an avro Flume client
  version                   show Flume version info
```

3. 配置 Flume

Flume 配置文件是一个 Java 属性文件，里面存放键值对字符串，且 Flume 对配置文件的名称和路径没有固定的要求，但一般都放在 Flume 安装目录的 conf 文件夹中。

在 Flume 安装目录的 conf 文件夹中新建配置文件 flume-conf.properties，并在其中加入以下内容：

```
# 单节点 Flume 配置例子

# 给 Agent 中的三个组件 Source、Sink 和 Channel 各起一个别名，a1 代表为 Agent 起的别名
a1.sources = r1
a1.sinks = k1
a1.channels = c1

# source 属性配置信息
a1.sources.r1.type = netcat
a1.sources.r1.bind = localhost
a1.sources.r1.port = 44444

# sink 属性配置信息
a1.sinks.k1.type = logger

# channel 属性配置信息
a1.channels.c1.type = memory
a1.channels.c1.capacity = 1000
a1.channels.c1.transactionCapacity = 100

# 绑定 source 和 sink 到 channel 上
a1.sources.r1.channels = c1
a1.sinks.k1.channel = c1
```

上述配置属性解析如下。

- **a1.sources.r1.type**：Source 的类型。netcat 表示打开指定的端口并监听数据，数据的格式必须是换行分割的文本，每行文本会被转换为 event 发送给 Channel。
- **a1.sinks.k1.type**：Sink 的类型。logger 表示在 INFO 级别上记录日志数据，通常用于测试/调试目的。
- **a1.channels.c1.type**：Channel 的类型。memory 表示将 event 存储在内存队列中。如果对数据流的吞吐量要求比较高，可以采用 memory 类型；如果不允许数据丢失，不建议采用 memory 类型。
- **a1.channels.c1.capacity**：存储在 Channel 中的最大 event 数量。
- **a1.channels.c1.transactionCapacity**：在每次事务中，Channel 从 Source 接收或发送给 Sink 的最大 event 数量。

上述配置信息描述了一个单节点的 Flume 部署，允许用户生成数据并发送到 Flume，Flume 接收到数据后会输出到控制台。该配置定义了一个名为 a1 的 Agent。a1 的 Source 组件监听端口 44444 上的数据源，并将接收到的 event 发送给 Channel，a1 的 Channel 组件将接收到的 event 缓冲到内存，a1 的 Sink 组件最终将 event 输出到控制台。

Flume 的配置文件中可以定义多个 Agent，在启动 Flume 时可以指定使用哪一个 Agent。

4．启动 Flume

在任意目录执行以下命令，启动 Flume：

```
$ flume-ng agent --conf conf --conf-file
$FLUME_HOME/conf/flume-conf.properties --name a1
-Dflume.root.logger=INFO,console
```

上述代码中各参数含义如下。

- --conf-file：指定配置文件的位置。
- --name：指定要运行的 Agent 名称。
- -Dflume.root.logger：指定日志输出级别（INFO）和输出位置（控制台）。

部分启动日志如下：

```
INFO node.Application: Starting Channel c1
INFO node.Application: Waiting for channel: c1 to start. Sleeping for 500 ms
INFO instrumentation.MonitoredCounterGroup: Monitored counter group for type:
CHANNEL, name: c1: Successfully registered new MBean.
INFO instrumentation.MonitoredCounterGroup: Component type: CHANNEL, name: c1
started
INFO node.Application: Starting Sink k1
INFO node.Application: Starting Source r1
INFO source.NetcatSource: Source starting
INFO source.NetcatSource: Created
serverSocket:sun.nio.ch.ServerSocketChannelImpl[/127.0.0.1:44444]
```

启动成功后，新开一个 SSH 窗口，执行以下命令，连接本地 44444 端口：

```
$ telnet localhost 44444
```

若提示找不到 telnet 命令，则执行以下命令安装 telnet 组件：

```
$ yum install -y telnet
```

安装成功后，重新连接 44444 端口，命令及输出信息如下：

```
[hadoop@centos01 ~]$ telnet localhost 44444
Trying ::1...
telnet: connect to address ::1: Connection refused
Trying 127.0.0.1...
Connected to localhost.
Escape character is '^]'.
```

此时继续输入任意字符串（此处输入字符串"hello"）后按回车键，向本地 Flume 发送数据。然后回到启动 Flume 的 SSH 窗口可以看到，控制台成功打印出了接收到的数据"hello"，如图 12-6 所示。

```
INFO source.NetcatSource: Created serverSocket:sun.nio.ch.ServerSocketChannelImpl[/127.0.0.1:44444]
INFO sink.LoggerSink: Event: { headers:{} body: 68 65 6C 6C 6F 0D                               hello }
```

图 12-6　控制台打印接收到的数据

12.4 案例分析：日志监控（一）

本节讲解如何使用 Flume 实时采集日志文件中的数据并输出到控制台或 HDFS 系统中。

1. 设计思路

Flume 的开发主要是编写配置文件，配置文件中三大组件 Source、Channel 和 Sink 的类型与属性需要根据具体业务进行选取。

（1）配置组件名称。

给 Agent 中的三个组件 Source、Sink 和 Channel 各起一个别名，通常为 r1、k1 和 c1，a1 表示为 Agent 起的别名：

```
a1.sources = r1
a1.sinks = k1
a1.channels = c1
```

（2）配置 Source 组件。

在本例中，需要实时采集日志文件中的数据，而我们已经知道，Linux Shell 命令 tail-F 可以实时监控文件内容并输出，因此可以配置 Source 执行该命令。在官网的介绍中，Exec 类型的 Source 在启动时可以运行指定的 Shell 命令，并且期望该进程在标准输出上持续生成数据。Exec Source 的常用配置属性介绍如表 12-4 所示。

表 12-4 Exec Source 的常用配置属性介绍

属性名	描述
channels	所指向的 Channel 组件的名称。一个 Source 可以指向多个 Channel，因此属性名为复数
type	组件的类型，此处应指定为 exec（执行 Linux 命令）
command	组件所执行的命令

假设日志文件为 /home/hadoop/data.log，因此本例中 Source 组件可以如下配置：

```
a1.sources.r1.type = exec
a1.sources.r1.command = tail -F /home/hadoop/data.log
```

（3）配置 Channel 组件。

我们可以将日志数据存储于内存队列中，以加快传输速度，因此可选用 Memory 类型的 Channel 组件。

Memory Channel 的常用配置属性介绍如表 12-5 所示。

表 12-5 Memory Channel 的常用配置属性介绍

属性名	描述
type	组件的类型，此处应指定为 memory
capacity	存储在 Channel 中的最大 event 数量，默认 100
transactionCapacity	在每次事务中，Channel 从 Source 接收或发送给 Sink 的最大 event 数量，默认 100

因此本例中 Channel 组件可以如下配置：

```
a1.channels.c1.type = memory
a1.channels.c1.capacity = 1000
a1.channels.c1.transactionCapacity = 100
```

（4）配置 Sink 组件。

Logger 类型的 Sink 可以在 INFO 级别上记录日志数据，通常用于测试/调试目的。

Logger Sink 的常用配置属性介绍如表 12-6 所示。

表 12-6 Logger Sink 的常用配置属性介绍

属性名	描述
channel	所指向的 Channel 组件的名称。与 Source 不同，一个 Sink 只能指向一个 Channel，因此属性名为单数
type	组件的类型，此处应指定为 logger

因此本例中 Sink 组件可以如下配置：

```
a1.sinks.k1.type = logger
```

（5）绑定三大组件。

最后，将 Source 和 Sink 绑定到 Channel 上：

```
a1.sources.r1.channels = c1
a1.sinks.k1.channel = c1
```

2．操作步骤

下面讲解在集群中的 centos01 节点上开发本案例的具体操作步骤（Flume 的安装此处不再赘述）。

（1）在 Flume 的安装目录下的 conf 文件夹中新建配置文件 flume-conf2.properties，然后在该文件中写入以下内容：

```
#配置组件名称
a1.sources = r1
a1.sinks = k1
a1.channels = c1

#配置 Source 组件
a1.sources.r1.type = exec
a1.sources.r1.command = tail -F /home/hadoop/data.log

#配置 Channel 组件
a1.channels.c1.type = memory
a1.channels.c1.capacity = 1000
a1.channels.c1.transactionCapacity = 100

#配置 Sink 组件
a1.sinks.k1.type = logger
```

```
#将 Source 和 Sink 绑定到 Channel
a1.sources.r1.channels = c1
a1.sinks.k1.channel = c1
```

（2）执行以下命令，启动 Agent：

```
$ flume-ng agent \
--name a1 \
--conf conf \
--conf-file $FLUME_HOME/conf/flume-conf2.properties \
-Dflume.root.logger=INFO,console
```

上述命令启动 Agent，读取配置文件 flume-conf2.properties，并将日志信息输出到控制台。从启动日志信息可以看到，Source、Channel 和 Sink 三个组件都已启动，如图 12-7 所示。

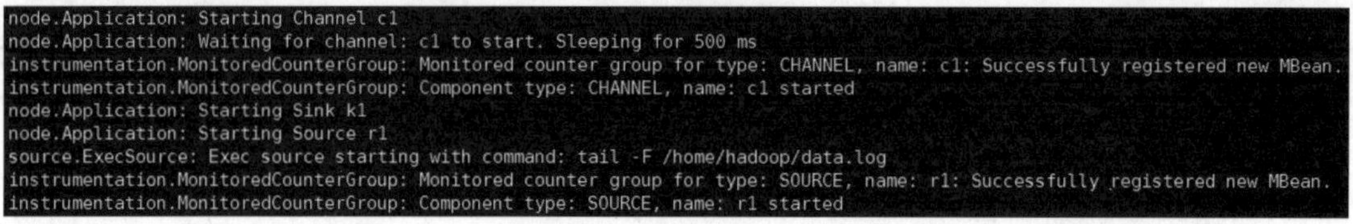

图 12-7　Agent 启动日志

（3）新开启一个连接 centos01 节点的 SSH 窗口，执行以下命令，向日志文件 /home/hadoop/data.log 中写入内容 "hello flume"：

```
$ echo 'hello flume'>>/home/hadoop/data.log
```

回到启动 Agent 的 SSH 窗口，可以看到控制台输出了信息 "hello flume"，如图 12-8 所示。

图 12-8　控制台实时输出接收到的信息

到此，Flume 实时采集日志数据并输出到控制台的例子就完成了。

12.5　案例分析：日志监控（二）

在实际开发中，常常需要将 Web 系统产生的日志实时输出到 HDFS 文件系统中，以便对日志进行存储与分析。基于这样的需求，我们在上一个例子的基础上继续进行修改，使用类型为 HDFS 的 Sink 组件，将日志信息的目的地由控制台转移到 HDFS 文件系统中。

需要注意的是，本例需要提前安装好 Hadoop 并将 HDFS 文件系统启动。

HDFS Sink 的常用配置属性介绍如表 12-7 所示。

表 12-7　HDFS Sink 的常用配置属性介绍

属性名	描述
channel	所指向的 Channel 组件的名称。与 Source 不同，一个 Sink 只能指向一个 Channel，因此属性名为单数

（续表）

属性名	描述
Type	组件的类型，此处应指定为 hdfs
hdfs.path	日志存储在 HDFS 系统中的路径 （例如 hdfs://centos01:9000/flume/webdata/）
hdfs.filePrefix	在 HDFS 中创建的日志文件的名称前缀。默认为 FlumeData
hdfs.fileSuffix	在 HDFS 中创建的日志文件的名称后缀。例如.log
hdfs.rollInterval	文件滚动时间策略。指超过指定的时间（秒）后，则生成新的文件。默认为 30 秒，设置为 0 表示禁用这个策略（例如，设置值为 10，则表示 HDFS 打开一个文件后，只要其他策略没有关闭该文件，文件会在 10 秒之后关闭，从而停止写入，新日志则写入到新的文件里）
hdfs.rollSize	文件滚动大小策略。文件大小如果超过指定的值（单位为字节），则滚动生成下一个文件。默认值为 1024，设置为 0 表示禁用这个策略。如果同时配置了时间策略和文件大小策略，则会先判断时间，如果时间没到再判断其他的条件
hdfs.rollCount	文件滚动 event 数量策略。写入到一个文件的 event 数量如果超过指定值则滚动生成下一个文件。默认值为 10，设置为 0 表示禁用这个策略
hdfs.idleTimeout	文件闲置时间策略。如果文件在指定时间（秒）内没有任何数据写入，则关闭当前文件，滚动到下一个文件。默认值为 0，0 表示禁用这个策略
hdfs.fileType	文件类型。通常使用 SequenceFile（默认）、DataStream 或 CompressedStream。 (1)DataStream 为普通文件，不会压缩输出。 (2)CompressedStream 要求设置 hdfs.codeC 属性来制定一个有效的压缩编解码器
hdfs.writeFormat	文件写入格式。Text 或 Writable（默认）。若需要用 Apache Impala 或 Apache Hive 读取这些文件，需设置为 Text
hdfs.minBlockReplicas	指定文件块在 HDFS 中的最小副本数。如果没有指定，则使用 Hadoop 默认配置
hdfs.useLocalTimeStamp	文件或目录的命名使用服务器本地时间（而不是 event 头部的时间戳）。默认为 false（例如，hdfs.filePrefix 的属性值设置为%Y-%m-%d-%H 可以使用日期作为文件名前缀，若 hdfs.useLocalTimeStamp 的值为 true，则日期使用服务器本地时间）

本例在上一个例子的基础上，将 Sink 组件的配置修改为以下内容：

```
#组件类型为hdfs
a1.sinks.k1.type = hdfs
#将文件放入按年月分类的文件夹中
a1.sinks.k1.hdfs.path = hdfs://centos01:9000/flume/%Y-%m
#使用时间戳作为文件前缀
a1.sinks.k1.hdfs.filePrefix = %Y-%m-%d-%H
#文件后缀
a1.sinks.k1.hdfs.fileSuffix = .log
#使用本地服务器时间
a1.sinks.k1.hdfs.useLocalTimeStamp = true
#文件块副本数
a1.sinks.k1.hdfs.minBlockReplicas = 1
a1.sinks.k1.hdfs.fileType = DataStream
a1.sinks.k1.hdfs.writeFormat = Text
a1.sinks.k1.hdfs.rollInterval = 86400
a1.sinks.k1.hdfs.rollSize = 1000000
```

```
a1.sinks.k1.hdfs.rollCount = 10000
```

其他配置信息 Source 和 Channel 组件不做修改。

修改完配置文件后，启动 Agent，向日志文件写入数据，然后查看 HDFS 中生成的文件及目录，如图 12-9 所示。

```
[hadoop@centos01 ~]$ hadoop fs -ls -R /flume/
drwxr-xr-x   - hadoop supergroup          0 2018-07-26 16:22 /flume/2018-07
-rw-r--r--   2 hadoop supergroup        518 2018-07-26 16:22 /flume/2018-07/2018-07-26-14.1532585371608.log
-rw-r--r--   2 hadoop supergroup        289 2018-07-26 16:22 /flume/2018-07/2018-07-26-16.1532593359928.log.tmp
```

图 12-9　查看 HDFS 中生成的文件及目录

从图 12-9 中可以看出，生成的日志文件名的前缀为 hdfs.filePrefix 属性设置的日期，文件所在目录为 hdfs.path 属性设置的路径（若 HDFS 中不存在路径所设置的目录，则会自动创建），文件后缀为 hdfs.fileSuffix 属性指定的".log"，后缀为.tmp 的文件表示该文件正处于被写入的状态。

12.6　拦截器

Flume 在拦截器的帮助下，可以修改或删除正在传送中的 event。拦截器是一些实现 org.apache.flume.interceptor.Interceptor 接口的类，功能类似于 Java Servlet 中的 FilterServlet。Flume 拦截器可以在配置文件的 Source 组件中进行设置，支持给一个 Source 组件设置多个拦截器，多个拦截器使用空格连接在一起，根据配置顺序依次执行。如果某个拦截器需要删除 event，当 event 经过该拦截器时，该 event 会被过滤掉，不会返回给下一个拦截器。拦截器的访问流程如图 12-10 所示。

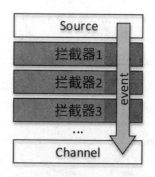

图 12-10　拦截器的访问流程

下面是一个配置拦截器的例子：

```
a1.sources = r1
a1.sinks = k1
a1.channels = c1
a1.sources.r1.interceptors = i1 i2
a1.sources.r1.interceptors.i1.type = org.apache.flume.interceptor.HostInterceptor$Builder
a1.sources.r1.interceptors.i1.preserveExisting = false
```

```
a1.sources.r1.interceptors.i1.hostHeader = hostname
a1.sources.r1.interceptors.i2.type =
org.apache.flume.interceptor.TimestampInterceptor$Builder
a1.sinks.k1.filePrefix = FlumeData.%{CollectorHost}.%Y-%m-%d
a1.sinks.k1.channel = c1
```

上述代码中，配置了两个名称为 i1 和 i2 的拦截器，i1 拦截器的类型为 HostInterceptor，i2 拦截器的类型是 TimestampInterceptor，拦截器的类型可以指定完整的类名，也可以指定拦截器的别名（此处指定的是完整类名）。event 首先会被传递到 HostInterceptor，经 HostInterceptor 返回后，传递给 TimestampInterceptor。

12.6.1 内置拦截器

Flume 常用的内置拦截器及其属性解析如下。

1. Timestamp Interceptor

时间戳拦截器。该拦截器将处理 event 时的当前时间戳（毫秒）加入到 event 的头部（header）中，加入的数据为一个 key-value 键值对，key 的值为 "timestamp"（可以自定义），value 的值为当前时间戳。

时间戳拦截器的常用配置属性介绍如表 12-8 所示。

表 12-8 时间戳拦截器的常用配置属性介绍

属性名	默认值	描述
type	—	拦截器的类型，需要设置为 timestamp 或者类的全名 org.apache.flume.interceptor.TimestampInterceptor$Builder
header	timestamp	时间戳在 event 头部的 key 值
preserveExisting	false	如果 event 头部已经存在时间戳，是否应该被保留

时间戳拦截器常用于对文件或目录按照日期进行命名。例如，在使用 HDFS Sink 向 HDFS 中写入文件的时候，可以根据 event 头部的时间戳对文件或文件所在目录进行命名：

```
#将文件放入按年月分类的文件夹中
a1.sinks.k1.hdfs.path = hdfs://centos01:9000/flume/%Y-%m
#使用时间戳作为文件前缀
a1.sinks.k1.hdfs.filePrefix = %Y-%m-%d-%H
```

上述代码中百分号字符所取得的时间，默认就是 event 头部的时间戳。而 event 头部要想存在时间戳数据，可以通过使用时间戳拦截器进行添加。

下面是一个时间戳拦截器的配置示例：

```
a1.sources = r1
a1.channels = c1
a1.sources.r1.channels = c1
a1.sources.r1.type = seq
a1.sources.r1.interceptors = i1
a1.sources.r1.interceptors.i1.type = timestamp
```

2. Host Interceptor

主机名拦截器。该拦截器将运行 Flume Agent 的服务器的主机名或 IP 地址以一个 key-value 对的形式加入到 event 的头部（header）中，key 的值为 "host"（可以自定义），value 的值为主机名或 IP 地址，根据实际情况进行配置。

主机名拦截器的常用配置属性解析如表 12-9 所示。

表 12-9　主机名拦截器的常用配置属性介绍

属性名	默认值	描述
type	—	拦截器的类型，需要设置为 host
preserveExisting	false	如果 event 头部已经存在 host，是否应该被保留
useIP	true	如果设置为 true，使用 IP 地址，否则使用主机名
hostHeader	host	主机名或 IP 地址在 event 头部所使用的 key 值

下面是一个主机名拦截器的配置示例：

```
a1.sources = r1
a1.channels = c1
a1.sources.r1.interceptors = i1
a1.sources.r1.interceptors.i1.type = host
```

3. Static Interceptor

静态拦截器。该拦截器允许用户在 event 头部加入一个静态 key-value 对。目前 Flume 还不支持一次加入多个 key-value 对，但可以一次使用多个拦截器形成一个拦截器链，每个拦截器都定义一个静态 key-value 对。

静态拦截器的常用配置属性如表 12-10 所示。

表 12-10　静态拦截器的常用配置属性介绍

属性名	默认值	描述
type	—	拦截器的类型，需要设置为 static
preserveExisting	true	如果 event 头部已经存在 static，是否应该被保留
key	key	静态数据的 key 值
value	value	静态数据的 value 值

下面是一个静态拦截器的配置示例：

```
a1.sources = r1
a1.channels = c1
a1.sources.r1.channels = c1
a1.sources.r1.type = seq
a1.sources.r1.interceptors = i1
a1.sources.r1.interceptors.i1.type = static
a1.sources.r1.interceptors.i1.key = datacenter
a1.sources.r1.interceptors.i1.value = NEW_YORK
```

4. UUID Interceptor

UUID 拦截器。该拦截器为所有被拦截的 event 设置一个 UUID 作为唯一标识符，例如

b5755073-77a9-43c1-8fad-b7a586fc1b97。给 event 添加 UUID 的好处是，在后续的复制和重分发中，可以对其进行重复数据删除，以便提高系统的性能。

UUID 拦截器的常用配置属性介绍如表 12-11 所示。

表 12-11 UUID 拦截器的常用配置属性介绍

属性名	默认值	描述
type	—	拦截器的类型，必须设置为 org.apache.flume.sink.solr.morphline.UUIDInterceptor$Builder
preserveExisting	true	如果 event 头部已经存在 UUID，是否应该被保留
prefix	""	每个生成的 UUID 的前缀字符串常量
headerName	id	UUID 在 event 头部所使用的 key 值

下面是一个 UUID 拦截器的配置示例：

```
a1.sources.sources1.interceptors = i1
a1.sources.sources1.interceptors.i1.type = org.apache.flume.sink.solr.morphline.UUIDInterceptor$Builder
a1.sources.sources1.interceptors.i1.headerName = uuid
a1.sources.sources1.interceptors.i1.preserveExisting = true
a1.sources.sources1.interceptors.i1.prefix = UUID_
```

5. Search and Replace Interceptor

搜索替换拦截器。该拦截器提供了简单的基于 Java 正则表达式的字符串搜索和替换功能，可以对 event 的 body 体的匹配内容进行替换，并且使用与 Java Matcher.replaceAll()方法相同的规则。

搜索替换拦截器的常用配置属性介绍如表 12-12 所示。

表 12-12 搜索替换拦截器的常用配置属性介绍

属性名	默认值	描述
type	—	拦截器的类型，需要设置为 search_replace
searchPattern	—	搜索替换的匹配规则
replaceString	—	替换的字符串
charset	UTF-8	event body 体的字符编码

下面是一个搜索替换拦截器的配置示例：

```
a1.sources.avroSrc.interceptors = search-replace
a1.sources.avroSrc.interceptors.search-replace.type = search_replace

# 移除 event body 体中存在的所有字母、数字和下划线
a1.sources.avroSrc.interceptors.search-replace.searchPattern = ^[A-Za-z0-9_]+
a1.sources.avroSrc.interceptors.search-replace.replaceString =
```

6. Regex Filtering Interceptor

正则表达式过滤拦截器。该拦截器通过将 event 的 body 体解释为文本并将文本与正则表达式匹配，从而有选择地过滤 event。提供的正则表达式可用于包含 event 或排除 event。

正则表达式过滤拦截器的常用配置属性介绍如表 12-13 所示。

表 12-13　正则表达式过滤拦截器的常用配置属性介绍

属性名	默认值	描述
type	—	拦截器的类型，需要设置为 regex_filter
regex	".*"	用于匹配 event 的正则表达式
excludeEvents	false	如果设置为 true，排除正则表达式匹配的 event，否则包含正则表达式匹配的 event

12.6.2　自定义拦截器

对于一些特殊的业务，例如对日志数据进行清洗后存入数据库，或者需要重写 event body 的内容（Kafka 只能收到 Flume 消息的 body 部分，不能收到 header 部分），Flume 内置的拦截器往往不能满足我们的需求，这时就需要我们自定义拦截器。

本节讲解如何实现一个自定义拦截器，将本机 IP 地址拼接到 event body 体的前面，以便后期的快速故障定位和日志分类。

1. 新建 Maven 项目

在 Eclipse 中新建 Maven 项目，并加入以下项目依赖：

```xml
<dependency>
    <groupId>org.apache.flume</groupId>
    <artifactId>flume-ng-core</artifactId>
    <version>1.8.0</version>
</dependency>
```

2. 编写拦截器类

自定义拦截器类需要实现 Interceptor 接口并重写 intercept()方法。在 Maven 项目中新建类 MyFlumeInterceptor.java 并实现 Interceptor 接口，完整代码如下：

```java
package flume.demo;

import java.util.List;
import org.apache.commons.codec.Charsets;
import org.apache.flume.Context;
import org.apache.flume.Event;
import org.apache.flume.interceptor.Interceptor;

/**
 * 自定义拦截器类，修改 event body 体，将本机 IP 地址拼接到 event body 体的前面
 */
public class MyFlumeInterceptor implements Interceptor{
    //自定义属性 hostIP
    private String hostIP=null;
    //私有构造方法，仅在内部类 MyBuilder 中可以对其实例化
    private MyFlumeInterceptor(String hostIP){
```

```java
        this.hostIP=hostIP;
    }

    //修改event的body体
    public Event intercept(Event event) {
        StringBuilder builder = new StringBuilder();
        //获得body体字节数组
        byte[] byteBody = event.getBody();
        //将body体转为字符串
        String body = new String(byteBody,Charsets.UTF_8);
        //拼接IP地址与body体，形成新body
        builder.append("ip:" + hostIP);
        builder.append(";body:" + body);
        byte[] newBody=builder.toString().trim().getBytes();
        //重新设置body体
        event.setBody(newBody);
        System.out.println("拼接后的body信息:" + builder.toString().trim());
        return event;
    }

    public List<Event> intercept(List<Event> events) {
        for (Event event : events) {
            intercept(event);
        }
        return events;
    }

    /**
     * 定义内部类MyBuilder，用于构建自定义拦截器类MyFlumeInterceptor的实例，
     * 并获取Flume配置文件中自定义的拦截器属性值,将值传给自定义类MyFlumeInterceptor
     */
    public static class MyBuilder implements Interceptor.Builder {
        private String hostIP=null;
        public void configure(Context context) {
            //获取Flume配置文件中设置的自定义属性值，
            //字符串"hostIP"需与配置文件中设置的属性hostIP一致
            String hostIP=context.getString("hostIP");
            this.hostIP=hostIP;
        }
        public Interceptor build() {
            //实例化自定义拦截器类并传入自定义属性
            return new MyFlumeInterceptor(hostIP);
        }
    }

    public void close() {
    }
    public void initialize() {
    }
}
```

上述代码中，定义了一个拦截器类 MyFlumeInterceptor 和内部类 MyBuilder。为了安全，拦截器类 MyFlumeInterceptor 的构造方法设置为私有，因此只有内部类 MyBuilder 可以获得 MyFlumeInterceptor 的实例。

3. 导出 jar 包

将编写完的 Maven 项目打包成 jar 包，然后将其上传到 Flume 安装目录下的 lib 文件夹中。

4. 修改配置文件

修改 Flume 配置文件，加入自定义拦截器的配置信息：

```
#拦截器名称
a1.sources.r1.interceptors = i1
#拦截器类型
a1.sources.r1.interceptors.i1.type = flume.demo.MyFlumeInterceptor$MyBuilder
#拦截器自定义属性，会传入内部类 MyBuilder
a1.sources.r1.interceptors.i1.hostIP = 192.168.170.133
```

拦截器类型需要写成 MyBuilder 类的全路径。由于 MyBuilder 是 MyFlumeInterceptor 的内部类，因此需要用"$"将二者隔开。

到此，一个 Flume 自定义拦截器就完成了。

5. 测试

下面提供一个测试上述自定义拦截器的例子，该例子使用 Exec Source 组件，实时获取本地日志文件 /home/hadoop/data.log 的内容，并经过自定义的拦截器将本机 IP 地址添加到 event 的 body 体中，然后通过 HDFS Sink 输出到 HDFS 文件系统的 /flumedata/ 目录。完整的配置文件内容如下：

```
#配置组件名称
a1.sources=r1
a1.channels=c1
a1.sinks=k1

#配置 Exec Source 组件，实时获取日志内容
a1.sources.r1.type=exec
a1.sources.r1.command=tail -F /home/hadoop/data.log

#拦截器名称
a1.sources.r1.interceptors = i1
#拦截器类型
a1.sources.r1.interceptors.i1.type = flume.demo.MyFlumeInterceptor$MyBuilder
#拦截器属性
a1.sources.r1.interceptors.i1.hostIP = 192.168.170.133

#配置 Channel 组件
a1.channels.c1.type=memory
a1.channels.c1.capacity=1000
a1.channels.c1.transactioncapacity=100
```

```
#配置 HDFS Sink 组件
a1.sinks.k1.type = hdfs
#日志文件输出的 HDFS 路径
a1.sinks.k1.hdfs.path = hdfs://centos01:9000/flumedata/
#文件块副本数
a1.sinks.k1.hdfs.minBlockReplicas = 1
a1.sinks.k1.hdfs.fileType = DataStream
a1.sinks.k1.hdfs.writeFormat = Text
a1.sinks.k1.hdfs.rollInterval = 86400
a1.sinks.k1.hdfs.rollSize = 1000000
a1.sinks.k1.hdfs.rollCount = 10000

#绑定各组件
a1.sources.r1.channels=c1
a1.sinks.k1.channel=c1
```

将上述配置内容放入 Flume 安装目录的 conf/interceptor-demo.properties 文件中，然后进入 Flume 安装目录，执行以下命令，启动 Flume：

```
$ bin/flume-ng agent \
--name a1 \
--conf conf \
--conf-file conf/interceptor-demo.properties \
-Dflume.root.logger=INFO,console
```

启动后，执行以下命令，向日志文件/home/hadoop/data.log 写入测试数据 "flume interceptor test data"：

```
$ echo 'flume interceptor test data'>>/home/hadoop/data.log
```

此时，查看 Flume 控制台的输出信息如下：

```
拼接后的 body 信息:ip:192.168.170.133;body:flume interceptor test data
```

查看 HDFS 中生成的文件（如果 Flume 配置文件中不指定文件前缀，默认为 FlumeData）内容，与控制台输出信息相同：

```
$ hadoop fs -cat /flumedata/FlumeData.1533172695266.tmp
ip:192.168.170.133;body:flume interceptor test data
```

到此，自定义拦截器测试成功。

12.7　选　择　器

我们已经知道，Flume Source 组件可以将 event 写入多个 Channel，而 Channel 选择器可以决定将 event 写入哪些 Channel。

Flume 内置两种 Channel 选择器：复制 Channel 选择器和多路 Channel 选择器。复制 Channel

选择器将同一个 event 发送到每个 Channel，多路 Channel 选择器按照 event 头部（header）的配置将 event 发送到相应的 Channel。如果 Source 的配置中没有指定选择器，则默认使用复制 Channel 选择器。

1. 复制 Channel 选择器

复制 Channel 选择器的常用配置属性介绍如表 12-14 所示。

表 12-14　复制 Channel 选择器的常用配置属性介绍

属性名	默认值	描述
selector.type	replicating	选择器的类型，需要设置为 replicating
selector.optional	—	标记为可选的一组 Channel

Channel 选择器需要配置在 Source 组件中，下面是一个复制 Channel 选择器的配置示例：

```
a1.sources = r1
a1.channels = c1 c2 c3
a1.sources.r1.selector.type = replicating
a1.sources.r1.channels = c1 c2 c3
a1.sources.r1.selector.optional = c3
```

在上述配置中，声明了三个 Channel：c1、c2 和 c3。c3 是一个可选 Channel，如果向 c3 写入 event 失败将被忽略。c1 和 c2 没有被标记为可选，因此向这些 Channel 写入失败将导致事务失败。

2. 多路 Channel 选择器

多路 Channel 选择器的常用配置属性介绍如表 12-15 所示。

表 12-15　多路 Channel 选择器的常用配置属性介绍

属性名	默认值	描述
selector.type	replicating	选择器的类型，需要设置为 multiplexing
selector.header	flume.selector.header	指定 event 头部的 key 值
selector.mapping.*	—	指定传送的 Channel 名称。实际配置时，将星号*替换为 selector.header 属性设置的 key 值对应的 value 值，从而根据 value 值选择匹配的 event 发送到指定的 Channel
selector.default	—	指定默认传送的 Channel 名称。没有被匹配的 event 将传送到该 Channel

下面是一个多路 Channel 选择器的配置示例：

```
a1.sources = r1
a1.channels = c1 c2 c3 c4
a1.sources.r1.selector.type = multiplexing
a1.sources.r1.selector.header = state
a1.sources.r1.selector.mapping.CZ = c1
a1.sources.r1.selector.mapping.US = c2 c3
a1.sources.r1.selector.default = c4
```

在上述配置中，声明了 4 个 Channel：c1、c2、c3 和 c4。选取的 event 头部的 key 值为 state， value 值为 CZ 和 US，值为 CZ 的 event 将被发送给 c1，值为 US 的 event 将被发送给 c2 和 c3，其余的 event 将被发送给 c4。

12.8 案例分析：拦截器和选择器的应用

本节通过一个案例实战，讲解 Flume 多节点集群架构的搭建以及拦截器和选择器的具体使用。

1. 设计思路

本例仍然使用三个节点搭建 Flume 集群，分别为 centos01、centos02 和 centos03，为了讲解方便，三个节点上的 Flume 分别称为 Flume1、Flume2 和 Flume3。Flume1 和 Flume3 实时收集本地日志数据，然后将收集到的日志数据发送到 Flume2 中。Flume2 中的 Source 组件则使用多路 Channel 选择器将收到的 Flume1 的数据发送到 Channel1 中，最终通过 HDFS Sink 将数据写入到 HDFS 文件系统中；同时将收到的 Flume3 的数据发送到 Channel2 中，最终通过 File Roll Sink 将数据写入到本地系统中。整个 Flume 集群的架构如图 12-11 所示。

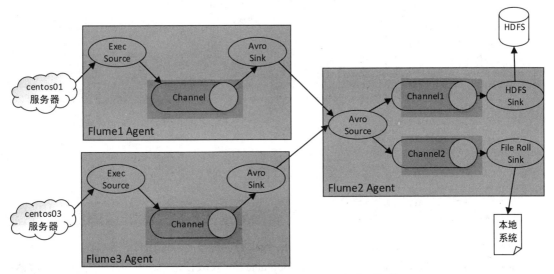

图 12-11　Flume 应用拦截器和选择器的集群架构

2. 操作步骤

由于本例将 HDFS 作为其中一个日志目的地，因此需要提前在三个节点上搭建好 Hadoop 集群并启动 HDFS 文件系统。Hadoop 集群的搭建读者可参考前面章节，此处不再赘述。

（1）将安装包 apache-flume-1.8.0-bin.tar.gz 上传到 centos01 节点的/opt/softwares 目录，并将其解压到目录/opt/modules/下，解压命令如下：

```
$ tar -zxvf apache-flume-1.8.0-bin.tar.gz -C /opt/modules/
```

（2）在 Flume 安装目录的 conf 文件夹中新建配置文件 flume-conf3.properties，并写入以下内容：

```
#配置组件名称
a1.sources=r1
a1.channels=c1
a1.sinks=k1

#配置 Exec Source 组件，实时获取日志内容
a1.sources.r1.type=exec
a1.sources.r1.command=tail -F /home/hadoop/data.log

#配置三个拦截器
a1.sources.r1.interceptors=i1 i2 i3
#主机名拦截器
a1.sources.r1.interceptors.i1.type=host
a1.sources.r1.interceptors.i1.hostHeader=hostname
#静态拦截器
a1.sources.r1.interceptors.i2.type = static
a1.sources.r1.interceptors.i2.key = datacenter
a1.sources.r1.interceptors.i2.value = datacenter_centos01
#时间戳拦截器
a1.sources.r1.interceptors.i3.type=timestamp

#配置 Channel 组件
a1.channels.c1.type=memory
a1.channels.c1.capacity=1000
a1.channels.c1.transactioncapacity=100

#配置 Avro Sink 组件
a1.sinks.k1.type=avro
a1.sinks.k1.hostname=centos02
a1.sinks.k1.port=23570

#绑定各组件
a1.sources.r1.channels=c1
a1.sinks.k1.channel=c1
```

上述信息配置了一个 Source 组件、一个 Channel 组件和一个 Sink 组件。

Source 组件实时从本地日志文件/home/hadoop/data.log 获取日志信息，并配置了三个拦截器：主机名拦截器、静态拦截器和时间戳拦截器。静态拦截器向日志的 event 头部加入了一个 key-value 键值对，以便与其他服务器日志进行区分，key 值为 datacenter，value 值为 datacenter_centos01。时间戳拦截器会默认向 event 头部加入 key 值为 timestamp 的当前时间信息。

Channel 组件的类型为 memory，将数据缓冲到内存中。

Sink 组件的类型为 avro，输出的目标服务器的主机名为 centos02，端口为 23570。

（3）执行以下命令，将整个 Flume 安装目录复制到 centos02 和 centos03 节点：

```
$ scp -r apache-flume-1.8.0-bin/ hadoop@centos02:/opt/modules/
$ scp -r apache-flume-1.8.0-bin/ hadoop@centos03:/opt/modules/
```

（4）将 centos02 节点的 Flume 配置文件替换为以下内容：

```
#配置组件名称
```

```
a1.sources=r1
a1.channels=c1 c2
a1.sinks=k1 k2

#配置Avro Source组件
a1.sources.r1.type=avro
a1.sources.r1.bind=centos02
a1.sources.r1.port=23570
#配置选择器
a1.sources.r1.selector.type = multiplexing
a1.sources.r1.selector.header = datacenter
a1.sources.r1.selector.mapping.datacenter_centos01 = c1
a1.sources.r1.selector.mapping.datacenter_centos03 = c2
a1.sources.r1.selector.default = c1

#配置Channel1组件
a1.channels.c1.type=memory
a1.channels.c1.capacity=1000
a1.channels.c1.transactioncapacity=100

#配置Channel2组件
a1.channels.c2.type=memory
a1.channels.c2.capacity=1000
a1.channels.c2.transactioncapacity=100

#配置HDFS Sink组件
a1.sinks.k1.type = hdfs
#日志文件输出的HDFS路径
a1.sinks.k1.hdfs.path = hdfs://centos01:9000/flume/
#使用时间戳作为文件前缀
a1.sinks.k1.hdfs.filePrefix = %Y-%m-%d-%H
#文件后缀
a1.sinks.k1.hdfs.fileSuffix = .log
#文件块副本数
a1.sinks.k1.hdfs.minBlockReplicas = 1
a1.sinks.k1.hdfs.fileType = DataStream
a1.sinks.k1.hdfs.writeFormat = Text
a1.sinks.k1.hdfs.rollInterval = 86400
a1.sinks.k1.hdfs.rollSize = 1000000
a1.sinks.k1.hdfs.rollCount = 10000

#配置File Roll Sink组件
a1.sinks.k2.type = file_roll
a1.sinks.k2.sink.directory = /home/hadoop/flume
#禁止文件滚动,将所有event写入一个文件
a1.sinks.k2.sink.rollInterval=0

#绑定各组件
a1.sources.r1.channels=c1 c2
a1.sinks.k1.channel=c1
```

```
a1.sinks.k2.channel=c2
```

上述信息配置了一个 Source 组件、两个 Channel 组件和两个 Sink 组件。

Source 组件监听 Avro 端口 23570 并从外部 Avro 客户端流接收数据，并且 Source 组件配置了一个多路 Channel 选择器，将 key 为 datacenter、值为 datacenter_centos01 的 event 数据发送到名为 c1 的 Channel，将 key 为 datacenter、值为 datacenter_centos03 的 event 数据发送到名为 c2 的 Channel。

两个 Channel 组件 c1 和 c2 的类型都为 memory，将数据缓冲到内存中。

HDFS Sink 组件将文件输出到 HDFS 系统的/flume/目录中，且文件名的前缀为 event 头部的时间戳（由 Flume1 中的时间戳拦截器添加），格式为"年-月-日-时"。File Roll Sink 组件将文件输出到本地系统的/home/hadoop/flume 目录中（该目录需要提前创建）。

（5）将 centos03 节点的 Flume 配置文件中的以下内容：

```
a1.sources.r1.interceptors.i2.value = datacenter_centos01
```

修改为：

```
a1.sources.r1.interceptors.i2.value = datacenter_centos03
```

以便与其他日志信息相区分。

（6）启动 Flume。

分别进入三个节点的 Flume 安装目录，执行以下命令，启动 Flume：

```
bin/flume-ng agent \
--name a1 \
--conf conf \
--conf-file conf/flume-conf3.properties \
-Dflume.root.logger=INFO,console
```

需要注意的是，先启动 centos02，再启动 centos01 和 centos03。

（7）写入测试数据。

在 centos01 中执行以下命令，向本地日志文件/home/hadoop/data.log 写入数据"hello flume from centos01"：

```
$ echo 'hello flume from centos01'>>/home/hadoop/data.log
```

在 centos03 中执行以下命令，向本地日志文件/home/hadoop/data.log 写入数据"hello flume from centos03"：

```
$ echo 'hello flume from centos03'>>/home/hadoop/data.log
```

（8）查看目的地日志。

在 centos02 中执行以下命令，查看生成的本地日志文件：

```
$ ls /home/hadoop/flume/
1533102579620-1
```

发现生成了一个以时间戳命名的文件 1533102579620-1，然后查看该文件内容：

```
$ cat 1533102579620-1
hello flume from centos03
```

从输出信息中可以看到，向 centos03 节点写入的日志内容被发送到了 centos02 节点的本地系统的/home/hadoop/flume 目录中。

接下来在任意节点执行以下命令，查看 HDFS 中生成的日志文件：

```
$ hadoop fs -ls /flume/
Found 1 items
-rw-r--r--   2 hadoop supergroup       41 2018-08-01 13:52 /flume/2018-08-01-16.1533111489001.log.tmp
```

发现生成了一个名为2018-08-01-16.1533111489001.log.tmp 的日志文件，然后查看该文件内容：

```
$ hadoop fs -cat /flume/2018-08-01-16.1533111489001.log.tmp
hello flume from centos01
```

从输出信息中可以看到，向 centos01 节点写入的日志内容被发送到了 centos02 节点的 HDFS 文件系统的/flume 目录中。

12.9 案例分析：Flume 与 Kafka 整合

我们已经知道，Kafka 适合用于对数据存储、吞吐量、实时性要求比较高的场景。而对于数据的来源和流向比较多的情况，则适合使用 Flume，且 Flume 不提供数据存储功能而是侧重于数据采集与传输。

在实际开发中，常常将 Flume 与 Kafka 结合使用，从而提高系统的性能，使开发起来更加方便。例如，在分布式集群中的每个节点都安装一个 Flume，使用 Flume 采集各个节点的数据，然后传输给 Kafka 进行处理。

Flume 的 Sink 组件可以配置多个目的地，其中就包括 Kafka，即可以将数据写入到 Kafka 的主题中。本节讲解通过 Flume 实时读取本地的日志数据并将数据写入到 Kafka 中，日志采集方式与本章 12.4 节的"日志监控（一）"的采集方式一样，但是日志输出目的地不同，读者可先学习 12.4 节。

本例具体操作步骤如下：

（1）配置 Flume。

在 Flume 的安装目录下的 conf 文件夹中新建配置文件 flume-kafka.properties，然后在该文件中写入以下内容：

```
#---配置组件名称---
a1.sources = r1
a1.sinks = k1
a1.channels = c1

#---配置Source 组件---
#指定Source 类型为执行Linux 命令
a1.sources.r1.type = exec
#使用tail 命令打开文件输入流
```

```
a1.sources.r1.command = tail -F /home/hadoop/data.log

#---配置Channel组件---
#指定Channel类型为内存
a1.channels.c1.type = memory
#存储在Channel中的最大event数量
a1.channels.c1.capacity = 1000
#在每次事务中，Channel从Source接收或发送给Sink的最大event数量
a1.channels.c1.transactionCapacity = 100

#---配置Sink组件---
#指定Sink类型为KafkaSink
a1.sinks.k1.type = org.apache.flume.sink.kafka.KafkaSink
#指定Broker访问地址
a1.sinks.k1.kafka.bootstrap.servers=centos01:9092,centos02:9092,centos03:9092
#指定主题名称
a1.sinks.k1.kafka.topic=topictest
#指定序列化类
a1.sinks.k1.serializer.class=kafka.serializer.StringEncoder

#---将Source和Sink绑定到Channel---
a1.sources.r1.channels = c1
a1.sinks.k1.channel = c1
```

上述配置信息，使用 tail -F 命令实时监控本地日志文件/home/hadoop/data.log 的数据，并将数据写入到 Kafka 集群的主题 "topictest" 中。

（2）启动 Flume。

执行以下命令，启动 Flume Agent：

```
$ flume-ng agent \
--name a1 \
--conf conf \
--conf-file $FLUME_HOME/conf/flume-kafka.properties \
-Dflume.root.logger=INFO,console
```

上述命令启动 Agent，读取配置文件 flume-kafka.properties，并将日志信息输出到控制台。

（3）启动 Kafka 消费者。

为了验证日志信息是否成功写入 Kafka，执行以下命令，启动一个 Kafka 消费者，实时消费主题 "topictest" 的消息：

```
$ bin/kafka-console-consumer.sh \
--bootstrap-server centos01:9092,centos02:9092,centos03:9092 \
--topic topictest
```

（4）生成日志数据。

执行以下命令，向日志文件/home/hadoop/data.log 中写入内容 "hello flume kafka"：

```
$ echo 'hello flume kafka'>>/home/hadoop/data.log
```

（5）查看 Kafka 消费者控制台。

查看 Kafka 消费者控制台，可以看到成功输出 Flume 采集到的信息"hello flume kafka"，如图 12-12 所示。

```
[hadoop@centos02 kafka_2.11-2.0.0]$ bin/kafka-console-consumer.sh \
> --bootstrap-server centos01:9092,centos02:9092,centos03:9092 \
> --topic topictest
hello flume kafka
```

图 12-12　Kafka 消费者收到 Flume 采集的数据

到此，Flume 实时采集日志数据并输出到 Kafka 的例子就完成了。

第 13 章

Storm

本章内容

本章讲解 Storm 的基本概念、架构原理、Topology 的执行流程以及 Storm 的集群环境搭建，最后通过几个实操案例讲解 Storm 的实际应用。

本章目标

- 了解 Storm 的基本概念。
- 掌握 Storm Topology 的执行流程。
- 掌握 Storm 流分组的概念。
- 掌握 Storm 的集群环境搭建。
- 掌握使用 Java 编写 Storm 程序。
- 掌握 Storm 与 Kafka 的整合开发。

13.1 什么是 Storm

Apache Storm 是一个免费的开源分布式实时计算系统。Storm 可以非常容易地实时处理无限的流数据。所谓实时处理是指在每条数据的产生时刻不确定的情况下，一旦有数据产生，系统就会立刻对该条数据进行处理。

Storm 常用于实时分析、在线机器学习、持续计算、分布式 RPC 和 ETL 等。Storm 速度很快，它在每个节点每秒可以轻松处理上百万条消息。同时，Storm 是可伸缩的、容错的，可以保证每条数据至少被处理一次（没有遗漏），并且易于设置和操作。

13.2 Storm Topology

在 Storm 中，一个实时应用的计算任务被称为拓扑（Topology）。对比 Hadoop MapReduce 可以很好地理解：MapReduce 上运行的是任务（Job），而 Storm 上运行的则是 Topology；MapReduce 任务最终会结束，而 Topology 会一直运行，除非显式地将其杀掉。通常使用 Java 代码编写一个 Topology 任务，然后打包成 jar，最后发布到 Storm 集群中运行。

一个 Topology 好比一个自来水系统，由多个水龙头和多个水管转接口组成。其中的水龙头称为 Spout，每一个转接口称为 Bolt，而水则为数据流（Stream）。Stream 是由多个 Tuple 组成的，Tuple 是数据传递的基本单元，是数据在 Storm 中流动的基本单位。Spout 用于源源不断地读取 Stream，然后发送给 Bolt，Bolt 对数据进行处理后，会将处理结果发送给下一个 Bolt，依次类推。

一个简单的 Topology 可以由 1 个 Spout 和 1 个 Bolt 组成；稍微复杂的 Topology 可以由 1 个 Spout 和多个 Bolt 组成；复杂的 Topology 由多个 Spout 和多个 Bolt 组成。Topology 的 Stream 是有方向的，但是不能形成一个环状。具体来说，一个 Topology 是由不同的 Spout 和 Bolt，通过 Stream 连接起来的有向无环图。

一个复杂的 Topology 的数据流向如图 13-1 所示。

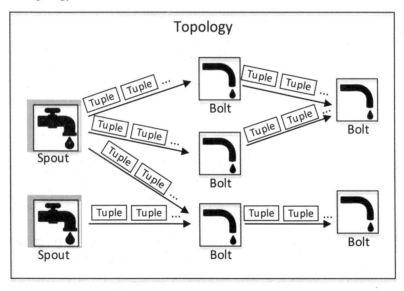

图 13-1　Topology 的数据流向图

Topology 的主要构成组件的详细解析如下：

- **Spout**：Topology 中数据流的源头，通常不断地调用 nextTuple()方法从外部源（例如 Kafka 等）读取最新数据并将数据（Tuple）发射到 Bolt 中。此外，Spout 根据可靠性可以分为可靠 Spout 和非可靠 Spout。可靠 Spout 会重新发送 Storm 处理失败的 Tuple；非可靠 Spout 将 Tuple 发送出去后，不再关心处理结果。
- **Bolt**：接收 Spout 的数据并对其进行处理。Topology 中的所有处理工作都是在 Bolt 中完成的，例如过滤、函数、聚合、合并、写数据库等操作。Bolt 在接收到消息后会调用 execute()方法，该方法接收一个 Tuple 对象作为输入，用户可以在其中执行相关处理操作，将处理后的数据发送给下一个 Bolt 进行再次处理，也可以直接将处理结果进行持久化存储（例如，存储到 MySQL 或 HBase 中）。

- **Tuple**：消息传递的基本单元。
- **Stream**：源源不断传递的 Tuple 组成了 Stream。Storm 是一个实时计算的流式处理框架，通过不断从外部数据源中获取最新的 Tuple 数据，然后将新的数据传递给 Bolt 处理，这样不断的获取与传输就形成了一个数据流（Stream）。

13.3　Storm 集群架构

Storm 集群架构与 Hadoop 类似，都是利用了分布式集群中经典的主从式（Master/Slave）架构。在 Storm 中，Master 节点被称为 Nimbus，在该节点上会启动一个名为 Nimbus 的主控进程，类似于 Hadoop 集群的 ResourceManager；Slave 节点被称为 Supervisor，在该节点上会启动一个名为 Supervisor 的工作进程，类似于 Hadoop 集群的 NodeManager。Storm 集群的 Master/Slave 架构如图 13-2 所示。

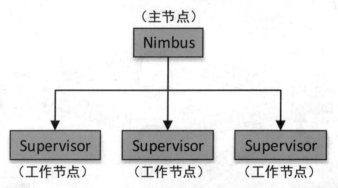

图 13-2　Storm Master/Slave 架构图

客户端提交 Topology 代码给 Nimbus，Nimbus 负责分发 Topology 给 Supervisor 节点（工作节点），并通过 ZooKeeper 监控 Supervisor 节点的状态和确定任务分配策略。

Supervisor 会定时与 ZooKeeper 同步，以便获取 Topology 信息、任务分配信息及各类心跳信息。每个 Supervisor 节点运行一个 Supervisor 进程，Supervisor 节点在接收 Topology 时并不是由 Supervisor 进程直接执行 Topology，而是会根据需要启动一个或多个 Worker 进程，由 Worker 进程执行具体的 Topology。每个 Worker 进程只能执行一个 Topology，但是同一个 Topology 可以由多个 Worker 共同执行。因此，一个运行中的 Topology 通常都是由集群中的多个节点中的多个 Worker 共同来完成的。

此外，Supervisor 还会根据新的任务分配情况来调整 Worker 的数量并进行负载均衡。所以实际上，Topology 最终都是分配到了 Worker 上。Storm 集群运行架构如图 13-3 所示。

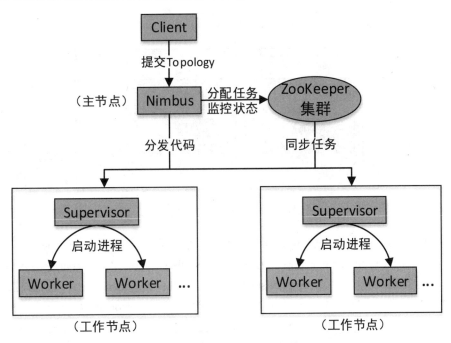

图 13-3　Storm 集群运行架构

Topology 的详细执行流程如下：

（1）客户端将写好的 Topology 代码（以 jar 包的形式）提交到 Nimbus。

（2）Nimbus 对 Topology 进行校验，校验内容包括：是否已经有同名 Topology 正在运行、Topology 中是否有两个 Spout 或 Bolt 使用了相同的 ID（Topology 代码中需要给 Spout 和 Bolt 指定 ID）等。

（3）Nimbus 建立一个本地目录，用于存放 Topology jar 包和一些临时文件。

（4）Nimbus 将 Topology 的状态信息（Topology 代码在 Nimbus 的存储位置等）同步到 ZooKeeper。

（5）Nimbus 根据 Topology 的配置计算 Task（Spout 或 Bolt 实例）的数量，并根据 ZooKeeper 中存储的 Supervisor 的资源空闲情况计算 Task 的任务分配（每个 Task 与工作节点及端口的映射、Task 与 Worker 的对应关系），并将计算结果同步到 ZooKeeper。

（6）Supervisor 从 ZooKeeper 中获取 Topology jar 包所在的 Nimbus 的位置信息和 Task 的任务分配信息，从 Nimbus 相应位置下载 jar 包到本地（无论是否由自己执行）。

（7）Supervisor 根据 Task 任务分配信息，启动相应的 Worker 进程执行 Task。

Worker 进程包含一个或多个称为 Executor 的执行线程，用于执行具体的 Task。Task 是 Storm 中最小的处理单元，一个 Task 可以看作是一个 Spout 或 Bolt 实例。一个 Executor 可以执行一个或多个 Task（默认是 1 个）。Worker 的工作方式如图 13-4 所示。

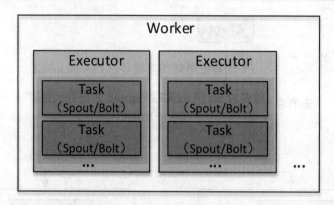

图 13-4　Worker 的工作方式

Storm 依赖于 ZooKeeper 进行数据状态的交互，状态数据存储在 ZooKeeper 中。可以说，ZooKeeper 是 Nimbus 和 Supervisor 进行交互的中介。Nimbus 通过在 ZooKeeper 中写入状态信息来分配任务，通俗地讲就是指定哪些 Supervisor 执行哪些 Task；而 Supervisor 会定期访问 ZooKeeper 的相应目录，查看是否有新的任务，有则领取任务。此外，Supervisor 和 Worker 会定期发送心跳给 ZooKeeper，使 ZooKeeper 可以监控集群的运行状态，以便及时向 Nimbus 进行汇报。Storm 的数据交互如图 13-5 所示。

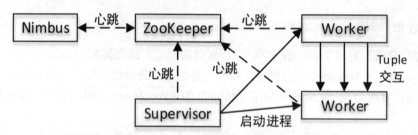

图 13-5　Storm 数据交互图

13.4　Storm 流分组

Storm 流分组（Stream grouping）用于在定义一个 Topology 时，为 Bolt 指定它应该接收哪些 Stream 作为输入。一个 Stream grouping 定义了如何在 Bolt 的多个 Task 之间划分该 Stream，即对 Stream 中的 Tuple 进行分组，使不同的 Tuple 进入不同的 Task。

Storm 中有 8 个内置的流分组方式，也可以通过实现 CustomStreamGrouping 接口来实现自定义流分组。

（1）**Shuffle grouping**：随机分组，也是通常情况下最常用的分组。Stream 中的 Tuple 被随机分布在 Bolt 的 Task 中，以保证同一级 Bolt 上的每个 Task 都能得到相等数量的 Tuple，如图 13-6 所示。

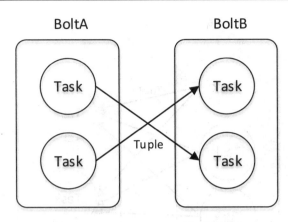

图 13-6　Shuffle grouping 随机发送方式

（2）**Fields grouping**：字段分组。通过为 Tuple 指定一个字段，根据指定的字段对 Stream 进行分组，字段值相同的 Tuple 会被分到同一个 Task。例如，如果 Stream 按照"user-id"字段分组，具有相同"user-id"的 Tuple 会被分到相同的 Task 中，但是具有不同"user-id"的 Tuple 可能会被分到不同的 Task 中，如图 13-7 所示。

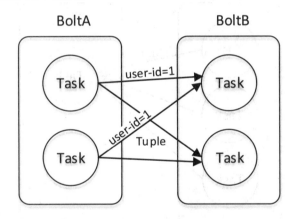

图 13-7　Fields grouping 哈希发送方式

（3）**Partial Key grouping**：通过对 Stream 指定字段进行分组，与 Fields grouping 类似。不同的是，该分组会在下游 Bolt 之间进行负载均衡，当发生数据倾斜时提供了更好的资源利用。

（4）**All grouping**：所有的 Tuple 会被复制分发到所有的 Task 中，相当于广播模式。该分组需谨慎使用，如图 13-8 所示。

（5）**Global grouping**：全局（单选）分组。整个 Stream 会被分发到同一个 Task 中。实际上会被分发到 ID 最小的 Task，如图 13-9 所示。

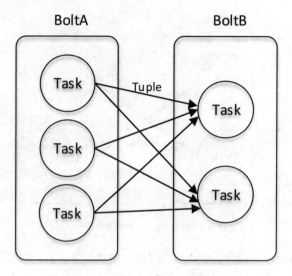

图 13-8　All grouping 全量（广播）发送方式

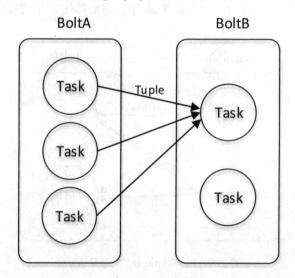

图 13-9　Global grouping 单选发送方式

（6）**None grouping**：此分组表示用户不关心 Stream 是如何被分发的。目前，该分组等同于 Shuffle grouping。

（7）**Direct grouping**：这是一种特殊的分组。以这种方式分组的 Stream 意味着产生 Tuple 的 Spout 或 Bolt 自己明确指定 Tuple 被分配到 Bolt 的哪个 Task。使用该分组的 Stream 必须被声明为 Direct Stream。发送到 Direct Stream 的 Tuple 必须使用 OutputCollector 类中的 emitDirect()方法进行发送。

（8）**Local or shuffle grouping**：如果目标 Bolt 有一个或多个 Task 与 Stream 源（Tuple 的发送者）在同一个 Worker 进程中，则 Tuple 会被分发到该 Worker 进程中的 Task。否则，该方式与 Shuffle grouping 相同。

13.5 Storm 集群环境搭建

安装 Storm 之前，需要先安装好 Java 与 ZooKeeper，Java 与 ZooKeeper 的安装此处不做过多讲解。本例依然在三个节点（centos01、centos02 和 centos03）上搭建 Storm 集群，具体搭建步骤如下。

1．下载并解压 Storm

要在计算机上安装 Storm 框架，请访问 http://storm.apache.org/downloads.html 链接并下载稳定版本的 Storm，此处使用的 Storm 版本为 1.1.0。

将下载的 apache-storm-1.1.0.tar.gz 上传到 centos01 节点的/opt/softwares 目录，然后将其解压至目录/opt/modules/，命令如下：

```
$ tar -zxvf apache-storm-1.1.0.tar.gz -C /opt/modules/
```

为了后续操作方便，进入/opt/modules/目录，将解压后的 apache-storm-1.1.0 文件夹重命名为 storm-1.1.0：

```
$ mv apache-storm-1.1.0/ storm-1.1.0
```

2．配置 Storm

（1）执行以下命令，修改环境变量文件/etc/profile：

```
$ sudo vi /etc/profile
```

加入以下内容：

```
export STORM_HOME=/opt/modules/storm-1.1.0
export PATH=$PATH:$STORM_HOME/bin
```

然后执行 source /etc/profile 命令刷新环境变量文件。

（2）修改$STORM_HOME/conf 中的文件 storm-env.sh，加入以下内容，指定 JDK 与 Storm 配置文件的目录：

```
export JAVA_HOME=/opt/modules/jdk1.8.0_144
export STORM_CONF_DIR="/opt/modules/storm-1.1.0/conf"
```

（3）修改$STORM_HOME/conf 中的文件 storm.yaml，添加以下内容（注意："-"后的空格不能省略）：

```
storm.zookeeper.servers:
    - "centos01"
    - "centos02"
    - "centos03"
supervisor.slots.ports:
    - 6700
    - 6701
```

```
        - 6702
        - 6703
storm.zookeeper.port: 2181
storm.local.dir: "/opt/modules/storm-1.1.0/data"
nimbus.seeds: ["centos01"]
```

上述配置属性解析如下。

- **storm.zookeeper.servers**：指定 ZooKeeper 节点的 IP 地址或主机名。
- **supervisor.slots.ports**：定义 Worker 用于通信的端口号，端口的数量为每个 Supervisor 中 Worker 数量的最大值。对于每个 Supervisor 工作节点，需要配置该工作节点可以运行的最大 Worker 数量。每个 Worker 占用一个单独的端口，该配置属性即用于定义哪些端口是可被 Worker 使用的。默认情况下，每个节点上可运行 4 个 Worker，分别运行在 6700、6701、6702 和 6703 端口。
- **storm.zookeeper.port**：ZooKeeper 节点的访问端口，如果不是默认值 2181，则需要设置此属性。
- **storm.local.dir**：Nimbus 和 Supervisor 守护进程需要本地磁盘上的一个目录来存储少量的状态信息。
- **nimbus.seeds**：Nimbus 的候选节点，此处只配置一个。

3．复制安装信息到集群其他节点

将配置好的 Storm 安装文件复制到集群其他节点（centos02 和 centos03），命令如下：

```
$ scp -r storm-1.1.0/ centos02:/opt/modules/
$ scp -r storm-1.1.0/ centos03:/opt/modules/
```

4．启动 ZooKeeper 集群

Storm 依赖于 ZooKeeper，因此需要先启动 ZooKeeper 集群。

5．启动 Storm

（1）在 centos01 上执行以下命令，启动 Nimbus 和 UI 服务，且在后台运行：

```
$ storm nimbus >/dev/null 2>&1 &
$ storm ui >/dev/null 2>&1 &
```

启动成功后使用 jps 命令查看已经启动的 Java 进程，完整命令及输出如下：

```
[hadoop@centos01 bin]$ jps
2992 nimbus
2936 QuorumPeerMain
3129 core
3227 Jps
```

上述输出结果中，名为"core"的进程为 Storm 的 UI 进程。UI 进程启动后，可以在浏览器中访问地址 http://centos01:8080 查看集群的详细信息，如图 13-10 所示。

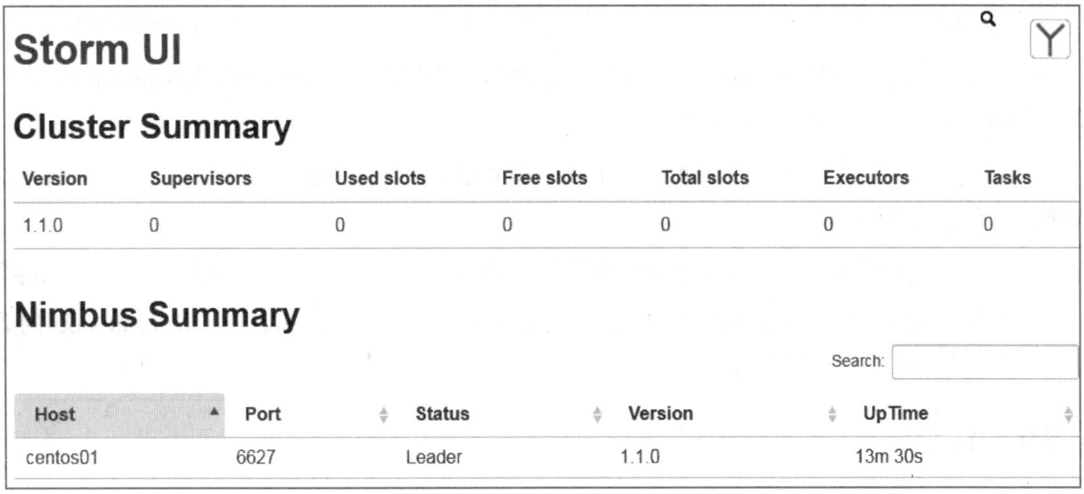

Storm UI

Cluster Summary

Version	Supervisors	Used slots	Free slots	Total slots	Executors	Tasks
1.1.0	0	0	0	0	0	0

Nimbus Summary

Search:

Host	Port	Status	Version	UpTime
centos01	6627	Leader	1.1.0	13m 30s

图 13-10　Storm Web UI 界面

图 13-10 中 Cluster Summary 中的字段解析如下。

- Version：Storm 版本号。
- Supervisors：集群中 Supervisor 节点的数量。
- Used slots：集群使用的 Worker 数量。
- Free slots：集群空闲的 Worker 数量（由于还未启动 Supervisor 进程，因此 Worker 数量为 0）。
- Total slots：集群总的 Worker 数量（等于空闲 Worker 数量加使用的 Worker 数量，也等于属性 supervisor.slots.ports 配置的端口数量乘以 Supervisor 节点数量）。
- Executors：集群 Executor 的数量。
- Tasks：集群 Task 的数量。

（2）在 centos02 节点上进入 $STORM_HOME/bin 目录，执行以下命令，启动 Supervisor 服务，且在后台运行：

```
./storm supervisor >/dev/null 2>&1 &
```

执行成功后，使用 jps 命令查看启动的 Java 进程：

```
[hadoop@centos02 bin]$ jps
3554 config_value
2935 QuorumPeerMain
3545 Jps
[hadoop@centos02 bin]$ jps
3568 Jps
2935 QuorumPeerMain
[hadoop@centos02 bin]$ jps
3603 Jps
2935 QuorumPeerMain
3593 config_value
[hadoop@centos02 bin]$ jps
3633 Jps
2935 QuorumPeerMain
```

```
3518 Supervisor
```

上述输出信息中的名为"config_value"的进程代表正在启动中,此时多次执行 jps 命令,直到出现 Supervisor 进程,说明启动成功。

(3)同上,在 centos03 节点上进入 $STORM_HOME/bin 目录,执行以下命令,启动 Supervisor 服务,且在后台运行:

```
./storm supervisor >/dev/null 2>&1 &
```

此时刷新 Storm UI 界面,可以看到 Supervisors 的数量变为了 2,Free slots 和 Total slots 的数量则变为了 8,如图 13-11 所示。

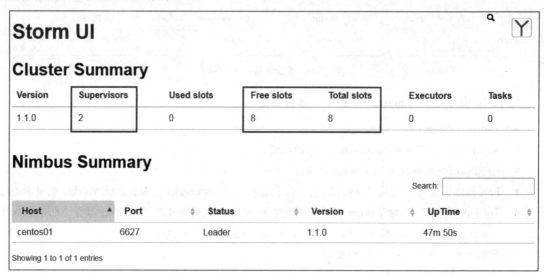

图 13-11 Storm UI 界面

至此,Storm 集群搭建完成。

13.6 案例分析:单词计数

本节通过一个简单的单词计数编程实例讲解 Storm 的编程模型、应用开发模式,了解 Storm 的本地开发模式与集群开发模式的不同,熟悉 Storm 拓扑任务的提交、查看和终止等操作。

13.6.1 设计思路

在前面章节已经讲解过 Hadoop 的单词计数程序 WordCount,Storm WordCount 与 Hadoop WordCount 有很多不同之处,它们的对比如表 13-1 所示。

表 13-1 Storm WordCount 与 Hadoop WordCount 对比

数据特点	实例特点	创建思想	技术选型	编程模型
海量、固定规模	批量处理	分而治之	Hadoop	Map+Reduce
海量、持续增加	流式实时处理		Storm	Spout+Bolt

依靠 Storm 的实时性以及大规模数据的特点，在 Spout 中随机发送内置的语句作为消息源；使用一个 Bolt 进行语句切分，将句子切分成单词发射出去；使用一个 Bolt 订阅切分的单词 Tuple，并且选择使用按字段分组的策略进行单词统计，将统计结果发射出去；最后使用一个 Bolt 订阅统计结果，词频实时排序，把前 10 个单词打印到 log 中。

整个单词计数统计的流程如图 13-12 所示。

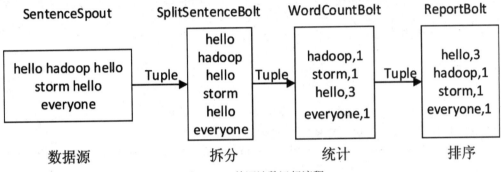

图 13-12　单词计数运行流程

13.6.2　代码编写

（1）在 Eclipse 中新建 Maven 项目 storm_demo，在 pom.xml 文件中加入项目的依赖库，内容如下：

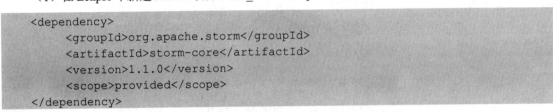

项目结构如图 13-13 所示。

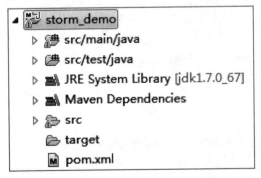

图 13-13　Storm Maven 项目结构

(2）在项目 storm_demo 中新建类 SentenceSpout.java，并向其写入以下代码：

```java
import java.util.Map;
import java.util.Random;

import org.apache.storm.spout.SpoutOutputCollector;
import org.apache.storm.task.TopologyContext;
import org.apache.storm.topology.OutputFieldsDeclarer;
import org.apache.storm.topology.base.BaseRichSpout;
import org.apache.storm.tuple.Fields;
import org.apache.storm.tuple.Values;
import org.apache.storm.utils.Utils;
/**
 * 消息源 Spout 类：随机选取一句英文语句作为源，发射出去
 */
public class SentenceSpout extends BaseRichSpout {

    private static final long serialVersionUID = -79313194014024910006L;
    private SpoutOutputCollector spoutoutputcollector;
    Random random;
    private String[] sentences = { "Apache Storm is a free and open source distributed realtime computation system",
            "Storm makes it easy to reliably process unbounded streams of data doing for ",
            "realtime processing what Hadoop did for batch processing Storm is simple ",
            "can be used with any programming language and is a lot of fun to use ",
            "Storm has many use cases realtime analytics ",
            "a benchmark clocked it at over a million tuples processed per second per node ",
            "Storm integrates with the queueing and database technologies you already use ",
    };
    /**
     * 进行 Spout 的一些初始化工作
     */
    public void open(Map map, TopologyContext topologycontext, SpoutOutputCollector spoutoutputcollector) {
        this.spoutoutputcollector = spoutoutputcollector;
        random=new Random();
    }
    /**
     * 每两秒钟发射一次数据
     */
    public void nextTuple() {
        Utils.sleep(2000);
        //从 sentences 数组中随机选取一句话作为发送的消息
        String sentence=sentences[random.nextInt(sentences.length)];
        //发送 Tuple
```

```java
        this.spoutoutputcollector.emit(new Values(sentence));
    }

    /**
     * 定义字段名称,对应emit(new Values(sentence))中的字段
     */
    public void declareOutputFields(OutputFieldsDeclarer outputfieldsdeclarer)
    {
        outputfieldsdeclarer.declare(new Fields("sentence"));
    }

}
```

(3) 在项目 storm_demo 中新建类 SplitSentenceBolt.java,并向其写入以下代码:

```java
import java.util.Map;

import org.apache.storm.task.OutputCollector;
import org.apache.storm.task.TopologyContext;
import org.apache.storm.topology.OutputFieldsDeclarer;
import org.apache.storm.topology.base.BaseRichBolt;
import org.apache.storm.tuple.Fields;
import org.apache.storm.tuple.Tuple;
import org.apache.storm.tuple.Values;

public class SplitSentenceBolt extends BaseRichBolt {
    private static final long serialVersionUID = 1L;
    private OutputCollector outputcollector;

    /**
     * Bolt 初始化方法,与Spout的open()方法类似
     */
    public void prepare(Map map, TopologyContext topologycontext,
OutputCollector outputcollector) {
        this.outputcollector = outputcollector;
    }
    /**
     * 接收Tuple数据进行处理
     */
    public void execute(Tuple tuple) {
        //获取发送过来的数据(此处得到发送过来的一句话)
        String sentence = tuple.getStringByField("sentence");
        //将数据以空格分割为单词数组
        String[] words = sentence.split(" ");
        //逐个将单词发射出去
        for (String word : words) {
            this.outputcollector.emit(new Values(word));
        }
    }

    /**
```

```
    * 字段声明
    */
   public void declareOutputFields(OutputFieldsDeclarer outputfieldsdeclarer)
   {
       outputfieldsdeclarer.declare(new Fields("word"));
   }

}
```

（4）在项目 storm_demo 中新建类 WordCountBolt.java，并向其写入以下代码：

```
import java.util.HashMap;
import java.util.Map;

import org.apache.storm.task.OutputCollector;
import org.apache.storm.task.TopologyContext;
import org.apache.storm.topology.OutputFieldsDeclarer;
import org.apache.storm.topology.base.BaseRichBolt;
import org.apache.storm.tuple.Fields;
import org.apache.storm.tuple.Tuple;
import org.apache.storm.tuple.Values;

/**
 * 单词统计，并且实时获取词频前 N 的发射出去
 */
public class WordCountBolt extends BaseRichBolt {

    private static final long serialVersionUID = 2374950653902413273L;
    private OutputCollector outputcollector;
    //定义存放单词与词频的 Map
    private HashMap<String, Integer> counts = null;

    /**
     * Bolt 初始化方法，与 Spout 的 open()方法类似
     */
    public void prepare(Map map, TopologyContext topologycontext,
OutputCollector outputcollector) {
        this.outputcollector = outputcollector;
        this.counts = new HashMap<String, Integer>();
    }

    /**
     * 接收 Tuple 数据进行单词计数处理
     */
    public void execute(Tuple tuple) {
        //获取发送过来的单词
        String word = tuple.getStringByField("word");
        //添加这行代码的作用是看看值相等的 word 是不是同一个实例执行的，事实证明确实如此
        //System.out.println(this + "====" + word);
        //单词数量加 1
        Integer count = counts.get(word);
```

```
        if (count == null)
          count = 0;
        count++;
        counts.put(word, count);
        //发送单词和计数给下一个Bolt,分别对应字段"word"和"count"
        this.outputcollector.emit(new Values(word, count));
    }
    /**
     * 设置字段名称,对应emit(new Values(word, count))中的两个字段
     */
    public void declareOutputFields(OutputFieldsDeclarer declarer) {
        declarer.declare(new Fields("word","count"));
    }
}
```

(5) 在项目storm_demo中新建类ReportBolt.java,并向其写入以下代码:

```
import java.util.ArrayList;
import java.util.Collections;
import java.util.Comparator;
import java.util.HashMap;
import java.util.List;
import java.util.Map;
import java.util.Map.Entry;

import org.apache.storm.task.OutputCollector;
import org.apache.storm.task.TopologyContext;
import org.apache.storm.topology.OutputFieldsDeclarer;
import org.apache.storm.topology.base.BaseRichBolt;
import org.apache.storm.tuple.Tuple;

public class ReportBolt extends BaseRichBolt {

    private static final long serialVersionUID = -1512537746316594950L;
    private HashMap<String, Integer> counts = null;

    public void prepare(Map map, TopologyContext topologycontext,
OutputCollector outputcollector) {
        this.counts = new HashMap<String, Integer>();
    }

    public void execute(Tuple tuple) {
        String word = tuple.getStringByField("word");
        int count = tuple.getIntegerByField("count");
        counts.put(word, count);
        //对counts中的单词进行排序
        List<Entry<String,Integer>> list = new
ArrayList<Entry<String,Integer>>(counts.entrySet());
        Collections.sort(list, new Comparator<Map.Entry<String, Integer>>() {
            public int compare(Map.Entry<String, Integer> o1,
                Map.Entry<String, Integer> o2) {
```

```
            return (o2.getValue() - o1.getValue());
        }
    });

        //取 list 中前 10 个单词
        int n=list.size()<=10?list.size():10;
        String resultStr="";
        for(int i=0;i<n;i++){
            Entry<String,Integer> entry=list.get(i);
            String sortWord=entry.getKey();
            Integer sortCount=entry.getValue();
            resultStr+=sortWord+"----"+sortCount+"\n";
        }
        System.out.println("------------计数结果----------------");
        //添加这行代码的作用是看看是不是同一个实例执行的
        System.out.println(this + "====" + word);
        System.out.println(resultStr);
    }

    public void declareOutputFields(OutputFieldsDeclarer outputfieldsdeclarer){

    }

    /**
     * 在 Bolt 被关闭的时候调用,主要用于清理所有被打开的资源
     * 集群不保证这个方法一定会被执行,比如执行 Task 的计算机宕机了,则该方法没有办法执行
     */
    public void cleanup() {
        System.out.println("---------- FINAL COUNTS -----------");
        for (String key : counts.keySet()) {
            System.out.println(key + " " + counts.get(key));
        }
        System.out.println("----------------------------");
    }
}
```

（6）在项目 storm_demo 中新建类 WordCountTopology.java，并向其写入以下代码：

```
import org.apache.storm.Config;
import org.apache.storm.LocalCluster;
import org.apache.storm.topology.TopologyBuilder;
import org.apache.storm.tuple.Fields;

public class WordCountTopology {

    public static void main(String[] args) {
        SentenceSpout sentenceSpout = new SentenceSpout();
        SplitSentenceBolt splitSentenceBolt = new SplitSentenceBolt();
        WordCountBolt wordCountBolt = new WordCountBolt();
        ReportBolt reportBolt = new ReportBolt();
```

```java
        //创建一个拓扑
        TopologyBuilder topologyBuilder = new TopologyBuilder();
        //设置Spout,名称为"sentence-spout",并行度为2(也就是线程数),
        //任务数为4(也就是实例数)。默认是1个线程,1个任务
        topologyBuilder.setSpout("sentence-spout", sentenceSpout,2).setNumTasks(4);
        //设置Bolt,名称为"split-bolt",数据来源是名称为"sentence-spout"的Spout,
        //ShuffleGrouping:随机选择一个Task来发送,对Task的分配比较均匀
        topologyBuilder.setBolt("split-bolt", splitSentenceBolt,2).setNumTasks(4).shuffleGrouping("sentence-spout");
        //FieldsGrouping:根据Tuple中Fields来做一致性hash,
        //相同hash值的Tuple被发送到相同的Task
        topologyBuilder.setBolt("count-bolt", wordCountBolt,2).setNumTasks(4).fieldsGrouping("split-bolt", new Fields("word"));
        //GlobalGrouping:所有的Tuple会被发送到某个Bolt中的id最小的那个Task,
        //此时不管有多少个Task,只发往一个Task
        topologyBuilder.setBolt("report-bolt", reportBolt,2).setNumTasks(4).globalGrouping("count-bolt");
        Config config = new Config();
        LocalCluster cluster = new LocalCluster();
        //本地提交,第一个参数为定义拓扑名称
        cluster.submitTopology("word-count-topology", config, topologyBuilder.createTopology());
    }
}
```

13.6.3 程序运行

1. 本地模式

Storm 的 LocalCluster 类提供了一个本地的虚拟环境来模拟 Topology 的集群运行环境,因此,程序可以直接在本地运行,方便开发调试。

在 Eclipse 中直接右键运行 Java 类 WordCountTopology.java,控制台输出结果如图 13-14 所示。

从输出结果中可以看到,控制台每隔 2 秒输出一次结果,每次结果都已取得数量最多的前 10 个单词,且降序排列。单词的数量与排序实时变化。

2. 集群模式

(1)启动集群的 ZooKeeper 服务。
(2)启动集群 Nimbus 和 Supervisor 服务。
(3)在 Storm 项目 storm_demo 上单击鼠标右键,选

```
-----------计数结果---------------
Storm----70
a----62
is----46
and----45
realtime----43
use----40
to----32
of----32
it----30
for----28
-----------计数结果---------------
Storm----70
a----62
is----46
and----45
realtime----43
use----40
to----32
of----32
it----30
for----28
```

图 13-14 Storm 单词计数控制台显示结果

择【Run As】/【Maven install】,将项目打包成 jar。打包成功后,会在项目的 target 目录中生成文件 storm_demo-0.0.1-SNAPSHOT.jar,将该文件上传到集群的 centos01 节点的/opt/softwares 目录。

(4) 进入 centos01 节点的/opt/softwares 目录,执行以下命令,提交 Topology 任务:

```
$ storm jar storm_demo-0.0.1-SNAPSHOT.jar
com.zwy.storm.demo.wordcount.WordCountTopology
```

提交成功的输出信息如图 13-15 所示。

```
15849 [main] INFO  o.a.s.u.NimbusClient - Found leader nimbus : centos01:6627
15950 [main] INFO  o.a.s.StormSubmitter - Uploading dependencies - jars...
15951 [main] INFO  o.a.s.StormSubmitter - Uploading dependencies - artifacts...
15952 [main] INFO  o.a.s.StormSubmitter - Dependency Blob keys - jars : [] / artifacts : []
16328 [main] INFO  o.a.s.StormSubmitter - Uploading topology jar storm_demo-0.0.1-SNAPSHOT.jar to assigned location: /opt/modules
tormjar-8dd508d1-dda5-4a2d-9d59-d8a380ff6e17.jar
16439 [main] INFO  o.a.s.StormSubmitter - Successfully uploaded topology jar to assigned location: /opt/modules/storm-1.1.0/data/
da5-4a2d-9d59-d8a380ff6e17.jar
16440 [main] INFO  o.a.s.StormSubmitter - Submitting topology word-count-topology in distributed mode with conf {"topology.worker
uth.scheme":"digest","storm.zookeeper.topology.auth.payload":"-8916815632806628739:-6551411650381262500"}
18551 [main] INFO  o.a.s.StormSubmitter - Finished submitting topology: word-count-topology
```

图 13-15　Topology 任务提交成功的输出信息

(5) 浏览器访问 http://centos01:8080,通过 Storm Web 界面可以查看集群运行的详细信息,如图 13-16 所示。

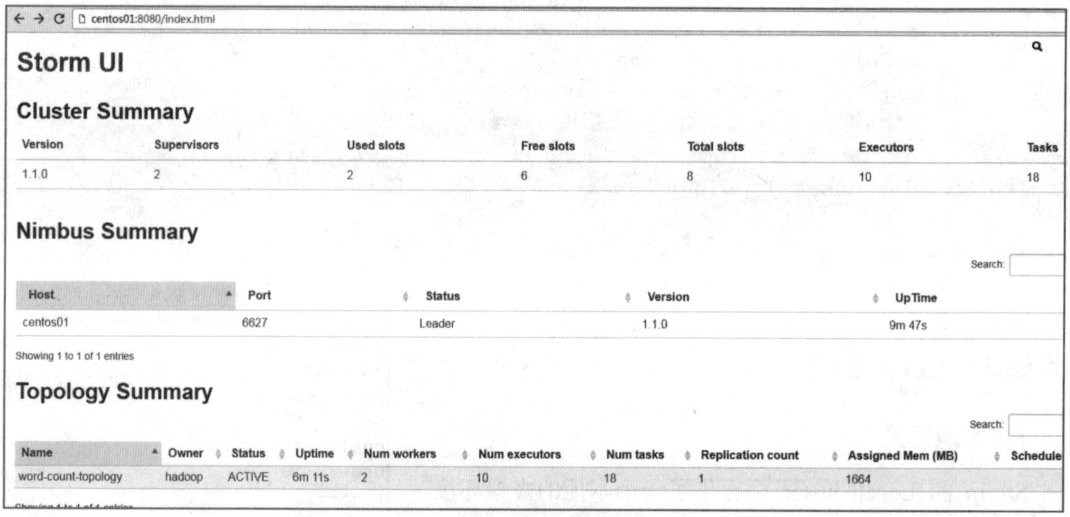

图 13-16　Storm Web 界面

从图 13-16 中可以看出,该 Topology 使用了 2 个 Worker 进程、10 个 Executor 线程和 18 个 Task 任务。而在程序代码 WordCountTopology.java 中,我们设置了 Spout 和 Bolt 的执行线程 Executor 共 8 个,任务数 Task 共 16 个,与图 13-16 不符,这是为什么呢?

因为每一个 Worker 进程默认都会占用一个 Executor,每个 Executor 会启动一个 Acker 任务,而本例中共启动了 2 个 Worker 进程,因此会占用 2 个 Executor 线程和 2 个 Acker 任务。

Acker 任务默认是每个 Worker 进程启动一个 Executor 线程来执行,但可以在 Topology 中取消 Acker 任务,这样的话就不会多出来 2 个 Executor 和 2 个任务了。取消方法是,在代码 WordCountTopology.java 中加入 config.setNumAckers(0);这一句即可。

(6) 查看输出日志信息。在 centos02 或 centos03 节点上,进入下面的目录:

$STORM_HOME/logs/workers-artifacts/word-count-topology-1-N/6700/,目录中的 N 随着时间的

不同会生成不同的数字，取最新时间的即可。执行以下命令，监控该目录的 worker.log 日志：

```
$ tail -f worker.log
```

可以看到，Storm 实时输出单词频数及排名前十的单词，与本地模式输出结果一致。

（7）在 centos01 节点上，执行以下命令，可以将该 Topology 任务停止：

```
$ storm kill word-count-topology
```

输出日志信息如下：

```
6706 [main] INFO  o.a.s.u.NimbusClient - Found leader nimbus : centos01:6627
8834 [main] INFO  o.a.s.c.kill-topology - Killed topology: word-count-topology
```

需要注意的是，每个线程中的任务使用线程所持有的 Spout 实例或者 Bolt 实例，同一个线程中的多个任务间是串行执行的关系，因而在一个线程有多个任务的情况下，不会产生并发问题。

比如，某个线程中持有 2 个 Spout 实例 spoutInstance1 和 spoutInstance2，那么 Storm 的框架代码有可能是这么实现的：

```
for(int i=0;i<1000;i++){
    spoutInstance1.nextTuple();
    spoutInstance2.nextTuple();
}
```

13.7 案例分析：Storm 与 Kafka 整合

Storm 主要用于实时流式计算，而 Kafka 是一个消息队列。在实际开发中经常将两者结合使用，用 Kafka 缓存消息，并将不均匀的消息转换成均匀的数据流提供给 Storm 进行消费，这样才可以实现稳定的流式计算。

Storm 可以作为 Kafka 的生产者，将 Storm 中的每条记录作为消息发送到 Kafka 消息队列中，也可以将 Storm 作为消费者，消费 Kafka 队列中的消息。Storm 与 Kafka 整合的架构如图 13-17 所示。

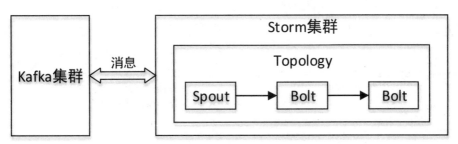

图 13-17　Storm 与 Kafka 整合架构

本例以 Storm 作为 Kafka 的消费者进行讲解。具体操作有两种方式：一种是单独使用 Storm 与 Kafka 的客户端 API，在 Storm 的 Spout 类中集成 Kafka 的消费者 API；另一种是使用 Storm 提供的针对 Kafka 的 API，对应的 jar 为 storm-kafka-client-1.1.0.jar，该 jar 中提供了一个名为 KafkaSpout

的类，使用该类进行简单的配置即可实现读取 Kafka 中的消息并发送给相关 Bolt，而不需单独写 Spout 类。下面具体讲解两种方式的使用。

单独使用 Storm 与 Kafka 的 API 进行集成的操作步骤如下：

（1）新建 Maven 项目，并引入 Storm 与 Kafka 的 jar 包依赖：

```xml
<dependency>
    <groupId>org.apache.storm</groupId>
    <artifactId>storm-core</artifactId>
    <version>1.1.0</version>
    <scope>provided</scope>
</dependency>
<dependency>
    <groupId>org.apache.kafka</groupId>
    <artifactId>kafka-clients</artifactId>
    <version>2.0.0</version>
</dependency>
```

（2）新建 Spout 类 KafkaSpout.java，完整代码如下：

```java
import java.time.Duration;
import java.util.Arrays;
import java.util.Map;
import java.util.Properties;

import org.apache.kafka.clients.consumer.ConsumerRecord;
import org.apache.kafka.clients.consumer.ConsumerRecords;
import org.apache.kafka.clients.consumer.KafkaConsumer;
import org.apache.storm.spout.SpoutOutputCollector;
import org.apache.storm.task.TopologyContext;
import org.apache.storm.topology.OutputFieldsDeclarer;
import org.apache.storm.topology.base.BaseRichSpout;
import org.apache.storm.tuple.Fields;
import org.apache.storm.tuple.Values;

/**
 * Spout 类，从 Kafka 中读取消息并发送出去
 */
public class KafkaSpout extends BaseRichSpout {

    private static final long serialVersionUID = 7582771881226024741L;
    //定义 Kafka 消费者对象
    private KafkaConsumer<String, String> consumer;
    //该对象用于发射 Tuple
    SpoutOutputCollector collector;

    /**
     * 进行 Spout 的一些初始化工作并提供 Spout 的执行环境，
     * 当该 Spout 在集群的 Worker 中被初始化时会调用该方法
     *
     * @param conf
```

```java
 *              Spout 的配置信息
 * @param context
 *              此对象可用于获取此 Task 在 Topology 中的位置等信息，包括此 Task 的 Task id 和
 *              component id、输入和输出信息等
 * @param collector
 *              用于发射 Tuple，Tuple 可以在任何时候任何方法中发出，包括 open()和 close()
方法。
 *              collector 是线程安全的，可以作为该 Spout 对象的实例变量保存
 */
public void open(Map conf, TopologyContext context,
  SpoutOutputCollector collector) {
 this.collector = collector;

 //Kafka 属性信息
 Properties props = new Properties();
 props.put("bootstrap.servers",
         "centos01:9092,centos02:9092,centos03:9092");
 props.put("group.id", "test");//消费者组 id（组名称）
 props.put("key.deserializer",//反序列化 key 的程序类
         "org.apache.kafka.common.serialization.StringDeserializer");
 props.put("value.deserializer",//反序列化 value 的程序类
         "org.apache.kafka.common.serialization.StringDeserializer");
 //实例化消费者类
 consumer = new KafkaConsumer<String, String>(props);
 //设置消费主题
 consumer.subscribe(Arrays.asList("myTopic"));
}

/**
 * 从 Kafka 中拉取数据并发射出去
 * 当 Storm 需要 Spout 发射 Tuple 时会调用该方法（循环调用）
 */
public void nextTuple() {
 //拉取消息记录，超时时间为 10 秒
 ConsumerRecords<String, String> records = consumer.poll(Duration
   .ofSeconds(10));
 for (ConsumerRecord<String, String> record : records) {
  String key = record.key();//消息 key 值
  String value = record.value();//消息 value 值
  //发射 Tuple
  collector.emit(new Values(key, value));
 }
}

/**
 * 定义字段名称，对应 emit(new Values(key,value))中的字段
 */
public void declareOutputFields(OutputFieldsDeclarer declarer) {
 declarer.declare(new Fields("key", "value"));
}
```

}

从上述代码中可以看出,Storm 读取 Kafka 的消息只需要在 Spout 类中加入 Kafka 消费者相关代码即可,然后将读取的消息发送给 Bolt。Bolt 与 Topology 类的编写则与 Kafka 无关,此处不再讲解,读者可参考本章 13.6 节的"单词计数"案例。

下面使用 Storm 提供的针对 Kafka 的 API 进行集成,将读取到的 Kafka 中的消息发送给 PrintBolt,然后由 PrintBolt 将消息打印到控制台。具体操作步骤如下:

(1)新建 Maven 项目,并引入 Storm 针对 Kafka 的客户端依赖 jar 包:

```xml
<!-- Storm 核心包 -->
<dependency>
  <groupId>org.apache.storm</groupId>
  <artifactId>storm-core</artifactId>
  <version>1.1.0</version>
  <scope>provided</scope>
</dependency>
<!-- Storm 针对 Kafka 的客户端依赖包 -->
<dependency>
  <groupId>org.apache.storm</groupId>
  <artifactId>storm-kafka-client</artifactId>
  <version>1.1.0</version>
</dependency>
```

(2)新建 Topology 类 KafkaTopology.java,完整代码如下:

```java
import org.apache.storm.Config;
import org.apache.storm.LocalCluster;
import org.apache.storm.StormSubmitter;
import org.apache.storm.kafka.spout.KafkaSpout;
import org.apache.storm.kafka.spout.KafkaSpoutConfig;
import org.apache.storm.topology.TopologyBuilder;
/**
 * Topology 类,用于在 Storm 中构建一个 Topology
 */
public class KafkaTopology {
 public static void main(String[] args) throws Exception {

  //1. 创建 KafkaSpout 对象
  KafkaSpoutConfig.Builder<String, String> kafkaBuilder = KafkaSpoutConfig
    .builder("centos01:9092,centos02:9092,centos03:9092", "topictest");
  //设置 kafka 消费者组 ID
  kafkaBuilder.setGroupId("testgroup");
  //创建 kafkaSpoutConfig
  KafkaSpoutConfig<String, String> kafkaSpoutConfig = kafkaBuilder.build();
  //通过 kafkaSpoutConfig 获得 KafkaSpout 对象
  KafkaSpout<String, String> kafkaSpout =
    new KafkaSpout<String, String>(kafkaSpoutConfig);

  //2. 创建一个 Topology
```

```java
    TopologyBuilder builder = new TopologyBuilder();
    //设置Spout，并行度为2（线程数）
    builder.setSpout("kafka-Spout", kafkaSpout, 2);
    //设置Bolt，并行度为2（线程数），流分组方式为localOrShuffleGrouping（本地或随机）
    builder.setBolt("print-Bolt", new PrintBolt(), 2).localOrShuffleGrouping(
      "kafka-Spout");

    Config config = new Config();
    if (args.length > 0) {
     //集群提交模式
     config.setDebug(false);
     //提交Topology，设置Topology名称为kafka-Topology
     StormSubmitter.submitTopology("kafka-Topology", config,
       builder.createTopology());
    } else {
     //本地测试模式
     config.setDebug(true);
     //设置Worker进程的数量为2
     config.setNumWorkers(2);
     LocalCluster cluster = new LocalCluster();
     cluster.submitTopology("kafka-Topology", config,
builder.createTopology());
    }
   }
  }
```

（3）新建 Bolt 类 PrintBolt.java，完整代码如下：

```java
import org.apache.storm.topology.BasicOutputCollector;
import org.apache.storm.topology.OutputFieldsDeclarer;
import org.apache.storm.topology.base.BaseBasicBolt;
import org.apache.storm.tuple.Tuple;

/**
 * Bolt类，用于将接收到的消息打印到控制台
 */
public class PrintBolt extends BaseBasicBolt {

 private static final long serialVersionUID = 1L;

 /**
  * 接收Tuple数据进行处理
  * @param tuple
  * 接收到的Tuple数据
  * @param basicOutputCollector
  * 用于将Tuple向外进行发射
  */
 public void execute(Tuple tuple, BasicOutputCollector basicOutputCollector) {
    //打印接收到的消息
    //打印Tuple中位置为4的字段值（也就是消息的内容），位置从0开始
    System.out.println(tuple.getValue(4));
```

```
        //打印Tuple中的所有字段值
        System.out.println(tuple.getValues());
    }

    /**
     * 向外发射的Tuple的字段声明
     */
    public void declareOutputFields(OutputFieldsDeclarer outputFieldsDeclarer) {
    }
}
```

(4) 启动 ZooKeeper 集群。

(5) 启动 Kafka 集群。

(6) 启动 Storm 集群。

(7) 将项目打包为 jar，然后发布到 Storm 集群中运行；或者直接在本地 Eclipse 中运行 KafkaTopology.java。此处使用本地模式进行测试，启动后将实时监控 Kafka 主题"topictest"中的消息并打印到控制台。

(8) 执行以下命令，在 Kafka 中创建生产者，并向 Kafka 的主题"topictest"中发送消息"hello kafka storm"，然后观察 Eclipse 控制台的输出结果：

```
$ bin/kafka-console-producer.sh \
> --broker-list centos01:9092,centos02:9092,centos03:9092 \
> --topic topictest
```

向 Kafka 中发送消息的具体执行效果如图 13-18 所示。

```
[hadoop@centos01 kafka_2.11-2.0.0]$ bin/kafka-console-producer.sh \
> --broker-list centos01:9092,centos02:9092,centos03:9092 \
> --topic topictest
>hello kafka storm
```

图 13-18　向 Kafka 中发送消息

若 Eclipse 控制台能成功输出消息"hello kafka storm"，则说明 Storm 与 Kafka 整合成功。

第 14 章

Elasticsearch

本章内容

本章首先介绍 Elasticsearch 的基本概念，包括索引、文档、分片等；然后介绍 Elasticsearch 的集群架构以及集群搭建步骤；最后讲解 Elasticsearch 的常用基本操作，如索引、搜索、数据的修改及 Java API 等。

本章目标

- 了解 Elasticsearch 的基本概念。
- 了解 Elasticsearch 的集群架构。
- 掌握 Elasticsearch 的集群搭建。
- 掌握 Elasticsearch 的基本操作。
- 掌握 Elasticsearch 的 Java API 操作。

14.1 什么是 Elasticsearch

Elasticsearch 是一个分布式的、开源的全文搜索和分析引擎，其建立在 Apache Lucene 的基础之上，使用 Java 语言编写，通过提供一套简单一致的 RESTful API 隐藏了 Lucene 的复杂性，从而使全文检索变得非常容易。

Elasticsearch 将全文搜索、结构化搜索和数据分析三大功能整合在一起，能够以近实时的速度存储、搜索和分析大型数据集。

Elasticsearch 的主要特点如下：

- 一个分布式的实时文档存储，每个字段都可以被索引与搜索。

- 一个分布式的实时分析搜索引擎。
- 能胜任上百个服务节点的扩展,并支持 PB 级别的结构化或者非结构化数据。

14.2 基本概念

本节讲解 Elasticsearch 的常用概念和术语,了解这些基本知识有利于后面更好地学习 Elasticsearch。

14.2.1 索引、类型和文档

1. 索引(Index)

索引是具有某些类似特征的文档的集合,相当于 RDBMS 中的"数据库"的概念。例如,可以将客户数据添加到 Elasticsearch 的索引中。每个索引由一个唯一名称进行标识(必须全部小写),当需要对索引中的文档执行搜索、更新和删除操作时,需要使用索引名称来定位到相应的文档数据。

在一个 Elasticsearch 集群中可以根据需要定义任意数量的索引。

2. 类型(Type)

类型是对索引中的文档的逻辑分类或划分,相当于 RDBMS 中的"表"的概念。例如,一种类型用于存储用户数据,另一种类型用于存储博客帖子数据。

需要注意的是,为了提高 Lucene 高效压缩文档的能力,Elasticsearch 6.X 版本和之前版本有些不同,其规定一个索引只能有一个类型,推荐的类型名称是_doc,Elasticsearch 7.X 版本以后将完全弃用类型。

3. 文档(Document)

一个文档是一个可以被索引的基本信息单元,相当于 RDBMS 表中的一行记录。例如,可以为一个单独的客户建立一个文档,还可以为一个单独的订单建立一个文档。

14.2.2 分片和副本

1. 分片(shard)

一个索引可以存储大量数据,这些数据可以超出单个节点的硬件限制。例如,一个包含 10 亿个文档的索引占用了 1 TB 的磁盘空间,对单个节点来说可能无法满足磁盘空间需求,或者可能导致搜索请求速度过慢。

为了解决这个问题,Elasticsearch 提供了将索引细分为多个分片的功能。当创建索引时,可以定义想要的分片的数量。每个分片本身都是一个功能齐全、独立的"索引",可以托管在集群中的任何节点上。

分片有如下两个主要的特点:

- 它允许横向分割和伸缩容量。
- 它允许在分片(可能在多个节点上)之间分发和并行化操作,从而提高性能和吞吐量。

总结来说,一个索引可以拆分为多个分片,分布到不同的节点上。这点类似于 HDFS 的块机制。

在实际开发中,只需要关注索引即可,Elasticsearch 会自动管理集群中所有的分片。

2. 副本(replica)

在任何时候都可能出现故障的网络环境中,有一个故障转移机制是非常有用的,为了防止分片脱机或因任何原因消失,Elasticsearch 允许将索引的分片复制为多个副本分片,简称为副本。被复制的原始分片称为主分片。

副本有如下两个主要的特点:

- 它提供了在分片或节点失效时的高可用性。当主分片失败时,可以从副本分片中选择一个作为主分片。因此,副本分片从来不与主分片在同一个节点上。
- 它可以扩展搜索容量和吞吐量,因为搜索可以在所有副本上并行执行。

总结来说,分片可以没有副本也可以有多个副本,可以在创建索引时为索引定义分片和副本的数量。创建索引后,还可以随时动态更改副本数。也可以使用 API 更改现有索引的分片数,但相对比较麻烦,因此最好预先计划好分片的数量。

默认情况下,Elasticsearch 集群中的每个索引都分配了 5 个主分片,并且每个主分片都有一个副本分片,这意味着 Elasticsearch 集群中默认每个索引将包含 5 个主分片和另外 5 个副本分片,总计为每个索引 10 个分片。

14.2.3 路由

我们已经知道,一个索引由多个分片组成,数据真正存储于索引的分片中,当向 Elasticsearch 添加(删除、修改)一个文档时,系统需要决定这个文档存储在哪个分片上,这个过程就称为数据路由(routing)。

Elasticsearch 的数据路由算法如下:

```
shard_num = hash(routing) % number_of_primary_shards
```

算法中的 routing 值默认为文档的_id 值,每个文档默认都有一个_id 值,可以手动指定该值,若不指定,Elasticsearch 将自动生成;算法中的 number_of_primary_shards 为索引主分片的数量。当对文档进行增删改查时,系统首先会根据文档的_id 值进行哈希计算,然后将计算结果和主分片数量进行取余操作,余数相当于主分片的编号,文档则会被放置到对应编号的主分片中。假设主分片个数为 n,则余数的范围始终为 0 到 $n-1$,这样可以保证具有相同哈希值的文档被分配到同一个主分片中,并且基本上会保证索引的所有文档数据均匀分布到该索引的所有主分片中。这种路由算法类似 MapReduce 的分区规则(具体见 5.1.3 节 MapReduce 的工作原理)。

14.3 集群架构

Elasticsearch 集群由一个或多个节点（服务器）组成，这些节点一起保存 Elasticsearch 的所有数据，并提供跨所有节点的联合索引和搜索功能。集群由一个唯一的名称来标识，该名称默认为"elasticsearch"（可以在配置文件中修改）。当某个节点被设置为相同的集群名称时，该节点就会自动加入集群。因此，如果有多个集群，需要确保每个集群的名称不能重复。

Elasticsearch 中的每个索引都包含多个分片，分布在不同的节点上。每个分片都是一个最小工作单元，承载部分数据，并且具有完整的建立索引（当分片中的文档被修改后，需要重新对文档进行索引）和数据处理能力。

Elasticsearch 中的每个文档只能存储在一个主分片及其对应的副本分片中，即同一个文档不会存储在多个主分片中。

Elasticsearch 的集群架构如图 14-1 所示，其中 P0、P1、P2 为主分片，R0、R1、R2 分别为与主分片相对应的副本分片。

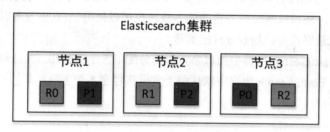

图 14-1　Elasticsearch 集群架构

Elasticsearch 集群任意一个节点都可以接收客户端的请求，且每个节点都知道任意一个文档所在集群中的位置。

1. 文档写入流程

当向集群写入文档时，系统首先会将文档写入到主分片中，待主分片完全写入成功后，再将文档复制到不同的副本中，如图 14-2 所示。

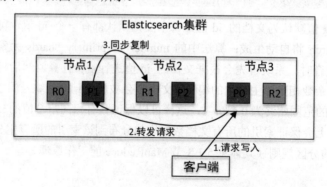

图 14-2　Elasticsearch 文档写入流程

(1)客户端向节点 3 发起写入文档请求。

(2)节点 3 根据请求文档的_id 值判断出该文档应该被存储在 P1 分片中(即路由算法),于是将请求转发给 P1 分片所在的节点(节点 1)。

(3)节点 1 在 P1 主分片上执行请求。如果请求执行成功,节点 1 将并行地将该请求发给 P1 的所有副本。当所有副本都成功执行请求后,会向节点 1 回复一个成功确认,当节点 1 收到所有副本的确认信息后,则最后向用户返回一个写入成功的消息。

主分片向副本分片复制数据的过程默认是同步的,即主分片得到所有复制分片的成功响应后才返回,客户端接收到成功响应的时候,文档已成功被写入主分片和所有的复制分片。当然,该过程也可以设置成异步的,即当主分片成功写入后立刻返回给客户端,而不关心副本分片是否写入成功。这种异步的写入方式有可能导致数据丢失,因为客户端不知道副本分片是否写入成功,并且可能因为在不等待其他副本就绪的情况下,客户端发送过多的请求导致 Elasticsearch 负载过重。目前,Elasticsearch 的写入速度已经非常快了,因此不推荐使用异步写入方式。

删除和更新文档与写入文档的流程一样,都是先在主分片中执行成功后再到副本分片中执行。需要注意的是,在更新文档时,会先在主分片中更新成功,然后转发整个文档的新版本到副本分片中,而不是转发更新请求。

2. 文档读取流程

在读取文档时,为了负载均衡,文档可以从主分片或任意一个副本分片中读取,若同时有多个请求,会将请求均匀分配到不同的分片中。文档读取流程如图 14-3 所示。

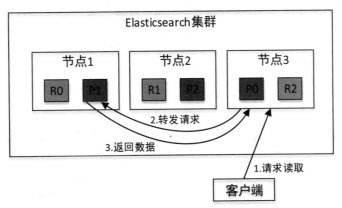

图 14-3　Elasticsearch 文档读取流程

(1)客户端向节点 3 发起读取文档请求。

(2)节点 3 根据请求文档的_id 值判断出该文档存储在 P1 分片中(即路由算法),于是将请求转发给 P1 分片所在的节点,即节点 1(也可能将请求转发给 P1 分片的副本分片 R1 所在的节点)。

(3)节点 1 在 P1 主分片上执行读取请求,然后将文档数据返回给节点 3,最后返回给客户端。

14.4 集群环境搭建

本例仍然在三个节点（centos01、centos02 和 centos03）上搭建 Elasticsearch 集群。搭建之前需要先安装好 JDK，Elasticsearch 要求 JDK 的版本在 1.8 以上，JDK 的安装可参考本书 2.2 节，此处不再赘述。

Elasticsearch 集群的搭建步骤如下。

1．下载并安装 Elasticsearch

从官网（https://www.elastic.co/downloads/elasticsearch）下载 Elasticsearch 的二进制安装文件 elasticsearch-6.4.2.tar.gz（本书以 6.4.2 版本为例）。

然后将安装文件上传到 centos01 节点的 /opt/softwares 目录，并解压至目录 /opt/modules/，解压命令如下：

```
$ tar -zxvf elasticsearch-6.4.2.tar.gz -C /opt/modules/
```

2．创建新用户

由于 Elasticsearch 可以接收用户输入的脚本命令并且执行，出于系统安全考虑，Elasticsearch 不允许直接使用 root 用户执行其中的命令，使用 root 用户执行命令时会报错。因此，我们需要新建一个用户并赋予该用户 Elasticsearch 安装目录的操作权限。

此处直接使用本书一直使用的用户，即 hadoop 用户。

3．修改 Elasticsearch 配置

Elasticsearch 的配置文件统一存放在安装目录下的 config 文件夹中。执行以下命令，修改配置文件 elasticsearch.yml：

```
$ vim elasticsearch.yml
```

修改内容如下：

```
cluster.name: es_cluster
node.name: es-centos01
path.data: /opt/modules/elasticsearch-6.4.2/data
path.logs: path.data: /opt/modules/elasticsearch-6.4.2/logs
network.host: centos01
http.port: 9200
discovery.zen.ping.unicast.hosts: ["centos01","centos02","centos03"]
```

上述配置属性解析如下。

- **cluster.name**：自定义的集群名称，如果不指定，则默认为 elasticsearch。Elasticsearch 启动后会将具有相同集群名称的节点放到一个集群下。
- **node.name**：当前节点在 Elasticsearch 集群中所显示的唯一节点名称，每个节点要分别配置。
- **path.data**：索引数据的存储路径。可以设置多个存储路径，用逗号隔开。若路径指定的目录

不存在，Elasticsearch 启动时会自动生成。
- **path.logs**：日志文件存储路径。
- **network.host**：当前节点绑定的主机名或 IP 地址，每个节点要分别配置。
- **http.port**：对外服务的 HTTP 端口，默认为 9200。可以通过该端口访问 Elasticsearch 中的数据。
- **discovery.zen.ping.unicast.hosts**：指定集群中所有节点。新节点启动时，会通过该列表进行节点发现，从而组建集群。

需要注意的是，参数前面不能有空格，且参数冒号后面的空格不能省略。

4．复制 Elasticsearch 安装目录到集群其他节点

执行以下命令，将 Elasticsearch 安装目录及其所有子目录远程复制到 centos02 和 centos03 节点：

```
$ scp -r /opt/modules/elasticsearch-6.4.2/ hadoop@centos02:/opt/modules/
$ scp -r /opt/modules/elasticsearch-6.4.2/ hadoop@centos03:/opt/modules/
```

5．修改其他节点相应的配置项

修改 centos02 节点的 elasticsearch.yml 文件的相应属性值，修改内容如下：

```
node.name: es-centos02
network.host: centos02
```

同理，修改 centos03 节点的 elasticsearch.yml 文件的相应属性值，修改内容如下：

```
node.name: es-centos03
network.host: centos03
```

6．修改 CentOS 7 系统配置（每个节点都要修改）

Elasticsearch 配置完毕后，若直接启动，可能会报以下错误：

```
ERROR: [3] bootstrap checks failed
    [1]: max file descriptors [4096] for elasticsearch process is too low, increase to at least [65536]
    [2]: memory locking requested for elasticsearch process but memory is not locked
    [3]: max virtual memory areas vm.max_map_count [65530] is too low, increase to at least [262144]
```

出现以上错误的原因是，在 Elasticsearch 启动时，会对重要的操作系统配置进行检查，且在不同的模式下，Elasticsearch 会进行不同的提示：

- 在开发模式下，Elasticsearch 将错误信息打印到日志中（warnning）。
- 在生产环境下，Elasticsearch 会直接启动报错，启动不了。

为了防止出现上述错误，需要将 CentOS 7 系统的允许打开文件最大数（nofile）、允许启动进程最大数（nproc）和最大锁定内存（memlock）进行修改，步骤如下：

（1）执行以下命令，修改 limits.conf 文件：

```
$ sudo vi /etc/security/limits.conf
```

在文件末尾添加以下内容：

```
* soft nofile 65536
* hard nofile 131072
* soft nproc 2048
* hard nproc 4096
* soft memlock unlimited
* hard memlock unlimited
```

其中星号*表示对所有用户有效，也可以改成启动 Elasticsearch 的用户的用户名。soft 代表软限制，hard 代表硬限制。硬限制是严格的设定，一定不能超过这个设定的数值。软限制是警告的设定，可以超过这个设定的值，但是若超过，则有警告信息。

修改完毕后，需要重新登录 hadoop 用户，使 limits.conf 文件生效。

（2）执行以下命令，修改 sysctl.conf 文件：

```
$ sudo vi /etc/sysctl.conf
```

在文件中添加以下内容：

```
vm.max_map_count=262144
```

max_map_count 含义为一个进程最多可用的内存映射区数量，大部分程序使用数量不会超过 1000，默认值 65 536，使用 Elasticsearch 需要适当调大。

然后执行以下命令，使 sysctl.conf 的参数配置生效：

```
$ sudo sysctl -p
```

如果执行时出现如下错误：sysctl: cannot stat /proc/sys/–p: 没有那个文件或目录，则需要写绝对执行路径，改成下面的命令：

```
$ sudo /usr/sbin/sysctl -p
```

7. 启动 Elasticsearch 集群

分别在每个节点中进入 Elasticsearch 安装目录，执行以下命令，启动 Elasticsearch：

```
$ bin/elasticsearch -d
```

上述命令中参数-d 代表在后台运行，如不需要在后台运行，去掉-d 即可。

启动成功后，使用 jps 命令查看启动的 Java 进程，可以看到，每个节点都启动了一个名为 Elasticsearch 的进程。

8. 测试集群

在任意一个节点上执行以下命令，访问 centos01 节点的 9200 端口：

```
$ curl centos01:9200
```

若能成功输出以下状态信息，则 Elasticsearch 集群搭建成功：

```
{
  "name" : "es-centos01",
  "cluster_name" : "es_cluster",
  "cluster_uuid" : "4GDiodEZRsuYwjWiaFQrow",
  "version" : {
    "number" : "6.4.2",
```

```
    "build_flavor" : "default",
    "build_type" : "tar",
    "build_hash" : "04711c2",
    "build_date" : "2018-09-26T13:34:09.098244Z",
    "build_snapshot" : false,
    "lucene_version" : "7.4.0",
    "minimum_wire_compatibility_version" : "5.6.0",
    "minimum_index_compatibility_version" : "5.0.0"
  },
  "tagline" : "You Know, for Search"
}
```

14.5 Kibana 安装

Kibana 是一个开源的分析与可视化平台，用于和 Elasticsearch 一起使用。我们可以用 Kibana 搜索、查看、交互存放在 Elasticsearch 索引里的数据，并使用各种不同的图表、表格、地图等进行可视化查看。

Kibana 的安装步骤如下。

1．下载 Kibana 安装包

从 Elasticsearch 官网 https://www.elastic.co/downloads/kibana 下载 Kibana 6.4.2 的二进制安装包 kibana-6.4.2-linux-x86_64.tar.gz。

2．上传并解压安装包

将 kibana-6.4.2-linux-x86_64.tar.gz 上传到服务器 centos01 节点的/opt/softwares 目录中，并将其解压到/opt/modules/中，解压命令如下：

```
$ tar -zxvf kibana-6.4.2-linux-x86_64.tar.gz -C /opt/modules/
```

3．修改配置文件

修改 Kibana 安装目录下的 config/kibana.yml 文件，修改内容如下：

```
#Kibana 服务器将绑定到的主机名或 IP 地址
server.host: "centos01"
#Kibana 服务器名称
server.name: "centos01"
#Elasticsearch 集群的 HTTP 访问地址，任意一个节点即可
elasticsearch.url: http://centos01:9200
```

4．启动 Kibana

进入 Kibana 安装目录，执行以下命令，启动 Kibana：

```
$ bin/kibana
```

也可以执行以下命令，在后台启动：

```
$ nohup bin/kibana &
```

5. 浏览器访问

浏览器访问地址 http://centos01:5601（Kibana 默认端口为 5601），即可看到 Kibana 的 Web 主界面，如图 14-4 所示。

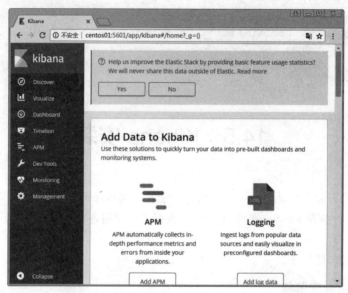

图 14-4　Kibana 主界面

单击 Kibana 主界面左边菜单的开发工具选项【Dev Tools】，在右侧会出现开发者控制台，可以通过单击控制台的绿色三角按钮，执行需要的查询命令，如图 14-5 所示。

图 14-5　Kibana 查询控制台

6. 停止 Kibana

执行以下命令，查询 Kibana 的进程 ID：

```
$ ps -ef | grep node
```

或者执行以下命令，查询监听端口 5601 的进程 PID：

```
$ ss -lntp | grep 5601
```

然后将该进程杀掉即可。

14.6　REST API

Elasticsearch 提供了一个非常全面和强大的 REST API，可以使用 Linux curl 命令发起一个 HTTP 请求与集群进行交互，也可以使用任何允许进行 HTTP/REST 调用的工具来发起请求。

一个基于 HTTP 协议的 curl 请求的基本格式如下：

```
curl -X<VERB> '<PROTOCOL>://<HOST>:<PORT>/<PATH>?<QUERY_STRING>' -d '<BODY>'
```

其中被符号<>标记部分的含义如表 14-1 所示。

表 14-1　curl 请求格式含义

名称	说明
VERB	HTTP 请求方法，取值为 GET、POST、PUT、HEAD 或 DELETE
PROTOCOL	请求协议，取值为 http 或 https
HOST	Elasticsearch 集群任意一个节点的主机名
PORT	Elasticsearch HTTP 服务端口号，默认为 9200
PATH	请求路径，也称为 API 端点
QUERY_STRING	查询字符串
BODY	JSON 格式的请求体

REST API 的主要功能如下：

- 检查集群、节点和索引的健康状况、状态和统计信息。
- 管理集群、节点、索引数据和元数据。
- 对索引执行 CRUD(创建、读取、更新和删除)和搜索操作。
- 执行高级搜索操作，如分页、排序、过滤、脚本编制、聚合等。

本节讲解的所有命令，在 Elasticsearch 集群的任意节点上执行都可。

14.6.1　集群状态 API

我们可以使用 REST API 来查看集群的运行情况，操作如下：

（1）执行以下命令，可以了解当前 Elasticsearch 集群的健康情况：

```
$ curl -XGET 'centos01:9200/_cat/health?v'
```

返回结果如图 14-6 所示。

图 14-6　Elasticsearch 集群健康信息

结果中的字段 status 的含义有三种。

- green：所有的主分片和副本分片都正常运行。
- yellow：所有的主分片都正常运行，但不是所有的副本分片都正常运行。
- red：存在至少一个主分片没能正常运行。

（2）执行以下命令，查看 Elasticsearch 集群节点信息：

```
$ curl -XGET 'centos01:9200/_cat/nodes?v'
```

返回结果如图 14-7 所示。

图 14-7　Elasticsearch 集群节点信息

集群状态 API 允许获取整个集群的全面状态信息。

14.6.2　索引 API

1．创建索引

创建索引 API 用于在 Elasticsearch 中手动创建索引。Elasticsearch 中的所有文档都存储在一个索引或另一个索引中。

例如，执行以下命令，创建一个名称为 customer 的索引：

```
$ curl -XPUT 'centos01:9200/customer?pretty'
```

参数 pretty 的含义为将返回结果进行格式化输出。

若返回以下结果，代表创建成功：

```
{
  "acknowledged" : true,
  "shards_acknowledged" : true,
  "index" : "customer"
}
```

在创建索引时，还可以在 body 体中对索引进行相关设置。例如，创建名称为 customer3 的索引，并设置分片数量为 3，副本数量为 2，命令如下：

```
$ curl -XPUT 'centos01:9200/customer3?pretty' -d '
```

```
{
    "settings" : {
        "number_of_shards" : 3,
        "number_of_replicas" : 2
    }
}'
```

2．查询索引

查询索引 API 允许检索一个或多个索引的信息。

例如，执行以下命令，查询索引 customer 的详细信息：

```
$ curl -XGET 'centos01:9200/customer?pretty'
```

还可以将索引名称替换为_all 或者*，查询 Elasticsearch 集群中所有的索引信息，命令如下：

```
$ curl -XGET 'centos01:9200/_all?pretty'
```

3．打开和关闭索引

打开和关闭索引 API 允许关闭一个索引，之后也可以将其打开。一个关闭的索引在集群上几乎没有开销(除了维护它的元数据)，并且读/写操作将被阻塞。

打开和关闭索引的 REST 请求的 API 端点为/{index}/_open 和/{index}/_close。例如，关闭名为 customer 的索引，命令如下：

```
$ curl -XPOST 'centos01:9200/customer/_close?pretty'
```

返回如下信息代表操作成功：

```
{
  "acknowledged" : true
}
```

当然，也可以使用_all 或*作为索引名打开或关闭所有索引。例如，打开所有索引，命令如下：

```
$ curl -XPOST 'centos01:9200/_all/_open?pretty'
```

4．删除索引

删除索引 API 允许删除一个存在的索引。

例如，删除索引 customer，命令如下：

```
$ curl -XDELETE 'centos01:9200/customer?pretty'
```

返回以下信息代表操作成功：

```
{
  "acknowledged" : true
}
```

14.6.3 文档 API

1．添加文档

在指定的索引中可以添加和更新文档。

例如，在索引 customer 中添加一个 name 为 Zhang San 的文档，该文档的 id 为 1，类型为_doc（Elasticsearch 6.X 推荐的类型），命令如下：

```
$ curl -H 'content-type:application/json' -XPUT 'centos01:9200/customer/_doc/1?pretty' -d '{"name":"Zhang San"}'
```

上述命令中使用参数-H 指定内容类型为 application/json。这是因为，在 Elasticsearch6.0 版本之后，为了提高安全性，若使用 curl 或其他命令行工具将数据发送到 Elasticsearch，则必须向任何包含主体的请求添加 Content-Type 报头，否则将添加失败。

返回以下结果代表文档添加成功：

```
{
  "_index" : "customer",
  "_type" : "_doc",
  "_id" : "1",
  "_version" : 1,
  "result" : "created",
  "_shards" : {
    "total" : 2,
    "successful" : 2,
    "failed" : 0
  },
  "_seq_no" : 0,
  "_primary_term" : 2
}
```

上述结果中的_version 表示当前文档的版本号，每次对文档进行修改（包括删除）时，版本号都将递增。

> **注 意**
>
> 在对文档进行索引（添加文档）的时候，id 字段是可选的，如果没有指定 id 字段，Elasticsearch 集群会随机生成一个唯一的字符串 id。此外，Elasticsearch 会将请求定向到主分片，并在包含此分片的实际节点上执行。主分片操作完成后，如果需要，将在可用的副本上执行更新。

2．查询文档

查询文档 API 允许根据 id 从索引中获取一个 JSON 格式的文档数据。

例如，查询索引 customer 中 id 为 1 的文档数据，命令如下：

```
$ curl -XGET 'centos01:9200/customer/_doc/1?pretty'
```

查询结果如下:

```
{
  "_index" : "customer",
  "_type" : "_doc",
  "_id" : "1",
  "_version" : 2,
  "found" : true,
  "_source" : {
    "name" : "Zhang San"
  }
}
```

上述结果中的_source参数为该文档的完整JSON数据。默认情况下，文档的全部数据将存储在_source参数中，但是如果只需要返回文档的某些字段，可以将多个字段以逗号分隔。例如，只查询索引customer中id为1的文档的name和age字段，命令如下:

```
$ curl -HEAD1 'centos01:9200/customer/_doc/1?pretty&_source=name,age'
```

甚至可以直接得到参数_source的数据而不需要返回其他的元数据，命令如下:

```
$ curl -HEAD1 'centos01:9200/customer/_doc/1/_source?pretty'
```

结果如下:

```
{
  "name" : "Zhang San"
}
```

3. 更新文档

使用更新文档API可以对索引中的文档进行更新。但是Elasticsearch中的文档是不可变的，更新文档实际上是先删除原有文档，然后将新文档重新进行索引。

例如，更新索引customer中id为1的文档的name字段为"Li Si"，命令如下:

```
$ curl -H 'content-type:application/json' -XPUT
'centos01:9200/customer/_doc/1?pretty' -d '{"name":"LiSi"}'
```

返回结果如下:

```
{
  "_index" : "customer",
  "_type" : "_doc",
  "_id" : "1",
  "_version" : 2,
  "result" : "updated",
  "_shards" : {
```

```
    "total" : 2,
    "successful" : 2,
    "failed" : 0
  },
  "_seq_no" : 2,
  "_primary_term" : 2
}
```

从结果中可以看到，_version 的值变为了 2。

也可以使用 POST 方式一次更新整个文档。例如，将索引 customer 中 id 为 1 的文档更新为 {"name":"LiSi","age":20}，即在原来的基础上添加 age 字段，命令如下：

```
$ curl -H 'content-type:application/json' -XPOST
'centos01:9200/customer/_doc/1/_update?pretty' -d
'{"doc":{"name":"LiSi","age":20}}'
```

需要注意的是，命令中的 doc 字段不属于文档的实际数据。

在更新文档的同时，还可以使用简单的脚本命令来实现一些功能。例如，使 age 字段在原有的基础上增加 5，命令如下：

```
$ curl -H 'content-type:application/json' -XPOST
'centos01:9200/customer/_doc/1/_update?pretty' -d
'{"script":"ctx._source.age+=5"}'
```

上述命令中，ctx._source 表示当前文档。

4. 删除文档

删除文档 API 允许根据 id 从特定索引中删除文档数据。

例如，删除一个索引 customer 中 id 为 1 的文档，命令如下：

```
$ curl -H 'content-type:application/json' -XDELETE
'centos01:9200/customer/_doc/1?pretty'
```

返回结果如下：

```
{
  "_index" : "customer",
  "_type" : "_doc",
  "_id" : "1",
  "_version" : 5,
  "result" : "deleted",
  "_shards" : {
    "total" : 2,
    "successful" : 2,
    "failed" : 0
```

```
        },
        "_seq_no" : 6,
        "_primary_term" : 2
    }
```

5. 批处理

除了可以对单独的文档进行索引、更新和删除外，Elasticsearch 还提供了一种批处理 API，使用它可以减少网络带宽和时间开销，进而高效地完成多种操作。

例如，以下命令将 id 为 1、name 为 zhangsan 和 id 为 2、name 为 lisi 的两个文档添加到索引 customer 中：

```
$ curl -H 'Content-Type: application/json' -XPOST
'centos01:9200/customer/_doc/_bulk?pretty' -d'
{ "index" : { "_id" : "1" } }
{ "name" : "zhangsan" }
{ "index" : { "_id" : "2" } }
{ "name" : "lisi" }
'
```

以下命令对 id 为 1 的文档进行了更新，对 id 为 2 的文档进行了删除：

```
$ curl -H 'Content-Type: application/json' -XPOST
'centos01:9200/customer/_doc/_bulk?pretty' -d'
{ "update" : { "_id" : "1" } }
{"doc":{ "name" : "wangwu" }}
{ "delete" : { "_id" : "2" } }
'
```

批量操作 API，如果单个操作失败，后续操作仍将继续进行。批量操作会按照与执行操作相同的顺序返回执行结果，以便检查某个具体操作是否失败。

14.6.4 搜索 API

Elasticsearch 搜索请求有两种方式：一种可以在 URI 中添加请求参数，这样对于快速的"curl 测试"非常方便，但这种方式只支持部分的搜索参数；另一种可以将请求参数放入 body 体中进行发送，这种方式具有更强的表述能力。下面分别对这两种方式进行讲解。

1. URI 方式

首先执行以下命令，向索引 customer 中添加两条数据：

```
$ curl -H 'Content-Type: application/json' -XPOST
'centos01:9200/customer/_doc/_bulk?pretty' -d'
{ "index" : { "_id" : "1" } }
```

```
{ "name" : "zhangsan","age":20 }
{ "index" : { "_id" : "2" } }
{ "name" : "lisi","age":22 }
'
```

然后执行以下命令,搜索 customer 索引中的所有文档并将结果按照 age 字段升序排列:

```
$ curl -XGET "centos01:9200/customer/_search?q=*&sort=age:asc&pretty"
```

上述命令中的参数 q=*表示匹配所有文档。

返回结果如下:

```
{
  "took" : 97,
  "timed_out" : false,
  "_shards" : {
    "total" : 5,
    "successful" : 5,
    "skipped" : 0,
    "failed" : 0
  },
  "hits" : {
    "total" : 2,
    "max_score" : null,
    "hits" : [
      {
        "_index" : "customer",
        "_type" : "_doc",
        "_id" : "1",
        "_score" : null,
        "_source" : {
          "name" : "zhangsan",
          "age" : 20
        },
        "sort" : [
          20
        ]
      },
      {
        "_index" : "customer",
        "_type" : "_doc",
        "_id" : "2",
```

```
          "_score" : null,
          "_source" : {
            "name" : "lisi",
            "age" : 22
          },
          "sort" : [
            22
          ]
        }
      ]
    }
}
```

上述结果中的关键字段解析如下。

- took：执行本次搜索所花费的时间，单位毫秒。
- timed_out：本次搜索操作是否超时。
- _shards：本次搜索设计的分片数量，包括搜索成功和失败的分片数量。
- hits：搜索结果描述及结果数据。
- hits.total：满足搜索条件的文档数量。
- hits.hits：搜索实际结果数据。
- sort：排序序号。

2．body 体方式

使用 body 体方式发送搜索参数，实现与 URI 方式相同的功能，命令如下：

```
$ curl -H 'Content-Type: application/json' -XGET
"centos01:9200/customer/_search?pretty" -d '
{
    "query": {
        "match_all": { }
    },
    "sort": [
        {
            "age": "asc"
        }
    ]
}'
```

14.6.5　Query DSL

14.6.4 节讲解的将搜索参数放入 body 体的请求方式在 Elasticsearch 中被称为领域特定语言

（Domain Specific Language，DSL）。本节将详细讲解 DSL 的常用操作。

下面以查询索引 bank 中的文档数据为例进行讲解。

1. 基本查询

执行以下命令，仅返回文档中 account 和 balance 两个字段：

```
$ curl -H 'Content-Type: application/json' -XGET "centos01:9200/bank/_search?pretty" -d '
{
    "query": {
        "match_all": { }
    },
    "_source":["account","balance"]
}'
```

执行以下命令，可以返回 address 字段中包含字符串 "mill" 的数据：

```
$ curl -H 'Content-Type: application/json' -XGET "centos01:9200/bank/_search?pretty" -d '
{
    "query": {
        "match": {"address":"mill"}
    }
}'
```

执行以下命令，可以将两个 match 查询组合在一起，从而返回所有 address 字段中包含 "mill" 和 "lane" 的数据：

```
$ curl -H 'Content-Type: application/json' -XGET "centos01:9200/bank/_search?pretty" -d '
{
  "query": {
    "bool": {
      "must": [
        {"match": {"address": "mill"}},
        {"match": {"address": "lane"}
        }
      ]
    }
  }
}'
```

上述命令使用了 bool 查询与 must 子句。bool 查询允许用户使用布尔逻辑将较小的查询组合成更大的查询。must 子句表示与其中的 match 查询都匹配的文档才可以被返回。

与 must 子句对应的是 should 子句。它表示与子句查询列表中的任一个相匹配的文档就可以被返回。例如执行以下命令，返回所有 address 字段中包含"mill"或"lane"的数据：

```
$ curl -H 'Content-Type: application/json' -XGET "centos01:9200/bank/_search?pretty" -d '
{
  "query": {
    "bool": {
      "should": [
        {"match": {"address": "mill"}},
        {"match": {"address": "lane"}}
      ]
    }
  }
}'
```

2. 过滤

bool 查询也支持过滤子句。例如执行以下命令，查询字段 balance 在大于等于 1000 小于等于 2000 之间的所有数据：

```
$ curl -H 'Content-Type: application/json' -XGET "centos01:9200/bank/_search?pretty" -d '
{
  "query": {
    "bool": {
      "must": {
        "match_all": { }
      },
      "filter": {
        "range": {
          "balance": {
            "gte": 1000,
            "lte": 2000
          }
        }
      }
    }
  }
}'
```

上述命令中，range（范围）子句允许通过一组范围值来过滤文档，通常用于数字或日期筛选。

除了 match、bool 和 range 查询外，Elasticsearch 还支持很多其他的查询方式，读者可参考官网进行学习，此处不再一一讲解。

3. 聚合

Elasticsearch 中的聚合与关系型数据库中的 GROUP BY 或聚合函数类似，可以将数据进行分组并提取统计数据。

具体操作如下：

首先执行以下命令，向索引 customer 中添加三条数据：

```
$ curl -H 'Content-Type: application/json' -XPOST
'centos01:9200/customer/_doc/_bulk?pretty' -d'
{ "index" : { "_id" : "1" } }
{ "name":"zhangsan","age":20,"score":98 }
{ "index" : { "_id" : "2" } }
{ "name":"lisi","age":22,"score":68 }
{ "index" : { "_id" : "3" } }
{ "name":"wangwu","age":22,"score":88 }
'
```

然后执行以下查询命令，根据年龄字段 age 进行分组，且默认返回按每一组中的文档数量降序排列的前 10 个结果：

```
$ curl -H 'Content-Type: application/json' -XGET
"centos01:9200/customer/_search?pretty" -d '
{
  "size": 0,
  "aggs": {
    "age_group": {
      "terms": {
        "field": "age"
      }
    }
  }
}'
```

上述命令中的 age_group 为自定义的结果集名称。size 被设置为 0，表示本次查询只返回统计结果数据，若未设置 size，则会返回统计之前的实际文档数据。

上述命令可以用如下 SQL 进行表述：

```
SELECT age,count(*) FROM customer GROUP BY age ORDER BY count(*) DESC;
```

返回结果如下：

```
{
```

```
    "took" : 43,
    "timed_out" : false,
    "_shards" : {
      "total" : 5,
      "successful" : 5,
      "skipped" : 0,
      "failed" : 0
    },
    "hits" : {
      "total" : 3,
      "max_score" : 0.0,
      "hits" : [ ]
    },
    "aggregations" : {
      "age_group" : {
        "doc_count_error_upper_bound" : 0,
        "sum_other_doc_count" : 0,
        "buckets" : [
          {
            "key" : 22,
            "doc_count" : 2
          },
          {
            "key" : 20,
            "doc_count" : 1
          }
        ]
      }
    }
}
```

从结果中可以看出，结果集以数组的形式存放于 age_group.buckets 中，其中的 key 代表年龄 age，doc_count 代表同一年龄的文档数量。

此外，聚合与聚合之间支持任意嵌套，以提取有效的统计信息。在上面的分组聚合 age_group 中嵌套一个自定义名称为 score_avg 的平均分聚合，根据 score 字段求出每一组的平均得分，命令如下：

```
$ curl -H 'Content-Type: application/json' -XGET
"centos01:9200/customer/_search?pretty" -d '
{
    "size": 0,
```

```
        "aggs": {
            "age_group": {
                "terms": {
                    "field": "age"
                },
                "aggs": {
                    "score_avg": {
                        "avg": {
                            "field": "score"
                        }
                    }
                }
            }
        }
}'
```

返回结果如下:

```
{
  "took" : 506,
  "timed_out" : false,
  "_shards" : {
    "total" : 5,
    "successful" : 5,
    "skipped" : 0,
    "failed" : 0
  },
  "hits" : {
    "total" : 3,
    "max_score" : 0.0,
    "hits" : [ ]
  },
  "aggregations" : {
    "age_group" : {
      "doc_count_error_upper_bound" : 0,
      "sum_other_doc_count" : 0,
      "buckets" : [
        {
          "key" : 22,
          "doc_count" : 2,
          "score_avg" : {
```

```
            "value" : 78.0
          }
        },
        {
          "key" : 20,
          "doc_count" : 1,
          "score_avg" : {
            "value" : 98.0
          }
        }
      ]
    }
  }
}
```

从结果中可以看出，age_group.buckets 中多了一个 score_avg 对象，该对象中的 value 值即为每一组数据根据 score 字段得出的平均值。

14.7 Head 插件安装

Elasticsearch Head 是一个用于监控 Elasticsearch 集群的 Web 插件，可以对 Elasticsearch 数据进行浏览和查询。Elasticsearch 5.0 后需要单独下载安装，并以一个单独服务的形式运行。

Head 插件使用 Grunt 进行启动。Grunt 是一个 JavaScript 自动化构建工具，对于需要反复重复的任务，例如压缩（minification）、编译、单元测试等，自动化工具可以减轻工作量。使用 Grunt 只需在 Gruntfile 文件正确配置好任务，任务运行器就会自动帮你完成大部分工作。Grunt 的具体使用读者可参考 Grunt 官网 https://gruntjs.com/，此处不做过多讲解。

Grunt 和 Grunt 插件是通过 npm 安装并管理的，而 npm 是 Node.js 的包管理器。也就是说，Grunt 依赖于 Node.js。

因此，在安装 Head 之前需要先安装 Node.js 与 Grunt。

本例所有操作均在 centos01 节点上执行，具体操作步骤如下。

1．安装 Node.js

（1）下载并解压。

执行以下命令，下载 Node.js 的二进制安装包，此处使用 10.9.0 版本：

```
$ wget https://nodejs.org/dist/v10.9.0/node-v10.9.0-linux-x64.tar.xz
```

下载完毕后，将安装包解压到指定位置/opt/modules/：

```
$ tar xf node-v10.9.0-linux-x64.tar.xz -C /opt/modules/
```

(2)配置环境变量。

修改环境变量文件:

```
$ sudo vi /etc/profile
```

添加以下内容,使在任何目录下都可以执行 npm、node 等命令:

```
export NODE_HOME=/opt/modules/node-v10.9.0-linux-x64
export PATH=$PATH:$NODE_HOME/bin
```

修改完后刷新环境变量文件:

```
$ source /etc/profile
```

(3)验证。

执行以下命令,若能成功输出 Node.js 的版本信息,说明安装成功:

```
$ node -v
v10.9.0
```

2. 安装 Grunt

Grunt 安装完成后就可以使用 grunt 命令来执行 Head 插件中的 Gruntfile.js 中定义的任务了。

执行以下命令,即可在全局范围安装 grunt-cli(Grunt 命令行工具)。也就是说,安装完成后即可在任何地方执行 grunt 命令。

```
$ npm install -g grunt-cli
```

3. 安装 Head

(1)下载并解压。

执行以下命令,从 GitHub 官网下载 Head 插件安装包:

```
$ wget https://github.com/mobz/elasticsearch-head/archive/master.zip
```

下载完毕后,执行以下命令,将安装包解压到指定目录/opt/modules/:

```
$ unzip master.zip -d /opt/modules/
```

(2)安装 Head 依赖包。

进入 Head 安装目录,执行以下命令,安装 Head 依赖包:

```
$ npm install
```

(3)修改配置文件。

修改 Head 安装目录下的 Gruntfile.js 文件,在 connect->server->options 属性内增加 hostname 属性,将值设置为 0.0.0.0 或*,表示允许任何 IP 地址访问 Head,内容如下:

```
connect: {
    server: {
        options: {
```

```
            port: 9100,
            base: '.',
            keepalive: true,
            hostname:'*'
        }
    }
}
```

修改 Head 安装目录下的 _site/app.js 文件，将 this.base_uri = this.config.base_uri || this.prefs.get("app-base_uri") || "http://localhost:9200";中的 localhost 修改为 centos01，使 Head 通过主机名 centos01 访问 Elasticsearch。若不进行修改，Head 默认访问 Elasticsearch 地址 http://localhost:9200，需要确保可以通过 localhost 访问到 Elasticsearch 集群。

4．修改 Elasticsearch 配置文件

修改 Elasticsearch 安装目录下的 config/elasticsearch.yml 配置文件，在文件最后增加以下两个配置项，配置 Elasticsearch 允许跨域访问。

```
http.cors.enabled: true
http.cors.allow-origin: "*"
```

修改完毕后，重启 Elasticsearch 使配置生效。

5．启动 Head

进入 Head 安装目录，执行以下命令，启动 Head：

```
$ grunt server
```

或者执行以下命令，在后台启动：

```
$ grunt server &
```

若输出以下内容表示启动成功：

```
Running "connect:server" (connect) task
Waiting forever...
Started connect web server on http://localhost:9100
```

6．访问 Head

Head 的默认访问端口为 9100，在浏览器中输入网址 http://centos01:9100 即可访问 Head 的 Web 主界面。单击主界面上的【连接】按钮即可连接到 Elasticsearch 集群，如图 14-8 所示，可以看到该集群由三个节点组成，目前无任何索引信息。

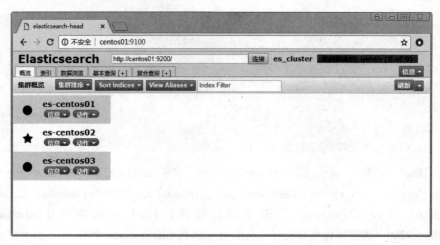

图 14-8　Elasticsearch Head 主界面

向 Elasticsearch 中添加一个名称为 customer 的索引，并执行以下命令，向 customer 索引添加三条数据：

```
$ curl -H 'Content-Type: application/json' -XPOST
'centos01:9200/customer/_doc/_bulk?pretty' -d'
{ "index" : { "_id" : "1" } }
{ "name":"zhangsan","age":20,"score":98 }
{ "index" : { "_id" : "2" } }
{ "name":"lisi","age":22,"score":68 }
{ "index" : { "_id" : "3" } }
{ "name":"wangwu","age":22,"score":88 }
'
```

添加完成后，刷新 Head 主界面，可以看到界面中出现了名称为"customer"的索引，并且出现了该索引的分片数量和分片分布信息：分片编号 0 到 4，共 10 个分片，其中 5 个主分片和 5 个副本分片，均匀分布到三个节点上，如图 14-9 所示。

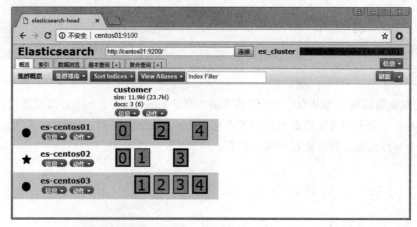

图 14-9　Elasticsearch Head 添加索引数据后的主界面

单击 Head 主界面中的【数据浏览】选项卡,可以查看当前 Elasticsearch 集群中的数据详细信息,如图 14-10 所示。

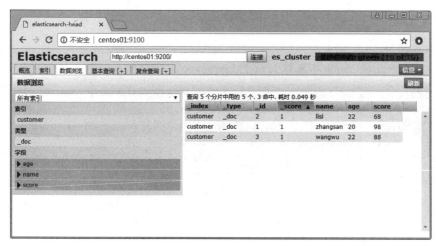

图 14-10　Elasticsearch Head 数据浏览

14.8　Java API 操作:员工信息

Elasticsearch 本身使用 Java 开发,因此对 Java 的支持能力是最好的。本节通过对员工信息建立索引,并对索引数据进行添加、修改等,讲解 Elasticsearch 的相关 Java 传输客户端 API 的操作。

1．新建项目

在 Eclipse 中新建 Maven 项目 elasticsearch_demo,在 pom.xml 文件中加入项目的依赖库,内容如下:

```
<dependency>
  <groupId>org.elasticsearch.client</groupId>
  <artifactId>transport</artifactId>
  <version>6.4.2</version>
</dependency>
```

项目目录结构如图 14-11 所示。

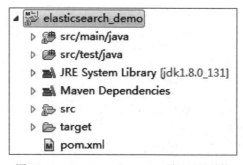

图 14-11　Elasticsearch Maven 项目目录结构

需要注意的是,由于本例使用的 Elasticsearch 版本为 6.4.2,要求 JDK 版本在 1.8 以上才能正常运行,因此需要修改项目关联的 JDK 版本为 1.8。

2. 编写代码

(1)连接集群。

在项目 elasticsearch_demo 中新建 Java 类 EmployeeCRUDApp.java 并添加以下头文件代码:

```java
import org.elasticsearch.action.delete.DeleteResponse;
import org.elasticsearch.action.get.GetResponse;
import org.elasticsearch.action.index.IndexResponse;
import org.elasticsearch.action.update.UpdateResponse;
import org.elasticsearch.client.transport.TransportClient;
import org.elasticsearch.common.settings.Settings;
import org.elasticsearch.common.transport.TransportAddress;
import org.elasticsearch.common.xcontent.XContentBuilder;
import org.elasticsearch.common.xcontent.XContentFactory;
import org.elasticsearch.transport.client.PreBuiltTransportClient;
import java.net.InetAddress;
```

然后在 main()方法中加入以下连接 Elasticsearch 集群的代码:

```java
//指定集群名称
Settings settings = Settings.builder().put("cluster.name", "es_cluster")
    .put("client.transport.sniff", true)//开启集群嗅探器,能自动发现新加入集群的节点
    .build();
//建立传输客户端对象,并指定集群中其中一个节点的IP地址与端口,
//默认传输客户端连接的端口是9300,与REST的HTTP端口相区分
TransportClient client = new PreBuiltTransportClient(settings)
    .addTransportAddress(new TransportAddress(InetAddress
    .getByName("192.168.170.133"), 9300));
```

通过传输客户端对象 TransportClient 可以远程连接到 Elasticsearch 集群,这种方式与传统的 C/S 架构(例如数据库连接)类似。

上述代码连接了 Elasticsearch 集群中的一个节点,当然也可以连接多个节点。

(2)添加员工信息。

在 EmployeeCRUDApp.java 类中编写将员工 zhangsan 的信息索引至 Elasticsearch 集群的 company 索引中的方法,代码如下:

```java
/**
 * 添加员工信息
 */
public static void addEmploy(TransportClient client) throws Exception {
    //构建JSON对象
    XContentBuilder builder = XContentFactory.jsonBuilder().startObject()
        .field("name", "zhangsan")
        .field("age", 27)
        .field("position", "software engineer")
        .field("country", "China")
```

```
            .field("join_date", "2018-10-21")
            .field("salary", "10000")
            .endObject();
    //执行索引操作,指定索引为 company,文档 id 为 1
    //若 Elasticsearch 集群中不存在该索引则会自动创建
    IndexResponse response = client.prepareIndex("company", "_doc", "1")
            .setSource(builder).get();
    //输出返回结果
    System.out.println(response.getResult());
}
```

上述代码中,首先使用 XContentFactory 构建了一个用户信息的 JSON 文档,然后通过传输客户端对象 client 将 JSON 文档索引到了 Elasticsearch 集群中。

添加成功后,在 Elasticsearch Head 中查看 company 索引的数据,如图 14-12 所示。

_index	_type	_id	_score ▲	name	age	position	country	join_date	salary
company	_doc	1	1	zhangsan	27	software engineer	China	2018-10-21	10000

图 14-12　company 索引数据浏览

（3）更新员工信息。

在 EmployeeCRUDApp.java 类中编写将员工 zhangsan 的姓名改为 lisi 的方法,代码如下:

```
/**
 * 更新员工信息
 */
public static void undateEmployee(TransportClient client) throws Exception {
    //构建 JSON 对象
    XContentBuilder builder = XContentFactory.jsonBuilder().startObject()
            .field("name", "lisi").endObject();
    //执行更新,更新 id 为 1 的员工信息的 name 字段
    UpdateResponse response = client.prepareUpdate("company", "_doc", "1")
            .setDoc(builder).get();
    System.out.println(response.getResult());
}
```

（4）查询员工信息。

在 EmployeeCRUDApp.java 类中编写查询员工 id 为 1 的员工信息的方法,代码如下:

```
/**
 * 查询员工信息
 */
public static void getEmployee(TransportClient client) {
    //执行查询,查询 id 为 1 的员工信息
    GetResponse response = client.prepareGet("company", "_doc", "1").get();
    System.out.println(response.getSourceAsString());
}
```

（5）删除员工信息。

在 EmployeeCRUDApp.java 类中编写删除员工 id 为 1 的员工信息的方法,代码如下:

```java
/**
 * 删除员工信息
 */
public static void delEmployee(TransportClient client) {
    //执行删除，删除 id 为 1 的员工信息
    DeleteResponse response = client.prepareDelete("company", "_doc",
"1").get();
    System.out.println(response.getResult());
}
```

3. 运行程序

直接在 EmployeeCRUDApp.java 类中的 main()方法中，添加需要调用的方法即可。例如，在 main()方法中调用查询员工信息的方法 getEmployee()，代码如下：

```java
public static void main(String[] args) throws Exception {
    //建立连接
    Settings settings = Settings.builder().put("cluster.name", "es_cluster")
      .put("client.transport.sniff", true)
      .build();
    TransportClient client = new PreBuiltTransportClient(settings)
      .addTransportAddress(new TransportAddress(InetAddress
      .getByName("192.168.170.133"), 9300));

    //调用方法
    getEmployee(client);
    //关闭连接
    client.close();
}
```

第 15 章

Scala

本章内容

本章首先介绍 Scala 的基本概念，讲解了 Scala 在 Windows 和 Linux 中的安装；然后介绍了 Scala 的基础知识、集合、类和对象等；最后讲解了在两大开发工具 Eclipse 和 IntelliJ IDEA 中编写 Scala 程序。

本章目标

- 掌握 Scala 的基础知识
- 掌握 Scala 在 Windows 和 Linux 中的安装步骤
- 掌握 Scala 中的集合、类和对象等的使用。
- 掌握在 Eclipse 和 IntelliJ IDEA 中进行 Scala 程序的编写

15.1 什么是 Scala

Scala 是一种将面向对象和函数式编程结合在一起的高级语言，旨在以简洁、优雅和类型安全的方式表达通用编程模式。Scala 功能强大，不仅可以编写简单脚本，还可以构建大型系统。

Scala 运行于 Java 平台，Scala 程序会通过 JVM 被编译成 class 字节码文件，然后在操作系统上运行。其运行时候的性能通常与 Java 程序不分上下，并且 Scala 代码可以调用 Java 方法、继承 Java 类、实现 Java 接口等，几乎所有 Scala 代码都大量使用了 Java 类库。

由于 Spark 主要是由 Scala 语言编写的，为了后续更好地学习 Spark 以及使用 Scala 编写 Spark 应用程序，需要首先学习 Scala 语言。

15.2 安装 Scala

由于 Scala 运行于 Java 平台，因此安装 Scala 之前需要确保系统安装了 JDK。本书使用的 Scala 版本为 2.12.7，要求 JDK 版本为 1.8，JDK 的安装此处不再讲解。

本节主要讲解 Scala 的两种安装方式：Windows 和 CentOS。

15.2.1 Windows 中安装 Scala

1. 下载安装 Scala

到 Scala 官网 https://www.scala-lang.org/download/ 下载 Windows 安装包 scala-2.12.7.msi，然后双击打开并将其安装到指定目录（一直单击【Next】安装即可）。此处安装于默认目录 C:\Program Files (x86)\scala，安装界面如图 15-1 所示。

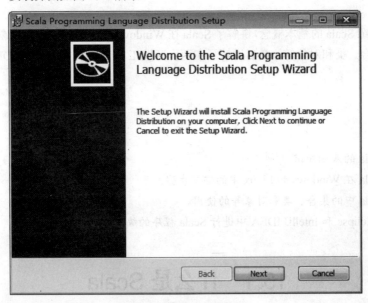

图 15-1　Scala 安装界面

2. 配置环境变量

设置 Windows 系统的环境变量，修改内容如下：

```
变量名：SCALA_HOME
变量值：C:\Program Files (x86)\scala
变量名：Path
变量值：%SCALA_HOME%\bin
```

通常，Scala 安装完成后会自动将 Scala 的 bin 目录的路径添加到系统 Path 变量中。若 Path 变量中无该路径，则需要手动添加。

3. 测试

启动系统 CMD 命令行界面，执行 scala -version 命令，若能正确输出当前 Scala 版本信息，说明安装成功，如图 15-2 所示。

```
C:\Users\Administrator>scala -version
Scala code runner version 2.12.7 -- Copyright 2002-2018, LAMP/EPFL and Lightbend, Inc.
```

图 15-2 输出 Scala 版本信息

此时执行 scala 命令，则会进入到 Scala 的命令行模式，在此可以编写 Scala 表达式和程序，如图 15-3 所示。

```
C:\Users\Administrator>scala
Welcome to Scala 2.12.7 (Java HotSpot(TM) 64-Bit Server VM, Java 1.8.0_131).
Type in expressions for evaluation. Or try :help.

scala>
```

图 15-3 Scala 命令行模式

15.2.2 CentOS 7 中安装 Scala

1. 下载安装

到 Scala 官网 https://www.scala-lang.org/download/ 下载 Linux 安装包 scala-2.12.7.tgz，并将其上传到 CentOS 系统的 /opt/softwares 目录。

然后执行以下命令，解压安装文件到目录 /opt/modules/：

```
$ tar -zxvf scala-2.12.7.tgz -C /opt/modules/
```

2. 配置环境变量

修改环境变量文件 /etc/profile：

```
$ sudo vi /etc/profile
```

添加以下内容：

```
export SCALA_HOME=/opt/modules/scala-2.12.7/
export PATH=$PATH:$SCALA_HOME/bin
```

然后刷新环境变量文件使其生效：

```
$ source /etc/profile
```

3. 测试

在任意目录执行 scala -version 命令，若能成功输出以下版本信息，说明 Scala 安装成功：

```
Scala code runner version 2.12.7 -- Copyright 2002-2018, LAMP/EPFL and Lightbend, Inc.
```

此时执行 scala 命令，则会进入到 Scala 的命令行模式，在此可以编写 Scala 表达式和程序：

```
$ scala
Welcome to Scala 2.12.7 (Java HotSpot(TM) 64-Bit Server VM, Java 1.8.0_144).
Type in expressions for evaluation. Or try :help.

scala>
```

15.3 Scala 基础

最初学习 Scala 的时候建议读者在 Scala 命令行模式中操作，最终程序的编写可以在 IDE 中进行。在 Windows CMD 窗口中或 CentOS 的 Shell 命令中执行 scala 命令，即可进入 Scala 的命令行操作模式。

本节将在 Scala 的命令行操作模式中讲解 Scala 的基础知识。

15.3.1 变量声明

Scala 中变量的声明使用关键字 val 和 var。val 类似 Java 中的 final 变量，也就是常量，一旦初始化将不可修改；var 类似 Java 中的非 final 变量，可以被多次赋值，多次修改。

例如，声明一个 val 字符串变量 str：

```
scala> val str="hello scala"
str: String = hello scala
```

上述代码中的第二行为执行第一行的输出信息，从输出信息中可以看出，该变量在 Scala 中的类型是 String。

当然，也可以在声明变量时指定数据类型。与 Java 不同的是，数据类型需要放到变量名的后面，这使得面对复杂的数据类型时更易阅读：

```
scala> val str:String="hello scala"
str: String = hello scala
```

由于 val 声明的变量是不可修改的，若对上方声明的变量 str 进行修改，则会报以下错误：

```
scala> str="hello scala2"
<console>:12: error: reassignment to val
       str="hello scala2"
           ^
```

因此，如果希望变量可以被修改，需要使用 var 声明：

```
scala> var str="my scala"
str: String = my scala

scala> str="my scala2"
str: String = my scala2
```

如果需要换行输入语句，只需要在换行的地方按回车键，解析器就会自动在下一行以竖线进行分割：

```
scala> val str=
     | "hello everyone"
str: String = hello everyone
```

此外，还可以将多个变量放在一起进行声明：

```
scala> val x,y="hello scala"
x: String = hello scala
y: String = hello scala
```

Scala 变量的声明，需要注意的地方总结如下：

- 定义变量需要初始化，否则会报错。
- 定义变量时可以不指定数据类型，系统会根据初始化值推断变量的类型。
- Scala 中鼓励优先使用 val（常量），除非确实需要对其进行修改。
- Scala 语句不需要写结束符，除非同一行代码使用多条语句时才需要使用分号隔开。

15.3.2 数据类型

在 Scala 中，所有的值都有一个类型，包括数值和函数。图 15-4 说明了 Scala 的类型层次结构。

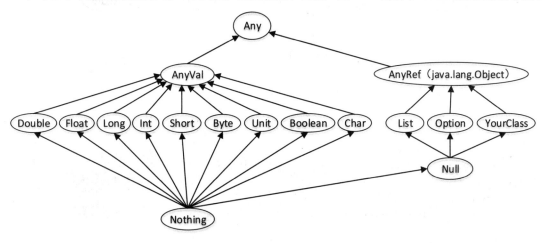

图 15-4　Scala 类型层次结构

Any 是 Scala 类层次结构的根，也被称为超类或顶级类。Scala 执行环境中的每个类都直接或间接地从该类继承。该类中定义了一些通用的方法，例如 equals()、hashCode()和 toString()。Any 有两个直接子类：AnyVal 和 AnyRef。

AnyVal 表示值类型。其有 9 种预定义的值类型，它们是非空的 Double、Float、Long、Int、Short、Byte、Char、Unit 和 Boolean。Unit 是一个不包含任何信息的值类型，和 Java 语言中的 void 等同，用作不返回任何结果的方法的结果类型。Unit 只有一个实例值，写成()。

AnyRef 表示引用类型。所有非值类型都被定义为引用类型。Scala 中的每个用户定义类型都是 AnyRef 的子类型。AnyRef 对应于 Java 中的 java.lang.Object。

例如，下面的例子定义了一个类型为 List[Any] 的变量 list，list 中包括字符串、整数、字符、布尔值和函数，由于这些元素都属于对象 Any 的实例，因此可以将它们添加到 list 中。

```
val list: List[Any] = List(
  "a string",
  732,    //an integer
  'c',    //a character
  true,   //a boolean value
  () => "an anonymous function returning a string"
)

list.foreach(element => println(element))
```

上述代码的输出结果如下：

```
a string
732
c
true
<function>
```

Scala 中的值类型可以按照图 15-5 的方式转换，且转换是单向的。

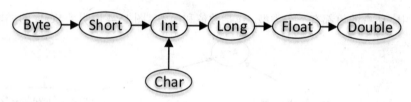

图 15-5　Scala 值类型转换

例如下面的例子，允许将 Long 型转换为 Float 型，Char 型转换为 Int 型：

```
val x: Long = 987654321
val y: Float = x   //9.8765434E8  (注意在这种情况下会丢失一些精度)

val face: Char = '☺'
val number: Int = face   //9786
```

下面的转换是不允许的：

```
val x: Long = 987654321
val y: Float = x   //9.8765434E8
val z: Long = y   //不符合
```

此外，Scala 还可以将引用类型转换为其子类型。

Nothing 是所有类型的子类，在 Scala 类层级的最底端。Nothing 没有对象，因此没有具体值，但是可以用来定义一个空类型，类似于 Java 中的标识性接口（如 Serializable，用来标识该类可以进行序列化）。举个例子，如果一个方法抛出异常，则异常的返回值类型就是 Nothing（虽然不会返回）。

Null 是所有引用类型（AnyRef）的子类，所以 Null 可以赋值给所有的引用类型，但不能赋值给值类型，这个和 Java 的语义是相同的。Null 有一个唯一的单例值 null。

15.3.3 表达式

Scala 中常用的表达式主要有条件表达式和块表达式。

1．条件表达式

条件表达式主要是含有 if/else 的语句块，如下代码所示，由于 if 和 else 的返回结果同为 Int 类型，因此变量 result 为 Int 类型：

```
scala> val i=1
i: Int = 1

scala> val result=if(i>0) 100 else -100
result: Int = 100
```

若 if 与 else 的返回类型不一致，则变量 result 为 Any 类型：

```
scala> val result=if(i>0) 100 else "hello"
result: Any = 100
```

当然，也可以在一个表达式中进行多次判断：

```
scala> val result=if(i>0) 100 else if(i==0) 50 else 10
result: Int = 100
```

2．块表达式

块表达式为包含在符号{}中的语句块。例如以下代码：

```
scala> val result={
     | val a=10
     | val b=10
     | a+b
     | }
result: Int = 20
```

代码中的竖线表示 Scala 命令行中的换行，在实际程序中不需要编写。

需要注意的是，Scala 中的返回值是最后一条语句的执行结果，而不需要像 Java 一样单独写 return 关键字。

如果表达式中没有执行结果，则返回一个 Unit 对象，类似 Java 中的 void。例如，以下代码：

```
scala> val result={
     | val a=10
     | }
result: Unit = ()
```

15.3.4 循环

Scala 中的循环主要有 for 循环、while 循环和 do...while 循环三种。

1. for 循环

for 循环的语法如下：

```
for(变量<-集合或数组){
   方法体
}
```

表示将集合或数组中的每一个值循环赋给一个变量。

例如，循环从 1 到 5 输出变量 i 的值，代码如下：

```
scala> for(i<- 1 to 5) println(i)
1
2
3
4
5
```

1 to 5 表示将 1 到 5 的所有值组成一个集合，且包括 5。若不想包括 5，可使用关键字 until，代码如下：

```
scala> for(i<- 1 until 5) println(i)
1
2
3
4
```

使用这种方式可以循环输出字符串。例如，将字符串"hello"中的字符循环输出，代码如下：

```
scala> val str="hello"
str: String = hello

scala> for(i<-0 until str.length) println(str(i))
h
e
l
l
o
```

另外，还可以将字符串看作一个由多个字符组成的集合，因此上面的 for 循环写法可以更加简化，代码如下：

```
scala> for(i<-str) println(i)
h
e
l
l
o
```

Scala 的嵌套循环比较简洁，例如以下代码，外层循环为 i<-1 to 3，内层循环为 j<-1 to 3 if (i!=j)，中间使用分号隔开：

```
scala> for(i<-1 to 3;j<-1 to 3 if (i!=j)) println(j)
2
3
1
3
1
2
```

上述代码等同于以下的 Java 代码：

```
for (int i = 1; i <= 3; i++) {
  for (int j = 1; j <= 3; j++) {
    if(i!=j){
      System.out.println(j);
    }
  }
}
```

2. while 循环

Scala 的 while 循环与 Java 类似，语法如下：

```
while(条件)
{
    循环体
}
```

例如以下代码：

```
scala> var i=1
i: Int = 1

scala> while(i<5){
     |   i=i+1
     |   println(i)
     | }
2
3
4
5
```

3. do...while 循环

与 Java 语言一样，do...while 循环与 while 循环类似，但是 do...while 循环会确保至少执行一次循环。语法如下：

```
do {
    循环体
} while(条件)
```

例如以下代码：

```
scala> do{
     |    i=i+1
     |    println(i)
     | }while(i<5)
2
3
4
5
```

15.3.5 方法与函数

1. 方法

Scala 中的方法跟 Java 的类似,方法是组成类的一部分。

Scala 中方法的定义使用 def 关键字,语法如下:

```
def 方法名 (参数列表):返回类型={
方法体
}
```

例如以下代码,将两个数字求和然后返回,返回类型为 Int:

```
def addNum( a:Int, b:Int ) : Int = {
    var sum = 0
    sum = a + b
    return sum
}
```

只要方法不是递归的,可以省略返回类型,系统会自动推断返回类型。并且,返回值默认是方法体的最后一行表达式的值,当然也可以用 return 来执行返回值,但 Scala 并不推荐。

因此,可以对上方代码进行简写,去掉返回类型和 return 关键字,如下:

```
def addNum( a:Int, b:Int ) = {
    var sum = 0
    sum = a + b
    sum
}
```

方法的调用与 Java 一样,如下:

```
addNum(1,2)
```

如果方法没有返回结果,可以将返回类型设置为 Unit,类似 Java 中的 void,如下:

```
def addNum( a:Int, b:Int ) : Unit = {
    var sum = 0
    sum = a + b
    println(sum)
}
```

在定义方法参数时,可以为某个参数指定默认值,在方法被调用时可以不为带有默认值的参数传入实参。例如以下方法，指定参数 a 的默认值为 5：

```
def addNum( a:Int=5, b:Int ) = {
    var sum = 0
    sum = a + b
    sum
}
```

上述方法可以用如下代码调用，通过指定参数名称，只传入参数 b：

```
addNum(b=2)
```

也可以将 a、b 两个参数都传入：

```
addNum(1,2)
```

需要注意的是，当未被指定默认值的参数不是第一个时，参数名称不能省略。例如，下面的调用是错误的：

```
addNum(2)//错误调用
```

当方法需要多个相同类型的参数时，可以指定最后一个参数为可变长度的参数列表，只需要在最后一个参数的类型之后加入一个星号即可。例如以下方法，参数 b 可以是 0 到多个 Int 类型的参数：

```
def addData( a:String,b:Int* ) = {
    var res=0
     for (i <- b)
       res=res+i
    a+res
}
```

在方法内部，重复参数的类型实际上是一个数组。因此，上述方法中的参数 b 的类型实际上是一个 Int 类型的数组，即 Array[Int]。可以使用如下代码对上述方法进行调用：

```
val res=addData("hello",3,4,5)
println(res)
```

输出结果为：hello12。

但是如果直接向方法 addData() 传入一个 Int 类型的数组，编译器反而会报错：

```
val arr=Array(3,4,5)
val res=addData("hello",arr)//此写法不正确
println(res)
```

此时需要在数组参数后添加一个冒号和一个_*符号，这样告诉编译器把数组 arr 的每个元素分别当作参数，而不是将数组当作单一的参数传入。如下：

```
val arr=Array(3,4,5)
val res=addData("hello",arr:_*)
println(res)
```

输出结果同样为：hello12。

2. 函数

函数的定义与方法不一样，语法如下：

```
(参数列表)=>函数体
```

例如如下代码，定义了一个匿名函数，参数为 a 和 b，且都是 Int 类型，函数体为 a+b，返回类型由系统自动推断，推断方式与方法相同：

```
( a:Int, b:Int ) =>a+b
```

如果函数体有多行，可以将函数体放入一对{}中，并且可以通过一个变量来引用函数，变量相当于函数名称，如下：

```
val f1=( a:Int, b:Int ) =>{ a+b }
```

此时，可以通过如下代码对其进行调用：

```
f1(1,2)
```

当然，函数也可以没有参数，如下：

```
val f2=( ) =>println("hello scala")
```

此时，可以通过如下代码对其进行调用：

```
f2()
```

3. 方法与函数的区别

（1）方法是类的一部分，而函数是一个对象并且可以赋值给一个变量。

（2）函数可以作为参数传入到方法中。

例如，定义一个方法 m1，参数 f 要求是一个函数，该函数有两个 Int 类型参数，且函数的返回类型为 Int，方法体中直接调用该函数。代码如下：

```
def m1(f: (Int, Int) => Int): Int = {
  f(2, 6)
}
```

定义一个函数 f1，代码如下：

```
val f1 = (x: Int, y: Int) => x + y
```

调用方法 m1，并传入函数 f1：

```
val res = m1(f1)
println(res)
```

此时，输出结果为 8。

（3）方法可以转换为函数。

当把一个方法作为参数传递给其他的方法或者函数时，系统会自动将该方法转换为函数。

例如，有一个方法 m2，代码如下：

```
def m2(x:Int,y:Int) = x+y
```

调用上面的 m1 方法，并将 m2 作为参数传入，此时系统会自动将 m2 方法转换为函数：

```
val res = m1(m2)
println(res)
```

此时，输出结果为 8。

除了系统自动转换外，也可以手动进行转换。在方法名称后加入一个空格和一个下划线，即可将方法转换为函数。代码如下：

```
//将方法 m2 转换为函数
val f2=m2 _
val res=m1(f2)
println(res)
```

此时，输出结果仍然为 8。

15.4 集 合

Scala 集合分为可变集合和不可变集合。可变集合可以对其中的元素进行修改、添加、移除，而不可变集合永远不会改变，但是仍然可以模拟添加、移除或更新操作。这些操作都会返回一个新的集合，原集合的内容不发生改变。

15.4.1 数组

Scala 中的数组分为定长数组和变长数组，定长数组初始化后不可对数组长度进行修改，而变长数组则可以修改。

1．定长数组

（1）数组定义。

定义数组的同时可以初始化数据，如下代码：

```
val arr=Array(1,2,3)//自动推断数组类型
或者
val arr=Array[Int](1,2,3)//手动指定数据类型
```

也可以定义时指定数组长度，稍后对其添加数据，如下代码：

```
val arr=new Array[Int](3)
arr(0)=1
arr(1)=2
arr(2)=3
```

（2）数组遍历。

可以使用 for 循环对数组进行遍历，输出数组所有的元素，如下代码：

```
val arr=Array(1,2,3)
```

```
for(i<-arr){
  println(i)
}
```

(3) 常用方法。

Scala 对数组提供了很多常用的方法，使用起来非常方便，如下代码：

```
val arr=Array(1,2,3)
//求数组中所有数值的和
val arrSum=arr.sum
//求数组中的最大值
val arrmAx=arr.max
//求数组中的最小值
val arrMin=arr.min
//对数组进行升序排序
val arrSorted=arr.sorted
//对数组进行降序排序
val arrReverse=arr.sorted.reverse
```

2. 变长数组

（1）数组定义。

变长数组使用类 scala.collection.mutable.ArrayBuffer 进行定义，例如以下代码：

```
//定义一个变长 Int 类型数组
val arr=new ArrayBuffer[Int]()
//向其中添加三个元素
arr+=1
arr+=2
arr+=3
println(arr)
```

上述代码输出结果为：

```
ArrayBuffer(1, 2, 3)
```

也可以使用-=符号对变长数组中的元素进行删减。例如，去掉数组 arr 中值为 3 的元素：

```
arr-=3
```

若数组中有多个值为 3 的元素，将从前向后删除第一个匹配的值。

（2）数组合并。

Scala 支持使用++=符号将两个变长数组进行合并。例如，将数组 a2 的所有元素追加到数组 a1 中，代码如下：

```
val a1=ArrayBuffer(1,2,3,4,5)
val a2=ArrayBuffer(6,7)
println(a1++=a2)
```

输出结果如下：

```
ArrayBuffer(1, 2, 3, 4, 5, 6, 7)
```

（3）固定位置插入元素。

使用 insert()方法可以在数组指定的位置插入任意多个元素。例如，在数组 arr 的下标为 0 的位置插入两个元素 1 和 2，代码如下：

```
arr.insert(0,1,2)
```

（4）固定位置移除元素。

使用 remove()方法可以在数组的固定位置移除指定数量的元素。例如，从数组 arr 的下标为 1 的位置开始移除两个元素，代码如下：

```
val arr=ArrayBuffer[Int](1,2,3,4,5)
arr.remove(1, 2)
println(arr)
```

输出结果如下：

```
ArrayBuffer(1, 4, 5)
```

15.4.2 List

Scala 中的 List 分为可变 List 和不可变 List，默认使用的 List 为不可变 List。不可变 List 也可以增加元素，但实际上生成了一个新的 List，原 List 不变。

1．不可变 List

例如，创建一个 Int 类型的 List，名为 nums，代码如下：

```
val nums: List[Int] = List(1, 2, 3, 4)
```

在该 List 的头部追加一个元素 1，生成一个新的 List：

```
val nums2=nums.+:(1)
```

在该 List 的尾部追加一个元素 5，生成一个新的 List：

```
val nums3=nums:+5
```

List 也支持合并操作。例如，将两个 List 合并为一个新的 List，代码如下：

```
val nums1: List[Int] = List(1, 2, 3)
val nums2: List[Int] = List(4, 5, 6)
val nums3=nums1++:nums2
println(nums3)
```

输出结果如下：

```
List(1, 2, 3, 4, 5, 6)
```

此外，常用的还有二维 List：

```
//二维 List
val dim: List[List[Int]] =
   List(
      List(1, 0, 0),
```

```
      List(0, 1, 0),
      List(0, 0, 1)
)
```

2. 可变 List

可变 List 需要使用 scala.collection.mutable.ListBuffer 类。

例如，创建一个可变 List 并初始化数据：

```
val listBuffer= ListBuffer(1, 2, 3)
```

或者创建时不初始化数据而是通过后面添加元素：

```
val listBuffer= new ListBuffer[Int]()
listBuffer+=1
listBuffer+=2
listBuffer+=3
```

也可以将两个 List 进行合并：

```
val listBuffer= ListBuffer(1, 2, 3)
val listBuffer3= ListBuffer(4, 5, 6)
println(listBuffer++listBuffer3)
```

输出结果为：

```
ListBuffer(1, 2, 3, 4, 5, 6)
```

15.4.3 Map 映射

Scala 中的 Map 也分可变 Map 和不可变 Map，默认为不可变 Map。

1. 不可变 Map

创建一个不可变 Map 的代码如下：

```
val mp = Map(
"key1" -> "value1",
"key2" -> "value2",
"key3" -> "value3")
```

也可以使用以下写法：

```
val mp = Map(
  ("key1" , "value1"),
  ("key2" , "value2"),
  ("key3" , "value3")
  )
```

循环输出上述 Map 中的键值数据的代码如下：

```
mp.keys.foreach {
i =>
print("Key = "+i)
```

```
println(" Value = "+mp(i))
}
```

也可以使用 for 循环代替:

```
for((k,v)<-mp){
   println(k+":"+v)
}
```

2. 可变 Map

创建可变 Map 需要引入类 scala.collection.mutable.Map,创建方式与上述不可变 Map 相同。如果要访问 Map 中 key1 的值,代码如下:

```
val mp = Map(
   ("key1" , "value1"),
   ("key2" , "value2")
   )

println(mp("key1"))
```

若键 key1 不存在,则返回-1:

```
if(mp.contains("key1"))
    mp("key1")
else
    -1
```

上述代码也可以使用 getOrElse()方法代替,该方法第一个参数表示访问的键,第二个参数表示若值不存在,则返回默认值:

```
mp.getOrElse("key1", -1)
```

若要修改键 key1 的值为 value2,代码如下:

```
mp("key1")="value2"
```

上述代码当 key1 存在时执行修改操作,若 key1 不存在,则执行添加操作。

当然,向 Map 中添加元素也可以使用+=符号,如下:

```
mp+=("key3" -> "value3")
```

或

```
mp+=(("key3","value3"))
```

与此相对应,从 Map 中删除一个元素可以是-=符号,如下:

```
mp-="key3"
```

15.4.4 元组

元组是一个可以存放不同类型对象的集合，元组中的元素不可以修改。

1．定义元组

例如，定义一个元组 t：

```
val t=(1,"scala",2.6)
```

也可以使用以下方式定义元组，其中 Tuple3 是一个元组类，代表元组的长度为 3：

```
val t2 = new Tuple3(1,"scala",2.6)
```

目前，Scala 支持的元组最大长度为 22，即可以使用 Tuple1 到 Tuple22。元组的实际类型取决于元素数量和元素的类型，例如 (20,"shanghai") 的类型是 Tuple2[Int,String]，(10,20,"beijing","shanghai","guangzhou") 的类型是 Tuple5[Int,Int,String,String,String]。

2．访问元组

可以使用方法_1、_2、_3 访问其中的元素。例如，取出元组中第一个元素：

```
println(t._1)
```

与数组和字符串的位置不同，元组的元素下标从 1 开始。

3．迭代元组

使用 Tuple.productIterator() 方法可以迭代输出元组的所有元素：

```
val t = (4,3,2,1)
t.productIterator.foreach{ i =>println("Value = " + i )}
```

4．元组转为字符串

使用 Tuple.toString()方法可以将元组的所有元素组合成一个字符串：

```
val t = new Tuple3(1, "hello", "Scala")
println("连接后的字符串为: " + t.toString() )
```

上述代码输出结果为：

```
连接后的字符串为: (1,hello,Scala)
```

15.4.5 Set

Scala Set 集合存储的对象不可重复。Set 集合分为可变集合和不可变集合，默认情况下，Scala 使用的是不可变集合，如果要使用可变集合，则需要引用 scala.collection.mutable.Set 包。

1．集合定义

可以使用如下方式定义一个不可变集合：

```
val set = Set(1,2,3)
```

2. 元素增减

与 List 集合一样，对于不可变 Set 进行元素的增加和删除，实际上会产生一个新的 Set，原来的 Set 并没有改变，代码如下：

```
//定义一个不可变 set 集合
val set = Set(1,2,3)
//增加一个元素
val set1=set+4
//减少一个元素
val set2=set-3
println(set)
println(set1)
println(set2)
```

上述代码输出结果如下：

```
Set(1, 2, 3)
Set(1, 2, 3, 4)
Set(1, 2)
```

3. 集合方法

常用的集合方法如下代码所示：

```
val site = Set("Ali", "Google", "Baidu")
//输出第一个元素
println(site.head)
//取得除了第一个元素的所有元素的集合
val set2=site.tail
println(set2)
//查看元素是否为空
println(site.isEmpty)
```

使用++运算符可以连接两个集合：

```
val site1 = Set("Ali", "Google", "Baidu")
val site2 = Set("Faceboook", "Taobao")
val site=site1++site2
println(site)
```

上述代码输出结果为：

```
Set(Faceboook, Taobao, Google, Ali, Baidu)
```

使用 Set.min 方法可以查找集合中的最小元素，使用 Set.max 方法可以查找集合中最大的元素。

代码如下：

```
val num = Set(5,8,7,20,10,66)
//输出集合中的最小元素
println(num.min)
//输出集合中的最大元素
println(num.max)
```

使用 Set.&方法或 Set.intersect 方法可以查看两个集合的交集元素。代码如下：

```
val num1 = Set(5,2,9,10,3,15)
val num2 = Set(5,6,10,20,35,65)
//输出两个集合的交集元素
println(num1.&(num2))
//输出两个集合的交集元素
println(num1.intersect(num2))
```

上述代码输出结果为：

```
Set(5, 10)
Set(5, 10)
```

15.5 类和对象

15.5.1 类的定义

我们已经知道，对象是类的具体实例，类是抽象的，不占用内存，而对象是具体的，占用存储空间。

Scala 中一个最简单的类定义是使用关键字 class，类名必须大写。类中的方法用关键字 def 定义，例如以下代码：

```
class User{
  private var age=20
  def count(){
    age+=1
  }
}
```

如果一个类不写访问修饰符，则默认访问级别为 Public。这与 Java 是不一样的。

关键字 new 用于创建类的实例。例如，调用上述代码中的 count()方法，可以使用以下代码：

```
new User().count()
```

15.5.2 单例对象

Scala 中没有静态方法或静态字段，但是可以使用关键字 object 定义一个单例对象，单例对象中的方法相当于 Java 中的静态方法，可以直接使用"单例对象名.方法名"方式进行调用。单例对象除了没有构造器参数外，可以拥有类的所有特性。

例如以下代码，定义了一个单例对象 Person，该对象中定义了一个方法 showInfo()：

```
object Person{
  private var name="zhangsan"
  private var age=20
  def showInfo():Unit={
    println("姓名："+name+"，年龄："+age)
  }
}
```

可以在任何类或对象中使用代码 Person.showInfo()对方法 showInfo()进行调用。

15.5.3 伴生对象

当单例对象的名称与某个类的名称一样时，该对象被称为这个类的伴生对象。类被称为该对象的伴生类。

类和它的伴生对象必须定义在同一个文件中，且两者可以互相访问其私有成员。例如以下代码：

```
class Person() {
  private var name="zhangsan"
  def showInfo(){
    //访问伴生对象的私有成员
    println("年龄："+Person.age)
  }
}
object Person{
  private var age=20
  def main(args: Array[String]): Unit = {
    var per=new Person()
    //访问伴生类的私有成员
    println("姓名："+per.name)
    per.showInfo()
  }
}
```

运行上述伴生对象 Person 的 main()方法，输出结果如下：

```
姓名：zhangsan
年龄：20
```

15.5.4 get 和 set 方法

Scala 默认会根据类的属性的修饰符生成不同的 get 和 set 方法，生成原则如下：

- val 修饰的属性，系统会自动生成一个私有常量属性和一个公有 get 方法。
- var 修饰的属性，系统会自动生成一个私有变量和一对公有 get/set 方法。
- private var 修饰的属性，系统会自动生成一对私有 get/set 方法，相当于类的私有属性，只能在类的内部和伴生对象中使用。
- private[this]修饰的属性，系统不会生成 get/set 方法，即只能在类的内部使用该属性。

例如有一个 Person 类，代码如下：

```scala
class Person {
  val id:Int=10
  var name="zhangsan"
  private var gender:Int=0
  private[this] var age:Int=20
}
```

将该类编译为 class 文件后，再使用 Java 反编译工具将其反编译为 Java 代码，代码如下：

```java
public class Person{
  private final int id = 10;
  public int id()
  {
    return this.id;
  }

  private String name = "zhangsan";
  public String name()
  {
    return this.name;
  }
  public void name_$eq(String x$1)
  {
    this.name = x$1;
  }

  private int gender = 0;
  private int gender()
  {
    return this.gender;
  }
  private void gender_$eq(int x$1)
  {
    this.gender = x$1;
  }

  private int age = 20;
```

使用 name 属性举例，在 Scala 中，get 和 set 方法并非被命名为 getName 和 setName，而是被命名为 name 和 name_=，由于 JVM 不允许在方法名中出现=，因此=被翻译成$eq。

从上述代码可以看出，由于属性 id 使用 val 修饰，因此不可修改，只生成了与 get 方法对应的 id()；属性 name 使用 var 修饰，因此生成了与 get 和 set 方法对应的 name()和 name_$eq()方法，且都为 public；属性 gender 由于使用 private var 修饰，因此生成了 private 修饰的 get 和 set 方法；属性 age 由于使用 private[this]修饰，因此没有生成 get 和 set 方法，只能在类的内部使用。

此时，可以使用如下代码对 Person 类中的属性进行访问：

```scala
object test{
  def main(args: Array[String]): Unit = {
    var per:Person=new Person()

    per.name="lisi"
    println(per.id)
    println(per.name)//将调用方法per.name()

    per.id=20//错误，不允许修改
  }
}
```

除了系统自动生成 get 和 set 方法外，也可以手动进行编写，例如以下代码：

```scala
class Person {
  //声明私有变量
  private var privateName="zhangsan"
  //定义get方法
  def name=privateName
  //定义set方法
  def name_=(name:String): Unit ={
    this.privateName=name
  }

}
object test{
  def main(args: Array[String]): Unit = {
    var per:Person=new Person()
    //访问变量
    per.name="lisi"//修改
    println(per.name)//读取
  }
}
```

当然，也可以使用如下的 Java 风格定义 get 和 set 方法：

```scala
class Person {
  //声明私有变量
  private var name="zhangsan"
  //定义get方法
  def getName(): String ={
```

```
        this.name
    }
    //定义 set 方法
    def setName(name:String): Unit ={
        this.name=name
    }

}
object test{
    def main(args: Array[String]): Unit = {
        var per:Person=new Person()
        //访问属性
        per.setName("wangwu")
        println(per.getName())
    }
}
```

15.5.5 构造器

Scala 中的构造器分为主构造器和辅助构造器。

1. 主构造器

主构造器的参数直接放在类名之后，且将被编译为类的成员变量，其值在初始化类时进行传入。例如以下代码：

```
//定义主构造器，年龄 age 默认为 18
class Person(val name:String,var age:Int=18) {

}
object Person{
  def main(args: Array[String]): Unit = {
//调用构造器并设置 name 和 age 字段
    var per=new Person("zhangsan",20)
    println(per.age)
    println(per.name)
    per.name="lisi"//错误，val 修饰的变量不可修改
  }
}
```

可以通过对主构造器的参数添加访问修饰符来控制参数的访问权限。例如以下代码，将参数 age 设置为私有的，参数 name 设置为不可修改（val）：

```
class Person(val name:String, private var age:Int) {

}
```

构造参数也可以不带 val 或 var，此时默认为 private[this] val。如下代码所示：

```
class Person(name:String,age:Int) {
```

在主构造器被执行时，类定义中的所有语句同样会被执行。例如以下代码中的 println 语句是主构造器的一部分，每当主构造器被执行时，该部分代码同样会被执行，可以在这里做一些类的初始化工作：

```
class Person(var name:String,var age:Int) {
  println(name)
  println(age)
  //初始化语句...

}
```

如果需要将整个主构造器设置为私有的，只需要添加 private 关键字即可。例如以下代码：

```
class Person private(var name:String,var age:Int) {

}
```

> **注　意**
>
> 主构造器也可以没有参数，一个类中如果没有显式定义主构造器，则默认有一个无参构造器。

2．辅助构造器

Scala 类除了可以有主构造器外，还可以有任意多个辅助构造器。辅助构造器的定义需要注意以下几项：

- 辅助构造器的方法名称为 this。
- 每一个辅助构造器的方法体中必须首先调用其他已定义的构造器。
- 辅助构造器的参数不能使用 var 或 val 进行修饰。

例如以下代码，定义了两个辅助构造器：

```
class Person {
  private var name="zhangsan"
  private var age=20
  //定义辅助构造器一
  def this(name:String){
    this()//调用主构造器
    this.name=name
  }
  //定义辅助构造器二
  def this(name:String,age:Int){
    this(name)//调用辅助构造器一
    this.age=age
```

上述构造器可以使用如下三种方式进行调用：

```
var per1=new Person//调用无参主构造器
var per2=new Person("lisi")//调用辅助构造器一
var per3=new Person("lisi",28)//调用辅助构造器二
```

除此之外，主构造器还可以与辅助构造器同时使用。在这种情况下，一般辅助构造器的参数要多于主构造器，如下代码所示：

```
//定义主构造器
class Person(var name:String,var age:Int) {
  private var gender=""
  //定义辅助构造器
  def this(name:String,age:Int,gender:String){
    this(name,age)//调用主构造器
    this.gender=gender
  }
}
object Person{
  def main(args: Array[String]): Unit = {
    //调用辅助构造器
    var per=new Person("zhangsan",20,"male")
    println(per.name)
    println(per.age)
    println(per.gender)
  }
}
```

上述代码运行的输出结果为：

```
zhangsan
20
male
```

15.6 抽象类和特质

15.6.1 抽象类

Scala 的抽象类使用关键字 abstract 定义，具有以下特征：

- 抽象类不能被实例化。
- 抽象类中可以定义抽象字段（没有初始化的字段）和抽象方法（没有被实现的方法），也可以定义被初始化的字段和被实现的方法。
- 若某个子类继承了一个抽象类，则必须实现抽象类中的抽象字段和抽象方法，且实现的过程中可以添加 override 关键字也可以省略。若重写了抽象类中已经实现的方法，则必须添加 override 关键字。

例如，定义一个抽象类 Person，代码如下：

```
//定义抽象类 Person
abstract class Person {
  //抽象字段
  var name:String
  var age:Int
  //普通字段
  var address:String="北京"
  //抽象方法
  def speak()
  //普通方法
  def eat():Unit={
    println("吃东西")
  }
}
```

定义一个普通类 Teacher，并继承抽象类 Person，实现 Person 中的抽象字段和抽象方法，并重写方法 eat()。代码如下：

```
//继承了抽象类 Person
class Teacher extends Person{
  //实现抽象字段
  var name: String = "王丽"
  var age: Int = 28
  //实现抽象方法
  def speak(): Unit = {
    println("姓名："+this.name)
    println("年龄："+this.age)
    println("地址："+this.address)//继承而来
    println("擅长讲课")
  }
  //重写非抽象方法，必须添加 override 关键字
  override def eat():Unit={
    println("爱吃中餐")
```

        }
    }

定义一个测试对象,调用 Teacher 类中的方法。代码如下:

```
object AppTest{
  def main(args: Array[String]): Unit = {
    val teacher=new Teacher()
    //调用方法
    teacher.speak()
    teacher.eat()
  }
}
```

输出结果如下:

```
姓名:王丽
年龄:28
地址:北京
擅长讲课
爱吃中餐
```

需要注意的是,上述 Teacher 类中 speak()方法的地址字段(address)是从父类(抽象类 Person)中继承而来的。由于该字段在 Person 中有初始化值,不是抽象字段,若需要在 Teacher 类中修改该字段的值,可以在 Teacher 类的构造函数或其他方法中使用 this.address 对其重新赋值。例如将地址改为"上海",可以使用以下代码:

```
this.address="上海"
```

由于 Person 类中的 address 字段使用 var 修饰,而 Scala 不允许对抽象类中 var 修饰的非抽象字段进行重写,因此在 Teacher 类中对 address 字段进行重写将报编译错误,除非该字段在 Person 类中的声明是不可变的,即使用 val 修饰。

15.6.2 特质

Scala 特质使用关键字 trait 定义,类似 Java 8 中使用 interface 定义的接口。特质除了有 Java 接口的功能外,还有一些特殊的功能,下面分别进行讲解。

Scala 特质中字段和方法的定义与 Scala 抽象类一样,可以定义抽象字段和抽象方法、非抽象字段和非抽象方法。例如以下代码,定义了一个特质 Pet:

```
//定义特质(宠物)
trait Pet {
  //抽象字段
  var name:String
```

```
  var age:Int
  //抽象方法
  def run
  //非抽象方法
  def eat: Unit ={
    println("吃东西")
  }
}
```

类可以使用关键字 extends 实现特质,但必须实现特质中未实现的字段和方法(抽象字段和抽象方法),这一点与继承抽象类是一致的。例如以下代码,定义了一个普通类 Cat,实现了上述特质 Pet:

```
//定义类(猫)继承特质(宠物)
class Cat extends Pet{
  //实现抽象字段
  var name:String="john"
  var age:Int=3
  //实现抽象方法
  def run: Unit = {
    println("会跑")
  }
  //重写非抽象方法
  override def eat: Unit ={
    println("吃鱼")
  }
}
```

如果需要实现的特质不止一个,可以通过 with 关键字添加额外特质,但位于最左侧的特质必须使用 extends 关键字。例如,类 Dog 同时实现了特质 Pet、Animal 和 Runable,代码格式如下:

```
trait Animal{
}
trait Runable{
}
//类 Dog 实现了三个特质
class Dog extends Pet with Animal with Runable{
  //省略...
}
```

在类实例化的时候,也可以通过 with 关键字混入多个特质,从而使用特质中的方法。例如以下代码,定义了两个特质 Runable、Flyable 和一个类 Bird:

```
//定义两个特质
trait Runable{
  def run=println("会跑")
}
trait Flyable{
  def fly=println("会飞")
}
//定义一个类
class Bird{
}
```

在类 Bird 实例化时混入特质 Runable 和 Flyable，代码如下：

```
val bird=new Bird() with Runable with Flyable
bird.run //输出结果"会跑"
bird.fly //输出结果"会飞"
```

15.7 使用 Eclipse 创建 Scala 项目

本节讲解在 Windows 中使用 Scala for Eclipse IDE 编写 Scala 程序。

15.7.1 安装 Scala for Eclipse IDE

Scala for Eclipse IDE 为纯 Scala 和混合 Scala 与 Java 应用程序的开发提供了高级编辑，并且有非常好用的 Scala 调试器、语义突出显示、更可靠的 JUnit 测试查找器等。

Scala for Eclipse IDE 的安装有两种方式：一种是在 Eclipse 中单击【Help】菜单，然后选择【Install new Software...】进行在线安装 Scala 插件；另一种是直接下载已经集成好 Scala IDE 的 Eclipse。此处讲解第二种安装方式，步骤如下：

访问官网 http://scala-ide.org/下载 Scala for Eclipse IDE 最新版，本例为4.7.0，该版本基于 Eclipse 4.7（Oxygen），适用于 Scala 2.12、Scala 2.10 和 Scala 2.11 项目，要求 JDK 1.8 以上。下载界面如图 15-6 所示。

单击下载界面中的【Download IDE】按钮，进入操作系统版本选择页面，此处选择【Windows 64 bit】进行下载，如图 15-7 所示。

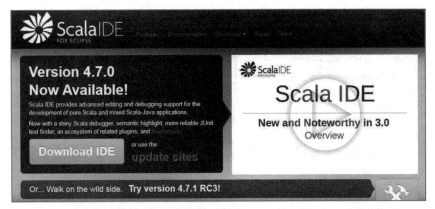

图 15-6　Scala for Eclipse IDE 下载界面

图 15-7　Scala IDE 操作系统版本选择

下载完成后，将安装文件解压到指定目录，然后双击目录中的 eclipse.exe 进行启动即可。启动成功后的主界面如图 15-8 所示，其中左上角的 scala-workspace 为当前工作空间的名称。

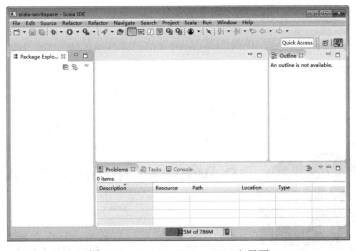

图 15-8　Scala for Eclipse IDE 主界面

15.7.2　创建 Scala 项目

在 Scala IDE 菜单栏中选择【File】/【New】/【Scala Project】，新建一个 Scala 项目，如图 15-9 所示。

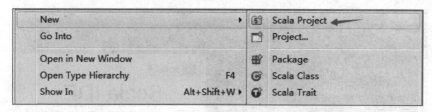

图 15-9　新建 Scala 项目

在弹出的【New Scala Project】窗口中填写项目名称，然后单击【Finish】按钮即可创建一个 Scala 项目。

Scala 项目创建完成后，即可在该项目中创建相应的包及 Scala 类，编写 Scala 程序。Scala 项目的包和类的创建方法与 Java 项目一样，此处不再赘述。

15.8　使用 IntelliJ IDEA 创建 Scala 项目

IntelliJ IDEA（简称 IDEA）是一款支持 Java、Scala 和 Groovy 等语言的开发工具，主要用于企业应用、移动应用和 Web 应用的开发。IDEA 在业界被公认为是最好的 Java 开发工具之一，尤其是智能代码助手、代码自动提示、重构、J2EE 支持等功能非常强大。

15.8.1　IDEA 中安装 Scala 插件

IDEA 中安装 Scala 插件的操作步骤如下。

1. 下载安装 IDEA

访问 IDEA 官网 https://www.jetbrains.com/idea/download，选择开源免费的 Windows 版进行下载，如图 15-10 所示（本例版本为 2018.2.6）。

图 15-10　IDEA 下载主界面

下载完成后，双击下载的安装文件，安装过程与一般 Windows 软件安装过程相同，根据提示安装到指定的路径即可。

2．安装 Scala 插件

Scala 插件的安装有两种方式：在线和离线。此处讲解在线安装方式。

启动 IDEA，在欢迎界面中选择【Configure】/【Plugins】命令，如图 15-11 所示。

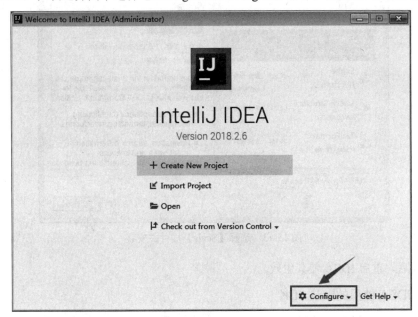

图 15-11　IDEA 欢迎界面

在弹出的窗口中单击下方的【Install JetBrains plugin...】按钮，如图 15-12 所示。

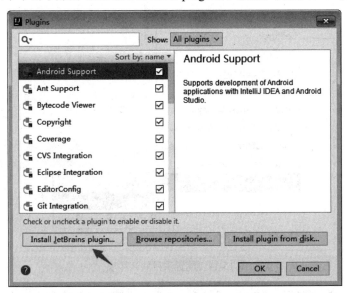

图 15-12　IDEA 插件选择窗口

在弹出窗口的左侧选择【Scala】插件（或者在上方的搜索框中搜索"Scala"关键字，然后选择搜索结果中的【Scala】插件），然后单击窗口右侧的【Install】按钮进行安装，如图 15-13 所示。

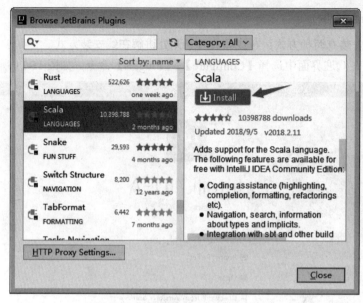

图 15-13　选择【Scala】插件并安装

安装成功后，重启 IDEA 使其生效。

3．配置 IDEA 使用的默认 JDK

启动 IDEA 后，选择欢迎界面下方的【Configure】/【Project Defaults】/【Project Structure】，如图 15-14 所示。

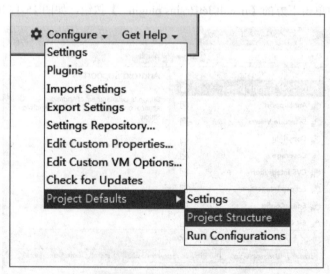

图 15-14　配置项目默认环境

在弹出的窗口中选择左侧的【Project】选项，然后单击窗口右侧的【New...】按钮，选择【JDK】选项，设置项目使用的默认 JDK，如图 15-15 所示。

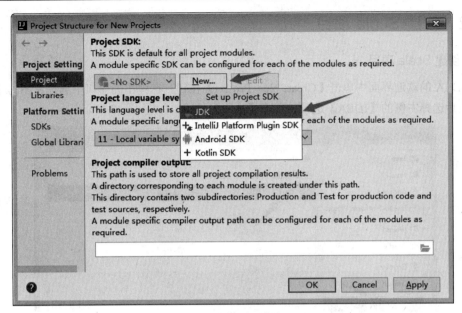

图 15-15　设置项目默认 JDK

在弹出的窗口中选择本地 JDK 的安装主目录，此处选择 JDK 1.8 版本，如图 15-16 所示。

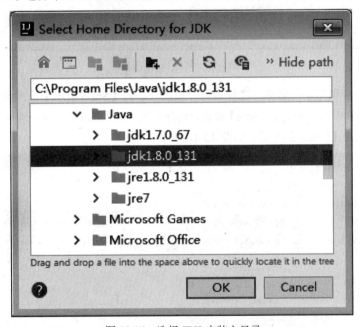

图 15-16　选择 JDK 安装主目录

然后连续单击【OK】按钮返回欢迎界面。

到此，IDEA 中的 Scala 插件安装完成。

15.8.2 创建 Scala 项目

1. 创建 Scala 项目

在 IDEA 的欢迎界面中单击【Create New Project】按钮，在弹出的窗口中选择左侧的【Scala】选项，然后选择右侧的【IDEA】选项，单击【Next】按钮，如图 15-17 所示。

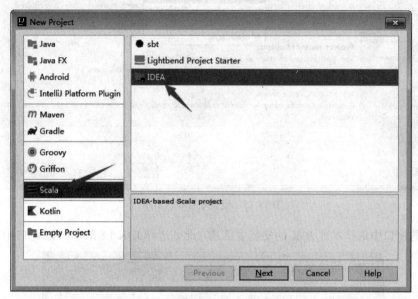

图 15-17　创建 Scala 项目

在弹出的窗口中填写项目名称，选择项目存放路径。若【Scala SDK】选项显示为"No library selected"，则需要单击其右侧的【Create】按钮，选择本地安装的 Scala SDK。确保 JDK、Scala SDK 都关联成功后，单击【Finish】按钮，如图 15-18 所示。

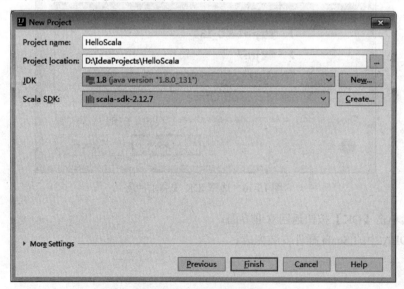

图 15-18　Scala 项目信息填写并关联相应 SDK

到此，Scala 项目"HelloScala"即创建成功。

2. 创建 Scala 类

接下来在项目的 src 目录上单击鼠标右键，选择【New】/【Package】，创建一个包 scala.demo，如图 15-19 所示。

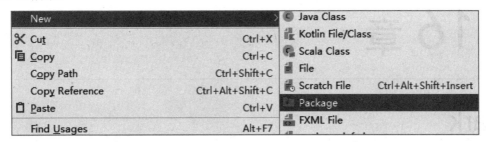

图 15-19　给项目创建一个包

然后在包 scala.demo 上单击鼠标右键，选择【New】/【Scala Class】，创建一个 Scala 类 MyScala.scala，如图 15-20 所示。

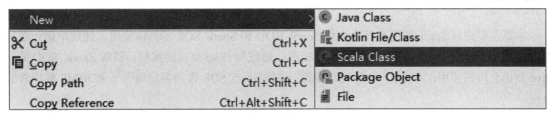

图 15-20　在包上创建一个 Scala 类

创建完成后的项目结构如图 15-21 所示。

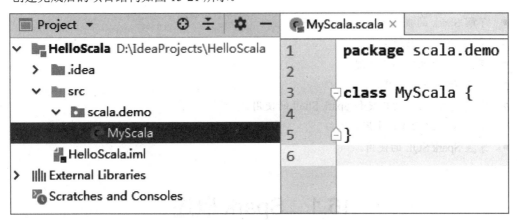

图 15-21　Scala 项目结构

Scala 类创建成功后，即可编写 Scala 程序了。

第 16 章

Spark

本章内容

本章主要讲解 Spark 的两个核心组件 Spark RDD 和 Spark SQL 的具体使用。通过单词计数案例，讲解 Spark RDD 和 Spark SQL 的实际应用；通过与 Hive 集成的案例，讲解 Spark SQL 操作 Hive 数据仓库的应用；通过读写 MySQL 案例，讲解 Spark SQL 作为客户端读写 RDBMS 数据库的应用。

本章目标

- 了解 Spark 的概念及主要构成组件。
- 掌握 Spark 运行时架构。
- 掌握 Spark 集群环境搭建。
- 掌握 Spark HA 搭建。
- 掌握 Spark 任务的提交和 Spark Shell 的使用。
- 掌握 Spark RDD 的使用。
- 掌握 Spark SQL 的使用。

16.1 Spark 概述

Apache Spark 是一个快速通用的集群计算系统。它提供了 Java、Scala、Python 和 R 的高级 API，以及一个支持通用的执行图计算的优化引擎。它还支持一组丰富的高级工具，包括使用 SQL 进行结构化数据处理的 Spark SQL、用于机器学习的 MLlib、用于图处理的 GraphX，以及用于实时流处理的 Spark Streaming。

Spark 的主要特点如下。

1．快速

我们已经知道，MapReduce 主要包括 Map 和 Reduce 两种操作，且将多个任务的中间结果存储于 HDFS 中。与 MapReduce 相比，Spark 可以支持包括 Map 和 Reduce 在内的更多操作，这些操作相互连接形成一个有向无环图（Directed Acyclic Graph，DAG），各个操作的中间数据则会被保存在内存中。因此，处理速度比 MapReduce 更加快。

Spark 通过使用先进的 DAG 调度器、查询优化器和物理执行引擎，从而能够高性能地实现批处理和流数据处理。

2．易用

Spark 可以使用 Java、Scala、Python、R 和 SQL 快速编写应用程序。

Spark 提供了超过 80 个高级算子（关于算子，本章后续会详细讲解），使用这些算子可以轻松构建并行应用程序，并且可以从 Scala、Python、R 和 SQL 的 Shell 中交互式地使用它们。

3．通用

Spark 拥有一系列库，包括 SQL 和 DataFrames、用于机器学习的 MLlib、GraphX、Spark Streaming。用户可以在同一个应用程序中无缝地组合这些库。

4．到处运行

Spark 可以使用独立集群模式运行（使用自带的独立资源调度器，称为 Standalone 模式），也可以运行在 Amazon EC2、Hadoop YARN、Mesos（Apache 下的一个开源分布式资源管理框架）、Kubernetes 之上，并且可以访问 HDFS、Cassandra、HBase、Hive 等数百个数据源中的数据。

16.2 Spark 主要组件

如图 16-1 所示，Spark 是由多个组件构成的软件栈，Spark 的核心（Spark Core）是一个对由很多计算任务组成的、运行在多个工作机器或者一个计算集群上的应用进行调度、分发以及监控的计算引擎。

在 Spark Core 的基础上，Spark 提供了一系列面向不同应用需求的组件，例如 Spark SQL 结构化处理和 MLlib 机器学习等。这些组件关系密切并且可以相互调用，这样可以方便地在同一应用程序中组合使用。

Spark 自带一个简易的资源调度器，称为独立调度器（Standalone）。若集群中没有任何资源管理器，则可以使用自带的独立调度器。当然，Spark 也支持在其他的集群管理器上运行，包括 Hadoop YARN、Apache Mesos 等。

Spark 本身并没有提供分布式文件系统，因此 Spark 的分析大多依赖于 HDFS，也可以从 HBase 和 Amazon S3 等持久层读取数据。

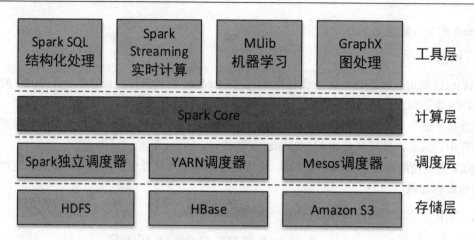

图16-1　Spark主要组件

下面分别对Spark的各个核心组件进行讲解。

1. Spark Core

Spark Core是Spark的核心模块，主要包含两部分功能：一是负责任务调度、内存管理、错误恢复、与存储系统交互等；二是其包含了对弹性分布式数据集（Resilient Distributed Dataset，RDD）的API定义。RDD表示分布在多个计算节点上可以并行操作的元素集合，是Spark主要的编程抽象。Spark Core提供了创建和操作这些集合的多个API。

关于RDD，本章后续将详细讲解。

2. Spark SQL

Spark SQL是一个用于结构化数据处理的Spark工具包，提供了面向结构化数据的SQL查询接口，使用户可以通过编写SQL或基于Apache Hive的HiveQL来方便地处理数据。当然，Spark SQL也可以查询数据仓库Hive中的数据，相当于数据仓库的查询引擎，提供了很强大的计算速度。

Spark SQL还支持开发者将SQL语句融入到Spark应用程序开发过程中，使用户可以在单个的应用中同时进行SQL查询和复杂的数据分析。

3. Spark Streaming

Spark Streaming是Spark提供的对实时数据进行流式计算的组件（比如，生产环境中的网页服务器日志或网络服务中用户提交的状态更新组成的消息队列都是数据流），它是将流式的计算分解成一系列短小的批处理作业，支持对实时数据流进行可伸缩、高吞吐量、容错的流处理。数据可以从Kafka、Flume、Kinesis和TCP套接字等许多来源获取，可以对数据使用map、reduce、join和window等高级函数表示的复杂算法进行处理。最后，可以将处理后的数据发送到文件系统、数据库和实时仪表盘。事实上，也可以将Spark的机器学习和图形处理算法应用于数据流。

Spark Streaming提供了用来操作数据流的API，并且与Spark Core中的RDD API高度对应，可以帮助开发人员高效地处理数据流中的数据。从底层设计来看，Spark Streaming支持与Spark Core同级别的容错性、吞吐量以及可伸缩性。

Spark Streaming通过将流数据按指定时间片累积为RDD，然后将每个RDD进行批处理，进而实现大规模的流数据处理。

4. MLlib

MLlib 是 Spark 的机器学习(Machine Learning，ML)库。它的目标是使机器学习具有可扩展性和易用性。其中提供了分类、回归、聚类、协同过滤等常用机器学习算法，以及一些更加底层的机器学习原语。

5. GraphX

GraphX 是 Spark 中图形和图形并行计算的一个新组件，可以用其创建一个顶点和边都包含任意属性的有向多重图。此外，GraphX 还包含越来越多的图算法和构建器，以简化图形分析任务。

16.3 Spark 运行时架构

Spark 有多种运行模式，可以运行在一台计算机上，称为本地（单机）模式；也可以以 YARN 或 Mesos 作为底层资源调度系统以分布式的方式在集群中运行；还可以使用 Spark 自带的 Standalone 模式（自带资源调度系统）。

本地模式是将 Spark 运行在单台计算机上，通过多线程模拟分布式计算，通常用于对应用程序的简单测试。本地模式在提交应用程序后，将会在本地生成一个名为"SparkSubmit"的进程，该进程既负责程序的提交又负责任务的分配、执行和监控等。

接下来将重点讲解其他几种常用的集群模式的运行架构。

16.3.1 Spark Standalone 模式

Spark Standalone 模式为经典的 Master/Slave 架构，资源调度是 Spark 自己实现的，如图 16-2 所示。

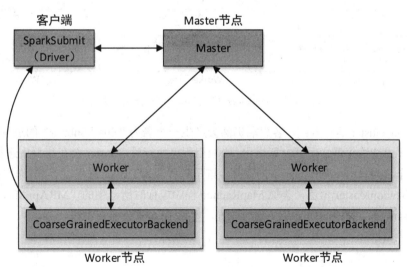

图 16-2 Standalone 模式架构（client 运行方式）

集群的主节点称为 Master 节点，在集群启动时会在主节点启动一个名为"Master"的守护进程，类似 YARN 集群的 ResourceManager；从节点称为 Worker 节点，在集群启动时会在各个从节点上启动一个名为"Worker"的守护进程，类似 YARN 集群的 NodeManager。

Spark 在执行应用程序的过程中会启动 Driver 和 Executor 两种 JVM 进程。

Driver 为主控进程，负责执行应用程序的 main()方法，创建 SparkContext 对象（负责与 Spark 集群进行交互），提交 Spark 作业，并将作业转化为 Task（一个作业由多个 Task 任务组成），然后在各个 Executor 进程间对 Task 进行调度和监控。通常用 SparkContext 代表 Driver。在图 16-2 所示的架构中，Spark 会在客户端启动一个名为"SparkSubmit"的进程，Driver 程序则运行于该进程。

Executor 为应用程序运行在 Worker 节点上的一个进程，由 Worker 进程启动，负责执行具体的 Task，并将数据存储在内存或磁盘上。每个应用程序都有各自独立的一个或多个 Executor 进程。在 Spark Standalone 模式和 Spark On YARN 模式中，Executor 进程的名称为"CoarseGrainedExecutorBackend"，类似运行 MapReduce 程序所产生的"YarnChild"进程，并且同时与 Worker、Driver 都有通信。

在 Standalone 模式中，根据应用程序提交的方式不同，Driver 在集群中的位置也有所不同。应用程序的提交方式主要有两种：client 和 cluster，默认是 client。可以在向 Spark 集群提交应用程序时使用--deploy-mode 参数指定提交方式。当提交方式为 client 时，运行架构如图 16-2 所示；当提交方式为 cluster 时，运行架构如图 16-3 所示。

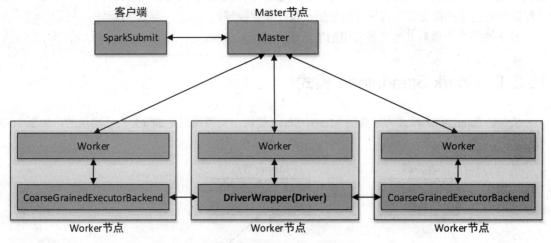

图 16-3　Standalone 模式架构（cluster 运行方式）

Standalone cluster 运行方式，客户端仍然会产生一个名为"SparkSubmit"的进程，但是该进程会在应用程序提交给集群之后就立即退出。当应用程序执行时，Master 会在集群中选择一个 Worker 进程启动一个名为"DriverWrapper"的子进程，该子进程即为 Driver 进程，所起的作用相当于 YARN 集群的 ApplicationMaster 角色，类似 MapReduce 程序运行时所产生的"MRAppMaster"进程。

具体 Spark 应用程序的提交及参数的设置，本章 16.6 节会详细讲解。

16.3.2 Spark On YARN 模式

Spark On YARN 模式遵循 YARN 的官方规范，YARN 只负责资源的管理和调度，运行哪种应用程序由用户自己实现，因此可能在 YARN 上同时运行 MapReduce 程序和 Spark 程序，YARN 很好地对每一个程序实现了资源的隔离。这使得 Spark 与 MapReduce 可以运行于同一个集群中，共享集群存储资源与计算资源。

Spark On YARN 模式与 Standalone 模式一样，也分为 client 和 cluster 两种运行方式。

Spark On YARN 的 client 运行方式的主要进程有：SparkSubmit、ResourceManager、NodeManager、CoarseGrainedExecutorBackend、ExecutorLauncher，运行架构如图 16-4 所示。

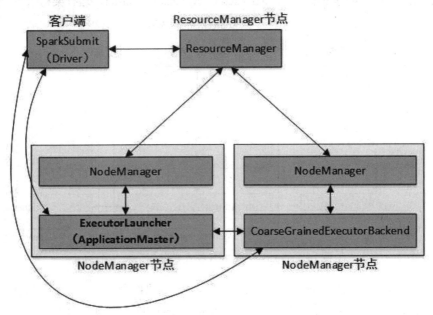

图 16-4 Spark On YARN 模式架构（client 运行方式）

与 Standalone 模式的 client 运行方式类似，客户端会产生一个名为"SparkSubmit"的进程，Driver 程序则运行于该进程中，且 ResourceManager 的功能类似于 Standalone 模式的 Master；NodeManager 的功能类似于 Standalone 模式的 Worker。当 Spark 程序运行时，ResourceManager 会在集群中选择一个 NodeManager 进程启动一个名为"ExecutorLauncher"的子进程，该子进程是 Spark 的自定义实现，承担 YARN 中的 ApplicationMaster 角色，类似 MapReduce 的"MRAppMaster"进程。

使用 Spark On YARN 的 client 运行方式提交 Spark 应用程序的执行步骤如下：

（1）客户端向 YARN 的 ResourceManager 提交 Spark 应用程序。客户端本地启动 Driver。

（2）ResourceManager 收到请求后，选择一个 NodeManager 节点向其分配一个 Container，并在该 Container 中启动 ApplicationMaster（指 ExecutorLauncher 进程），该 ApplicationMaster 中不包含 Driver 程序，只负责启动和监控 Executor（指 CoarseGrainedExecutorBackend 进程），并与客户端的 Driver 进行通信。

（3）ApplicationMaster 向 ResourceManager 申请 Container。ResourceManager 收到请求后，向

ApplicationMaster 分配 Container。

（4）ApplicationMaster 请求 NodeManager，NodeManager 在获得的 Container 中启动 CoarseGrainedExecutorBackend。

（5）CoarseGrainedExecutorBackend 启动后，向客户端的 Driver 中的 SparkContext 注册并申请 Task。

（6）CoarseGrainedExecutorBackend 得到 Task 后，开始执行 Task，并向 SparkContext 汇报执行状态和进度等信息。

Spark On YARN 的 cluster 运行方式的主要进程有：SparkSubmit、ResourceManager、NodeManager、CoarseGrainedExecutorBackend、ApplicationMaster，运行架构如图 16-5 所示。

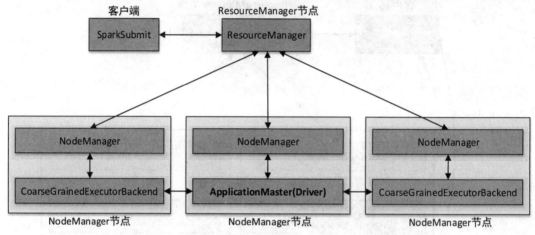

图 16-5　Spark On YARN 模式架构（cluster 运行方式）

与 Standalone 模式的 cluster 运行方式类似，客户端仍然会产生一个名为"SparkSubmit"的进程，且 ResourceManager 的功能类似于 Standalone 模式的 Master；NodeManager 的功能类似于 Standalone 模式的 Worker。ResourceManager 会在集群中选择一个 NodeManager 进程启动一个名为"ApplicationMaster"的子进程，该子进程即为 Driver 进程（Driver 程序运行在其中），同时作为一个 YARN 中的 ApplicationMaster 向 ResourceManager 申请资源，进一步启动 Executor（这里指 CoarseGrainedExecutorBackend）以运行 Task。

使用 Spark On YARN 的 cluster 运行方式提交 Spark 应用程序的执行步骤如下：

（1）客户端向 YARN 的 ResourceManager 提交 Spark 应用程序。

（2）ResourceManager 收到请求后，选择一个 NodeManager 节点向其分配一个 Container，并在该 Container 中启动 ApplicationMaster，ApplicationMaster 中包含了 SparkContext 的初始化。

（3）ApplicationMaster 向 ResourceManager 申请 Container。ResourceManager 收到请求后，向 ApplicationMaster 分配 Container。

（4）ApplicationMaster 请求 NodeManager，NodeManager 在获得的 Container 中启动 CoarseGrainedExecutorBackend。

（5）CoarseGrainedExecutorBackend 启动后，向 ApplicationMaster 的 Driver 中的 SparkContext 注册并申请 Task（这一点与 Spark On YARN 的 client 方式不一样）。

（6）CoarseGrainedExecutorBackend 得到 Task 后，开始执行 Task，并向 SparkContext 汇报执行状态和进度等信息。

无论是 Spark On YARN 的 client 运行方式还是 Standalone 的 client 运行方式，由于 Driver 运行在客户端本地，因此适合需要与本地进行交互的场合，例如 Spark Shell。此种方式下，客户端可以直接获取运行结果，监控运行进度，常用于开发测试与调试。但缺点是，客户端存在于整个应用程序的生命周期，一旦客户端断开连接，应用程序的执行将关闭。

Spark On YARN 的 cluster 运行方式和 Standalone 的 cluster 运行方式，Driver 都运行于服务端的 ApplicationMaster 角色中，客户端断开并不影响应用程序的执行，此种方式适用于生产环境。

16.4 Spark 集群环境搭建

本节讲解 Spark 的两种集群运行模式：Spark Standalone 模式和 Spark On YARN 模式的集群搭建。Standalone 模式需要启动 Spark 集群，而 Spark On YARN 模式不需要启动 Spark 集群，只需要启动 YARN 集群即可。

本节分别讲解上述两种模式的集群环境搭建，依然使用三个节点 centos01、centos02、centos03。

由于 Spark 本身是用 Scala 写的，运行在 Java 虚拟机（JVM）上，因此在搭建 Spark 集群环境之前需要先安装好 JDK，建议 JDK 版本在 1.8 以上。JDK 的安装此处不再赘述，可以参考本书 2.2 节。

16.4.1 Spark Standalone 模式

Spark Standalone 模式的搭建需要在集群的每个节点都安装 Spark，集群角色分配如表 16-1 所示。

表 16-1 Spark 集群角色分配

节点	角色
centos01	Master
centos02	Worker
centos03	Worker

集群搭建的操作步骤如下。

1．下载并解压安装包

访问 Spark 官网 http://spark.apache.org/downloads.html 下载预编译的 Spark 安装包，选择 Spark 版本为 2.4.0，包类型为 "Pre-built for Apache Hadoop 2.7 and later"（Hadoop 2.7 及之后版本的预编译版本）。

将下载的安装包 spark-2.4.0-bin-hadoop2.7.tgz 上传到 centos01 节点的/opt/softwares 目录，然后进入该目录，执行以下命令，将其解压到目录/opt/modules/中：

```
$ tar -zxvf spark-2.4.0-bin-hadoop2.7.tgz -C /opt/modules/
```

2. 修改配置文件

Spark 的配置文件都存放于安装目录下的 conf 目录，进入该目录，执行以下操作：

（1）修改 slaves 文件。

slaves 文件必须包含所有需要启动的 Worker 节点的主机名，且每个主机名占一行。

执行以下命令，复制 slaves.template 文件为 slaves 文件：

```
$ cp slaves.template slaves
```

然后修改 slaves 文件，将其中默认的 localhost 改为以下内容：

```
centos02
centos03
```

上述配置表示将 centos02 和 centos03 节点设置为集群的从节点（Worker 节点）。

（2）修改 spark-env.sh 文件。

执行以下命令，复制 spark-env.sh.template 文件为 spark-env.sh 文件：

```
$ cp spark-env.sh.template spark-env.sh
```

然后修改 spark-env.sh 文件，添加以下内容：

```
export JAVA_HOME=/opt/modules/jdk1.8.0_144
export SPARK_MASTER_IP=centos01
export SPARK_MASTER_PORT=7077
```

上述配置属性解析如下。

- **JAVA_HOME**：指定 JAVA_HOME 的路径。若集群中每个节点在/etc/profile 文件中都配置了 JAVA_HOME，则该选项可以省略，Spark 集群启动时会自动读取。为了防止出错，建议此处将该选项配置上。
- **SPARK_MASTER_IP**：指定集群主节点（Master）的主机名或 IP 地址。此处为 centos01。
- **SPARK_MASTER_PORT**：指定 Master 节点的访问端口。默认为 7077。

3. 复制 Spark 安装文件到其他节点

在 centos01 节点中执行以下命令，将 Spark 安装文件复制到其他节点：

```
$ scp -r /opt/modules/spark-2.4.0-bin-hadoop2.7/ hadoop@centos02:/opt/modules/
$ scp -r /opt/modules/spark-2.4.0-bin-hadoop2.7/ hadoop@centos03:/opt/modules/
```

4. 启动 Spark 集群

在 centos01 节点上进入 Spark 安装目录，执行以下命令，启动 Spark 集群：

```
$ sbin/start-all.sh
```

查看 start-all.sh 的源码，其中有以下两条命令：

```
# Start Master
"${SPARK_HOME}/sbin"/start-master.sh

# Start Workers
"${SPARK_HOME}/sbin"/start-slaves.sh
```

可以看到，当执行 start-all.sh 命令时，会直接在本地执行 start-master.sh 命令启动 Master，而 Worker 的启动会读取 slaves 文件中的配置。因此，为了防止后续出错，必须在 spark-env.sh 中的 SPARK_MASTER_IP 属性指定的节点中启动 Spark 集群。

启动完毕后，分别在各节点执行 jps 命令，查看启动的 Java 进程。若在 centos01 节点存在 Master 进程，centos02 节点存在 Worker 进程，centos03 节点存在 Worker 进程，说明集群启动成功。

此时可以在浏览器中访问网址 http://centos01:8080，查看 Spark 的 Web 界面，如图 16-6 所示。

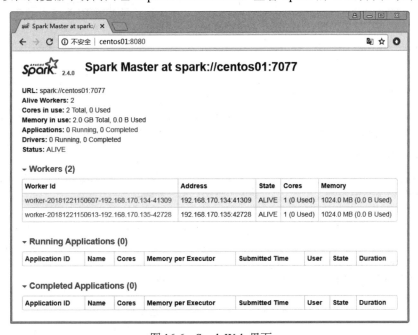

图 16-6　Spark Web 界面

16.4.2　Spark On YARN 模式

Spark On YARN 模式的搭建比较简单，仅需要在 YARN 集群的一个节点上安装 Spark 即可，该节点可作为提交 Spark 应用程序到 YARN 集群的客户端。Spark 本身的 Master 节点和 Worker 节点不需要启动。

使用此模式，需要修改 Spark 配置文件 $SPARK_HOME/conf/spark-env.sh，添加 Hadoop 相关属性，指定 Hadoop 与配置文件所在目录，内容如下：

```
export HADOOP_HOME=/opt/modules/hadoop-2.8.2
```

```
export HADOOP_CONF_DIR=$HADOOP_HOME/etc/hadoop
```

修改完毕后,即可运行 Spark 应用程序。例如,运行 Spark 自带的求圆周率的例子(注意提前将 Hadoop HDFS 和 YARN 启动),并且以 Spark On YARN 的 cluster 模式运行,命令如下:

```
$ bin/spark-submit \
--class org.apache.spark.examples.SparkPi \
--master yarn \
--deploy-mode cluster \
/opt/modules/spark-2.4.0-bin-hadoop2.7/examples/jars/spark-examples_2.11-2
.4.0.jar
```

程序执行过程中,可在 YARN 的 ResourceManager 对应的 Web 界面中查看应用程序执行的详细信息,如图 16-7 所示。

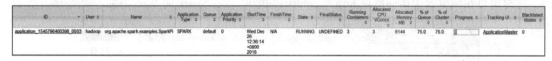

图 16-7　在 YARN Web 界面中查看应用程序运行状态

Spark On YARN 的 cluster 模式运行该例子的输出结果不会打印到控制台中,可以在图 16-7 所示的 Web 界面中单击 Application ID,在 Application 详情页面的最下方单击【Logs】超链接,然后在新页面中单击 "stdout" 超链接,即可显示输出日志,而运行结果则在日志中,整个查看日志的过程如图 16-8、图 16-9、图 16-10 所示。

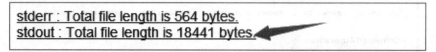

图 16-8　查看应用程序输出日志步骤 1

```
stderr : Total file length is 564 bytes.
stdout : Total file length is 18441 bytes.
```

图 16-9　查看应用程序输出日志步骤 2

```
2018-12-26 12:42:30 INFO  DAGScheduler:54 - ResultStage 0 (reduce at SparkPi.scala:38) finished in 282.413 s
2018-12-26 12:42:31 INFO  DAGScheduler:54 - Job 0 finished: reduce at SparkPi.scala:38, took 291.306331 s
Pi is roughly 3.140755703778519
2018-12-26 12:42:44 INFO  AbstractConnector:318 - Stopped Spark@695ad5a{HTTP/1.1,[http/1.1]}{0.0.0.0:0}
2018-12-26 12:42:46 INFO  SparkUI:54 - Stopped Spark web UI at http://centos02:36868
2018-12-26 12:42:48 INFO  YarnAllocator:54 - Driver requested a total number of 0 executor(s).
```

图 16-10　查看应用程序输出日志步骤 3

16.5　Spark HA 搭建

Spark Standalone 和大部分 Master/slave 模式一样,都存在 Master 单点故障问题,解决方式可以基于 ZooKeeper 实现两个 Master 无缝切换，类似 HDFS 的 NameNode HA（High Availability，高可用）或 YARN 的 ResourceManager HA。

Spark 可以在集群中启动多个 Master，并使它们都向 ZooKeeper 进行注册，ZooKeeper 利用自身的选举机制保证同一时间只有一个 Master 是活动状态（active）的，其他的都是备用状态（standby）。

当活动状态的 Master 出现故障时，ZooKeeper 会从其他备用状态的 Master 选出一台成为活动 Master，整个恢复过程大约在 1 分钟。对于恢复期间正在运行的应用程序，由于应用程序在运行前已经向 Master 申请了资源，运行时 Driver 负责与 Executor 进行通信，管理整个应用程序，因此 Master 的故障对应用程序的运行不会产生影响，但是会影响新应用程序的提交。

以 Spark Standalone 模式的 client 运行方式为例，其 HA 的架构如图 16-11 所示。

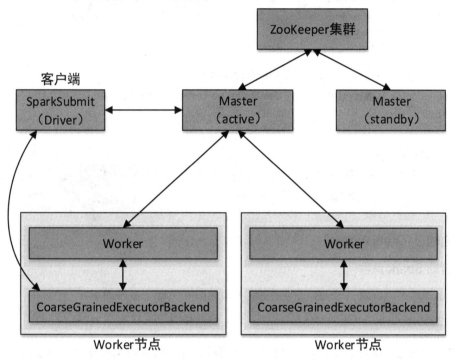

图 16-11　Spark HA 架构图

下面接着 16.4.1 节搭建好的 Spark Standalone 集群继续进行 Spark HA 的搭建，搭建前的角色分配如表 16-2 所示。

表 16-2　Spark HA 集群角色分配

节点	角色
centos01	Master
	QuorumPeerMain
centos02	Master
	Worker
	QuorumPeerMain
centos03	Worker
	QuorumPeerMain

具体搭建步骤如下。

1. 停止 Spark 集群

```
$ sbin/stop-all.sh
```

2. 修改配置文件

在 centos01 节点中修改 Spark 配置文件 spark-env.sh，删除其中的 SPARK_MASTER_IP 属性配置，添加以下配置：

```
export SPARK_DAEMON_JAVA_OPTS="-Dspark.deploy.recoveryMode=ZOOKEEPER
-Dspark.deploy.zookeeper.url=centos01:2181,centos02:2181,centos03:2181
-Dspark.deploy.zookeeper.dir=/spark"
```

上述配置参数解析如下。

- spark.deploy.zookeeper.url：指定 ZooKeeper 集群各节点的主机名与端口。
- spark.deploy.zookeeper.dir：指定 Spark 在 ZooKeeper 中注册的 znode 节点名称。

然后同步修改后的配置文件到集群其他节点，命令如下：

```
$ scp conf/spark-env.sh hadoop@centos02:/opt/modules/spark-2.4.0-bin-hadoop2.7/conf/
$ scp conf/spark-env.sh hadoop@centos03:/opt/modules/spark-2.4.0-bin-hadoop2.7/conf/
```

3. 启动 ZooKeeper 集群

4. 启动 Spark 集群

在 centos01 节点上进入 Spark 安装目录，启动 Spark 集群，命令如下：

```
$ sbin/start-all.sh
```

需要注意的是，在哪个节点上启动的 Spark 集群，活动状态的 Master 就存在于哪个节点上。在 centos02 节点上进入 Spark 安装目录，启动第二个 Master（备用状态 Master），命令如下：

```
$ sbin/start-master.sh
```

5. 查看各节点进程

在各节点执行 jps 命令，查看启动的 Java 进程：
centos01 节点：

```
$ jps
5825 QuorumPeerMain
6105 Master
6185 Jps
```

centos02 节点：

```
$ jps
6115 Jps
5701 QuorumPeerMain
5974 Worker
6056 Master
```

centos03 节点：

```
$ jps
5990 Jps
5913 Worker
5645 QuorumPeerMain
```

6．测试 Spark HA

进入 Spark Web 界面查看两个 Master 的状态，此时 centos01 节点 Master 的状态为 ALIVE（即 active，活动状态），如图 16-12 所示。

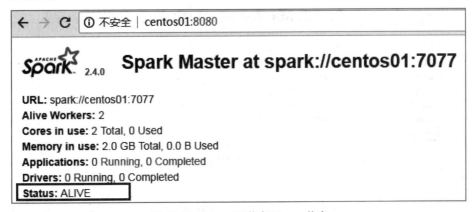

图 16-12　centos01 节点 Master 状态

centos02 节点 Master 的状态为 STANDBY（备用状态），如图 16-13 所示。

图 16-13　centos02 节点 Master 状态

使用 kill -9 命令杀掉 centos01 节点的 Master 进程，稍等几秒后多次刷新 centos02 节点的 Web

界面，发现 Master 的状态由 STANDBY 首先变为 RECOVERING（恢复，该状态持续时间非常短暂），最后变为 ALIVE，如图 16-14 和图 16-15 所示。

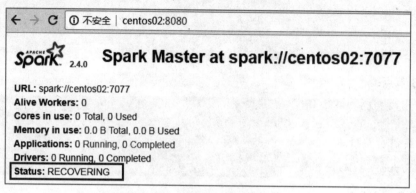

图 16-14　RECOVERING 状态的 Master

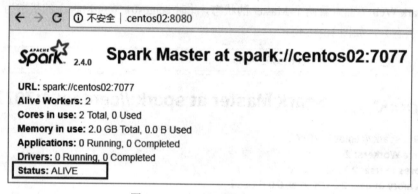

图 16-15　ALIVE 状态的 Master

到此，Spark HA 搭建完成。

此时，若需要连接 Spark 集群执行操作，--master 参数的连接地址需改为 spark://centos02:7077，例如以下代码：

```
$ bin/spark-shell \
--master spark://centos02:7077
```

16.6　Spark 应用程序的提交

Spark 提供了一个客户端应用程序提交工具 spark-submit，使用该工具可以将编写好的 Spark 应用程序提交到 Spark 集群。

spark-submit 的使用格式如下：

```
$ bin/spark-submit [options] <app jar> [app options]
```

格式中的 options 表示传递给 spark-submit 的控制参数；app jar 表示提交的程序 jar 包（或 Python

脚本文件）所在位置；app options 表示 jar 程序需要传递的参数，例如 main()方法中需要传递的参数。

例如，在 Standalone 模式下，将 Spark 自带的求圆周率的程序提交到集群。进入 Spark 安装目录，执行以下命令：

```
$ bin/spark-submit \
--master spark://centos01:7077 \
--class org.apache.spark.examples.SparkPi \
./examples/jars/spark-examples_2.11-2.4.0.jar
```

上述命令中的--master 参数指定了 Master 节点的连接地址。该参数根据不同的 Spark 集群模式，其取值也有所不同，常用取值如表 16-3 所示。

表 16-3　spark-submit 的--master 参数取值介绍

取值	描述
spark://host:port	Standalone 模式下的 Master 节点的连接地址，默认端口为 7077
yarn	连接到 YARN 集群。若 YARN 中没有指定 ResourceManager 的启动地址，则需要在 ResourceManager 所在的节点上进行应用程序的提交，否则将因找不到 ResourceManager 而提交失败
local	运行本地模式，使用 1 个 CPU 核心
local[N]	运行本地模式，使用 N 个 CPU 核心。例如，local[2]表示使用 2 个 CPU 核心运行程序
local[*]	运行本地模式，尽可能使用最多的 CPU 核心

若不添加--master 参数，默认使用本地模式 local[*]运行。

除了--master 参数，spark-submit 还提供了一些控制资源使用和运行时环境的参数。在 Spark 安装目录中执行以下命令，列出所有可以使用的参数：

```
$ bin/spark-submit --help
```

spark-submit 常用参数解析如表 16-4 所示。

表 16-4　spark-submit 的常用参数介绍

参数	描述
--master	Master 节点的连接地址。取值为 spark://host:port、mesos://host:port、yarn、k8s://https://host:port 或 local（默认为 local[*]）
--deploy-mode	运行方式。取值为"client"或"cluster"。"client"表示在本地客户端启动 Driver 程序，"cluster"表示在集群内部的工作节点上启动 Driver 程序。默认为"client"
--class	应用程序的主类（Java 或 Scala 程序）
--name	应用程序名称，会在 Spark Web UI 中显示
--jars	应用依赖的第三方的 jar 包列表，以逗号分隔
--files	需要放到应用工作目录中的文件列表，以逗号分隔。此参数一般用来放需要分发到各节点的数据文件

（续表）

参数	描述
--conf	设置任意的 SparkConf 配置属性。格式为"属性名=属性值"
--properties-file	加载外部包含键值对的属性文件。如果不指定，则默认读取 Spark 安装目录下的 conf/spark-defaults.conf 文件中的配置
--driver-memory	Driver 进程使用的内存量。例如"512 M"或"1 G"，单位不区分大小写。默认为 1024 MB
--executor-memory	每个 Executor 进程所使用的内存量。例如"512M"或"1G"，单位不区分大小写。默认为 1 GB
--driver-cores	Driver 进程使用的 CPU 核心数，仅在集群模式中使用。默认为 1
--executor-cores	每个 Executor 进程所使用的 CPU 核心数，默认为 1
--num-executors	Executor 进程数量，默认为 2。如果开启动态分配，则初始 Executor 的数量至少为此参数配置的数量。需要注意的是，此参数仅在 Spark On YARN 模式中使用

例如，在 Standalone 模式下，将 Spark 自带的求圆周率的程序提交到集群，并且设置 Driver 进程使用内存为 512 MB，每个 Executor 进程使用内存为 1 GB，每个 Executor 进程所使用的 CPU 核心数为 2，运行方式为 cluster（即 Driver 进程运行在集群的工作节点中），执行命令如下：

```
$ bin/spark-submit \
--master spark://centos01:7077 \
--deploy-mode cluster \
--class org.apache.spark.examples.SparkPi \
--driver-memory 512m \
--executor-memory 1g \
--executor-cores 2 \
./examples/jars/spark-examples_2.11-2.4.0.jar
```

在 Spark On YARN 模式下，以同样的应用配置运行上述例子，只需将参数--master 的值改为 "yarn" 即可。命令如下：

```
$ bin/spark-submit \
--master yarn \
--deploy-mode cluster \
--class org.apache.spark.examples.SparkPi \
--driver-memory 512m \
--executor-memory 1g \
--executor-cores 2 \
./examples/jars/spark-examples_2.11-2.4.0.jar
```

> **注 意**
>
> Spark 不同集群模式下应用程序的提交，提交命令主要是参数--master 的取值不同，其他参数的取值一样。

16.7 Spark Shell 的使用

Spark 带有交互式的 Shell，可在 Spark Shell 中直接编写 Spark 任务，然后提交到集群与分布式数据进行交互。Spark Shell 提供了一种学习 Spark API 的简单方式，可以使用 Scala 或 Python 语言进行程序的编写（本书使用 Scala 语言进行讲解）。

进入 Spark 安装目录，执行以下命令，可以查看 Spark Shell 的相关使用参数：

```
$ bin/spark-shell --help
```

Spark Shell 在 Spark Standalone 模式和 Spark On YARN 模式下都可执行，与 16.6 节中使用 spark-submit 进行任务提交时可以指定的参数及取值一样。唯一不同的是，Spark Shell 本身为集群的 client 运行方式，不支持 cluster 运行方式，即使用 Spark Shell 时，Driver 运行于本地客户端，而不能运行于集群中。

1. Spark Standalone 模式下 Spark Shell 的启动

在任意节点进入 Spark 安装目录，执行以下命令，启动 Spark Shell 终端：

```
$ bin/spark-shell --master spark://centos01:7077
```

上述命令中的 --master 参数指定了 Master 节点的访问地址，其中的 centos01 为 Master 所在节点的主机名。

Spark Shell 的启动过程如图 16-16 所示。

图 16-16 Spark Shell 启动过程

从启动过程的输出信息可以看出，Spark Shell 启动时创建了一个名为 "sc" 的变量，该变量为类 SparkContext 的实例，可以在 Spark Shell 中直接使用。SparkContext 存储 Spark 上下文环境，是提交 Spark 应用程序的入口，负责与 Spark 集群进行交互。

若启动命令不添加 --master 参数，则默认以本地（单机）模式启动，即所有操作任务只是在当前节点，而不会分发到整个集群。

启动完成后，访问 Spark Web 界面 http://centos01:8080/，查看运行的 Spark 应用程序，如图 16-17 所示。

Application ID		Name	Cores	Memory per Executor	Submitted Time	User	State	Duration
app-20190103145453-0000	(kill)	Spark shell	1	1024.0 MB	2019/01/03 14:54:53	hadoop	RUNNING	22 min

图 16-17 查看 Spark Shell 启动的应用程序

可以看到，Spark 启动了一个名为 "Spark shell" 的应用程序（如果 Spark Shell 不退出，该应用程序则一直存在）。这说明，Spark Shell 实际上底层调用了 spark-submit 进行应用程序的提交。与 spark-submit 不同的是，Spark Shell 在运行时，会先进行一些初始参数的设置，并且 Spark Shell 是交互式的。

若需退出 Spark Shell，可以执行以下命令：

```
scala>:quit
```

2. Spark On YARN 模式下 Spark Shell 的启动

Spark On YARN 模式下 Spark Shell 的启动与 Standalone 模式所不同的是，--master 的参数值为 yarn。例如以下启动命令：

```
$ bin/spark-shell --master yarn
```

若启动过程中报如图 16-18 所示的错误，说明 Spark 任务的内存分配过小，YARN 直接将相关进程杀掉了。此时，只需要在 Hadoop 的配置文件 yarn-site.xml 中加入以下内容即可：

```xml
<!--关闭物理内存检查-->
<property>
  <name>yarn.nodemanager.pmem-check-enabled</name>
  <value>false</value>
</property>
<!--关闭虚拟内存检查-->
<property>
  <name>yarn.nodemanager.vmem-check-enabled</name>
  <value>false</value>
</property>
```

```
Container killed on request. Exit code is 143
Container exited with a non-zero exit code 143
For more detailed output, check the application tracking page: http://centos02:8088/cluster/app/application_1546562405718_0011 Then click on
links to logs of each attempt.
. Failing the application.
        at org.apache.spark.scheduler.cluster.YarnClientSchedulerBackend.waitForApplication(YarnClientSchedulerBackend.scala:94)
        at org.apache.spark.scheduler.cluster.YarnClientSchedulerBackend.start(YarnClientSchedulerBackend.scala:63)
        at org.apache.spark.scheduler.TaskSchedulerImpl.start(TaskSchedulerImpl.scala:178)
        at org.apache.spark.SparkContext.<init>(SparkContext.scala:501)
        at org.apache.spark.SparkContext$.getOrCreate(SparkContext.scala:2520)
```

图 16-18 Spark On YARN 模式下 Spark Shell 启动错误输出

上述配置属性解析如下。

- **yarn.nodemanager.pmem-check-enabled**：是否开启物理内存检查，默认为 true。若开启，NodeManager 会启动一个线程检查每个 Container 中的 Task 任务使用的物理内存量，如果超出分配值，则直接将其杀掉。

- **yarn.nodemanager.vmem-check-enabled**：是否开启虚拟内存检查，默认为 true。若开启，

NodeManager 会启动一个线程检查每个 Container 中的 Task 任务使用的虚拟内存量，如果超出分配值，则直接将其杀掉。

需要注意的是，yarn-site.xml 文件修改完毕后，记得将该文件同步到集群其他节点，然后重启 YARN 集群。

16.8 节将使用 Spark Shell 进行具体的操作。

16.8 Spark RDD

Spark 提供了一种对数据的核心抽象，称为弹性分布式数据集（Resilient Distributed Dataset，RDD）。每个 RDD 被分为多个分区，这些分区运行在集群中的不同节点上。也就是说，RDD 是跨集群节点分区的元素集合，并且这些元素可以并行操作。

在编程时，可以把 RDD 看作是一个数据操作的基本单位。Spark 中对数据的操作主要是对 RDD 的操作。

16.8.1 创建 RDD

RDD 中的数据来源可以是程序中的对象集合，也可以来源于外部存储系统中的数据集，例如共享文件系统、HDFS、HBase 或任何提供 Hadoop InputFormat 的数据源。

下面使用 Spark Shell 讲解创建 RDD 的常用两种方式。

1．从对象集合创建 RDD

Spark 可以通过 parallelize()或 makeRDD()方法将一个对象集合转化为 RDD。

例如，将一个 List 集合转化为 RDD，代码如下：

```
scala> val rdd=sc.parallelize(List(1,2,3,4,5,6))
rdd: org.apache.spark.rdd.RDD[Int] = ParallelCollectionRDD[0]
```

或

```
scala> val rdd=sc.makeRDD(List(1,2,3,4,5,6))
rdd: org.apache.spark.rdd.RDD[Int] = ParallelCollectionRDD[1]
```

从返回信息可以看出，上述创建的 RDD 中存储的是 Int 类型数据。实际上，RDD 也是一个集合，与常用的 List 集合不同的是，RDD 集合的数据分布于多台计算机上。

2．从外部存储系统创建 RDD

Spark 的 textFile()方法可以读取本地文件系统或外部其他系统中的数据，并创建 RDD。所不同的是，数据的来源路径不同。

（1）读取本地系统文件。

例如，本地 CentOS 系统中有一个文件/home /words.txt，该文件的内容如下：

```
hello hadoop
hello java
scala
```

使用 textFile()方法将上述文件内容转化为一个 RDD，并使用 collect()方法（该方法是 RDD 的一个行动算子，16.8.2 节会详细讲解）查看 RDD 中的内容。代码如下：

```
scala> val rdd=sc.textFile("/home/words.txt")
rdd: org.apache.spark.rdd.RDD[String] = /home/words.txt MapPartitionsRDD[1]

scala> rdd.collect
res1: Array[String] = Array("hello hadoop ", "hello java ", "scala ")
```

从上述 rdd.collect 的输出内容可以看出，textFile()方法将源文件中的内容按行拆分成了 RDD 集合中的多个元素。

（2）读取 HDFS 系统文件。

将本地系统文件/home/words.txt 上传到 HDFS 系统的/input 目录，然后读取文件/input/ words.txt 中的数据。代码如下：

```
scala> val rdd=sc.textFile("hdfs://centos01:9000/input/words.txt")
rdd: org.apache.spark.rdd.RDD[String] = hdfs://centos01:9000/input/words.txt MapPartitionsRDD[2]

scala> rdd.collect
res2: Array[String] = Array("hello hadoop ", "hello java ", "scala ")
```

16.8.2 RDD 算子

RDD 被创建后是只读的，不允许修改。Spark 提供了丰富的用于操作 RDD 的方法，这些方法被称为算子。一个创建完成的 RDD 只支持两种算子：转化（Transformation）算子和行动（Action）算子。

1．转化算子

转化算子负责对 RDD 中的数据进行计算并转化为新的 RDD。Spark 中的所有转化算子都是惰性的，因为它们不会立即计算结果，而只是记住对某个 RDD 的具体操作过程，直到遇到行动算子才会与行动算子一起执行。

例如，map()是一种转化算子，它接收一个函数作为参数，并把这个函数应用于 RDD 的每个元素，最后将函数的返回结果作为结果 RDD 中对应元素的值。

如下代码所示，对 rdd1 应用 map()算子，将 rdd1 中的每个元素加 1 并返回一个名为 rdd2 的新 RDD：

```
scala> val rdd1=sc.parallelize(List(1,2,3,4,5,6))
scala> val rdd2=rdd1.map(x => x+1)
```

上述代码中,向算子 map()传入了一个函数 x=>x+1。其中 x 为函数的参数名称,也可以使用其他字符,例如 a=>a+1。Spark 会将 RDD 中的每个元素传入该函数的参数中。当然,也可以将参数使用下划线"_"代替。例如以下代码:

```
scala> val rdd1=sc.parallelize(List(1,2,3,4,5,6))
scala> val rdd2=rdd1.map(_+1)
```

上述代码中的下划线代表 rdd1 中的每个元素。rdd1 和 rdd2 中实际上没有任何数据,因为 parallelize()和 map()都为转化算子,调用转化算子不会立即计算结果。

若需要查看计算结果可使用行动算子 collect()。例如以下代码中的 rdd2.collect 表示执行计算,并将结果以数组的形式收集到当前 Driver。因为 RDD 的元素为分布式的,可能分布在不同的节点上。

```
scala> rdd2.collect
res1: Array[Int] = Array(2, 3, 4, 5, 6, 7)
```

上述使用 map()算子的运行过程如图 16-19 所示。

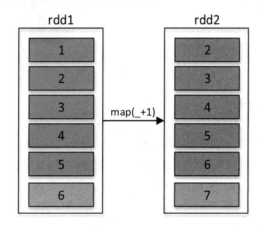

图 16-19　map()算子运行过程

其他常用转化算子介绍如下:
(2) filter(func)算子。
通过函数 func 对源 RDD 的每个元素进行过滤,并返回一个新的 RDD。
例如以下代码,过滤出 rdd1 中大于 3 的所有元素,并输出结果。

```
scala> val rdd1=sc.parallelize(List(1,2,3,4,5,6))
scala> val rdd2=rdd1.filter(_>3)
scala> rdd2.collect
res1: Array[Int] = Array(4, 5, 6)
```

上述代码中的下画线"_"代表 rdd1 中的每个元素。
(2) flatMap(func)算子。
与 map()算子类似,但是每个传入给函数 func 的 RDD 元素会返回 0 到多个元素,最终会将返回的所有元素合并到一个 RDD。

例如以下代码，将集合 List 转化为 rdd1，然后调用 rdd1 的 flatMap()算子将 rdd1 的每个元素按照空格分割成多个元素，最终合并所有元素到一个新的 RDD。

```
scala> val rdd1=sc.parallelize(List("hadoop hello scala","spark hello"))
scala> val rdd2=rdd1.flatMap(_.split(" "))
scala> rdd2.collect
res3: Array[String] = Array(hadoop, hello, scala, spark, hello)
```

上述代码使用 flatMap()算子运行的过程如图 16-20 所示。

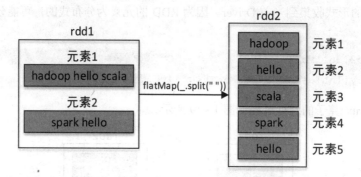

图 16-20　flatMap()算子运行过程

（3）reduceByKey(func)算子。

reduceByKey()算子的作用对象是元素为(key,value)形式（Scala 元组）的 RDD，可以将相同 key 的元素聚集到一起，最终把所有相同 key 的元素合并成为一个元素。该元素的 key 不变，value 可以聚合成一个列表或者进行求和等操作。最终返回的 RDD 的元素类型和原有类型保持一致。

例如，有两个同学 zhangsan 和 lisi，zhangsan 的语文和数学成绩分别为 98、78，lisi 的语文和数学成绩分别为 88、79，现需要分别求 zhangsan 和 lisi 的总成绩。代码如下：

```
scala> val list=List(("zhangsan",98),("zhangsan",78),("lisi",88),("lisi",79))

scala> val rdd1=sc.parallelize(list)
rdd1: org.apache.spark.rdd.RDD[(String, Int)] = ParallelCollectionRDD[1]

scala> val rdd2=rdd1.reduceByKey((x,y)=>x+y)
rdd2: org.apache.spark.rdd.RDD[(String, Int)] = ShuffledRDD[2]

scala> rdd2.collect
res5: Array[(String, Int)] = Array((zhangsan,176), (lisi,167))
```

上述代码使用了 reduceByKey()算子，并传入了函数(x,y)=>x+y，x 和 y 代表 key 相同的两个 value 值。该算子会寻找相同 key 的元素，当找到这样的元素时会对其 value 执行(x,y)=>x+y 处理，即只保留求和后的数据作为 value。

此外，上述代码中的 rdd1.reduceByKey((x,y)=>x+y)也可以简化为以下代码：

```
rdd1.reduceByKey(_+_)
```

整个运行过程如图 16-21 所示。

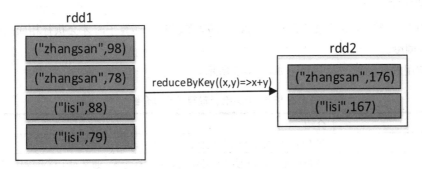

图 16-21　reduceByKey ()算子运行过程

（4）union()算子。

该算子将两个 RDD 合并为一个新的 RDD，主要用于对不同的数据来源进行合并，两个 RDD 中的数据类型要保持一致。

例如以下代码，通过集合创建了两个 RDD，然后将两个 RDD 合并成一个 RDD：

```
scala> val rdd1=sc.parallelize(Array(1,2,3))
rdd1: org.apache.spark.rdd.RDD[Int] = ParallelCollectionRDD[1]

scala> val rdd2=sc.parallelize(Array(4,5,6))
rdd2: org.apache.spark.rdd.RDD[Int] = ParallelCollectionRDD[2]

scala> val rdd3=rdd1.union(rdd2)
rdd3: org.apache.spark.rdd.RDD[Int] = UnionRDD[3]

scala> rdd3.collect
res8: Array[Int] = Array(1, 2, 3, 4, 5, 6)
```

（5）sortBy(func)算子。

该算子将 RDD 中的元素按照某个规则进行排序。该算子的第一个参数为排序函数，第二个参数是一个布尔值，指定升序（默认）或降序。若需要降序排列，则将第二个参数置为 false。

例如，一个数组中存放了三个元组，将该数组转化为 RDD 集合，然后对该 RDD 按照每个元素中的第二个值进行降序排列。代码如下：

```
scala> val rdd1=sc.parallelize(Array(("hadoop",12),("java",32),("spark",22)))
scala> val rdd2=rdd1.sortBy(x=>x._2,false)
scala> rdd2.collect
res2: Array[(String, Int)] = Array((java,32),(spark,22),(hadoop,12))
```

上述代码 sortBy(x=>x._2,false)中的 x 代表 rdd1 中的每个元素。由于 rdd1 的每个元素是一个元组，因此使用 x._2 取得每个元素的第二个值。当然，sortBy(x=>x._2,false)也可以直接简化为 sortBy(_._2,false)。

2. 行动算子

Spark 中的转化算子并不会立即进行运算，而是在遇到行动算子时才会执行相应的语句，触发 Spark 的任务调度。

Spark 常用的行动算子及其介绍如表 16-5 所示。

表 16-5　Spark 行动算子及其介绍

行动算子	介绍
reduce(func)	将 RDD 中的元素进行聚合计算
collect()	向 Driver 以数组形式返回数据集的所有元素。通常对于过滤操作或其他返回足够小的数据子集的操作非常有用
count()	返回数据集中元素的数量
first()	返回数据集中第一个元素
take(n)	返回包含数据集的前 n 个元素的数组
takeOrdered(n, [ordering])	返回 RDD 中的前 n 个元素，并以自然顺序或自定义的比较器顺序进行排序
saveAsTextFile(path)	将数据集中的元素持久化为一个或一组文本文件，并将文件存储在本地文件系统、HDFS 或其他 Hadoop 支持的文件系统的指定目录中。Spark 会对每个元素调用 toString()方法，将每个元素转化为文本文件中的一行
saveAsSequenceFile(path)	将数据集中的元素持久化为一个 Hadoop SequenceFile 文件，并将文件存储在本地文件系统、HDFS 或其他 Hadoop 支持的文件系统的指定目录中。实现了 Hadoop Writable 接口的键值对形式的 RDD 可以使用该操作
saveAsObjectFile(path)	将数据集中的元素序列化成对象，存储到文件中。然后可以使用 SparkContext.objectFile().对该文件进行加载
countByKey()	统计 RDD 中 key 相同的元素的数量，仅元素类型为键值对(key,value)的 RDD 可用，返回的结果类型为 map
foreach(func)	对 RDD 中的每一个元素运行给定的函数 func

下面对其中的几个行动算子进行实例讲解：

（1）reduce(func)算子。

将数字 1 到 100 所组成的集合转化为 RDD，然后对该 RDD 进行 reduce()算子计算，统计 RDD 中所有元素值的总和。代码如下：

```
scala> val rdd1 = sc.parallelize(1 to 100)
rdd1: org.apache.spark.rdd.RDD[Int] = ParallelCollectionRDD[1]


scala> rdd1.reduce(_+_)
res2: Int = 5050
```

上述代码中的下画线"_"代表 RDD 中的元素。

(2) count()算子。

统计 RDD 集合中元素的数量。代码如下：

```
scala> val rdd1 = sc.parallelize(1 to 100)
scala> rdd1.count
res3: Long = 100
```

(3) countByKey()算子。

List 集合中存储的是键值对形式的元组，使用该 List 集合创建一个 RDD，然后对其进行 countByKey()的计算。代码如下：

```
scala> val rdd1 = sc.parallelize(List(("zhang",87),("zhang",79),("li",90)))
rdd1: org.apache.spark.rdd.RDD[(String, Int)] = ParallelCollectionRDD[1]

scala> rdd1.countByKey
res1: scala.collection.Map[String,Long] = Map(zhang -> 2, li -> 1)
```

(4) take(n)算子。

返回集合中前 5 个元素组成的数组。代码如下：

```
scala> val rdd1 = sc.parallelize(1 to 100)
scala> rdd1.take(5)
res4: Array[Int] = Array(1, 2, 3, 4, 5)
```

16.9 案例分析：使用 Spark RDD 实现单词计数

关于单词计数（WordCount），本书在 5.3 节中使用 MapReduce 程序进行了讲解。而使用 Spark 提供的 RDD 算子可以更加轻松地实现单词计数。

本节讲解在 IntelliJ IDEA 中新建 Maven 管理的 Spark 项目，并在该项目中使用 Scala 语言编写 Spark 的 WordCount 程序，最后将项目打包提交到 Spark 集群（Standalone 模式）中运行。具体操作步骤如下。

1. 新建 Maven 管理的 Spark 项目

在 IDEA 中选择【File】/【New】/【Project...】，在弹出的窗口中选择左侧的【Maven】选项，然后右侧勾选【Create from archetype】并选择下方出现的【scala-archetype-simple】选项（表示使用 scala-archetype-simple 模板构建 Maven 项目）。注意上方的【Project SDK】应为默认的 JDK 1.8，若不存在，则需要单击右侧的【New...】按钮进行关联 JDK。最后单击【Next】按钮，如图 16-22 所示。

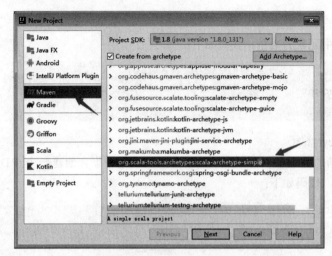

图 16-22 选择 Maven 项目

在弹出的窗口中填写 GroupId 与 ArtifactId，版本号 Version 默认即可。然后单击【Next】按钮，如图 16-23 所示。

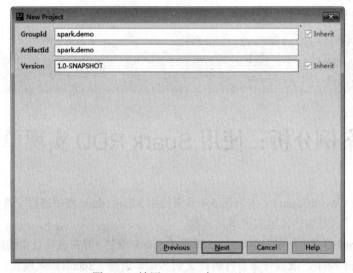

图 16-23 填写 GroupId 与 ArtifactId

在弹出的窗口中从本地系统选择 Maven 安装的主目录的路径、Maven 的配置文件 settings.xml 的路径以及 Maven 仓库的路径。然后单击【Next】按钮，如图 16-24 所示。

第 16 章 Spark | 443

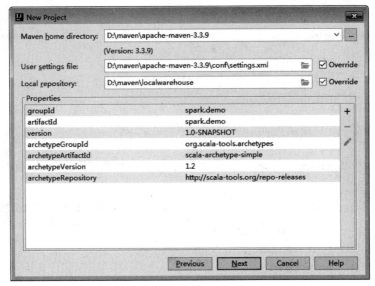

图 16-24 选择 Maven 主目录、配置文件以及仓库的路径

在弹出的窗口中填写项目名称"SparkWordCount",然后单击【Finish】按钮,如图 16-25 所示。

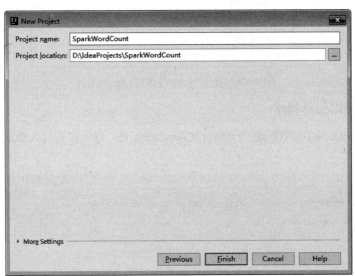

图 16-25 填写项目名称

接下来在生成的 Maven 项目中的 pom.xml 中添加以下内容,引入 Scala 和 Spark 的依赖库。若该文件中默认引用了 Scala 库,则将其修改为需要使用的版本(本例使用的 Scala 版本为 2.11)。

```
<!--引入Scala依赖库-->
<dependency>
    <groupId>org.scala-lang</groupId>
    <artifactId>scala-library</artifactId>
    <version>2.11.8</version>
```

```xml
</dependency>
<!--引入Spark核心库-->
<dependency>
    <groupId>org.apache.spark</groupId>
    <artifactId>spark-core_2.11</artifactId>
    <version>2.4.0</version>
</dependency>
```

需要注意的是，Spark 核心库 spark-core_2.11 中的 2.11 代表使用的 Scala 版本，必须与引入的 Scala 库的版本一致。

到此，基于 Maven 管理的 Spark 项目就搭建完成了。项目默认结构如图 16-26 所示。

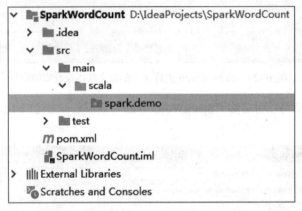

图 16-26　基于 Maven 管理的 Spark 项目

2. 编写 WordCount 程序

在项目的 spark.demo 包中新建一个 WordCount.scala 类，然后向其写入单词计数的程序。程序完整代码如下：

```scala
import org.apache.spark.rdd.RDD
import org.apache.spark.{SparkConf, SparkContext}
/**Spark 单词计数程序**/
object WordCount {

  def main(args: Array[String]): Unit = {
    //创建 SparkConf 对象，存储应用程序的配置信息
    val conf = new SparkConf()
    //设置应用程序名称，可以在 Spark Web UI 中显示
    conf.setAppName("Spark-WordCount")
    //设置集群 Master 节点访问地址
    conf.setMaster("spark://centos01:7077");❶


    //创建 SparkContext 对象,该对象是提交 Spark 应用程序的入口
```

```
    val sc = new SparkContext(conf);❷

    //读取指定路径(取程序执行时传入的第一个参数)中的文件内容,生成一个 RDD 集合
    val linesRDD:RDD[String] = sc.textFile(args(0))❸
    //将 RDD 的每个元素按照空格进行拆分并将结果合并为一个新的 RDD
    val wordsRDD:RDD[String] = linesRDD.flatMap(_.split(" "))
    //将 RDD 中的每个单词和数字 1 放到一个元组里,即(word,1)
    val paresRDD:RDD[(String, Int)] = wordsRDD.map((_,1))
    //对单词根据 key 进行聚合,对相同的 key 进行 value 的累加
    val wordCountsRDD:RDD[(String, Int)] = paresRDD.reduceByKey(_+_)
    //按照单词数量降序排列
    val wordCountsSortRDD:RDD[(String, Int)] =
wordCountsRDD.sortBy(_._2,false)
    //保存结果到指定的路径(取程序执行时传入的第二个参数)
    wordCountsSortRDD.saveAsTextFile(args(1))
    //停止 SparkContext,结束该任务
    sc.stop();
  }
}
```

上述代码解析如下。

❶ SparkConf 对象的 setMaster()方法,用于设置 Spark 程序提交的 URL 地址。若是 Standalone 集群模式,指 Master 节点的访问地址;若是本地(单机)模式,需要将地址改为 local 或 local[N] 或 local[*],分别指使用 1 个、N 个和多个 CPU 核心数,具体取值与 16.6 节讲解的 Spark 任务提交时的--master 参数的取值相同。本地模式可以直接在 IDE 中运行程序,不需要 Spark 集群。

此处也可不进行设置,若将其省略,则使用 spark-submit 提交该程序到集群时必须使用--master 参数进行指定。

❷ SparkContext 对象用于初始化 Spark 应用程序运行所需要的核心组件,是整个 Spark 应用程序中最重要的一个对象。启动 Spark Shell 后默认创建的名为 sc 的对象即为该对象。

❸ textFile()方法需要传入数据来源的具体路径,可以是外部的数据源(HDFS、HBase、AmazonS3 等)也可以是本地系统中的文件(Windows 或 Linux 系统)。该方法将读取的文件中的内容按行进行拆分并组成一个 RDD 集合。

假设读取的文件为 words.txt,则上述代码的具体数据转化流程如图 16-27 所示。

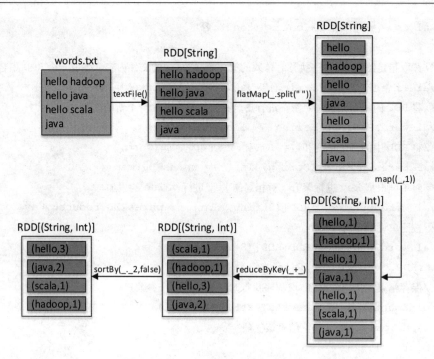

图 16-27 SparkWordCount 执行流程图

3. 提交程序到集群

程序编写完成后，需要提交到 Spark 集群中运行，具体提交步骤如下。

（1）打包程序。

展开 IDEA 右侧的【Maven Projects】窗口，双击其中的【install】选项，将编写好的 SparkWordCount 项目进行编译和打包，如图 16-28 所示。

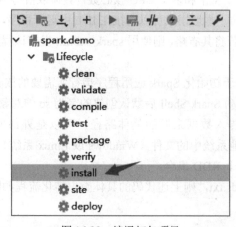

图 16-28 编译打包项目

（2）上传程序。

将打包好的 spark.demo-1.0-SNAPSHOT.jar 上传到 centos01 节点的/opt/softwares 目录：

（3）启动 Spark 集群（Standalone 模式）。

在 centos01 节点中进入 Spark 安装目录，执行以下命令，启动 Spark 集群：

```
$ sbin/start-all.sh
```

(4) 启动 HDFS。

本例将 HDFS 作为外部数据源，因此需要启动 HDFS。

(5) 上传单词文件到 HDFS。

新建文件 words.txt，并向其写入以下单词内容（单词之间以空格分隔）：

```
hello hadoop
hello java
hello scala
java
```

然后将文件上传到 HDFS 的 /input 目录中，命令如下：

```
$ hdfs dfs -put words.txt /input
```

(6) 执行 SparkWordCount 程序。

在 centos01 节点中进入 Spark 安装目录，执行以下命令，提交 SparkWordCount 程序到集群中运行：

```
$ bin/spark-submit \
--master spark://centos01:7077 \
--class spark.demo.WordCount \
/opt/softwares/spark.demo-1.0-SNAPSHOT.jar \
hdfs://centos01:9000/input \
hdfs://centos01:9000/output
```

上述参数解析如下。

- --master：Spark Master 节点的访问路径。由于在 WordCount 程序中已经通过 setMaster() 方法指定了该路径，因此该参数可以省略。
- --class：SparkWordCount 程序主类的访问全路径（包名.类名）。
- hdfs://centos01:9000/input：单词数据的来源路径。该路径下的所有文件都将参与统计。
- hdfs://centos01:9000/output：统计结果的输出路径。与 MapReduce 一样，该目录不应提前存在，Spark 会自动创建。

程序运行的过程中，可以访问 Spark 的 Web 界面 http://centos01:8080/，查看正在运行的任务，如图 16-29 所示。

Application ID	Name	Cores	Memory per Executor	Submitted Time	User	State	Duration
app-20190109150544-0000 (kill)	Spark-WordCount	2	1024.0 MB	2019/01/09 15:05:44	hadoop	RUNNING	13 s

图 16-29　Spark Web 界面中正在运行的任务

可以看到，有一个名称为"Spark-WordCount"的任务正在运行，该名称即为 SparkWordCount 程序中通过方法 setAppName("Spark-WordCount") 所设置的值。

(7) 查看执行结果。

使用 HDFS 命令查看目录 /output 中的结果文件，代码如下：

```
$ hdfs dfs -ls /output
Found 3 items
-rw-r--r--   3 hadoop supergroup          0 2019-01-09 15:09 /output/_SUCCESS
-rw-r--r--   3 hadoop supergroup         19 2019-01-09 15:08 /output/part-00000
-rw-r--r--   3 hadoop supergroup         21 2019-01-09 15:09 /output/part-00001
```

可以看到，与 MapReduce 一样，Spark 会在结果目录中生成多个文件。_SUCCESS 为执行状态文件，结果数据则存储在文件 part-00000 和 part-00001 中。

执行以下命令，查看该目录中的所有结果数据：

```
$ hdfs dfs -cat /output/*
(hello,3)
(java,2)
(scala,1)
(hadoop,1)
```

到此，使用 Scala 语言编写的 Spark 版 WordCount 程序运行成功。

16.10　Spark SQL

Spark SQL 是 Spark 用于结构化数据计算的一个组件，本节主要讲解 Spark SQL 的相关概念与基本使用。

16.10.1　DataFrame 和 Dataset

DataFrame 是 Spark SQL 提供的一个编程抽象，与 RDD 类似，也是一个分布式的数据集合。但与 RDD 不同的是，DataFrame 的数据都被组织到有名字的列中，就像关系型数据库中的表一样。此外，多种数据都可以转化为 DataFrame，例如 Spark 计算过程中生成的 RDD、结构化数据文件、Hive 中的表、外部数据库等。

DataFrame 在 RDD 的基础上添加了数据描述信息（Schema，即元信息），因此看起来更像是一张数据库表。例如，在一个 RDD 中有图 16-30 所示的三行数据。

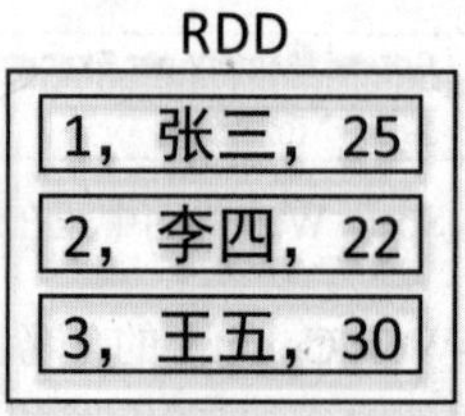

RDD

| 1, 张三, 25 |
| 2, 李四, 22 |
| 3, 王五, 30 |

图 16-30　RDD 中的数据

将该 RDD 转换成 DataFrame 后，其中的数据可能如图 16-31 所示。

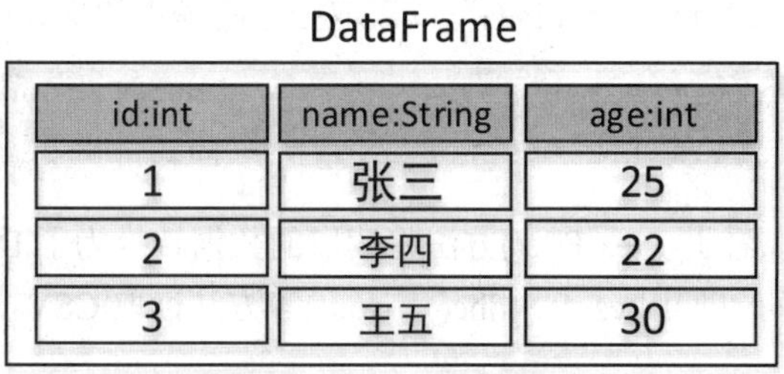

DataFrame

id:int	name:String	age:int
1	张三	25
2	李四	22
3	王五	30

图 16-31 DataFrame 中的数据

使用 DataFrame API 结合 SQL 处理结构化数据比 RDD 更加容易，而且通过 DataFrame API 或 SQL 处理数据，Spark 优化器会自动对其优化，即使你写的程序或 SQL 不高效，也可以运行得很快。

Dataset 也是一个分布式数据集，是 Spark1.6 中添加的一个新的 API。相对于 RDD，Dataset 提供了强类型支持，在 RDD 的每行数据加了类型约束。而且使用 Dataset API 同样会经过 Spark SQL 优化器的优化，从而提高了程序执行效率。

同样是对于图 16-30 中的 RDD 数据，将其转换为 Dataset 后的数据可能如图 16-32 所示。

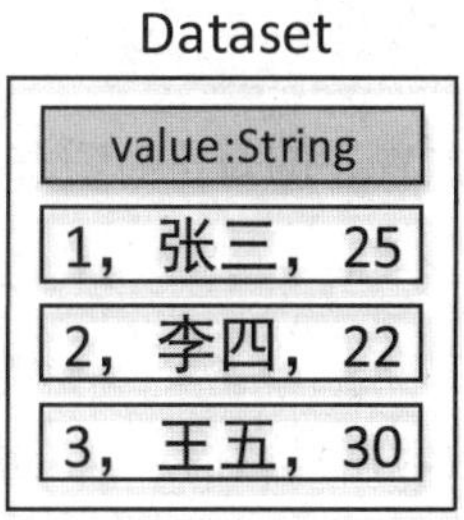

Dataset

value:String
1，张三，25
2，李四，22
3，王五，30

图 16-32 Dataset 中的数据

16.10.2　Spark SQL 基本使用

Spark Shell 启动时除了默认创建一个名为"sc"的 SparkContext 实例外，还创建了一个名为"spark"的 SparkSession 实例，该"spark"变量也可以在 Spark Shell 中直接使用。

SparkSession 只是在 SparkContext 基础上的封装，应用程序的入口仍然是 SparkContext。SparkSession 允许用户通过它调用 DataFrame 和 Dataset 相关 API 来编写 Spark 程序，支持从不同的数据源加载数据，并把数据转换成 DataFrame，然后使用 SQL 语句来操作数据。

例如，在 HDFS 中有一个文件/input/person.txt，文件内容如下：

```
1,zhangsan,25
2,lisi,22
3,wangwu,30
```

现需要使用 Spark SQL 将该文件中的数据按照年龄降序排列，步骤如下：

1. 加载数据为 Dataset

调用 SparkSession 的 API read.textFile()可以读取指定路径中的文件内容,代码如下:

```
scala> val d1=spark.read.textFile("hdfs://centos01:9000/input/person.txt")
d1: org.apache.spark.sql.Dataset[String] = [value: string]
```

从变量 d1 的类型可以看出,textFile()方法将读取的数据转换为了 Dataset。除了使用 textFile() 方法读取文本内容外,还可以使用 csv()、jdbc()、json()等方法读取 CSV 文件、JDBC 数据源、JSON 文件等数据。

调用 Dataset 中的 show()方法可以输出 Dataset 中的数据内容。查看 d1 中的数据内容,代码如下:

```
scala> d1.show()
+-------------+
|        value|
+-------------+
|1,zhangsan,25|
|     2,lisi,22|
|   3,wangwu,30|
+-------------+
```

从上述内容可以看出,Dataset 将文件中的每一行看作一个元素,并且所有元素组成了一列, 列名默认为"value"。

2. 给 Dataset 添加元数据信息

定义一个样例类 Person,用于存放数据描述信息(Schema)。代码如下:

```
scala> case class Person(id:Int,name:String,age:Int)
defined class Person
```

导入 SparkSession 的隐式转换,以便后续可以使用 Dataset 的算子。代码如下:

```
scala> import spark.implicits._
```

调用 Dataset 的 map()算子将每一个元素拆分并存入 Person 类中。代码如下:

```
scala> val personDataset=d1.map(line=>{
    | val fields = line.split(",")
    | val id = fields(0).toInt
    | val name = fields(1)
    | val age = fields(2).toInt
    | Person(id, name, age)
    | })
personDataset: org.apache.spark.sql.Dataset[Person] = [id: int, name: string ... 1 more field]
```

此时查看 personDataset 中的数据内容。代码如下:

```
scala> personDataset.show()
+---+--------+---+
| id|    name|age|
+---+--------+---+
|  1|zhangsan| 25|
|  2|    lisi| 22|
|  3|  wangwu| 30|
+---+--------+---+
```

可以看到,personDataset 中的数据类似于一张关系型数据库的表。

3. 将 Dataset 转换为 DataFrame

Spark SQL 查询的是 DataFrame 中的数据,因此需要将存有元数据信息的 Dataset 转换为 DataFrame。

调用 Dataset 的 toDF()方法,将存有元数据的 Dataset 转换为 DataFrame。代码如下:

```
scala> val pdf = personDataset.toDF()
pdf: org.apache.spark.sql.DataFrame = [id: int, name: string ... 1 more field]
```

4. 执行 SQL 查询

在 DataFrame 上创建一个临时视图"v_person"。代码如下:

```
scala> pdf.createTempView("v_person")
```

使用 SparkSession 对象执行 SQL 查询。代码如下:

```
scala> val result = spark.sql("select * from v_person order by age desc")
result: org.apache.spark.sql.DataFrame = [id: int, name: string ... 1 more field]
```

调用 show()方法输出结果数据,代码如下:

```
scala> result.show()
+---+--------+---+
| id|    name|age|
+---+--------+---+
|  3|  wangwu| 30|
|  1|zhangsan| 25|
|  2|    lisi| 22|
+---+--------+---+
```

可以看到,结果数据已按照 age 字段降序排列。

16.11 案例分析：使用 Spark SQL 实现单词计数

本节讲解使用 Spark SQL 实现经典的单词计数 WordCount。数据来源仍然是 HDFS 中的 /input/words.txt 文件，该文件内容如下：

```
hello hadoop
hello java
hello scala
java
```

具体操作步骤如下。

1. 新建 Maven 项目

在 IDEA 中新建 Maven 项目的操作步骤，请参考本章 16.9 节，此处不再讲解。

在 Maven 项目的 pom.xml 中添加 Spark SQL 的 Maven 依赖库。代码如下：

```xml
<dependency>
    <groupId>org.apache.spark</groupId>
    <artifactId>spark-core_2.11</artifactId>
    <version>2.4.0</version>
</dependency>
<dependency>
    <groupId>org.apache.spark</groupId>
    <artifactId>spark-sql_2.11</artifactId>
    <version>2.4.0</version>
</dependency>
```

2. 编写程序

在 Maven 项目中新建单词计数程序类 SparkSQLWordCount.scala，完整代码如下：

```scala
import org.apache.spark.sql.{DataFrame, Dataset, Row, SparkSession}
/**Spark SQL 单词计数程序**/
object SparkSQLWordCount {

  def main(args: Array[String]): Unit = {
    //创建 SparkSession 对象,并设置应用名称、运行模式
    val session=SparkSession.builder()
      .appName("SparkSQLWordCount")
      .master("local[*]")
      .getOrCreate()
```

```
    //读取 HDFS 中的单词文件
    val lines: Dataset[String] = session.read.textFile(
      "hdfs://centos01:9000/input/words.txt")
    //导入 session 对象中的隐式转换
    import session.implicits._
    //将 Dataset 中的数据按照空格进行切分并合并
    val words: Dataset[String] = lines.flatMap(_.split(" "))
    //将 Dataset 中默认的列名 value 改为 word,同时转换为 DataFrame
    val df: DataFrame = words.withColumnRenamed("value","word")
    //给 DataFrame 创建临时视图
    df.createTempView("v_words")
    //执行 SQL,从 DataFrame 中查询数据,按照单词进行分组
    val result: DataFrame = session.sql(
  "select word,count(*) as count from v_words group by word order by count desc")
    //显示查询结果
    result.show()
    //关闭 SparkSession
    session.close()
  }
}
```

上述代码中,SparkSession.builder()返回的是一个 Builder 类型的构建器,然后调用 Builder 的 getOrCreate()方法获取已有的 SparkSession,如果不存在,则根据配置的参数创建一个新的 SparkSession。

3. 运行程序

可以直接在 IDEA 中运行上述单词计数程序,也可以将 master("local[*]")中的 local[*]改为 Spark 集群的 Master 地址,然后提交到 Spark 集群中运行。

直接在 IDEA 中运行程序,输出结果如下:

```
+------+-----+
| word|count|
+------+-----+
| hello|    3|
|  java|    2|
|hadoop|    1|
| scala|    1|
+------+-----+
```

可以看出,结果分为了两列,且按照单词数量 count 进行了降序排列。

本例中的数据转化流程如图 16-33 所示。

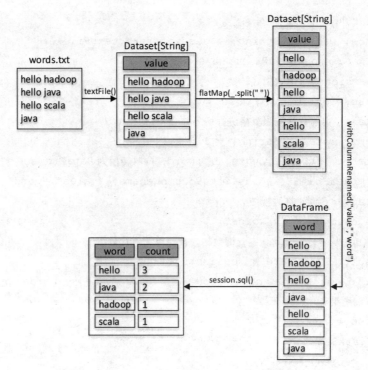

图 16-33　Spark SQL 单词计数数据转化流程

16.12　案例分析：Spark SQL 与 Hive 整合

Spark SQL 与 Hive 整合后，可以在 Spark SQL 中使用 HiveQL 轻松操作数据仓库。与 Hive 不同的是，Hive 的执行引擎为 MapReduce，而 Spark SQL 的执行引擎为 Spark RDD。

Spark SQL 与 Hive 的整合比较简单，总体来说只需以下两步：

步骤01 将$HIVE_HOME/conf 中的 hive-site.xml 文件复制到$SPARK_HOME/conf 中。

步骤02 在 Spark 配置文件 spark-env.sh 中指定 Hadoop 及其配置文件的主目录。

Hive 的安装不是必须的，如果没有安装 Hive，可以手动在$SPARK_HOME/conf 中创建 hive-site.xml，并加入相应配置信息。Spark SQL 相当于一个命令执行的客户端，只在一台计算机上配置即可。

本例以 MySQL 作为元数据库配置 Spark SQL 与 Hive 整合，Spark 集群使用 Standalone 模式，且集群中未安装 Hive 客户端。

在 Spark 集群中选择一个节点作为 Spark SQL 客户端，进行以下操作：

（1）创建 Hive 配置文件。

在$SPARK_HOME/conf 目录中创建 Hive 的配置文件 hive-site.xml，内容如下：

```
<configuration>
    <!--MySQL 数据库连接信息 -->
```

```xml
<property><!--连接 MySQL 的驱动类 -->
 <name>javax.jdo.option.ConnectionDriverName</name>
 <value>com.mysql.jdbc.Driver</value>
</property>
<property><!--MySQL 连接地址,此处连接远程数据库,可根据实际情况进行修改 -->
 <name>javax.jdo.option.ConnectionURL</name>
 <value>jdbc:mysql://192.168.1.69:3306/hive_db?createDatabaseIfNotExist=true</value>
</property>
<property><!--MySQL 用户名 -->
 <name>javax.jdo.option.ConnectionUserName</name>
 <value>hive</value>
</property>
<property><!--MySQL 密码 -->
 <name>javax.jdo.option.ConnectionPassword</name>
 <value>hive</value>
</property>
</configuration>
```

Spark SQL 启动时会读取该文件,并连接 MySQL 数据库。

通过在数据库连接字符串中添加 createDatabaseIfNotExist=true,可以在 MySQL 中不存在元数据库的情况下,让 Spark SQL 自动创建。

(2) 修改 Spark 配置文件。

修改 Spark 配置文件 $SPARK_HOME/conf/spark-env.sh,加入以下内容,指定 Hadoop 及配置文件的主目录:

```
export HADOOP_HOME=/opt/modules/hadoop-2.8.2
export HADOOP_CONF_DIR=/opt/modules/hadoop-2.8.2/etc/hadoop
```

(3) 启动 HDFS。

```
$ start-dfs.sh
```

(4) 启动 Spark SQL。

进入 Spark 安装目录,执行以下命令,启动 Spark SQL,并指定 Spark 集群 Master 的地址和 MySQL 连接驱动的路径:

```
$ bin/spark-sql \
--master spark://centos01:7077 \
--driver-class-path /opt/softwares/mysql-connector-java-5.1.20-bin.jar
```

上述命令中的参数 --driver-class-path 表示指定 Driver 依赖的第三方 jar 包,多个以逗号分隔。该参数会将指定的 jar 包添加到 Driver 端的 classpath 中,此处指定 MySQL 的驱动包。

Spark SQL 启动后,浏览器访问 Spark Web 界面地址 http://centos01:8080/,发现有一个正在运行的名称为"SparkSQL::192.168.170.133"的应用程序,如图 16-34 所示。

Application ID		Name	Cores	Memory per Executor	Submitted Time	User	State	Duration
app-20190112230013-0001	(kill)	SparkSQL::192.168.170.133	2	1024.0 MB	2019/01/12 23:00:13	hadoop	RUNNING	35 s

图 16-34　Spark SQL 启动的应用程序

如果 Spark SQL 不退出，该应用程序将一直存在，与 Spark Shell 启动后产生的应用程序类似。

此时，在 MySQL 中查看数据库列表，发现新增了一个数据库 hive_db，该数据库即为 Hive 的元数据库，存储表的元数据信息，如图 16-35 所示。

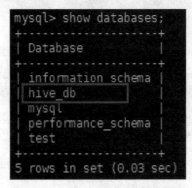

图 16-35　查看 MySQL 数据库列表

切换到元数据库 hive_db，查询表 DBS 的所有内容。可以看到，Spark SQL 默认的数据仓库位置为"hdfs://centos01:9000/user/hive/warehouse"，与使用 Hive 时相同，如图 16-36 所示。

图 16-36　查看数据仓库位置

若 HDFS 中不存在数据仓库目录，Spark SQL 在第一次向表中添加数据时会自动创建。

（5）Spark SQL 操作。

Spark SQL 启动后，可以使用 HiveQL 命令对数据仓库进行操作。

例如，列出当前所有数据库，代码如下：

```
spark-sql> show databases;
default
Time taken: 3.66 seconds, Fetched 1 row(s)
```

可以看到，默认有一个名为"default"的数据库。

创建表 student，其中字段 id 为整型，字段 name 为字符串，代码如下：

```
spark-sql> CREATE TABLE student(id INT,name STRING);
Time taken: 1.351 seconds
```

向表 student 中插入一条数据，代码如下：

```
spark-sql> INSERT INTO student VALUES(1000,'xiaoming');
Time taken: 10.338 seconds
```

此时查看 HDFS 的数据仓库目录，可以看到，在数据仓库目录中生成了一个文件夹 student，表"student"的数据则存放于该文件夹中，如图 16-37 所示。

```
[hadoop@centos01 ~]$ hdfs dfs -ls -R /user/hive/warehouse
drwxr-xr-x   - hadoop supergroup          0 2019-01-13 17:28 /user/hive/warehouse/student
-rwxr-xr-x   2 hadoop supergroup         14 2019-01-13 17:28 /user/hive/warehouse/student/part-00000-3187969c-a43f-49c8-b4f3-42aca00f4d2d-c000
```

图 16-37　查看数据仓库生成的目录

16.13　案例分析：Spark SQL 读写 MySQL

本例讲解使用 Spark SQL 的 JDBC API 读取 MySQL 数据库中的表数据，并将 DataFrame 中的数据写入到 MySQL 表中。Spark 集群仍然使用 Standalone 模式。

具体操作步骤如下。

1．MySQL 数据准备

在 MySQL 中新建一个用于测试的数据库 spark_db，命令如下：

```
mysql> create database spark_db;
```

在该数据库中新建表"student"并添加三列，分别为 id（学号）、name（姓名）、age（年龄），命令如下：

```
mysql> use spark_db;
mysql> create table student (id int, name varchar(20), age int);
```

向表"student"中插入三条测试数据，命令如下：

```
mysql> insert into student values(1,'zhangsan',23);
mysql> insert into student values(2,'lisi',19);
mysql> insert into student values(3,'wangwu',25);
```

查询该表中的所有数据，命令如下：

```
mysql> select * from student;
+------+----------+------+
| id   | name     | age  |
+------+----------+------+
|    1 | zhangsan |   23 |
|    2 | lisi     |   19 |
|    3 | wangwu   |   25 |
+------+----------+------+
```

```
3 rows in set (0.00 sec)
```

2. 读取MySQL表数据

为了演示方便,本次使用Spark Shell进行操作。

首先进入Spark安装目录,执行以下命令,启动Spark Shell:

```
$ bin/spark-shell \
--master spark://centos01:7077 \
--jars /opt/softwares/mysql-connector-java-5.1.20-bin.jar
```

上述命令中的参数--jars表示指定Driver和Executor依赖的第三方jar包,多个以逗号分隔。该参数会将指定的jar包添加到Driver端和Executor端的classpath中,此处指定MySQL的驱动包。

> **注 意**
>
> 在Spark Shell中,Driver运行于客户端,负责读取MySQL中的元数据信息;Executor运行于Worker节点上,负责读取实际数据。两者都需要连接MySQL,因此使用--jars参数指定两者需要的驱动。

然后在Spark Shell中使用Spark SQL读取MySQL表"student"的所有数据。若命令代码分多行,可以先执行:past命令,将整段代码粘贴到命令行。粘贴完毕后,按回车键新起一行,然后按Ctrl+D组合键结束粘贴并执行该命令,命令代码如下所示:

```
scala> :past
//Entering paste mode (ctrl-D to finish)

val jdbcDF = spark.read.format("jdbc")
    .option("url", "jdbc:mysql://192.168.1.69:3306/spark_db")
    .option("driver","com.mysql.jdbc.Driver")
    .option("dbtable", "student")
    .option("user", "root")
    .option("password", "123456")
    .load()

//Exiting paste mode, now interpreting.

jdbcDF: org.apache.spark.sql.DataFrame = [id: int, name: string ... 1 more field]
```

执行上述代码后,虽然没有触发任务,但是Spark SQL连接了MySQL数据库,并从表"student"中读取了数据描述信息(Schema),然后存储到了变量jdbcDF中。变量jdbcDF为DataFrame类型。

最后调用show()方法,执行任务,显示DataFrame中的数据,代码如下:

```
scala> jdbcDF.show()
+---+--------+---+
| id|    name|age|
+---+--------+---+
|  1|zhangsan| 23|
|  2|    lisi| 19|
|  3|  wangwu| 25|
+---+--------+---+
```

JDBC 的连接属性设置方式有很多种，除了依次调用 option()方法添加外，也可以直接将所有属性放入一个 Map 中，然后将 Map 传入方法 options()，代码如下：

```
//新建 Map，存储 JDBC 连接属性
val mp = Map(
  ("driver","com.mysql.jdbc.Driver"),//驱动
  ("url", "jdbc:mysql://192.168.1.69:3306/spark_db"),//连接地址
  ("dbtable", "student"),//表名
  ("user", "root"),//用户名
  ("password", "123456")//密码
)
//加载数据
val jdbcDF = spark.read.format("jdbc").options(mp).load()
//显示数据
jdbcDF.show();
```

还可以使用 Java 的 Properties（需提前导入 java.util.Properties 类）存放部分连接属性，然后调用 jdbc()方法传入 Properties 对象。这种方式可以使连接属性中的用户名、密码与数据库、表名分离，降低编码耦合度，代码如下：

```
//创建 Properties 对象用于存储 JDBC 连接属性
val prop = new Properties()
prop.put("driver", "com.mysql.jdbc.Driver")
prop.put("user", "root")
prop.put("password", "123456")
//读取数据
val jdbcDF=spark.read.jdbc(
  "jdbc:mysql://192.168.1.69:3306/spark_db","student",prop)
//显示数据
jdbcDF.show()
```

上述几种方式讲解的都是查询 MySQL 中的整张表，若需查询表的部分数据，可在设置表名时，将表名替换为相应的 SQL 语句。例如，查询"student"表中的前两行数据，在 Spark Shell 中的执行过程如图 16-38 所示。

```
scala> :past
// Entering paste mode (ctrl-D to finish)

val mp = Map(
  ("driver","com.mysql.jdbc.Driver"),//驱动
  ("url", "jdbc:mysql://192.168.1.69:3306/spark_db"),//连接地址
  ("dbtable", "(select * from student limit 2) t"),//表名
  ("user", "root"),//用户名
  ("password", "123456")//密码
)
val jdbcDF = spark.read.format("jdbc").options(mp).load()
jdbcDF.show();

// Exiting paste mode, now interpreting.

+---+--------+---+
| id|    name|age|
+---+--------+---+
|  1|zhangsan| 23|
|  2|    lisi| 19|
+---+--------+---+
```

图 16-38　使用 SQL 查询 MySQL 表数据

3．写入数据到 MySQL 表

有时候需要将 RDD 的计算结果写入到关系型数据库中，以便用于前端展示。本例使用 Spark SQL 将 DataFrame 中的数据通过 JDBC 直接写入到 MySQL 中。

（1）编写程序。

在 IDEA 中新建 SparkSQLJDBC.scala 类，完整代码如下：

```
import org.apache.spark.sql.SparkSession
import org.apache.spark.sql.types._
import org.apache.spark.sql.Row
/**将 RDD 中的数据写入到 MySQL**/
object SparkSQLJDBC {

  def main(args: Array[String]): Unit = {
    //创建或得到 SparkSession
    val spark = SparkSession.builder()
      .appName("SparkSQLJDBC")
      .getOrCreate()
    //创建存放两条学生信息的 RDD
    val studentRDD = spark.sparkContext.parallelize(
      Array("4 xiaoming 26", "5 xiaogang 27")
    ).map(_.split(" "))
    //通过 StructType 指定每个字段的 schema
    val schema = StructType(
      List(
```

```
      StructField("id", IntegerType, true),
      StructField("name", StringType, true),
      StructField("age", IntegerType, true))
  )
  //将 studentRDD 映射为 rowRDD,rowRDD 中的每个元素都为一个 Row 对象
  val rowRDD = studentRDD.map(line =>
    Row(line(0).toInt, line(1).trim, line(2).toInt)
  )
  //建立 rowRDD 和 schema 之间的对应关系
  val studentDF = spark.createDataFrame(rowRDD, schema)
  //将结果追加到 MySQL 的 student 表中
  studentDF.write.mode("append")//保存模式为追加,即在原来的表中追加数据
    .format("jdbc")
    .option("url","jdbc:mysql://192.168.1.69:3306/spark_db")
    .option("driver","com.mysql.jdbc.Driver")
    .option("dbtable","student")  //表名
    .option("user","root")
    .option("password","123456")
    .save()
  }
}
```

上述代码的执行过程如下:

① 构建一个结果数据集 studentRDD(RDD[String])。
② 将 studentRDD 中的元素映射为对象 Row,即将 studentRDD 转换为 rowRDD(RDD[Row])。
③ 将 rowRDD 与 schema 进行关联,转换为 studentDF (DataFrame)。
④ 将 studentDF 中的数据追加到 MySQL 表 "student" 中。

(2) 打包提交程序。

将程序打包为 spark.demo-1.0-SNAPSHOT.jar,然后上传到 Spark 集群任意一个节点。进入 Spark 安装目录,执行以下命令,提交程序到集群:

```
$ bin/spark-submit \
--master spark://centos01:7077 \
--jars /opt/softwares/mysql-connector-java-5.1.20-bin.jar \
--class spark.demo.SparkSQLJDBC \
/opt/softwares/spark.demo-1.0-SNAPSHOT.jar
```

(3) 查看结果。

查看 MySQL 中的 student 表数据,发现增加了两条数据:

```
mysql> select * from spark_db.student;
```

```
+------+----------+------+
| id   | name     | age  |
+------+----------+------+
|    1 | zhangsan |   23 |
|    2 | lisi     |   19 |
|    3 | wangwu   |   25 |
|    5 | xiaogang |   27 |
|    4 | xiaoming |   26 |
+------+----------+------+
5 rows in set (0.01 sec)
```